全国普通高等专科教育药学类规划教材

无机化学

（第二版）

主　编　刘　斌
副主编　刘志红

中国医药科技出版社

内容提要

本书是普通高等专科教育药学类专业系列教材之一。

本书按“需用为准、够用为度、实用为先”的原则选取和编排教学内容，包括无机化学原理和元素化学物性质两部分，共计13章。全书重点讲授了溶液理论、化学反应的速率和限度、原子结构和分子结构以及酸碱平衡、沉淀溶解平衡、氧化还原平衡、配位平衡等无机化学基本原理；对于元素化合物性质则以元素周期律为依据，突出重要的、有代表性的元素及其化合物的性质和反应类型，强调其在生物体内的分布和作用，以及其药用价值。还包括“生物无机化学基本知识”一章，介绍了生物元素、生物矿化、矿物药以及现代生物无机化学的发展。

本书可作为高等职业院校、高等专科院校、成人高校、民办高校及本科院校的二级学院药学及相关专业的教学用书，并可作为社会从业人士的业务参考书及培训用书。

图书在版编目（CIP）数据

无机化学/刘斌主编. —2版. —北京：中国医药科技出版社，2010.1
全国普通高等专科教育药学类规划教材. 供药学专业用
ISBN 978-7-5067-4433-1

Ⅰ.①无…　Ⅱ.①刘…　Ⅲ.①无机化学-高等学校-教材
Ⅳ.①061

中国版本图书馆CIP数据核字（2009）第194094号

美术编辑　陈君杞
版式设计　郭小平

出版　中国医药科技出版社
地址　北京市海淀区文慧园北路甲22号
邮编　100082
电话　发行：010-62227427　邮购：010-62236938
网址　www.cmstp.com
规格　787×1092mm 1/16
印张　17
字数　365千字
初版　1996年5月第1版
版次　2010年1月第2版
印次　2021年6月第35次印刷
印刷　三河市航远印刷有限公司
经销　全国各地新华书店
书号　ISBN 978-7-5067-4433-1
定价　34.00元

序　言

1993年，原国家医药管理局科技教育司鉴于我国药学高等专科教育一直没有进行全国性的教材建设，根据国家教委（1991）25号文的要求负责组织、规划高等药学专科教材的编审出版工作。在国家教委的指导下，在对全国高等药学专科教育情况调查的基础上，普通高等专科教育药学类教材建设委员会于1993年底正式成立，并立即制订了"八五"教材编审出版规划。1995年，经100多位专家组、编写组教师和中国医药科技出版社的团结协作、共同努力，建国以来第一套普通高等专科教育药学类规划教材终于面世了。其后，又根据高等药学专科教育的主要任务是为医药行业生产、流通、服务、管理第一线培养应用型技术人才的需要，立即组织编审、出版了相关的配套教材（实验指导、习题集），以加强对学生的实验教学，培养学生的实际操作能力。

该套规划教材是国家教委"八五"教材建设的一个组成部分。从当时高等药学专科教育的现实情况考虑，统筹规划、全面组织教材建设活动，为优化教材编审队伍，确保教材质量，规范教材规格，起到了至关重要的作用。也正因为如此，这套规划教材受到了药学专科教育的大多数院校的追崇及广大师生的喜爱，其使用情况一直作为全国高等药学专科教育教学质量评估的基本依据之一，可见这套教材的影响之大。

由于我国的高等教育近年进行了一系列改革，我国药学高等专科教育变化也较大，加之教学大纲的不断调整，这套教材已不能满足现在的教学需要，亟需进行修订。但是，因为原主管部门已不再管理我国药学高等专科教育，加之一些高等药学专科学校已经合并到其他院校，原普通高等专科教育药学类教材建设委员会已不能履行修订计划。因此，全国高等医药院校药学类教材编辑委员会接管了这项工作，组成了新的普通高等专科教育药学类教材建设委员会，组织了这套规划教材的修订，希望修订后的这套规划教材能够适应当前高等药学专科教育发展的需求。在修订过程中，考虑到高等专科教育中全日制教育、函授教育、自学考试等多种办学形式，力求使这套教材能具有通用性，以适应不同办学形式的教学要求。学术是有继承性的，虽然第一版的一些作者已经退休或因为其他原因离开了药学高等专科教育岗位，不能继续参加这套教材的修订工作，但是他们对这套教材做出了非常重大的贡献，在此，我们谨对他们表示衷心的感谢。

这套规划教材修订出版后，竭诚欢迎使用本教材的广大读者提出宝贵意见，以便我们进行教材评优工作，不足之处我们将在以后修订时改正。

全国普通高等专科教育
药学类规划教材建设委员会
2003年12月

普通高等专科教育药学类规划教材编委会

（第二版）

编委会

主　　编　刘　斌

副主编　刘志红

编　　委　（按姓氏笔划排序）

王金英（牡丹江医学院）

刘　斌（天津医学高等专科学校）

刘志红（长春医学高等专科学校）

杨金香（长治医学院）

范小娜（赣南医学院）

张书祯（邢台医学高等专科学校）

前言

本书是全国普通高等专科教育药学类专业系列教材之一。

无机化学是药学类专业重要的基础课，它要为学生学习后续的有机化学、分析化学、药物分析、药物化学、药剂学等重要的专业基础课和专业课打下坚实的化学基础。为了使本书适应药学相关岗位对人才的需求和现代药学专科教育改革和发展的需要，在充分调研的基础上，按“需用为准、够用为度、实用为先”的原则选取和编排教学内容。突出了基本理论知识和基本实践技能的培养；不过分强调学科的完整性，而注重教材的整体优化；在内容的阐述上，循序渐进，文字力求简明扼要。

全书按理论授课62学时编写，内容包括了无机化学原理和元素化合物性质两部分，共计13章。考虑到岗位需求和后续课程的需要，全书重点讲授了溶液理论、化学反应的速率和限度、原子结构和分子结构以及酸碱平衡、沉淀溶解平衡、氧化还原平衡、配位平衡等无机化学基本原理；对于理论性较强的内容，教材做了适当的处理，以学生能够理解和应用知识解决实际问题为原则。对于元素化合物性质则以元素周期律为依据，结合专业需要，突出重要的、有代表性的元素及其化合物的性质和反应类型，强调其在生物体内的分布和作用，以及其药用价值。考虑到药学类专业的特点及现代无机化学的发展，还编写了“生物无机化学基本知识”一章，介绍了生物元素、生物矿化、矿物药以及现代生物无机化学的发展。

全书由天津医学高等专科学校刘斌博士主编，参加编写的有（按章节顺序排列）：牡丹江医学院王金英老师（第一章、第二章、第十二章），长治医学院杨金香老师（第三章、第四章、第五章），长春医学高等专科学校刘志红老师（第六章、第十章），赣南医学院范小娜老师（第七章、第八章），天津医学高等专科学校刘斌老师（第九章、第十三章），邢台医学高等专科学校张书祯老师（第十一章）。

本书可作为高等职业院校、高等专科院校、成人高校、民办高校及本科院校的二级学院药学及相关专业的教学用书，并可作为社会从业人士的业务参考书及培训用书。鉴于编者水平有限，难免有不当和谬误之处，敬请广大读者批评指正。

编　者

2008年1月

目　录

第一章 溶 液

溶液（solution）与人类的生命过程、日常生活、工农业生产和科学实验密切相关。许多化学反应需要在溶液中进行；食物需要消化形成溶液后才能被人体吸收；临床上常将一些药配置成一定浓度的溶液使用；血液、淋巴液等人体内体液以及各种腺体的分泌物等，也属于溶液的范畴。可见，溶液在人类的生产活动、科学实验和生命过程中具有十分重要的意义。

溶液可以分为电解质溶液和非电解质溶液。难挥发非电解质稀溶液的“依数性”是本章要讨论的主要内容。

第一节 分 散 系

一种或几种物质分散在另一种物质中所形成的系统称为分散系（dispersed system）。其中被分散的物质称为分散相（dispersed phase），容纳分散相的连续介质称为分散介质（dispersed medium）。例如：蔗糖分散在水中成糖水，泥土分散在水中成泥浆。糖水、泥浆都是分散系，其中蔗糖和泥土等物质是分散相，而水是分散介质。

按照分散相粒子的大小，可以把分散系分为真溶液（即分子离子分散系）、胶体分散系和粗分散系（表1-1），它们具有不同的扩散速度和通透性。真溶液的分散相粒子小于1nm，粗分散系分散相粒子大于100nm，介于两者之间的是胶体分散系，属于这一类分散系的主要有溶胶和高分子化合物溶液。

表1-1 分散系的分类

<table>
<tr><th>分散相粒子的大小</th><th colspan="2">分散系统类型</th><th>分散相粒子的组成</th><th>一般性质</th><th>实例</th></tr>
<tr><td><1nm</td><td colspan="2">分子、离子分散系（真溶液）</td><td>低分子或离子</td><td>均相；热力学稳定系统；分散性粒子扩散快，能透过滤纸和半透膜，形成真溶液</td><td>NaCl、NaOH、$C_6H_{12}O_6$ 等水溶液</td></tr>
<tr><td rowspan="3">1~100nm</td><td rowspan="3">胶体分散系</td><td>溶胶</td><td>胶粒（分子、离子、原子的聚集体）</td><td>非均相；热力学不稳定系统；分散相粒子扩散慢，能透过滤纸，不能透过半透膜</td><td>氢氧化铁、硫化铁、碘化银及金、银、硫等单质溶胶</td></tr>
<tr><td>高分子溶液</td><td>高分子</td><td>均相；热力学稳定系统；分散相粒子扩散慢，能透过滤纸，不能透过半透膜，形成溶液</td><td>蛋白质、核酸等水溶液，橡胶的苯溶液</td></tr>
<tr><td>缔合胶体</td><td>胶束</td><td>均相；热力学稳定系统；分散相粒子扩散慢，能透过滤纸，不能透过半透膜，形成胶囊溶液</td><td>超过一定浓度的十二烷基硫酸钠溶液</td></tr>
<tr><td>>100nm</td><td colspan="2">粗分散系（乳状液、悬浊液）</td><td>粗粒子</td><td>非均相；热力学不稳定系统；分散相粒子不能透过滤纸和半透膜</td><td>乳汁、泥浆等</td></tr>
</table>

最常见的分子离子分散系是糖水和盐水。由于分散相粒子很小，用很高倍数的显微镜也不能看出分散在水中的蔗糖分子或 Na^+、Cl^- 离子。将糖水或盐水倒在滤纸上，蔗糖分子或 Na^+、Cl^- 离子与水分子一样可自由通过滤纸。将糖水或盐水放在密闭容器里，只要不改变外界条件，无论放置多久，糖和盐也不会从水中析出。可见分子分散系是由分散相与分散介质组成的均匀而稳定的体系。通常把这种分散系称为溶液，而将分散相（蔗糖、盐）与分散介质（水）分别称为溶质和溶剂。

溶液可以是固态的（如合金）、液态的（如糖水、盐水）和气态的（空气），不过通常所说的溶液都是指液态溶液。而水是最常见的溶剂，通常不明确指明溶剂的溶液都是水溶液。水溶液是最重要的一种溶液。除水之外的其他液体，如乙醇、苯、乙醚等也可以为溶剂，所形成的溶液称为非水溶液。对非水溶液要注明溶剂名称。例如，碘溶解在乙醇中的溶液称为碘的乙醇溶液。

溶胶的分散相粒子即胶体粒子是由许多分子或原子聚集而成的。例如，硫溶胶、金溶胶及氢氧化铁溶胶。而高分子化合物溶胶的分散相粒子就是单一的高分子化合物分子，分子的大小已达到 1 ~ 100nm 范围。高分子化合物（如蛋白质）溶解于溶剂（如水）中即成高分子化合物溶液。

在一个体系中，物理和化学性质相同的部分称为“相”，每一相内部都是均匀的（即以分子或离子为单位互相混匀），而相与相之间由界面分开。根据分散系中相数的不同，分散系又可分为均相分散系（homogeneous dispersed system）和非均相分散系（heterogeneous dispersed system）两大类。凡是只含有一个相的分散系称为均相（单相）分散系，而含两个或两个相以上的分散系则称为非均相（多相）分散系。当分散质以单个分子（或离子）分散在分散介质中时，分散系的每一个部分都是溶质分子（或离子）和溶剂分子的均匀混合物，分散质和分散介质之间没有界面，每一部分的物理和化学性质完全相同，形成一相，故这样的分散系属于均相分散系（如碘酒、盐水等）。当分散系的分散质粒子是由许多分子组成的粗分散系时，分散质粒子与分散介质因其物理和化学性质不同，分散质和分散介质它们之间存在有界面，成为不均匀的两相（无论分散系中有多少个相同的分散质粒子也只属于一相）。这样多相的分散系属于非均相分散系（如乳状液、泥浆等）。

分子离子分散系、胶体分散系和粗分散系之间虽然有明显的区别，但没有明显的界线，三者之间的过渡是渐变的，某些系统可以同时表现出两种或者三种分散系的性质。因此，以分散质粒子直径的大小作为分散系分类的依据是相对的。

第二节　溶液的浓度

溶液的浓度（concentration）是指溶液中溶质和溶剂的相对含量。它的表示方法很多，可分为两大类：一类是用溶质和溶剂（或溶液）的相对量表示，另一类是用一定体积溶液含溶质的量表示。这里所指的量是质量（g、kg）或物质的量（mol）。

一、溶液浓度的表示方法

（一）物质的量浓度

溶液的物质的量浓度（amount of substance concentration）定义为：溶质 B 的物质的量 n_B 除以溶液的体积。即：

$$c_B = \frac{n_B}{V} \tag{1-1}$$

式中 c_B 为 B 的物质的量浓度，V 是溶液的体积。

物质的量浓度的 SI 单位是摩尔每立方米，符号为 mol/m^3。在实际工作中常用摩尔每升和毫摩尔每升，符号为 mol/L 和 mmol/L。在不致引起混淆时，物质的量浓度可简称浓度。

值得注意的是，在使用物质的量浓度时，必须指明物质的基本单元，它可以是原子、分子、离子或其他粒子中的任何一种。如某氯化钠溶液的物质的量浓度为 1mol/L，可表示为：c（NaCl）= 1mol/L。括号中的化学式表示物质的基本单元。

物质的量浓度是实验室最常用的浓度表示法，只要用量筒、滴定管或移液管取一定体积的溶液，通过物质的量浓度很容易计算出其中所含溶质的物质的量（mol）。如 50ml 浓度为 18mol/L 的浓硫酸中所含 H_2SO_4 的物质的量为：

$$n_{H_2SO_4} = 18 \times \frac{50}{1000} = 0.90 \text{ (mol)}$$

此法的缺点是由于溶液体积的变化，溶液浓度随温度略有变化。在实际工作中，有时需采用其他的浓度表示方法。

（二）质量浓度

质量浓度（mass concentration）定义为：溶质 B 的质量（m_B）除以溶液的体积（V），即：

$$\rho_B = \frac{m_B}{V} \tag{1-2}$$

ρ_B 为质量浓度，SI 制单位为 kg/m^3，常用单位为 g/L、mg/L 或 g/ml。如药典中所指稀盐酸、稀硫酸、稀硝酸的质量浓度都为 0.10g/ml。

（三）质量摩尔浓度

质量摩尔浓度（molality）定义为：溶质 B 的物质的量 n_B 除以溶剂的质量 m_A（kg），即：

$$b_B = \frac{n_B}{m_A} \tag{1-3}$$

b_B 为溶质 B 的质量摩尔浓度，单位为 mol/kg。例如，已知 NaCl 的摩尔质量为 58.5g/mol，若将 58.5g 的 NaCl 溶于 1 kg 水或 5.85g 的 NaCl 溶于 100g 水中，所得溶液的质量摩尔浓度都是1.00mol/kg。

此法的优点是浓度数值不受温度影响，所以在讨论某些理论问题时，常用质量摩尔浓度，而不用物质的量浓度。缺点是用台秤或天平称量液体很不方便。对于较稀的水溶液来说，质量摩尔浓度近似等于其物质的量浓度。即：1mol/kg ≈ 1mol/L。

（四）摩尔分数

摩尔分数（mole fraction）是某物质的量分数的简称。它表示某物质的物质的量与混合物的总物质的量之比。它是量纲为1的量，常用符号 x 表示，设某溶液由溶质B和溶剂A组成，则溶质B的摩尔分数为：

$$x_B = \frac{n_B}{n_A + n_B} \quad (1-4a)$$

式中 n_B 表示溶质B的物质的量。同理，溶剂A的摩尔分数为：

$$x_A = \frac{n_A}{n_A + n_B} \quad (1-4b)$$

显然，$x_A + x_B = 1$。溶液中各物质的摩尔分数之和等于1。

例1-1：将10g NaCl和90g水配制溶液，该溶液中NaCl和 H_2O 的摩尔分数各为多少？

解：NaCl的物质的量 $n_{NaCl} = \frac{质量}{摩尔质量} = \frac{10g}{58.5g/mol} = 0.17mol$

H_2O 的物质的量 $n_{NaCl} = \frac{质量}{摩尔质量} = \frac{90g}{18g/mol} = 5.0mol$

NaCl的摩尔分数 $x_{NaCl} = \frac{0.17}{0.17 + 5.0} = 0.033$

H_2O 的摩尔分数 $x_{H_2O} = \frac{5.0}{0.17 + 5.0} = 0.967$

答：该溶液中NaCl和 H_2O 的摩尔分数分别为0.033和0.967。

化学反应中物质的质量比是复杂的，但摩尔比是简单的。所以用摩尔分数表示浓度可以和化学反应直接联系起来，同时这种浓度表示方法也常用到稀溶液性质的研究上。

此外，与摩尔分数类似还可以用质量分数、体积分数来表示的溶液浓度。

溶质B的质量（m_B）与溶液的质量（m）之比，称为物质B的质量分数。质量分数是一个量纲为1的量，用符号 ω_B 表示。即：

$$\omega_B = \frac{m_B}{m}$$

例如：浓硫酸的质量分数为0.96，则可表示为 ω（H_2SO_4）=0.96；即100g浓硫酸中含96g H_2SO_4。

在相同的温度和压力下溶质B的体积（V_B）与溶液的体积（V）之比，称为物质B的体积分数，体积分数也是一个量纲为1的量，用符号 φ_B 表示。即：

$$\varphi_B = \frac{V_B}{V}$$

如工业酒精的体积分数为0.95，则可表示为φ（C_2H_5OH）=0.95；即100ml工业酒精中含乙醇95ml。

二、浓度的有关计算

根据溶质的状态及实际工作的需要，可选择不同的方法来表示同一种溶液的组成。在实际工作中，常会遇到不同浓度表示方法之间的相互换算，一种浓溶液加溶剂稀释为一种稀溶液，以及两种不同浓度的溶液相互混合为一种所需浓度的溶液等问题。

（一）浓度的换算

常涉及到不同方法表示的溶液浓度之间的换算，主要有两种类型，即ρ_B与c_B，ω_B与c_B的换算。

1. 质量浓度（ρ_B）与物质的量浓度（c_B）之间的换算

根据定义：

$$c_B = \frac{n_B}{V} \qquad \rho_B = \frac{m_B}{V}$$

换算的关键是溶质的质量与物质的量之间的换算，溶质的摩尔质量是换算中的关键数据。换算公式为：

$$\rho_B = c_B \times M \tag{1-5a}$$

$$c_B = \frac{\rho_B}{M} \tag{1-5b}$$

例1-2：9g/L的生理盐水，其物质的量浓度（mmol/L）是多少？

解：∵ ρ（NaCl）=9g/L　M（NaCl）=58.5g/mol

$$\therefore c_B = \frac{\rho_B}{M_B} = \frac{9\text{g/L}}{58.5\text{g/mol}} = 0.154\text{mol/L} = 154\text{mmol/L}$$

答：9g/L的生理盐水，其物质的量浓度是154mmol/L。

例1-3：280mmol/L的葡萄糖（$C_6H_{12}O_6$）静脉注射液，其质量浓度是多少？

解：∵ c（$C_6H_{12}O_6$）=280mmol/L= 0.28mol/L

M（$C_6H_{12}O_6$）=180g/mol

∴ $\rho_B = c_B \cdot M_B = 0.28\text{mol/L} \times 180\text{g/mol} = 50.4\text{g/L}$

答：280 mmol/L的葡萄糖（$C_6H_{12}O_6$）静脉注射液，其质量浓度是50.4g/L。

2. 质量分数（ω_B）与物质的量浓度（c_B）之间的换算

根据定义：

$$c_B = \frac{n_B}{V} \qquad \omega_B = \frac{m_B}{m}$$

在这两种表示方法中，溶质和溶液的物理量都不同，需要进行n_B和m_B，V和m两项内容的换算，前者换算的关键数据是物质的摩尔质量，后者换算的关键数据是物质的密度。由此推出质量分数（ω_B）与物质的量浓度（c_B）之间的换算公式为：

$$c_B = \frac{\omega_B \cdot \rho}{M_B} \tag{1-6a}$$

$$\omega_B = \frac{c_B \cdot M_B}{\rho} \quad (1-6b)$$

例 1-4：质量分数 $\omega = 0.37$ 的盐酸溶液，其密度 $\rho = 1.19$ kg/L，计算该盐酸物质的量浓度是多少？

解：M（HCl）$= 36.5$g/mol　ω（HCl）$= 0.37$　$\rho = 1.19$ kg/L

$$c(\text{HCl}) = \frac{\omega(\text{HCl}) \cdot \rho}{M(\text{HCl})} = \frac{0.37 \times 1.19 \times 1000}{36.5} = 12.0\ (\text{mol/L})$$

答：该盐酸物质的量浓度是 12.0mol/L。

例 1-5：2mol/L NaOH 溶液的 $\rho = 1.08$ kg/L 计算该溶液的质量分数。

解：M（NaOH）$= 40$g/mol　c（NaOH）$= 2$mol/L

$$\omega(\text{NaOH}) = \frac{c(\text{NaOH}) \cdot M(\text{NaOH})}{\rho} = \frac{2 \times 40}{1.08 \times 1000} = 0.074$$

答：该溶液的质量分数为 0.074。

（二）稀释公式

在实际工作中经常需要配制和稀释溶液，如用 0.95 乙醇溶液稀释成 0.75 的乙醇溶液消毒；市售试剂浓硫酸、浓盐酸的稀释；各种消毒液、注射液、口服液的配制等。溶液稀释的计算依据是：溶液稀释前后，溶质的量不变。稀释的方法有两种：

1. 用一种浓溶液配成稀溶液

设浓溶液浓度为 c_1，体积为 V_1，稀释后的稀溶液浓度为 c_2，体积为 V_2，则：

$$c_1 \cdot V_1 = c_2 \cdot V_2 \quad (1-7)$$

该公式称为稀释公式。在使用稀释公式时，要注意等式两边单位的一致性。式中的 c_1 和 c_2，可为 c_B、ρ_B 和 φ_B。

例 1-6：用 $\varphi_B = 0.95$ 的酒精 500ml，能配制 $\varphi_B = 0.75$ 的消毒酒精多少毫升？

解：$\because \varphi_B = 0.95$，$V_1 = 500$ml，$\varphi_B = 0.75$

$$\varphi_{B_1} \cdot V_1 = \varphi_{B_2} \cdot V_2$$

$$\therefore V_2 = \frac{\varphi_{B_1} \cdot V_1}{\varphi_{B_2}} = \frac{0.95 \times 500}{0.75} = 633\ (\text{ml})$$

答：用 $\varphi_B = 0.95$ 的酒精 500ml，能配制 $\varphi_B = 0.75$ 的消毒酒精 633ml。

例 1-7：欲配制质量浓度是 2% 的过氧乙酸溶液 500ml，需 20% 的过氧乙酸溶液多少毫升？

解：$\because \rho_{B_2} = 2\%$，$V_2 = 500$ml，$\rho_{B_1} = 20\%$

$$\rho_{B_1} \cdot V_1 = \rho_{B_2} \cdot V_2$$

$$\therefore V_1 = \frac{\rho_{B_2} \cdot V_2}{\rho_{B_1}} = \frac{0.02 \times 500}{0.2} = 50\ (\text{ml})$$

答：需 20% 的过氧乙酸溶液 50ml。

2. 用几种不同浓度的同种溶液，混和配制所需浓度的溶液

设：浓溶液浓度为 c_1，体积为 V_1，稀溶液浓度为 c_2，体积为 V_2。

溶液混和后，浓度为 c，总体积为 $V_1 + V_2$（近似值），则：

$$c_1 \cdot V_1 + c_2 \cdot V_2 = c \cdot (V_1 + V_2) \quad (1-8)$$

例 1－8：现有 $\varphi_B=0.85$ 和 $\varphi_B=0.05$ 的酒精，怎样配制 $\varphi_B=0.75$ 的酒精 500ml？

解：设：取 $\varphi_B=0.85$ 的酒精 Xml，取 $\varphi_B=0.05$ 的酒精（500－X）ml

$0.85X + 0.05 \times (500 - X) = 0.75 \times 500$

则：$X = 437.5$ml

$500 - X = 500 - 437.5$

$= 62.5$（ml）

答：取 $\varphi_B=0.85$ 酒精 437.5ml 和 $\varphi_B=0.05$ 酒精 62.5ml 混合即可。

第三节　稀溶液的依数性

物质的溶解是一个物理化学过程，溶解的结果是溶质和溶剂的性质都发生了变化，这些性质的变化可分为两大类：第一类变化取决于溶质的本质，表现在溶液颜色、体积、导电性等的变化；第二类变化决定于溶液的组成，表现在溶液的蒸气压下降、沸点升高、凝固点降低及溶液的渗透压。由于这些性质只与溶质和溶剂微粒数的比例（即摩尔分数）有关，而与溶质微粒的种类无关，因此称为依数性（colligative properties）。溶液的依数性只有在溶液的浓度很稀时才具有规律性，而且溶液浓度越稀，其依数性的规律性越强。因此，本节我们只讨论难挥发非电解质稀溶液的依数性。

一、溶液的蒸气压下降

（一）溶剂的蒸气压

将一杯纯水放在密闭容器中，由于分子的热运动，一部分具有较高能量的分子克服了其他分子的吸引力而逸出水面，扩散到空间形成水蒸气，这一过程称为蒸发（evaporation）。水蒸气分子也在不停地运动着，其中一些蒸气分子也可以被液面分子吸引或受到外界压力的作用重新变成液态水，这一过程称为凝聚（condensation）。在一定温度下，水的蒸发速度是恒定的。开始时凝聚速度小于蒸发速度，随着蒸发过程的进行，水面上空蒸气分子浓度逐渐增加，水蒸气分子凝聚成液态水的速度亦逐渐增大。当蒸发与凝聚速度相等时，水蒸气的浓度不再发生变化，此时水面上的蒸气压称为该温度下的饱和蒸气压，简称水的蒸气压，用符号 p 表示，SI 单位为 Pa 或 kPa。

蒸气压的大小表示液体分子向外逸出的趋势，它只与液体的本性和温度有关，而与液体的量无关。通常把蒸气压大的物质称为易挥发物质，蒸气压小的称为难挥发物质。液体的蒸发是吸热过程，所以温度升高，蒸气压增大。表 1－2 列出了不同温度下纯水的蒸气压数据。

表 1－2　不同温度下水的蒸气压

温度（K）	273	283	293	303	313	323	333	343	373
蒸气压（Pa）	610.5	1227.8	2337.8	4242.8	7375.9	12334	19916	31160	10100

同液体一样，固体也有蒸气压，但在一般情况下数值很小。冰在不同温度下的蒸气压见表1－3。

表1－3　不同温度下冰的蒸气压

温度（K）	259	261	263	265	267	269	271	273
蒸气压（Pa）	208.0	244.5	286.5	335.2	390.8	454.6	527.4	610.5

（二）溶液蒸气压的下降

在一定温度下，水的蒸气压是一个定值。如果在水中加入蔗糖、甘油等难挥发的非电解质溶质，则在同一温度下，稀溶液的蒸气压总是低于纯水的蒸气压。由于溶质是难挥发的物质，因此溶液的蒸气压实际上是溶液中溶剂的蒸气压。溶液的蒸气压之所以低于纯溶剂的蒸气压，一方面是由于溶质分子与水分子结合成水合分子，束缚了一部分水分子的运动；另一方面溶质分子占据了水的表面，减少了单位面积上水的分子数。因此在单位时间内从溶液表面逸出的分子数，就比在相同条件下从纯水表面逸出的水分子数少，所以达到平衡状态时，溶液的蒸气压（实际上是指溶液中水的蒸气压）必然比纯水的蒸气压低。这种现象称为溶液的蒸气压下降（vapor pressure lowering）。显然，溶液的浓度越大，其蒸气压下降的越多（图1－1）。

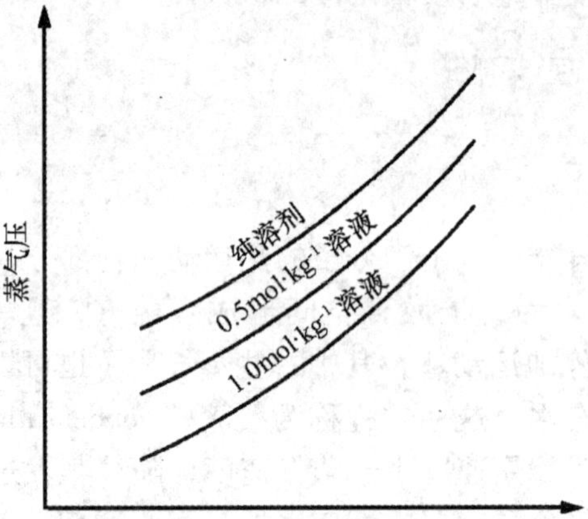

图1－1　纯溶剂与溶液蒸气压曲线

1887年法国物理学家拉乌尔（Francois－Marie Raoult，1830～1910）根据大量实验结果得出下列结论：在一定温度下，难挥发非电解质稀溶液的蒸气压下降和溶解在溶剂中的溶质的摩尔分数成正比，而与溶质的本性无关。这一结论称为拉乌尔定律。

设 x_A、x_B 分别表示溶剂、溶质的摩尔分数，p^0、p 分别表示纯溶剂和溶液蒸气压。则有：

$$p = p^0 x_A$$

对于双组分溶液来说：$x_A + x_B = 1$

$$p = p^0 (1 - x_B) = p^0 - p^0 x_B$$

$$\Delta p = p^0 - p = p^0 x_B \tag{1-9}$$

$\because n_A \gg n_B$

$\therefore x_B = \frac{n_B}{n_A + n_B} \approx \frac{n_B}{n_A} \approx \frac{m_B}{1000/18} = \frac{m_B}{55.5}$

$\therefore \Delta p = \frac{p^0 m_B}{55.5}$

令$\frac{p^0}{55.5} = K$，　则有 $\Delta p = K m_B$　　(1－10)

式（1－10）说明，当温度一定时，稀溶液的蒸气压降低与溶液的质量摩尔浓度成正比，即只与一定量溶剂中所含溶质的微粒数有关，而与溶质的本性和种类无关。

二、溶液的沸点升高

（一）溶剂的沸点

由于液体的蒸发是吸热过程，所以液体的蒸气压将随着温度的不断升高而逐渐增大。当温度升高到液体的蒸气压等于外界大气压时，就产生将沸腾现象。因此从蒸气压的角度可将沸点定义为：当一种液体的蒸气压等于外界大气压时的温度叫该液体的沸点（boiling point）。达到沸点时，继续加热溶液，此时的热能全部用于克服液体分子间作用力而不断蒸发，液体的温度将不再上升，直到液体蒸发尽为止。因此，纯液体的沸点是恒定的。

液体的沸点与外界大气压强关系很大，外界大气压强越大，液体的沸点就越高。对水来说，在标准大气压（101.3kPa）下，其沸点为 373K，当外界大气压较高时，水的沸点会高于 373K，当外界大气压较低时，水的沸点将会低于 373K。

液体的沸点随外界压力改变的性质，已在生产和科学实验中得到广泛应用。例如，常采用减压蒸馏或减压浓缩的装置，以降低蒸发溶剂的温度，防止某些对热不稳定的物质的破坏。临床上常采用高压灭菌法来缩短灭菌的时间，以提高灭菌的效能。

（二）溶液的沸点升高

在 101.3kPa 时，纯水的沸点为 373K。如果水中加入一种难挥发的非电解质溶质时，由于溶液的蒸气压下降，在 373K 时溶液的蒸气压低于 101.3kPa，因而水溶液不会沸腾。只有继续加热升高温度到 T_b 时（图 1－2），溶液的蒸气压等于 101.35kPa，此时溶液才能沸腾。因此，溶液的沸点总是高于纯溶剂的沸点。我们将这种现象叫做溶液的沸点升高现象（boiling point elevation）。显然，溶液越浓，蒸气压就越低，要达到 101.3kPa，必须要更高的温度。因此，溶液越浓，沸点就越高。

纯溶剂的沸点是恒定的，但溶液的沸点却随着沸腾现象的进行不断地变化着。在沸腾过程中，随着溶剂的不断蒸发，溶液的浓度逐渐增大，其蒸气压不断下降，沸点也就越来越高，直至溶液的浓度达到饱和为止，此时溶液的沸点恒定。因此，溶液的沸点是指溶液刚刚开始沸腾时的温度。

溶液沸点升高的根本原因在于溶液蒸气压的下降，而蒸气压下降的程度仅与溶液的浓

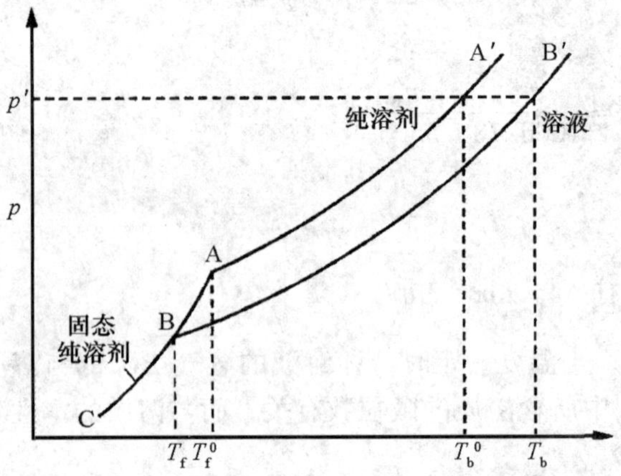

图 1-2　溶液沸点升高和凝固点下降

度有关。因此，溶液的沸点升高的程度也只取决于溶液的浓度，而与溶质的本性无关。

根据实验得知：难挥发非电解质稀溶液的沸点升高近似地与溶液的质量摩尔浓度成正比。可表示为：

$$\Delta T_b = T_b - T_b^0 \approx K_b b_B \quad (1-11)$$

式中：ΔT_b——沸点升高数，K；

b_B——质量摩尔浓度，mol/kg；

K_b——沸点升高常数，取决于溶剂的性质。

溶剂的沸点升高常数 K_b 在数值上相当于 1mol 溶质溶于 1kg 溶剂中所引起的沸点升高的度数。表 1-4 列出了一些常用的溶剂的沸点升高常数。

表 1-4　几种常用溶剂的沸点升高常数

溶剂	沸点（K）	K_b
水	373.0	0.52
苯	353.2	2.53
三氯甲烷	333.2	3.63
萘	491.0	5.80
乙醚	307.4	2.16

三、溶液的凝固点降低

（一）溶剂的凝固点

液态物质的凝固点（freezing point）是该物质的液相与固相具有相同蒸气压而能平衡共存时的温度。若两相蒸气压不相等，则蒸气压大的一个相将向蒸气压小的一个相转化。

例如　　水⇌冰（101.3kPa 时）

610.5 Pa　610.5Pa

当外界大气压强为 101.3kPa 时，273K 即为水的凝固点（冰点），因为在此温度下，水（液相）与冰（固相）的蒸气压相等（均为 610.5Pa）。若温度低于或高于 273K 时，由于水和冰的蒸汽压不再相等，将会导致一个相向另一个相转化的过程发生。

（二）溶液的凝固点降低

溶液的凝固点是溶液与其固态溶剂（如冰）具有相同的蒸气压而能平衡共存时的温度。如果在273K的冰、水两相共存的情况下加入非电解质溶质，必将引起溶液的蒸气压下降。由于溶质只能溶解在水中，加入溶质只影响溶液中水的蒸气压，而对冰的蒸气压则无任何影响。由于水溶液的蒸气压低于冰的蒸气压，在273K时溶液和冰就不能共存，冰将逐渐融化为水。换句话说，在此温度下溶液中的溶剂（水）不会结冰。如果要使溶液和冰蒸气压相等而平衡共存，则必须继续降低温度。由图1－2可以看出，冰的蒸气压曲线陡直，表明随着温度下降，冰的蒸气压降低的幅度比溶液的蒸气压降低的幅度大。这样，在273 K以下的某一温度 T_f 时，溶液的蒸气压和冰的蒸气压可以再次相等，此时，溶液和冰处于平衡状态。这个温度就是该溶液的凝固点。显然，溶液的凝固点比纯溶剂（如水）的低，我们将这种现象称为溶液的凝固点降低现象（freezing point depression）。溶液浓度越大，凝固点就越低。

纯溶剂的凝固点是恒定的，但溶液的凝固点却在不断地变化。其原因是当溶液达到凝固点时，固体溶剂不断从溶液中析出，致使溶液浓度逐渐增大，溶液的凝固点也因此而不断降低，直至达到饱和溶液时，凝固点才维持恒定。因此溶液的凝固点是指刚刚有固体溶剂析出时的温度。

溶液的凝固点降低也是溶液蒸气压下降的结果。因此，溶液的凝固点下降程度只与溶液的浓度有关，而与溶质的本性无关。

$$\Delta T_f = T_f^0 - T_f \approx K_f b_B \qquad (1-12)$$

式中：ΔT_f——凝固点降低度数；

b_B——溶质的质量摩尔浓度，mol/kg；

K_f——凝固点降低常数。

溶剂的凝固点降低常数 K_f，在数值上相当于1mol溶质溶解于1kg溶剂中所引起的凝固点降低的度数。表1－5列出了一些常用的溶剂的凝固点降低常数。

表1－5　几种常用溶剂的凝固点降低常数

溶剂	沸点（K）	K_f
水	273.0	1.86
苯	278.5	4.90
醋酸	289.6	3.90
樟脑	452.8	39.7
萘	353.0	6.90
溴乙烯	283.0	12.5

根据溶液的凝固点降低与质量摩尔浓度之间的定量关系，可以测定溶质的摩尔质量。由于溶剂的凝固点降低常数值都比同一溶剂的沸点升高常数值大，因此用凝固点降低法测定物质的摩尔质量，其实验误差相对较小。而且在达到凝固点时，溶液中有晶体物质析出，现象明显易于观察。因此实验室常利用凝固点降低法来测定物质的摩尔质量。

例1－9：取0.749g某氨基酸溶于50.0g水中，测得其凝固点为－0.188 ℃，试求该氨基酸的摩尔质量。

解：设该氨基酸的摩尔质量为 M

$$\because \Delta T_f = T_f^0 - T_f \approx K_f b_B;\ b_B = \frac{n_B}{m_A} = \frac{m_B/M}{m_A}$$

$$\therefore \frac{m_B/M}{m_A} = \frac{\Delta T_f}{K_f}$$

$$M = \frac{K_f \cdot m_B}{\Delta T_f \cdot m_A} = \frac{1.86 \times 0.749}{0.188 \times 50 \div 1000} = 148.2\ (\text{g/mol})$$

答：该氨基酸的摩尔质量为 148.2g/mol。

溶液的蒸气压下降、沸点升高和凝固点下降具有广泛的用途。例如，植物体内细胞中具有氨基酸、糖等多种可溶物，这些可溶物的存在，使细胞液的蒸气压下降，凝固点降低，从而使植物表现出一定的抗旱性和耐寒性。根据凝固点下降的原理，人们常用喷洒粗盐水的方法清除道路上的积雪；1 份食盐与 3 份碎冰混合，体系的温度可降至 -20℃，所以冰盐混合物可作为制冷剂；汽车的水箱中加入甘油或乙二醇等物质，可防止水箱在冬天因水结冰胀裂。

四、溶液的渗透压

（一）渗透和渗透压

假若在很浓的蔗糖溶液的液面上再小心地加一层清水，在避免任何机械振动的情况下静置一段时间，整个体系就会变成均匀的蔗糖溶液。这是由于分子热运动的结果，蔗糖分子从下层进入清水，同时水分子从上层进入蔗糖溶液，直到均匀混合、浓度一致为止。这个过程称为扩散。在任何纯溶剂和溶液之间，或两种不同浓度的溶液之间，都有扩散现象发生。如果用一种半透膜将蔗糖溶液和纯水隔开，情况就不同了（图 1-3）。半透膜（semi-permeable membrane）是一种只允许某些物质透过而不允许另一些物质透过的多孔性薄膜。动物的细胞膜、人体内的膀胱膜、毛细血管壁以及人工制造的火棉胶、羊皮纸等都是半透膜。假若用只允许水分子通过，而不允许蔗糖分子通过的半透膜，将蔗糖溶液和水隔开，数小时后将会看到玻璃管内蔗糖溶液的液面升高了。当液面上升到一定高度后，玻璃管内的液面高度维持恒定。实验现象说明，纯溶剂中的一部分水分子通过半透膜进入了溶液，这种溶剂分子通过半透膜向溶液中扩散的过程称为渗透。

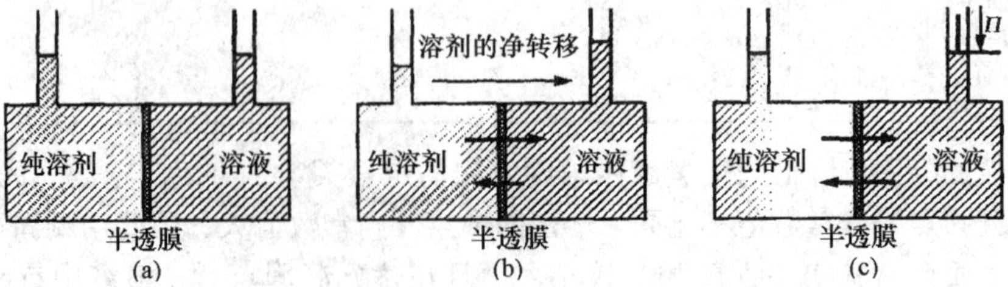

图 1-3　渗透现象示意图

为什么会发生渗透现象呢？这是因为同体积的纯溶剂（或稀溶液）中水分子数目比溶液（或浓溶液）中的多。在单位时间内，从纯溶剂（或稀溶液）方面进入溶液（或浓溶液）的分子多；相反地从溶液（或浓溶液）方面进入纯溶剂（或稀溶液）的水分子少。随着渗透现象的进行，溶液一端液面缓缓上升，开始产生静水压力，这种压力逐渐增大，它阻止溶剂向溶液中渗透，也使溶液中水分子的渗透能力增加。当液面上升到一定高度时，就会出现溶剂分子进出半透膜的速度相等的动态平衡，于是液面停止上升。在一定温度下，为了阻止渗透作用的进行而必须在溶液上方施加的最小压力称为渗透压（osmotic pressure）。用符号 Π 来表示，SI 单位为 Pa 或 kPa。

应当指出，渗透压是溶液的一种性质，半透膜的存在和半透膜两侧单位体积内溶剂分子数目的不同是产生渗透现象的两个必要条件。渗透方向总是溶剂从浓度小的溶液通过半透膜向浓度大的溶液一方渗透。

（二）渗透压与浓度、温度的关系

1877 年德国化学家浦菲弗（Wilhelm Pfeffer，1845～1920）通过蔗糖溶液的渗透压实验发现：在同一温度下，溶液的渗透压与溶液的浓度成正比；当溶液浓度一定时，溶液的渗透压与热力学温度成正比。

1886 年荷兰物理学家范霍夫（Jacobus Henricus Vant'Hoff，1852～1911），根据上述实验结果指出：非电解质溶液的渗透压与浓度、温度的关系，可用类似于理想气体方程式的关系来表示：

$$\Pi V = nRT \text{ 或 } \Pi = cRT \tag{1-13}$$

式中：Π——溶液的渗透压，Pa；

V——溶液的体积，L；

N——溶质的物质的量，mol；

R——摩尔气体常数，8.31Pa · L/（mol · K）

T——热力学温度，K；

c——溶液的物质的量浓度，mol/L。

从（1－13）式可以看出，在一定温度下，非电解质稀溶液的渗透压只取决于单位体积溶液中所含溶质的“物质的量”（或粒子数），而与溶质的本性无关。

对于电解质溶液，由于电解质的解离使溶液中的粒子数增加，在计算渗透压时应考虑电解质的解离。为此，在渗透压公式中引进一个校正系数 i。

$$\Pi = ic_B RT \tag{1-14}$$

对于强电解质稀溶液来说，i 值可近似的看作 1mol 电解质能够解离出离子的物质的量。

如：NaCl　$i=2$；$CaCl_2$　$i=3$。

对于较稀的水溶液，$c_B \approx b_B$，此时式（1－9）可写为：$\Pi = b_B RT$

例 1－10：人的血浆在 272.44K 结冰，求血浆在体温 310K 时的渗透压。

解：因为水的冰点为 273K，故血浆的冰点下降为：

$\Delta T_f = 273 - 272.44 = 0.56K$

$\because \Delta T_f = K_f \cdot b_B$

$\therefore b_B = \dfrac{\Delta T_f}{K_f}$

又：$\Pi = b_B RT$

所以：$\Pi = \dfrac{\Delta T_f}{K_f \times RT} = \dfrac{0.56}{1.86 \times 8.31 \times 310} = 776$（kPa）

答：血浆在 310K 时的渗透压为 776 kPa。

溶液的渗透压与沸点升高、凝固点下降一样也可用于测定溶质的摩尔质量，尤其适用于测定高分子化合物的摩尔质量。因为ΔT_b、ΔT_f 的值都相当小，很难准确测定，而溶液的渗透压虽然测定比较困难，数据相对较大，容易准确测定。所以用于测定高分子化合物时比凝固点下降法更加灵敏、准确。

例 1－11：20℃时，将 1.00g 血红素溶于水中，配制成 100ml 溶液，测得其渗透压为 0.366 kPa。求血红素的摩尔质量。

解：$\Pi = cRT = \dfrac{nRT}{V} = \dfrac{mRT}{MV}$

$M = \dfrac{mRT}{\Pi V} = \dfrac{1.00 \times 8.314 \times 293}{0.366 \times 100 \times 10^{-3}} = 6.66 \times 10^4$（g/mol）

答：血红素的摩尔质量为 6.66×10^4 g/mol。

（三）渗透浓度

在一定温度下，溶液的渗透压只与溶液中粒子的浓度有关，所以医学上在讨论有关溶液渗透压问题时，常采用渗透浓度来表示溶液的渗透压。所谓渗透浓度是指溶液中能产生渗透作用的各种粒子（分子或离子）的总浓度，其单位为毫摩尔/升，符号为 mOsm/L。即：1 mmol/L = 1 mOsm/L。

例 1－12：计算 $\rho_B = 50$g/L 的葡萄糖溶液的渗透浓度。

解：$\because \rho(C_6H_{12}O_6) = 50$g/L　$M(C_6H_{12}O_6) = 180$g/mol

$\therefore c_B = \dfrac{\rho_B}{M_B} = \dfrac{50\text{g/L}}{180\text{g/mol}} = 0.278$mol/L

葡萄糖为非电解质，在溶液中不发生电离，其渗透浓度为：278mOsm/L。

答：50g/L 的葡萄糖溶液的渗透浓度为 278mOsm/L。

例 1－13：计算 $\rho_B = 9$g/L 氯化钠溶液的渗透浓度。

解：$\because \rho(NaCl) = 9$g/L　$M(NaCl) = 58.5$g/mol

$\therefore c_B = \dfrac{\rho_B}{M_B} = \dfrac{9\text{g/L}}{58.5\text{g/mol}} = 0.154$mol/L = 154mmol/L

因为 NaCl 在水溶液中全部电离成 Na^+ 和 Cl^-，粒子的浓度是 NaCl 浓度的 2 倍，所以该溶液的渗透浓度为 154 mmol/L×2 = 308 mmol/L = 308 mOsm/L。

答：9g/L 氯化钠溶液的渗透浓度为 308 mOsm/L。

所有溶液都有渗透压。渗透压相等的两种溶液，称为等渗溶液；渗透压不等的两种溶液，渗透压相对高的称为高渗溶液；渗透压相对低的称为低渗溶液。在临床实践中，所谓溶液的等渗、低渗、高渗是以血浆总渗透压作为判断标准的。正常人血浆总渗透压为280～320mOsm/L，因此临床上规定：凡渗透浓度在280～320mOsm/L范围内的溶液称为生理等渗溶液；高于320mOsm/L者称为高渗溶液；低于280mOsm/L者为低渗溶液。

9g/L氯化钠溶液和50g/L的葡萄糖溶液均为临床上使用的等渗溶液。

（四）渗透作用的意义

渗透现象广泛存在于自然界中，与动植物生命过程有十分密切的联系。动植物体内的细胞膜是一种很容易透水而几乎不能透过溶解于细胞液中的物质的薄膜。正常人体内的血液、组织液都具有一定的渗透压，如果人们食物过咸或运动时排汗过多，就会有口渴感，这是由于体液浓度增大而引起渗透压升高的缘故。通过饮水，可降低体液中可溶物的浓度而使渗透压恢复到正常状态。另外，植物利用根部从土壤吸收水分和营养也是通过渗透作用来实现的。

输液是临床治疗中常用的处置方法之一。给病人大量输液时必须输入等渗溶液，以不影响血浆渗透压为基本原则。如果输入低渗溶液，水分子会大量进入红血球，使红血球破裂出现溶血现象；如果输入高渗溶液，水分子会渗出红血球，红血球发生皱缩并粘合在一起，在小血管中形成“血栓”（图1－4）。除输液外，等渗溶液在医疗上还有重要的意义，如给病人换药，要使用与组织液等渗的生理盐水冲洗伤口，否则会引起疼痛。

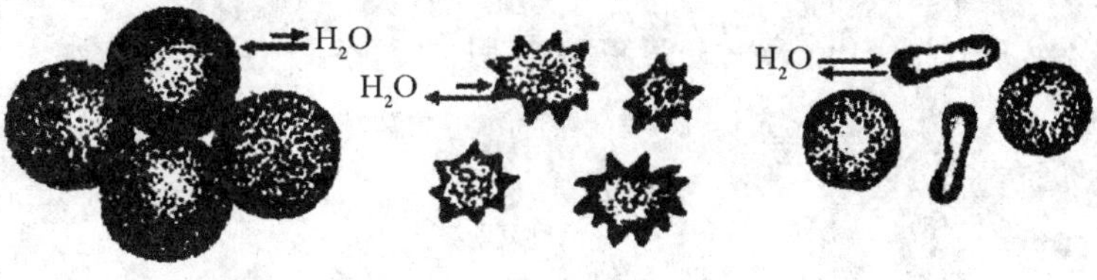

(a)3g/L NaCl 溶液　(b)15g/L NaCl 溶液　(c)9g/L NaCl 溶液

图1－4　红细胞在不同浓度的NaCl溶液中的形态

血液中含有各种无机盐和大量的蛋白质，因而具有相当大的渗透压，约为780kPa。其中由各种无机盐类的离子及小分子，如Na^+、Cl^-、K^+、Ca^{2+}、HCO_3^-、葡萄糖等所产生的渗透压称为晶体渗透压；由各种蛋白质等高分子物质所产生的渗透压称为胶体渗透压；血浆渗透压为两类渗透压的总和，其中晶体渗透压占总渗透压的99.5%。晶体渗透压对维持细胞内、外水分子相对平衡起着重要作用；胶体渗透压则对维持毛细血管内、外水分子相对平衡方面起着重要的作用。例如，水肿就是由于某种病因使血液中蛋白质含量显著减少，使胶体渗透压过低，过量水分子从毛细管向组织中渗透而引起。渗透压的有关知识，可为医生在临床上对症下药提供重要的理论依据。

习　题

1. 最常用的浓度表示方法有哪几种，各有何特点？
2. 计算下列几种常用试剂的物质的量浓度（mol/L）和摩尔分数：

(1) 质量分数为0.37，密度ρ为1.19g/ml的浓盐酸。

(2) 质量分数为0.28，密度ρ为0.90g/ml的浓氨水。

3. 人的体温是37℃，血液的渗透压约为780kPa，设血液内的溶质全部是非电解质，估算血液的总浓度。

4. ΔT_f、Π等值决定于溶液的浓度而与溶质的性质无关，但为什么能用这些方法测定溶质的特征性质摩尔质量？

5. 将一块冰放在273K的水中，另一块冰放在273K的盐水中，各有什么现象？

6. 将下列水溶液按其沸点由大到小的顺序排列。

(1) 1mol/L 的 NaCl　　(2) 1mol/L 的 $C_6H_{12}O_6$

(3) 1mol/L 的 H_2SO_4　　(4) 1mol/L 的 CH_3COOH

(5) 0.1mol/L 的 NaCl　　(6) 0.1mol/L 的 $CaCl_2$

7. 今有葡萄糖、氯化钠、氯化钙三种溶液，它们的浓度均为0.1mol/L，试比较三者渗透压的大小。

8. 若渗透现象停止了，是否意味着半透膜两端溶液的浓度也相等了？为什么？

9. 对稀溶液依数性进行计算的公式是否适用于电解质稀溶液和易挥发溶质的稀溶液？为什么？

10. 难挥发溶质的溶液，在不断的沸腾过程中，它的沸点是否恒定？其蒸气在冷却过程中的凝聚温度是否恒定？为什么？

11. 溶解3.24g硫于40.0g苯中，溶液的凝固点下降1.62K。此溶液中硫分子是由几个硫原子组成？

第二章　胶体溶液及表面现象

胶体（colloid）是一种高度分散的系统。胶体分散系包括溶胶（sol）、高分子溶液（macromolecular solution）和缔合胶体（associated colloid）三类。胶体分散相粒子的大小为1～100nm。胶体可以是一些小分子、离子或原子的聚集体，例如氢氧化铁溶胶、金溶胶等；也可以是单个的大分子，如蛋白质溶液。分散介质可以是液体、气体或是固体。

第一节　溶　　胶

一、溶胶的性质

（一）胶粒对过滤器的通透性

由于溶胶的胶粒大小在一定的范围内，因此对不同的过滤器有不同的通透性。一般滤纸的孔径在1000～5000nm之间，故胶粒可以透过滤纸。过滤瓷板孔径最小是100nm，胶粒一般也能透过。

在生物化学中，常用超过滤法测定蛋白质和酶粒子的大小；在微生物学研究病毒和细菌大小等问题时，也用超过滤法。根据开始阻拦微粒通过时超滤器上的微孔直径，可以推算粒子的大小。

（二）溶胶的光学性质——丁铎尔现象

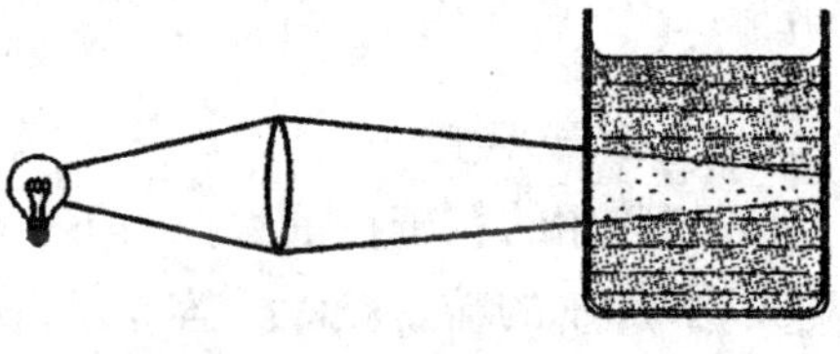

图2－1　丁铎尔现象

用透镜使一束强光射入溶胶体系，从侧面观察可以看到一条明亮的光径，这种现象被称为丁铎尔（Tyndall）现象或丁铎尔效应（图2－1）。产生丁铎尔现象的原因是胶粒对光的散射造成的。根据光学理论，当光束射到分散系时，如果分散相粒子的直径远大于入射光的波长时，主要发生发射现象，光束无法透过，分散系是浑浊、不透明的；如果分散相的粒子直径略小于可见光的波长（400～760nm），则发生散射现象，每个分散相粒子就象一个光源，向各个方向散射出光波，这种光称为散射光。所以可见光通过溶胶时产生明显的散射作用，出现丁铎尔效应。如果分散质颗粒太小（小于1nm），对光的散射极弱，则发生光的透射现象。丁铎尔效应是溶胶特有的现象，可以用于区别溶胶和溶液。

（三）溶胶的动力学性质

1. 布朗运动与扩散

用超显微镜观察溶胶，可以看到溶胶粒子的光亮点在不断的作不规则的运动，这种运动称为布朗运动（Brownian motion）。它是植物学家布朗（R. Brown，苏格兰，1773～1800）于1827年用显微镜观察悬浮在水中的花粉时发现的。布朗运动产生的原因有两个：一是溶胶粒子受到分散介质分子不均匀的撞击时，合力未被完全抵消引起的；二是溶胶粒子自身的热运动。我们观察到的布朗运动，是以上两种因素的综合结果。图2－2表示的是在超显微镜下观察到的溶胶粒子的运动情况，直线段表示每次撞击时粒子所走的途径。胶粒越小，运动速度就越快，布朗运动就越剧烈。当溶胶中存在胶粒的浓度差时，胶粒将从浓度较大的区域向浓度较小的区域运动，这种现象称为胶粒的扩散。布朗运动是胶体分散系的特征之一，而扩散则是布朗运动的直接结果。同时，布朗运动的存在也使胶粒不致因重力的作用而迅速沉降，有利于保持溶胶的稳定性。

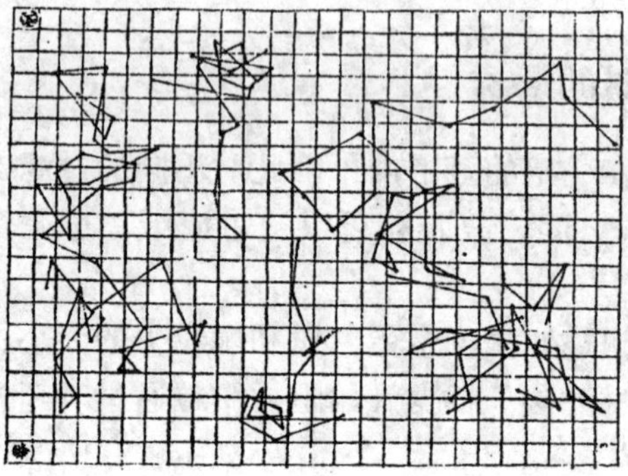

图2－2　Brown运动

2. 沉降平衡

分散相的粒子在重力作用下，渐渐向容器底部降落的现象称为沉降。粗分散体系（如泥浆水）中的粒子较大，容易沉降。溶胶粒子较小，质量较轻，一方面受到重力作用向下沉降，另一方面由于布朗运动粒子扩散向上，当沉降速度等于扩散速度时，溶胶体系就处于平衡状态，这种平衡称为沉降平衡。沉降达到平衡时，溶胶中的粒子浓度自上而下逐渐增大，其情形与大气层中气体的分布相似。事实上由于胶粒的扩散速度较大，沉降速度较小，在重力场中很难达到平衡，只有在很高的离心场中，这种平衡才有实际意义。例如，利用在超速离心机中的沉降平衡，可测定溶胶中的胶团平均分子量或高分子溶液中的高分子的分子量。

（四）溶胶的电学性质

1. 电泳

在一U型管中注入棕红色的$Fe(OH)_3$溶胶，小心地在其液面上注入NaCl溶液，使溶胶和NaCl溶液之间有一清晰的界面。在U型管两端分别插入电极，通入直流电。经过一段时间可以观察到负极一段棕红色的 $Fe(OH)_3$ 溶胶界面上升，而正极一段的界面下降，如图 2－3 所示。这种在电场作用下，溶胶粒子在介质中按一定方向移动的现象称为电泳（electrophoresis）。

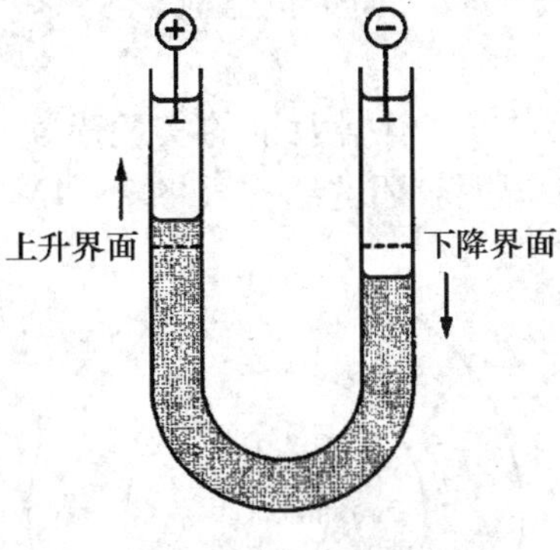

图 2－3　氢氧化铁溶胶的电泳

从电泳方向可以判断胶粒所带的电荷，如上述电泳实验 $Fe(OH)_3$ 胶粒向负极移动，说明氢氧化铁溶胶带正电。大多数氢氧化物溶胶带正电，为正溶胶；大多数金属硫化物、硅胶、金、银等溶胶则带负电荷，为负溶胶。

若把溶胶充满在具有多孔性的物质（如多孔性凝胶）中，使胶体粒子被多孔性物质吸附而固定下来，在多孔性物质两侧接上直流电源时，就可以观察到液体介质的定向移动。这种在电场作用下，液体介质定向移动的现象称为电渗。如胶粒带正电荷，介质必然带负电荷而向正极移动；反之，介质向负极移动。从电渗管刻度支管中液面的升降，就可判断液体介质的移动方向及介质所带的电荷符号。

研究电泳和电渗不仅有一定的理论意义，而且具有使用价值。例如，医学上常利用电泳法分离各种蛋白质，病毒等。

2. 胶粒带电的原因

溶胶粒子带有不同的电荷主要有下列两个原因。

（1）选择吸附　溶胶分散系是高度分散的多相系统，有巨大的表面积，所以有较强的吸附作用。固体胶粒表面能从分散剂中选择性地吸附一种离子，使本身带有电荷。实验表明，溶胶粒子总是选择吸附与其组成相类似的离子。例如，用水解法制备 $Fe(OH)_3$ 溶胶时，除生成氢氧化铁溶胶以外，部分$Fe(OH)_3$与 HCl 发生作用，生成 FeO^+。反应如下：

$$FeCl_3 + 3H_2O \rightarrow 3HCl + Fe(OH)_3$$

$$Fe(OH)_3 + HCl \rightarrow FeOCl + 2H_2O$$

$$FeOCl \rightarrow FeO^+ + Cl^-$$

$Fe(OH)_3$ 胶粒吸附与自身组成相近的 FeO^+，所以带正电荷，Cl^- 则存在于分散介质中。又如按照下列反应制备 As_2S_3 溶液时，过剩的 H_2S 解离形成 HS^-。

$$As_2O_3 + 3H_2S \rightarrow As_2S_3 + 3H_2O$$

$$H_2S \rightarrow H^+ + HS^-$$

As_2S_3 胶粒表面选择性地吸附了 HS^- 离子，带负电荷，H^+ 则存在于分散介质中。

（2）表面分子解离　胶粒和介质接触后，表面上的分子与分散介质的分子相互作用而解离，解离出一种离子，胶体粒子表面便带相反的电荷。例如，硅胶的胶粒是由很多 SiO_2 分子组成，表面层的分子与水作用形成了硅酸 H_2SiO_3，经离解后生成 SiO_3^{2-} 和 H^+，H^+ 进入水溶液中，胶粒则吸附负离子 SiO_3^{2-} 而带负电荷。

3. 胶团的结构

胶体的性质取决于胶体的结构。根据大量的实验事实，人们提出了胶体的双电层结构，现以 $Fe(OH)_3$ 溶胶为例来说明胶团的结构（图 2－4）。

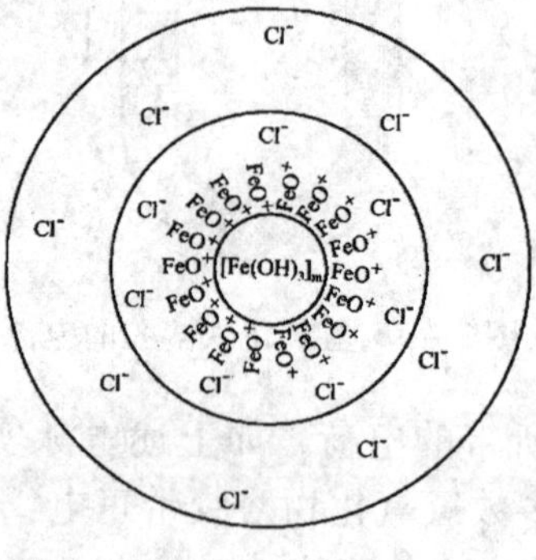

图 2－4　胶团结构

利用水解法制备的 $Fe(OH)_3$ 溶胶，由许多 $Fe(OH)_3$ 分子结合在一起，形成直径为 1～100nm 的分子聚集体。它们是形成胶体的核心部分，叫做胶核。胶核具有较强的吸附作用，它选择性地吸附大量的与其组成有关的 FeO^+ 以及少量的带有相反电荷的 Cl^-。FeO^+ 离子及少量 Cl^- 所形成吸附层，胶核与吸附层的结合比较紧密，电泳时吸附层和胶核一起移动，胶核和吸附层的整体称为胶粒。所以 $Fe(OH)_3$ 胶粒带有正电荷，由于静电相互作用，胶粒的周围吸附的大量的带相反电荷的 Cl^- 形成扩散层，胶粒加扩散层称为胶团。带有相反电荷的吸附层和扩散层构成了胶团的双电层结构。胶粒与扩散层间的结合是非常松散的，但它们之间所带电荷符号相反，电量相等，所以胶团是电中性的，胶团结构可用简式表示如图 2－5。

$$\underbrace{\underbrace{\{\overbrace{m[Fe(OH)_3]}^{\text{胶核}}\ \overbrace{nFeO^+ xCl^-}^{\text{吸附层}}\}}_{\text{胶粒}}\ \ \overbrace{yCl^-}^{\text{扩散层}}}_{\text{胶团}}$$

图 2－5　胶团

式中 m 为胶核中所含 $Fe(OH)_3$ 的分子数，n 表示胶核所吸附的 FeO^+ 离子数，n 比 m 要小得多；x 表示吸附层中 Cl^- 离子的数目，y 表示扩散层的 Cl^- 离子数，$x+y=n$。因为 $n>x$，故胶粒带正电荷。

As_2S_3 胶团的结构表示为：$[m(As_2S_3)nHS^- xH^+]\ yH^+$。

二、溶胶的稳定性和聚沉

溶胶系统为多相体系，不均匀、不稳定，胶粒之间有相互集结成大颗粒而沉淀的趋势。但事实上用正确方法制备的溶胶均可长期稳定的存在，其原因除溶胶粒子具有强烈的布朗运动，使其能抵抗重力的作用而不沉淀外，主要原因是由于胶粒带电和水化膜的存在。一方面胶粒都带有相同符号的电荷，胶粒之间必然会产生斥力，这种斥力阻止了胶粒互相接近而聚合变成较大的粒子；另一方面胶粒吸附层中的离子对水分子有吸引力，吸附的水分子在胶粒表面形成一层水化膜，阻止了胶粒之间的聚结。

溶胶的稳定性是相对的，减弱这些使溶胶稳定的因素就可促使胶粒聚集成大的颗粒，这个过程叫做凝聚。凝聚时仅呈混浊状态。若粒子增大到布朗运动克服不了重力的作用时，则沉淀下来，这个过程叫做聚沉。促使溶胶聚沉的主要方法有下列几种。

（一）加入强电解质

在溶胶中，加入强电解质，强电解质解离出大量的正负离子，溶液中离子浓度增大。由于静电相互作用，与胶粒带相反电荷离子进入吸附层，中和了胶粒所点的电荷，破坏了双电层结构，胶粒就失去了相互排斥的静电保护作用。同时，加入的强电解质离子具有很强的溶剂化作用，破坏了胶粒表面的水化膜。胶体稳定的两个主要因素被破坏，当胶粒运动发生互相碰撞时，就会聚集成较大的颗粒而聚沉。例如，在氢氧化铁溶胶中加入少量 K_2SO_4 溶液，溶胶立即发生聚沉作用，析出氢氧化铁沉淀。

显然，电解质对溶胶的聚沉作用取决于与胶粒带有相反电荷的离子，这些离子称为反离子。实验表明，电解质对溶胶的聚沉作用与反离子所带电荷的多少有关，一般来说，离子电荷越高，对溶胶的聚沉能力就越强，这个规律称为哈迪 - 叔尔采（Hardy - Schulze）规则。一般聚沉能力的规律为：1 价∶2 价∶3 价 = 1∶几倍∶几百倍。

例如，NaCl、$CaCl_2$、$AlCl_3$ 三种电解质对 As_2S_3 溶胶（带负电荷）的聚沉能力的比为：

$$Na^+ : Ca^{2+} : Al^{3+} = 1 : 80 : 500$$

对于同价离子，它们的聚沉能力也存在着差异，其聚沉能力随着离子水合半径的减小而增加。如对于负溶胶：$H^+ > Cs^+ > Rb^+ > NH_4^+ > K^+ > Li^+$。

对于正溶胶：$F^- > Cl^- > Br^- > I^- > OH^-$。

（二）加入带相反电荷的溶胶

两种带相反电荷的溶胶按适当的比例混合，也能引起溶胶的聚沉，这种聚沉称为溶胶的相互聚沉。例如，将带负电荷的 As_2S_3 溶胶和带正电荷的 $Fe(OH)_3$ 溶胶相混合时，由于带正负电荷的胶粒相互结合，从而使溶胶立即发生聚沉。明矾的净水作用就是利用明矾水解生成 $Al(OH)_3$ 正溶胶与带负电的胶状污物相互聚沉的作用。

（三）加热

很多溶胶加热时发生聚沉。因为加热增加了胶粒的运动速度和碰撞机会，同时降低了它对离子的吸附作用，从而降低了胶粒所带的电量和水化程度，使粒子在碰撞时聚沉。例如将 As_2S_3 溶胶加热至沸，就析出黄色的硫化砷沉淀。

第二节　高分子化合物溶液

一、高分子化合物的概念

生物体中的蛋白质、核酸、糖元、淀粉、纤维素、磷脂等都是高分子化合物。它们的共同点是都具有很大的相对分子质量，一般在10000以上。这些高分子化合物绝大多数是由许多重复的原子团或分子残基所组成的，这些较小的原子团或分子残基叫做单体。如淀粉分子一般是由几百个葡萄糖分子残基按一定的方式联结而成的。

由于大量单体互相结合的方式不同，可得到线状结构（如纤维素分子）和分枝状结构（如淀粉分子和糖元分子）的高聚物（图2－6）。

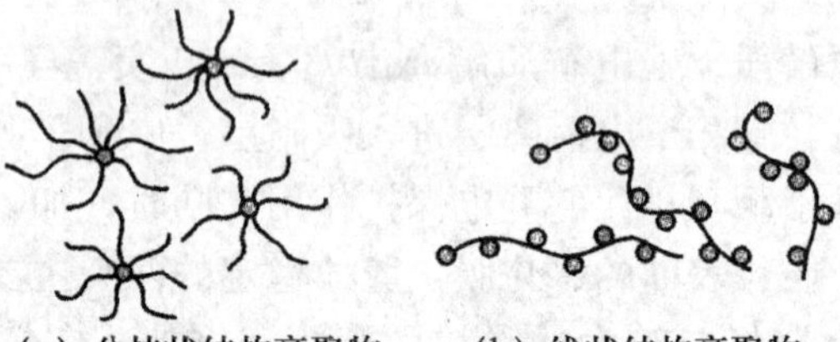

（a）分枝状结构高聚物　　（b）线状结构高聚物

图2－6　高分子结构示意图

在通常状态下线状高分子化合物分子呈弯曲状，在拉力作用下被伸直，但伸直的链具有自动弯曲恢复原来状态的趋势，这说明高分子化合物常具一定弹性。聚合物的链阻挠曲性能力越大，它的弹性便越强（如橡胶）。

二、高分子化合物溶液的形成和特征

高分子化合物能与分散剂直接作用，并不需要稳定剂就能自动形成溶液，属于均相分散系，其分散粒子已进入胶体范围（1～100nm），因此高分子化合物溶液也被列入胶体体系。它具有胶体体系的某些性质，如扩散速度小，分散相粒子不能透过半透膜等，但同时它也具有自己的特征（表2－1）。

表2－1　高分子溶液和溶胶性质的比较

	溶　胶	高分子溶液
相同性质	（1）胶粒大小为1～100nm； （2）扩散慢； （3）不能透过半透膜。	（1）分子大小为1～100nm； （2）扩散慢； （3）不能透过半透膜。

（续表）

	溶　胶	高分子溶液
不相同性质	（1）胶粒由许多分子聚集而成； （2）分散相和分散介质无亲和力（不溶解）； （3）分散相和分散介质间有界面，是非均相体系，丁铎尔现象强； （4）不稳定体系，加少量电解质聚沉； （5）黏度小。	（1）胶粒是单个的高分子化合物； （2）分散相和分散介质有亲和力（自行溶解）； （3）分散相和分散介质间没有界面，是均相体系，丁铎尔现象弱； （4）稳定体系，加大量电解质凝聚； （5）黏度大。

（一）稳定性较大

高分子化合物溶液比溶胶稳定性要强，与真溶液相似。在无菌、溶剂不蒸发的情况下，高分子化合物溶液可以长期放置而不沉淀。

高分子溶液之所以比溶胶稳定，与高分子化合物本身的结构特性分不开。高分子化合物具有许多亲水基团（如—OH、—COOH、—NH_2 等）。当高分子化合物溶解在水中时，这些亲水基团便与水结合，在高分子化合物表面形成一层水化膜，这个水化膜与溶胶粒子的水化膜相比，在厚度和结合的紧密程度上都要大得多，因而它在水溶液中比溶胶粒子稳定得多，需要加大量的电解质才能使高分子化合物沉降。

（二）黏度较大

高分子溶液的黏度比一般溶液或溶胶大得多。溶胶的黏度与介质相比，无多大差异。但高分子化合物因具有线状或枝状结构，在溶液中能牵引介质使其运动困难，故表现为黏度大。高分子溶液的黏度受浓度、压力、温度及时间等诸多因素的影响。

1. 浓度

浓度增高时，枝链与枝链之间的距离靠近，互相吸引成网状结构，介质充满于网眼间，而使介质流动困难。随着网眼结构的发展，黏度骤增。一般溶液或溶胶的黏度与浓度无此种突然增加的变化关系。

2. 压力

增加压力可使高分子溶液的黏度降低到某一程度后，即不再变化。因为增加压力可以破坏其网状结构，黏度因而降低，直到网状结构全部被破坏，黏度即不再随压力而改变。一般溶液或溶胶的黏度与压力几乎无关。

3. 温度

当温度上升时，高分子溶液的黏度下降比真溶液一般要快得多。因为温度上升，粒子运动加剧，削弱了粒子之间的联系，网状结构因而破坏，所以造成黏度急剧下降。

4. 时间

高分子化合物间形成的网状结构会随着时间延续而程度加强。所以，高浓度高分子溶液的黏度也随着时间变化而逐渐增大。

三、高分子溶液对溶胶的保护作用

在一定量的溶胶中加入足够量的高分子溶液。可使溶胶的稳定性增高，当受外界因素作用时（如电解质的作用），不容易发生聚沉，这种现象叫做高分子的保护作用。

高分子对溶胶的保护作用，一般认为是由于加入的高分子化合物被吸附在溶胶粒子表面上，将整个胶粒包裹起来，形成一个保护层，溶胶粒子不易聚集，从而提高了稳定性。

保护作用在生理过程中很重要。血液中有微溶性的无机盐如碳酸钙、磷酸钙等，它们是以溶胶的形式存在于血液中，由于血液中的蛋白质对这类溶胶起了保护作用，所以它们分散在血液中的浓度虽然比溶解在纯水中的浓度大，但仍然能稳定存在而不沉淀。但当发生某疾病使血液中的蛋白质减少，减弱了对这些盐类溶胶的保护作用，则微溶性的盐类就有可能沉积在肾、胆囊及其他器官中，这就是各种结石形成的原因之一。

医药用的防腐剂胶体银（如蛋白银），就是利用蛋白质的保护作用使银稳定分散于水的药剂。这些被保护的银溶胶可以蒸干，但加水以后仍形成溶胶。

虽然足够浓度的高分子溶液可以提高溶胶的稳定性，但在溶胶中加入少量的高分子化合物后，反而增加溶胶对电解质的敏感性，降低其稳定性，这种现象称为高分子的敏化作用。产生敏化作用的原因是加入的高分子化合物量太少，不足以包住胶粒，反而使大量的胶粒吸附在高分子的表面，使胶粒间可以互相“桥联”，使胶粒变大而易于聚沉。

第三节 凝　胶

高分子溶液和某些溶胶在一定条件下，黏度增大到一定程度，整个体系将变成外观均匀，并保持一定形态的弹性半固体，这种现象叫胶凝（gelation）。所形成的弹性半固体叫凝胶（gel）。人体的肌肉、软骨、指甲、毛发、细胞膜等都可以看作凝胶，人体中约占体重 2/3 的水存在于凝胶中。因此凝胶在有机体的组成中占有重要地位，一方面它们具有一定强度的网状骨架，维持一定的形态，另一方面又可使代谢物质在其间进行物质交换。

一、凝胶的形成

线形或分枝形的高分子化合物或溶胶粒子连接起来形成的线状结构互相交联而成立体网状结构，其中的网眼是不规则的，像一堆散乱的火柴杆一样，将介质包围在网眼中间，使其不能自由流动，因而形成半固体。由于线状或分枝状结构互相交联不是很牢固，因此显示出柔韧性。

凝胶的形成，首先决定于胶体粒子的本性，其次与浓度和温度有关。高分子溶液中多半是线形或分枝形大分子，能形成凝胶是绝大多数高分子溶液的普遍性质。非线形分子，若能转变成线形分子，或球形粒子能够联结成线形结构，也可以形成凝胶。如氧化铝、硅胶等就有这种作用。浓度越大，温度越低越容易形成凝胶。例如，5% 的动物胶溶液在 18℃时即能形成溶胶，而 15% 的动物胶溶液则可以在 23℃时形成溶胶。如果浓度过小或温度过高，便不能形成溶胶。总之，影响高分子溶液黏度的因素都会影响凝胶的形成。

二、凝胶的主要性质

（一）弹性

溶剂含量多的凝胶叫冻，各种凝胶在冻态时，弹性大致相同，但干燥后就显出很大差异。一类凝胶在烘干后体积缩小很多，但仍保持弹性，叫做弹性凝胶；另一类凝胶烘干后体积缩小不多，但失去弹性，并容易磨碎，叫做脆性凝胶。肌肉、脑髓、软骨、指甲、毛发、组成植物细胞壁的纤维素以及其他高分子溶液组成的凝胶，都是弹性凝胶，而氢氧化铝、硅酸等溶胶所形成的凝胶则是脆性凝胶。

（二）膨润（溶胀）

干燥的弹性凝胶和适当的溶剂接触，便自动吸收溶剂而膨胀，体积增大，这个过程称为膨润或溶胀。有的凝胶，体积增大到一定程度就停止了，称为有限膨润。例如，木材在水中的膨润，就是有限膨润。有的弹性凝胶能无限的吸收溶剂，最后形成溶液，叫做无限膨润。例如，牛皮胶在水中的膨润。

在生理过程中，膨润起相当重要的作用。植物种子只有在膨润后才能发芽生长。生药只有在膨润后才能有效地将其有效成分提取出来。有机体越年轻，膨润能力越强，随着有机体的逐渐衰老，膨润能力也逐渐减退。老年人的特殊标志——皱纹，就是与有机体的膨润能力减退有关。老年人的血管硬化，其原因是多方面的，其中一个重要的原因，就是由于构成血管壁的凝胶膨润能力减低所至。

（三）离浆（脱水收缩）

新制备的凝胶放置一定时间之后，一部分液体可以自动的从凝胶分离出来，凝胶本身体积缩小，这种现象叫脱水收缩或离浆（syneresis）。例如，腺体分泌；新鲜血块放置后分离出血清；淀粉糊放置后分离出液体，都是凝胶的离浆现象。

离浆的实质是高分子之间的继续胶联作用使其中部分的网状结构变得更粗、更牢固，从而导致网架越来越紧凑，而将液体从网状结构中挤出造成的。

凝胶制品在医学上有广泛应用。如中成药“阿胶”是凝胶制剂；干硅胶是实验室常用的干燥剂。其他如人工半透膜、皮革等都是干凝胶。凝胶在生命科学实验中用得最多的是作为支持介质用于电泳以及色谱分离。

第四节　物质的表面现象

物质的表面是指它与空气或本身的蒸气接触的面，而物体的表面与另一个相接触的面，则称为界面。一切界面上发生的现象，统称为表面现象。溶胶属于不均匀体系，并且胶粒较小，分散相和分散剂之间的界面非常大，因此溶胶的界面性质非常重要。

一、表面张力与表面能

液体的表面存在一定的表面张力，用符号 σ 表示，单位为 N/m。物质的表面分子和其内部分子所处的境况是不同的，以液体为例，处在液体内部的分子，周围的分子对它的吸引力是均等的，彼此作用方向相反，互相抵消，其合力为零，而表面分子则不同，由于下方密集的液体分子对它的吸引力远大于上方稀疏气体分子对它的吸引力，所受的合力不能互相抵消，所受合力指向液体内部并与液面垂直。所以液体表面总有自动缩小的趋势，如一滴液体它总是趋向于形成球形。这个指向液体内部的引力把液体分子从其表面拉到内部，也就是说表面有一种抵抗扩张的力，即表面张力。因此要把分子从内部移往界面必须克服吸引力而消耗一定量的功，这个功称为表面能，它等于表面积与表面张力的乘积：

$$E = \sigma \times s$$

液体的表面张力与温度有关。一般说来，温度升高，表面张力减小。这是因为，温度升高分子间的引力减小的缘故。物质的表面张力，还与和它接触的另一个相的物质种类和性质有关。这是因为与不同的物质接触，表面层分子受到的力不同，致使两相界面间产生张力。

任何液体或固体体系，如果取一定体积加以分割，则分割得越细，所得的总表面积就越大。单位体积的总表面积称为比表面，又叫分散度。表面能随物质总表面积的增加而增加。因此，对一定质量或体积的物质，分割得越细，其比表面或分散度越大，表面能也增加得越多。

二、表面吸附

根据热力学第二定律，表面能与表面自由能总向着降低的方向自发进行。为了降低表面能，可采取两种途径：一种是对于一定量的物体减小其表面积。例如，小液滴自动合并成大液滴；另一种是降低其比表面能，即降低表面张力。降低表面张力，要靠吸附作用。吸附作用，是一种物质的分子附着在另一种物质的表面上的现象，或者说物质在两相界面上的浓度自动发生变化的现象。

（一）固体表面的吸附

固体的表面积无法自动缩小，所以，表面能的降低只有通过吸附作用来进行。比表面积较大的固体物质，常具有较强的吸附作用。常用的固体吸附剂有活性炭、硅胶、活性氧化铝、铂黑等。固体表面吸附按其作用力的性质分为物理吸附和化学吸附两类。

1. 物理吸附

如果固体表面原子的化合价因已与其他相邻的原子键和而饱和，此时其表面分子和吸附物之间的作用力是分子间的作用力，我们称这种吸附为物理吸附。由于分子间引力普遍存在于吸附剂和吸附物之间，所以物理吸附无选择性。不过常因吸附剂和吸附物的种类不同、性质不同，其分子间引力的大小也不同。一般而言，越易气化的物体越易被吸附，如活性炭吸附气体。物理吸附的速度和解析的速率都较快，容易建立吸附平衡。在低温下进行的一般都是物理吸附。

2. 化学吸附

如果固体表面上原子的化合价未被饱和，还有剩余的成键能力，此时在吸附剂和吸附物之间就发生了电子转移，形成化学键，这就是化学吸附。化学吸附是有选择性的，某一吸附剂只对某些物质发生化学吸附，如氢被镍的吸附就是化学吸附，而氢不能被铝或铜吸附。化学吸附放出的热量往往比物理吸附放出的能量要大。吸附和解吸的速率都较慢，故达到吸附平衡的时间较长。化学吸附随温度升高而增加，故化学吸附常在较高温度下进行。

（二）胶粒的形成与吸附

胶体粒子是由许多难溶物质分子结合起来形成的聚集体，由于它的比表面很大，有很高的活化能。所以，这些粒子的表面容易在溶液中吸附其周围存在的其他溶质分子。这些胶体大部分是由难溶性电解质或具有电性的金属粒子组成的，其吸附作用主要是离子选择性的吸附。例如，AgI 溶胶粒子的表面上可吸附 Ag^+ 形成正溶胶，或吸附 I^- 而形成负溶胶。究竟吸附哪种离子要看溶液中哪种离子过量。

溶胶粒子的选择性吸附属于化学吸附。溶胶粒子由于选择性吸附而形成带电粒子，对于解释溶胶的形成以及为什么溶胶既不是热力学稳定体系、又不会聚沉的现象有重要意义。

（三）液体表面吸附

液体的表面张力是容易测定的。大量实验事实表明，对水溶液体系来说，有些物质溶于水使其表面张力降低，有些物质溶于水使其表面张力升高。使水表面张力降低的物质称为表面活性物质。表面活性物质可分为两种：一种是表面张力随溶质浓度增加而不断降低（图 2－7 中的曲线 2），大部分低级脂肪酸、醛、醇等水溶液属于此种；另一种更为重要的是，在溶质浓度很稀时，表面张力随浓度增加而急剧下降，随后基本保持不变（图2－7 中的曲线 3），肥皂、高级脂肪酸、烷基苯磺酸钠等属于此种。使水的表面张力增加的物质叫做表面非活性物质，如强电解质 NaCl、KOH 等和含有许多羟基的有机物如蔗糖等。这类物质浓度的增加，仅使水的表面张力稍有升高（图 2－7 中曲线 1）。研究发现，溶质在液体中的分布是不均匀的，在液体的表面层溶质的浓度和液体内部溶质的浓度不同，说明发生了表面吸附作用。

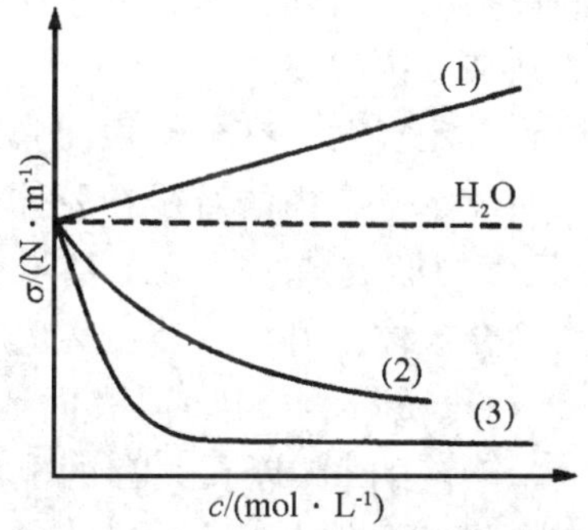

图 2－7　表面张力

三、表面活性物质

能显著降低水的表面张力的物质称为表面活性物质（surface active substance）或表面活性剂（surfactant，surface active agent）；而使水的表面张力升高或略微降低的物质是非表面活性物质。若溶液表面吸附的溶质能降低溶剂表面张力，则溶液表层将保留更多的溶质分子，其表层浓度大于溶液内部的溶质浓度，这种吸附称正吸附；反之，若能增高溶剂的表面张力，溶液表层则排斥溶质，使其尽量进入溶液内部，此时溶液表层溶质的浓度小于其内部浓度，这种吸附称为负吸附。所以，表面活性物质在溶液中形成正吸附，而表面非活性物质在溶液中形成负吸附。

表面活性剂分子中一般含有两类基团。一类是疏水性（hydrophobic）或亲脂性的（lipophilic）非极性基团，它们是一些直链的或带有侧链的有机烃基。另一类为亲水性（hydrophilic）极性基团，如—OH、—COOH、—NH_2、—SH、—SO_2OH 等。具有性质相反的两亲性基团是表面活性剂在化学结构上的共同特征。

以肥皂为例，当它溶入水中，亲水的羧基端进入水中，而亲脂的长烃基链端则力图离开水相。若水中肥皂的量不大，它就主要集中在水的表面定向排列。可见，由于表面活性剂的两亲性，它主要集中在溶液的表面，或几种不相混溶的液体的界面，或集中在液体和固体的接触界面的倾向，从而降低表面张力（图 2－8）。

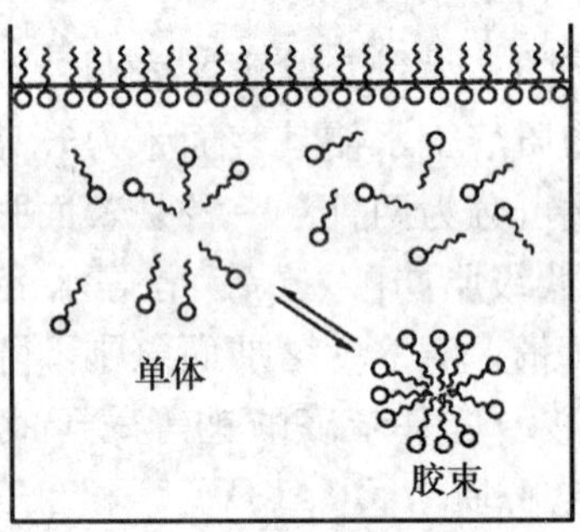

图 2－8　表面活性剂示意图

表面活性剂在生命科学中有重要意义。如构成细胞膜的脂类（磷脂、糖脂等）以及由胆囊分泌的胆汁酸盐都是表面活性物质。目前在医药上常用的表面活性剂很多，如脂肪酸盐类的十二烷基钠，季铵盐型的新洁尔灭等。

当水中加入的表面活性剂达到一定量时，在分子表面膜形成的同时，表面活性剂也逐渐聚集起来，形成亲水基朝向水而疏水基在内的直径在胶体分散相粒子大小范围的缔合胶体，称为胶束（micelle）。由于胶束的形成减小了疏水基与水的接触面积，从而使体系趋于稳定。有胶束形成的溶液称为缔合胶体。开始形成胶束时，表面活性剂的最低浓度称为临界胶束浓度（critical micelle concentration，CMC）。表面活性剂的临界胶束浓度受温度、表面活性剂用量、分子缔合程度、溶液的 pH 以及共存的电解质的影响。表面活性剂可使不溶于水的动植物油脂或其他有机物裹在其中形成胶束，这种作用称为增溶。

乳状液（emulsion）是以液体为分散相分散在另一种不相溶的液体中所形成的粗分散系。乳状液属于不稳定体系。因为液滴分散后，系统的界面能大为增高，当细小的液滴相互碰撞时，会自动结合，使体系的能量降低。要想得到稳定的乳状液，必须加入使乳状液稳定存在的乳化剂（emulsifying agent），人体内消化油脂的胆汁酸盐就是乳化剂。

乳状液中加入表面活性剂时，亲水基朝向水相，疏水基朝向油相，表面活性剂分子在两相界面上定向排列，不仅降低了界面张力，而且还在细小液滴的周围形成一层保护膜，使乳状液稳定。乳状液可分为“水包油”（O/W）和“油包水”（W/O）两种类型

（图2－9）。

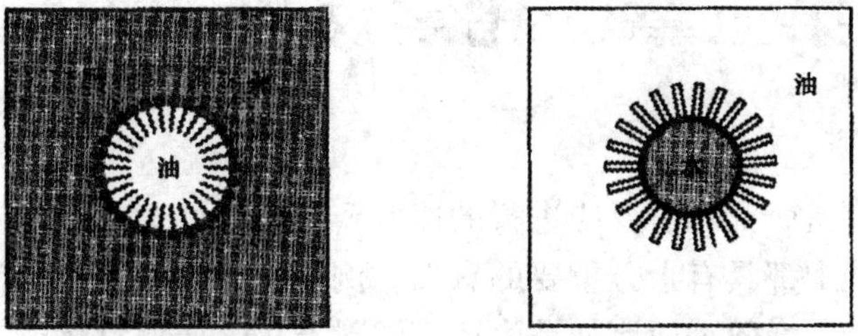

水包油型乳状液　　油包水型乳状液

图2－9　乳状液

在医药卫生实践和日常生活中常遇到乳状液，如食用乳汁、药用的鱼肝油乳剂以及临床上用的脂肪乳剂输液等，都是各种形式的乳状液。为了加大用药剂量，注射用药剂通常是油包水型乳状液，在乳状液降解时药剂就缓慢地被释放出来。

习　　题

1. 什么叫分散系、分散相、分散介质？试举例说明。

2. 为什么说溶胶是不稳定体系，而实际上又常能相对稳定地存在？

3. 为什么在长江、珠江等河流的入海处都有三角洲存在？

4. 将0.02mol/L的KCl溶液12ml和0.05mol/L的$AgNO_3$溶液100ml混合以制备AgCl溶胶，试写出此溶胶的胶团结构式。

5. 为制备AgI负溶胶，应向25ml 0.016mol/L的KI溶液中最多加入多少毫升0.005mol/L的$AgNO_3$溶液？

6. 有未知带何种电核的两种溶胶A和B，A只需加入少量的$BaCl_2$或较多的NaCl就有同样的聚沉能力；B中加入少量的Na_2SO_4或大量的NaCl也有同样的聚沉能力，问A和B两种溶胶，原带有何种电荷？

7. 溶胶与高分子溶液具有稳定性的原因是什么？用什么方法可以分别破坏它们的稳定性？

8. 什么是凝胶？凝胶有哪些主要性质？产生胶凝的先决条件是什么？

9. 何谓正吸附？何谓负吸附？

10. 汞蒸气易引起中毒，若将液体汞（1）盛于烧杯中；（2）盛于烧杯中，其上覆盖一层水；（3）散落成直径为2.10～4 mm的汞滴，哪一种引起的危害大？为什么？

11. 什么是表面活性剂？试从其结构特点说明它能降低溶剂表面张力。

12. 12.5ml 0.02mol/L的KCl溶液和100ml 0.005mol/L的$AgNO_3$混合以制备AgCl溶液，试写出胶团的组成，并写出其电泳方向。

第三章　化学反应动力学

化学动力学主要是研究化学反应进行的速率及反应的机理。化学反应动力学无论在理论上还是在生产实践中都具有十分重要的意义。例如：在化工生产过程中常通过加快某些化学反应的速率增产、增效；而诸如铁生锈、塑料老化、药物氧化、分解、机体衰老等反应，则希望降低其反应速率；医院口腔科补牙、镶牙材料的固化过程，则要求适中的速率。通过对化学动力学的研究，掌握化学动力学的规律，可有效控制或加快反应速率，使之更好地为人类的需求服务。

第一节　化学反应速率

一、化学反应速率及表示方法

1. 平均速率

化学反应速率，就是指化学反应过程进行的快慢。伴随着化学反应的进行，反应体系中各物质的浓度在不断地发生着变化。通常用单位时间内反应物浓度的减少或生成物浓度的增加来表示。浓度单位常以 mol/L 表示，时间单位则根据反应的快慢用秒（s）、分（min）、小时（h）表示。因此，化学反应速率的单位是 mol/［L·(时间)］。

例如，H_2O_2 在少量二氧化锰作用下的分解反应，H_2O_2 的起始浓度为 0.1mol/L，经过 1 小时后，浓度降为 0.04mol/L，同时放出 O_2 的浓度为 0.03mol/L，其反应式为：

$$2H_2O_2 \rightarrow 2H_2O + O_2\uparrow$$

若以每分钟反应物浓度的减少表示反应速率，则此反应在 1 小时内的平均速率为：

$$\bar{v}(H_2O_2) = \frac{\Delta c(H_2O_2)}{\Delta t} = \frac{c_2(H_2O_2) - c_1(H_2O_2)}{t_2 - t_1}$$

$$= -\frac{0.04 - 0.1}{60} = 0.001\ [\text{mol/(L·min)}]$$

因为反应物浓度随反应时间的进行而降低，为使反应速率为正值，故在式前加负号。

若以生成物浓度的增加表示反应速率，则：

$$\bar{v}(O_2) = \frac{\Delta c(O_2)}{\Delta t} = \frac{0.03 - 0}{60} = 0.0005\ [\text{mol/(L·min)}]$$

反应速率可选用反应体系中任何一种物质浓度的变化量来表示。对一般反应

$$aA + bB = dD + eE$$

用不同物质的浓度变化量表示反应速率，它们之间的关系为

$$\bar{v} = -\frac{1}{a}\cdot\frac{\Delta c(A)}{\Delta t} = -\frac{1}{b}\cdot\frac{\Delta c(B)}{\Delta t} = \frac{1}{d}\cdot\frac{\Delta c(D)}{\Delta t} = \frac{1}{e}\cdot\frac{\Delta c(E)}{\Delta t} \qquad (3-1)$$

2. 瞬时速率

在化学反应过程中，反应物和生成物的浓度在不断地变化，每时每刻的反应速率都是不同的。反应速率随着时间的变化而变化，所以要确切地表示化学反应在某一瞬间的真实速率应采取瞬时速率，即：

$$v = \lim_{\Delta t \to 0} \frac{\Delta c}{\Delta t} = \frac{dc}{dt}$$

通常所说的反应速率，一般是指瞬时速率。

化学反应速率是通过实验测定的。例如，在选定的实验条件下，测得 H_2O_2 分解反应经历不同时间后的剩余浓度如表 3－1 所示。

表 3－1　经历不同时间后 H_2O_2 的剩余浓度

t	0	20	40	60	80
c，mol/L	0.80	0.40	0.20	0.10	0.050

以 H_2O_2 浓度为纵坐标，时间为横坐标，绘制浓度随时间变化的曲线（图 3－1）。在曲线上任意一点做切线，其斜率为：

$$斜率 = \frac{dc\ (H_2O_2)}{dt}$$

曲线上任意一点的斜率的负值即等于该点所对应时间的反应速率。例如，图 3－1 中 a 点的瞬时速率为：

$$v\ (H_2O_2) = -\frac{bd}{dc}$$

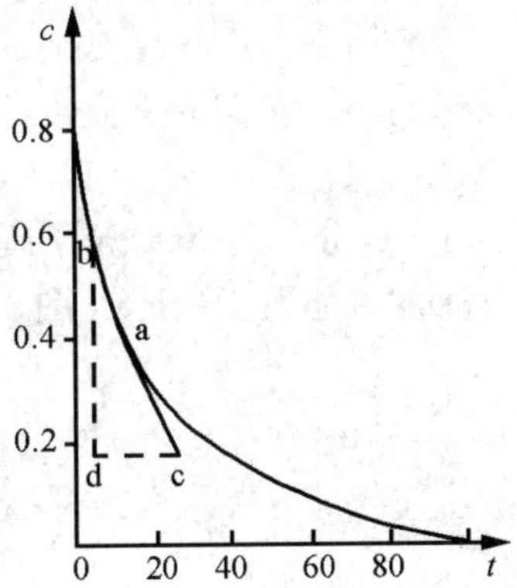

图 3－1　反应物浓度与时间的关系

化学反应可分为均相反应和非均相反应。所谓均相反应，是指反应物和生成物都处于同一相中，系统中没有界面，如气体间的反应或均匀溶液中发生的反应都属于均相反应。反之，如果系统中有界面，界面两侧物质具有不同的物理性质和化学性质，就是非均相反应。如金属锌加到稀硫酸中，或煤在空气中燃烧，这些系统都有界面，反应只是发生在界面上，故这些化学反应的速率与界面的大小有直接关系。非均相反应还要靠反应物扩散到界面和产物离开界面才能持续进行。因此，其反应速率还与扩散速率有关，如鼓风则炉火变旺，搅拌可使锌与稀硫酸的反应加快等。由于非均相反应影响因素较多，情况复杂，本章主要讨论均相反应。

二、反应的活化能

不同化学反应的速率相差很大，有的进行得极快，瞬间即可完成，如酸碱中和反应、爆炸反应、血红蛋白与氧分子结合的生化反应等。有的则进行的极慢，甚至常年累月也看不出它们有什么变化，如常温下，H_2 和 O_2 化合生成 H_2O 的反应；某些放射性元素的衰变需要亿万年的时间等。为了深入探讨反应速率的内在规律，下面简单介绍一种反应速率理论——有效碰撞理论。

（一）有效碰撞

1918 年路易斯（Gilbert Newton Lewis，1875～1956）在气体分子运动论基础上提出了双分子反应的有效碰撞理论。其主要要点是：反应物分子间的相互碰撞是化学反应进行的先决条件，反应物分子间碰撞的频率越高，反应速率越快。但并不是反应物分子间的每次碰撞都能发生反应。由气体分子运动理论计算得出：在标准状况下 1L 的气体物质中，每秒钟分子间的碰撞次数可达 10^{23}次，甚至更多。倘若每次碰撞都能反应，则所有化学反应都将会在瞬间完成，但事实并非如此。在亿万次碰撞中，只有极少数碰撞发生反应，这种能发生反应的碰撞被称为有效碰撞；不能发生反应的碰撞是简单的物理碰撞，被称为弹性碰撞。要发生有效碰撞，反应物分子或离子必须具备以下两个条件：①分子要有足够的能量，这样才能克服外层电子之间的斥力而充分接近并发生反应；②分子发生碰撞时要有合适的方向，要恰好碰在能起反应的部位上，如果碰撞的部位不合适，即使反应物分子具有足够的能量，也不会起反应。

一般而言，结构越复杂的分子之间的反应，分子发生碰撞方向不适宜进行化学反应的情况越突出，它们的反应也就越慢。例如：

$$CO(g) + NO_2(g) \rightarrow CO_2(g) + NO(g)$$

在 CO 分子与 NO_2 分子碰撞时，只有 CO 分子中的碳原子与 NO_2 分子中的氧原子迎头相碰时才可能发生反应（图 3－2）。

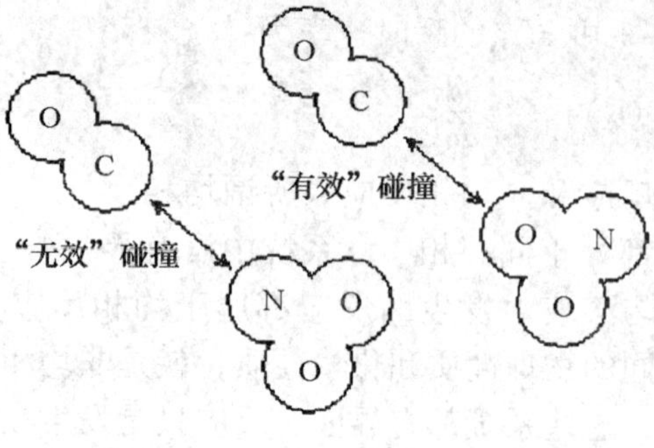

图 3－2　分子碰撞的方位示意图

（二）活化分子与活化能

能够发生有效碰撞的分子称为活化分子，通常它只是分子总数中的一小部分。活化分子具有的最低能量与反应物分子的平均能量之差称为活化能，用符号 E_a 表示。当温度一定时，活化能越小的反应，其活化分子分数越多；相反，活化能越高，则活化分子分数越少。即在其他条件相同时，活化能越低的化学反应，其反应速率越快，而活化能越高，反应速率越慢。可见，活化能就是化学反应的阻力，亦称能垒。不同的化学反应具有不同的活化能，因而活化分子分数也不相同，这就是化学反应有快有慢的根本原因。

活化能常用单位是 kJ/mol。一般化学反应的活化能在 40～400kJ/mol 之间，而多数在 60～250kJ/mol 之间。活化能小于 40kJ/mol 的化学反应，其反应速率极快，用一般方法难以测定；活化能大于400kJ/mol的反应，其反应速率极慢，通常条件下难以观察。

三、化学反应速率的影响因素

活化能是影响化学反应速率的内因，但外界条件改变时，化学反应速率也将随之改变。影响化学反应速率的外界条件主要有浓度、温度和催化剂。

（一）浓度对化学反应速率的影响

1. 基元反应和复杂反应

化学动力学的研究表明，我们所熟悉的许多反应并不是按化学反应计量方程式表示的那样一步就完成的，而是经历一系列单一的步骤，最终形成产物。通常把一步完成的反应称为基元反应，也称为简单反应。例如：

$$2NO_2(g) \rightarrow 2NO(g) + O_2(g)$$

由两个或两个以上的基元反应构成的反应则称为复杂反应。例如，碘和氢的结合形成碘化氢的反应途径（反应机理）是由下面两个基元反应构成的：

（1）$I_2(g) \rightleftharpoons 2I(g)$　　（快反应）

（2）$H_2(g) + 2I(g) \rightarrow 2HI(g)$　　（慢反应）

其中，第一步速率较快，第二步速率较慢。复杂反应的速率取决于组成该反应的多个反应中速率最慢的一步。上述反应（2）是慢反应，限制和决定了整个反应的速率，称为定速步骤或反应速率控制步骤。进行化学反应机理的研究，了解定速步骤的反应速率及其影响因素，才能揭示化学反应速率的实质。

2. 质量作用定律

大量实验证明，在一定温度下，增加反应物的浓度，则单位体积内的活化分子数增加，使单位时间内的有效碰撞次数增加，导致反应速率加快。1863年，挪威化学家古德贝格（C. M. Guldberg，1836～1902）和瓦格（P. Waage，1833～1900）总结出反应物浓度与反应速率间的定量关系，概括为：在恒温条件下，基元反应的反应速率与各反应物浓度幂（以化学反应计量方程式中相应的系数为指数）的乘积成正比，这一定量关系称为质量作用定律。

$$aA + bB = dD + eE$$

$v \propto c^a(A) \cdot c^b(B)$

即：
$$v = k \cdot c^a(A) \cdot c^b(B) \quad (3-2)$$

上式称为反应速率方程式。式中比例常数 k 称为反应速率常数。k 值与反应物本性、温度和催化剂等因素有关，而与反应物浓度无关，不同的反应在同一温度下有不同的 k 值，同一反应在不同温度或有无催化剂的不同条件下，k 值亦不同。

由式（3-2）可知，当 $c(A)$ 和 $c(B)$ 均为1mol/L时，$v = k$。所以，k 在数值上等于反应物浓度均为1mol/L时的反应速率，又称为比速率。k 是表示反应速率快慢的特征常数。在相同条件下，k 值越大，其反应速率越快。k 是有量纲的，如反应速率方程式中浓度的指数和为 m，v 的单位为mol/［L·(时间)］，则 k 的单位是 $(mol/L)^{1-m}$·(时间)。

质量作用定律仅适用于基元反应。由于大多数的化学反应不是一步完成，而是由多个基元反应组成的复杂反应，因此对某一给定的反应，仅根据化学反应方程式是不能得出反应速率方程式的，必须以实验事实为根据。

例如，N_2O_5 的分解反应

$$2N_2O_5 \rightarrow 4NO_2 + O_2$$

实验证明，其反应速率与 N_2O_5 浓度的一次方成正比，而不是与其浓度的平方成正比。

$$v = kc\,(N_2O_5)$$

这是因为 N_2O_5 分解反应通过如下三步完成。

a. $N_2O_5 \rightarrow N_2O_3 + O_2$　　（慢，定速步骤）

b. $N_2O_3 \rightarrow NO_2 + NO$　　（快）

c. $2NO + O_2 \rightarrow 2NO_2$　　（快）

因为 a 是定速步骤基元反应，总反应的速率方程式由这一步决定。

在书写反应速率方程式时，还应注意以下几个问题。

（1）如果反应物是气体，既可用浓度也可以用气体分压代入反应速率方程式。例如 NO_2 的分解反应为基元反应。

$$2NO_2\,(g) \rightarrow 2NO\,(g) + O_2\,(g)$$

用浓度表示反应速率为：

$$v = -\frac{dc\,(NO_2)}{dt} = k_c \cdot c^2\,(NO_2)$$

用分压表示反应速率为：

$$v = -\frac{dp\,(NO_2)}{dt} = k_p \cdot p^2\,(NO_2)$$

（2）如果反应中有固体或纯液体参加，它们的浓度几乎不变，可视为常数。在反应速率表达式中，可不写出固体或纯液体的浓度。例如：

$$C\,(s) + O_2\,(g) \rightarrow CO_2\,(g)$$

$$v = k \cdot c\,(O_2)$$

3. 反应级数

反应速率方程式中各反应物浓度的指数之和称为反应级数。若由实验测得某反应速率方程式为：

$$v = k \cdot c^{\alpha}\,(A) \cdot c^{\beta}\,(B)$$

则该反应的反应级数为（$\alpha + \beta$），对 A 物质来说是 α 级，对 B 物质来说是 β 级。

对于基元反应，其反应级数就等于反应式中各物质化学计量数之和。但要注意的是，有的反应虽然由实验测得的反应级数与反应方程式中各物质化学计量数之和相等，但也不一定是基元反应。例如

$$H_2\,(g) + I_2\,(g) \rightarrow 2HI\,(g)$$

实验测得其反应速率方程式为：

$$v = k \cdot c\,(H_2) \cdot c\,(I_2)$$

反应级数为 2，是一个二级反应。因此，人们一直误认为它是一步完成的基元反应，也把它看成是典型的双分子反应。但近年来，无论从实验和理论的研究都证明，它不是一步完

成的基元反应，而是三分子复杂反应。

反应分子数和反应级数是两个不同的概念。反应分子数是指基元反应或组成复杂反应的基元反应步骤中发生反应所需要的粒子（原子、分子、离子或自由基）数目，只有知道了反应机理才能确定反应分子数，所以反应分子数是一个微观的概念。反应级数是实验测定的，是宏观概念。反应分子数只能是正整数，一般有单分子反应、双分子反应和三分子反应。三分子反应为数不多，至于三分子以上的反应，到目前为止尚未发现。反应级数则可以是零、整数或分数。

例 3－1： 在 1073K 时，测定反应 $2NO + 2H_2 \rightarrow N_2 + 2H_2O$ 的反应速率，得到如表 3－2 所示数据，试求该反应的速率方程式。

表 3－2　NO 和 H_2 的反应速率（1073 K）

实验编号	起始浓度 c，mol/L		生成 N_2（g）的速率 [mol/（L·s）]
	c（NO）	c（H_2）	
1	6.00×10^{-3}	1.00×10^{-3}	3.19×10^{-3}
2	6.00×10^{-3}	2.00×10^{-3}	6.36×10^{-3}
3	6.00×10^{-3}	3.00×10^{-3}	9.56×10^{-3}
4	1.00×10^{-3}	6.00×10^{-3}	0.48×10^{-3}
5	2.00×10^{-3}	6.00×10^{-3}	1.92×10^{-3}
6	3.00×10^{-3}	6.00×10^{-3}	4.30×10^{-3}

解：设该反应的速率方程式为：

$$v = k \cdot c^{\alpha}(\mathrm{NO}) \cdot c^{\beta}(\mathrm{H_2})$$

则可利用以下两种方法推导出式中的 α、β 值。

（1）观察法　从实验标号 1～3 可见，当 c（NO）保持不变，c（H_2）增加到原来的 2 倍时，反应速率 ν 增加到原来的 2 倍；当 c（H_2）增加到原来的 3 倍时，反应速率增加到原来的 3 倍。即：

$$v \propto c(\mathrm{H_2}) \qquad \therefore \beta = 1$$

同理，分析标号 4～6 的实验数据，可得：

$$v \propto c^2(\mathrm{NO}) \qquad \therefore \alpha = 2$$

合并两式得该反应的速率方程式为

$$v = k \cdot c^2(\mathrm{NO}) \cdot c(\mathrm{H_2})$$

（2）数学处理法　首先取标号 1～3 中任意两组数据代入所设的速率方程式，保持 c（NO）浓度不变而改变 c（H_2）的浓度。由速率方程式得：

$$v_1 = k \cdot c^{\alpha}(\mathrm{NO}) \cdot c_1^{\beta}(\mathrm{H_2})$$

$$v_2 = k \cdot c^{\alpha}(\mathrm{NO}) \cdot c_2^{\beta}(\mathrm{H_2})$$

两式相除得：

$$\frac{v_1}{v_2} = \left(\frac{c_1(\mathrm{H_2})}{c_2(\mathrm{H_2})}\right)^{\beta}$$

代入实验数据：

$$\frac{3.19\times10^{-3}}{6.36\times10^{-3}}=\left(\frac{1.00\times10^{-3}}{2.00\times10^{-3}}\right)^{\beta}$$

$$\therefore \beta=1$$

同理，代入标号4~6组中任意两组数据可得：

$$\alpha=2$$

故该反应的速率方程式为：

$$v=k\cdot c^2\text{（NO）}\cdot c\text{（}H_2\text{）}$$

（二）温度对化学反应速率的影响

化学反应速率对温度的变化很敏感，如氢、氧混合气体在常温常压下很难发生反应，若加热至600℃以上，便发生爆炸，反应在瞬间完成。荷兰化学家范特荷甫（J. H. Van't Hoff，1852~1911）总结了大量实验事实，定量地研究了反应速率对温度的依赖关系，归纳出一条经验规律：在一般情况下，反应温度每升高10℃，反应速率会增加2~4倍。此规律被称为范特荷甫规则。

上述规则指的是，当浓度及其他条件不变的情况下，温度对化学反应速率的影响。温度升高，大多数化学反应速率会加快，这一规则可通过反应速率的碰撞理论加以解释。温度升高，一方面分子的平均动能增大，导致反应速率加快。另一方面更重要的是温度升高，具有高能量的活化分子百分数增加，单位时间内有效碰撞次数显著增多，从而使反应速率加快。至于某些反应因温度升高反应速率反而下降，原因是多方面的，且比较复杂。如一些生物体内的酶催化反应，当温度超过一定限度，反应反而变慢，是由于高温引起酶破坏而造成。

1889年，瑞典化学家阿仑尼乌斯（S. Arrhenius，1859~1927）总结了大量实验事实，提出反应速率常数与温度之间存在的定量关系：

$$k=Ae^{-\frac{E_a}{RT}} \qquad (3-3)$$

将上式两边取对数可得

$$\ln k=-\frac{E_a}{\mathrm{R}}\cdot\frac{1}{T}+\ln A \qquad (3-4)$$

或

$$\lg k=-\frac{E_a}{2.303R}\cdot\frac{1}{T}+\lg A \qquad (3-5)$$

式（3-3）、（3-4）与（3-5）是阿仑尼乌斯方程式的不同表示方式，都称为阿仑尼乌斯方程式。

式中，R——摩尔气体常数，8.314J/（mol·K）；

T——热力学温标，K；

A——频率因子或指前因子，是与反应有关的特性常数，其单位与速率常数一致。

对给定的反应，在温度变化不大的范围内，可以认为 E_a 与 A 都不随温度的变化而变化。

分析阿仑尼乌斯方程式，可以得出以下推论：

（1）对某一给定反应，E_a 和 A 可视为常数，由于温度 T 与速率常数 k 之间呈对数

（或指数）关系，因此温度对速率常数和反应速率的影响十分显著。温度升高时，$e^{-\frac{E_a}{RT}}$随之增大，即 k 值增大，反应速率加快。

（2）当温度一定时，若几个反应 A 值相近，E_a 越大的反应 k 值越小，即活化能越大的反应进行得越慢。

（3）活化能不同的反应，温度变化对反应速率的影响程度不同。活化能越大的反应，受温度变化的影响越大，可由图 3－3 予以很好的说明。

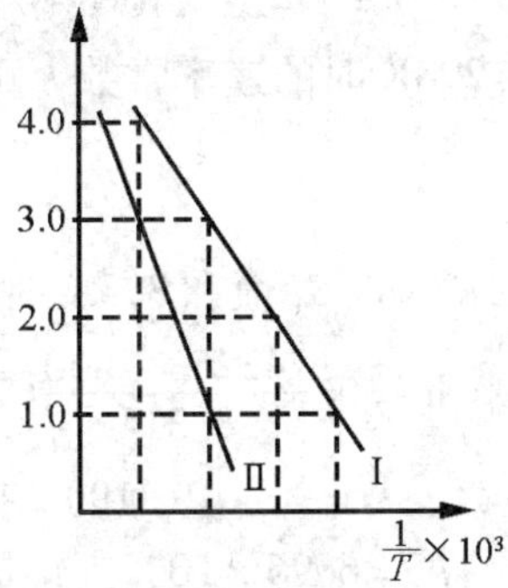

图 3－3　温度与反应速率的关系

图 3－3 反映了活化能与速率常数变化的关系。图中两条斜率不同的直线，分别代表活化能大小不同的两个反应。由阿仑尼乌斯方程式的对数形式（3－5）可知，lg$k$ 与 $1/T$ 呈直线关系，直线斜率为负值$\left(-\frac{E_a}{2.303R}\right)$。斜率绝对值较小的直线Ⅰ代表活化能较小的反应，斜率绝对值较大的直线Ⅱ（较陡）代表活化能较大的反应。

由图 3－3 可见，若反应温度从 1000 K 升高到 2000 K，则活化能较小的反应Ⅰ，其 lg$k$ 从 3 增加到 4，即 k 值增大为原 k 值的 10 倍；而活化能较大的反应Ⅱ，lg$k$ 从 1 增加到 3，其 k 值增大为原 k 值的 100 倍。由此可见，活化能较大的反应，其反应速率常数 k 随温度升高增加较快，反应速率受温度影响较大。

温度升高时可逆反应的平衡向吸热方向移动，也是这个道理。因为正向为吸热反应时，正反应活化能大于逆反应活化能，即 $E_a > E_a'$。温度升高会导致活化能较大的吸热反应的 k 值增加幅度较大，故其反应速率增加较多，平衡正向移动。

若反应在 T_1 时速率常数为 k_1，在温度 T_2 时速率常数为 k_2，则根据阿仑尼乌斯方程式有：

$$\ln k_1 = -\frac{E_a}{\mathrm{R}}\cdot\frac{1}{T_1}+\ln A$$

$$\ln k_2 = -\frac{E_a}{\mathrm{R}}\cdot\frac{1}{T_2}+\ln A$$

两式相减，得：

$$\ln\frac{k_2}{k_1}=\frac{E_a}{R}\left(\frac{1}{T_1}-\frac{1}{T_2}\right)=\frac{E_a}{R}\left(\frac{T_2-T_1}{T_1T_2}\right) \qquad (3-6)$$

式（3－6）是阿仑尼乌斯方程式的一种变换方式。利用式（3－6）可以进行以下有关计算：

（1）在已知反应活化能 E_a 的情况下，通过 T_1 温度下的速率常数 k_1，求 T_2 温度下的速率常数 k_2。

（2）已知 T_1 和 T_2 温度下的速率常数 k_1 和 k_2，求反应的活化能 E_a。

例 3－2：某药物在水溶液中发生分解，在 323K 和 343K 时测得该分解反应的速率常数分别为 $7.08\times10^{-4}\mathrm{h}^{-1}$和 $3.55\times10^{-3}\mathrm{h}^{-1}$，求该反应活化能和 298K 时的速率常数。

解：由式（3－6）得：

$$E_a = R\left(\frac{T_1T_2}{T_2-T_1}\right)\ln\frac{k_2}{k_1} = 8.314\times\left(\frac{323\times343}{343-323}\right)\times\ln\frac{3.55\times10^{-3}}{7.08\times10^{-4}}$$

$$=7.425\times10^4\ (\text{J/mol}) = 74.25\ (\text{kJ/mol})$$

在 298K 时的速率常数 k 可按下式计算：

$$\ln k_2 = \frac{E_a}{R}\left(\frac{T_2-T_1}{T_1T_2}\right)+\ln k_1$$

将求得的 E_a 值和 323K 时的 k_1 值代入上式，得：

$$\ln k_2 = \frac{74.25\times1000}{8.314}\left(\frac{298-323}{323\times298}\right)+\ln 7.08\times10^{-4}$$

$$= (-2.319) + (-7.253) = -9.572$$

$$k_2 = 6.96\times10^{-5}\ (\text{h}^{-1})$$

答：该反应活化能和 298K 时的速率常数分别为 74.25kJ/mol 和 $6.96\times10^{-5}\text{h}^{-1}$。

（三）催化剂对化学反应速率的影响

催化剂是一种能改变反应速率而在反应前后自身组成、数量和化学性质基本不变的物质。例如，由氯酸钾加热分解制备氧气的反应，当加入少量 MnO_2时，反应速率可大大加快，这里 MnO_2就是一种催化剂。

通常将能加快反应速率的催化剂称为正催化剂，简称催化剂。能减慢反应速率的催化剂称为负催化剂或阻化剂。而有些反应的产物本身就能作该反应的催化剂，从而使反应自动加速，这种催化剂称为自催化剂。例如，酸性溶液中高锰酸钾与草酸钠反应时，产物 Mn^{2+} 对反应的催化作用。一般情况下，如不加说明，指的都是正催化剂。

催化剂能加快化学反应速率的根本原因，是由于改变了反应途径，降低了反应的活化能。如图 3－4 所示，反应 A＋B→AB，所需的活化能为 E。在催化剂 C 的参与下，反应按以下两步进行

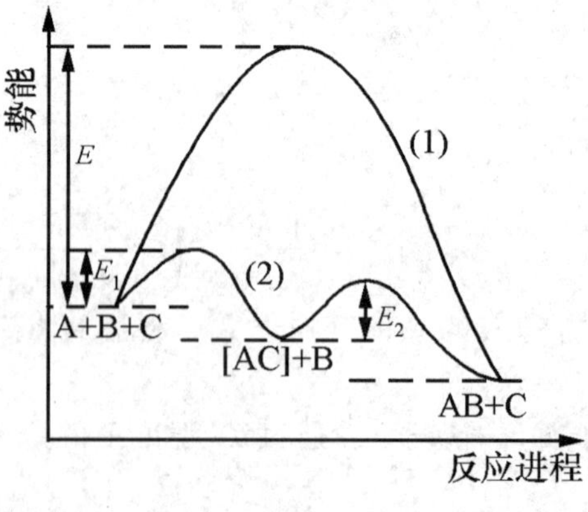

图 3－4　催化作用降低反应活化能示意图

（1）A＋C→AC

（2）AC＋B→AB＋C

第一步反应的活化能为 E_1，第二步反应的活化能 E_2，E_1 和 E_2 均小于 E，通过反应催化剂得以再生，从图 3－4 也可看出。反应途径的改变同时也降低了逆反应的活化能，故逆反应的反应速率也会加快。

综上所述，可知催化剂具有以下基本特点。

（1）催化剂在化学反应前后的质量和化学组成不变。但由于催化剂往往要参与反应，其物理性质可能变化。如 MnO_2 催化 $KClO_3$ 的分解制氧的反应，反应后 MnO_2 由较大的晶体变成了细小粉末。

（2）催化剂只能改变化学反应的速率，不能改变体系的始态和终态，不能改变自发反应的方向，即不能使非自发的反应自发进行。

（3）催化剂能同等程度地改变可逆反应的正、逆反应速率，因此催化剂能够缩短体系到达平衡的时间。但是催化剂不会引起化学平衡常数的变化，不会使平衡移动。

（4）催化剂具有选择性。一种催化剂通常只对一种或少数几种反应起催化作用。同样的反应物应用不同的催化剂可得到不同的产物。例如乙醇消除反应，采用不同的催化剂得到的产物不同（表 3－3）。

表 3－3　乙醇消去反应产物与催化剂的关系

反　应　物	生　成　物	催化剂（反应温度）
C_2H_5OH	$CH_3CHO + H_2$	Cu（473～523K）
C_2H_5OH	$C_2H_4 + H_2O$	Al_2O_3（623～633K）
C_2H_5OH	$(C_2H_5)_2O + H_2O$	浓 H_2SO_4（413K）

酶是一种特殊的、具有催化活性的生物催化剂，它存在于动物、植物和微生物中。一切与生命现象关系密切的反应大多是酶催化反应。例如，人类利用植物或其他动物体的物质，在体内经过错综复杂的化学反应，将这些物质转化为自身的一部分，使人类得以生存、活动、生长和繁衍，这些化学反应几乎全部是在酶的催化作用下进行的，可以说没有酶的催化作用就不可能有生命现象。

酶与一般的非生物催化剂相比较，具有以下主要特点。

（1）高度的催化活性　酶具有巨大的催化能力，其催化效率比非酶催化一般高 10^6～10^{10}倍。如食物中蛋白质的水解（即消化），在体外需在浓的强酸（或强碱）条件下煮沸相当长的时间才能完成，但在人体内正常体温 37℃时，在胃蛋白酶的作用下短时间内即可完成。又如，存在于血液中的碳酸酐酶能催化分解 H_2CO_3 为 CO_2 和 H_2O，1 个碳酸酐酶分子在 1 min 内可以催化 1.9×10^7 个 H_2CO_3 分子分解。正因为血液中存在如此高效的催化剂，才能及时完成排放 CO_2 的任务，以维持正常的生理 pH。

酶的高效催化的根本原因仍是它能充分降低反应的活化能。且不同的酶催化其效能不同。如过氧化氢分解反应（$H_2O_2 \longrightarrow 2H_2O + O_2\uparrow$）的活化能为 75348kJ/mol，用铂黑催化，活化能降为 48976kJ/mol，用过氧化氢酶催化，活化能降至 8372kJ/mol，反应速率增大 1 亿倍以上。

（2）高度的选择性（专一性）　一种酶只能催化一种或一类底物发生反应。如：淀粉酶催化淀粉水解，而磷酸酯的水解需要磷酸酶来催化。尿素酶只能催化尿素的水解反应，而对尿素的取代物的水解反应无催化作用。

（3）特殊的温度效应和 pH 范围　酶对温度非常敏感。酶催化一般都在比较温和的条件（常温常压）下进行，温度过高会引起酶蛋白变性，使酶失去催化活性。人体各种酶的最适宜温度是37℃左右。除此以外，反应系统的 pH 的大小也会影响酶蛋白的荷电状态及酶分子的立体结构。因而酶的活性常常都是在某一特定的 pH 范围内最大，这一特定的 pH 称为最适 pH。

酶分布在人体的各种器官和体液中。从化学反应的角度看，人体是一个极其复杂而又十分奥妙的酶催化系统。据报道，人体内的酶有近千种，60% 以上的含有微量元素铜、锌、锰、钼等，这些微量元素参与了各种酶的组成与激活，能使体内的反应顺利进行。

例 3-3：294K 时尿素水解为氨和二氧化碳反应的活化能为 126kJ/mol，同样温度下，若用尿素酶催化，则活化能降为 46kJ/mol。试计算：（1）酶催化剂的存在使反应速率加快了多少倍？（2）无酶催化剂存在时，温度要升高到多少度才能达到有酶时的反应速率？

解：（1）A 为常数，由式（3-3）可知，反应因酶的存在速率加快的倍数为：

$$\frac{k_2}{k_1} = e^{\frac{(E_{a_1} - E_{a_2})}{RT}} = e^{\frac{(126-46)\times 10^3}{8.314\times 294}} = 1.6\times 10^{14} \text{（倍）}$$

（2）欲使无催化剂时的速率与 294K 时有尿素酶催化时的速率相等，则有：

$$e^{-\frac{E_{a_1}}{RT_1}} = e^{-\frac{E_{a_2}}{RT_2}}$$

即：
$$-\frac{126\times 10^3}{8.314\times T_1} = -\frac{46\times 10^3}{8.314\times 294}$$

解得：$T_1 = 805$（K）

第二节　化学反应的限度

一个对人类有益的反应，其实用价值的大小，不仅取决于反应速率，更重要的是取决于反应进行的限度。在一定条件下，不同的化学反应进行的限度是不相同的。有些反应进行的比较彻底，反应物几乎全部转化为生成物，然而大多数化学反应进行到一定程度即达平衡状态。

一、可逆反应与化学平衡

在一定条件下，有的化学反应能向一个方向进行到底，即所有的反应物全部转化为生成物；而绝大多数的反应是不能向一个方向进行到底的，在反应物变成生成物的同时，生成物又变成反应物，也就是反应既可正向进行又可逆向进行，这样的反应称为可逆反应（reversible reaction）。绝大多数的化学反应都有一定的可逆性，但是有的逆反应倾向比较弱，从整体上看，反应实际上是向着一个方向进行的。例如，碘化银的沉淀反应。还有一些反应在进行时，逆反应发生的条件尚未具备，反应物即已耗尽。例如，二氧化锰作为催化剂的氯酸钾受热分解的反应。这些反应在习惯上称为不可逆反应。

可逆反应的特点是，在密闭的容器中反应不能进行到底。例如，373 K 时，将无色的 N_2O_4 气体放入 1L 抽空的密闭容器中，立刻出现红棕色。这是因为 N_2O_4 分解成了 NO_2。

$$\underset{\text{（无色）}}{N_2O_4} \rightarrow \underset{\text{（红棕色）}}{2NO_2}$$

N_2O_4 能否完全分解成为 NO_2 呢？隔一定时间对该体系进行分析，可得表 3－4 的数据。

表 3－4　N_2O_4－$2NO_2$ 平衡体系的建立

t，s	0	20	40	60	80	100
c（N_2O_4），mol/L	0.100	0.070	0.050	0.040	0.040	0.040
c（NO_2），mol/L	0.000	0.060	0.100	0.120	0.120	0.120

由表中数据可知，最多只有 0.060mol 的 N_2O_4 分解为 NO_2。这样的反应就是典型的可逆反应。

反应开始时，容器中仅有 N_2O_4 的分解反应。NO_2 一旦生成，逆反应便立即发生。

$$2NO_2 \rightarrow N_2O_4$$

随着反应的进行，N_2O_4 的浓度不断降低，正反应速率逐渐减慢；NO_2 浓度不断增大，逆反应速率逐渐加快。经过一定时间，正反应速率和逆反应速率相等了，N_2O_4 和 NO_2 的浓度都不再变化，这时建立了化学平衡：

$$N_2O_4 \rightleftharpoons 2NO_2$$

正、逆反应速率相等时，体系所处的状态称为化学平衡（chemical equilibrium）。化学平衡是一种动态平衡。

当一个化学反应达到化学平衡时具有如下特征。

（1）反应达到化学平衡时，正反应速率等于逆反应速率，这是化学平衡建立的条件。

（2）化学平衡是可逆反应进行的最大限度。只要外界条件不变，体系中反应物和生产物的浓度不再随时间改变，这是建立化学平衡的标志。

（3）化学平衡是有条件的、相对的动态平衡，当外界条件发生改变时，原有化学平衡就会被破坏而发生移动，直到建立新的平衡。

（4）化学平衡可以从两个方向达到，即不论从反应物开始或从生成物开始均能达到平衡。

二、化学平衡常数

我们可以用不同的方法建立 N_2O_4－NO_2 这个体系的平衡。表 3－5 给出三组实验数据，第一组实验从 N_2O_4 的分解反应开始，第二组实验从 NO_2 化合的方向开始，第三组实验由 N_2O_4、NO_2 的混合物开始。

表 3－5　NO_2－N_2O_4 体系的平衡浓度（373 K）

实验组号	化合物	初始浓度 c，mol/L	平衡浓度 c，mol/L	$[NO_2]^2/[N_2O_4]$
1	NO_2	0.000	0.120	$\frac{0.120^2}{0.040}=0.36$
	N_2O_4	0.100	0.040	
2	NO_2	0.100	0.072	$\frac{0.072^2}{0.014}=0.37$
	N_2O_4	0.000	0.014	
3	NO_2	0.100	0.160	$\frac{0.160^2}{0.070}=0.36$
	N_2O_4	0.100	0.070	

由表3－5可见，不论反应的初始浓度如何，也不论反应是从正向开始还是从逆向开始，最后都能建立平衡，且平衡时 $[NO_2]^2/[N_2O_4]$ 的比值是相同的，约为0.36。进一步研究发现，当温度发生变化时，$[NO_2]^2/[N_2O_4]$ 比值亦随之改变，但在给定温度下为一常数。

$$\frac{[NO_2]^2}{[N_2O_4]}=K_c$$

上述关系对一切可逆反应都适用。如可逆反应：

$$aA+bB\rightleftharpoons dD+eE$$

在一定温度下达到平衡时，都有如下关系：

$$\frac{[D]^d\ [E]^e}{[A]^a\ [B]^b}=K_c$$

K_c 称为浓度平衡常数。上式表示：在一定温度下，某可逆反应达到平衡时，产物浓度幂次方的乘积与反应物浓度幂次方的乘积之比为一常数。

平衡常数还可用 K_p 表示，是以各物质分压表示的平衡常数。

$$K_p=\frac{p_D^d\cdot p_E^e}{p_A^a\cdot p_B^b}$$

书写平衡常数表达式时应注意以下几个问题。

（1）K 值的大小与反应温度有关，同一反应在不同温度下进行，K 值不同。在一定温度下，可逆反应达到平衡时，生成物浓度方次的乘积与反应物浓度方次的乘积之比是一常数，它与反应的初始浓度无关。

（2）化学平衡常数表达式及其数值随化学方程式书写形式不同而不同。但实际含义却是相同的。

$$N_2+3H_2\rightleftharpoons 2NH_3\quad K_{p1}=\frac{p_{N_2}p_{H_2}^3}{p_{NH_3}^2}$$

$$\frac{1}{2}N_2+\frac{3}{2}H_2\rightleftharpoons NH_3\quad K_{p2}=\frac{p_{N_2}^{1/2}p_{H_2}^{3/2}}{p_{NH_3}}$$

即：$K_{p1}\neq K_{p2}$

（3）如果反应体系中有固态物质和纯液态物质参加，它们的浓度视为常数，不将它们写在表达式中。例如：

$$C(s)+CO_2(g)\rightleftharpoons 2CO(g)\qquad K=\frac{[CO]^2}{[CO_2]}$$

（4）对于在水溶液中进行的反应，无论是有水参与反应还是有水生成，均不写入平衡常数表示式中。

$$Cr_2O_7^{2-}+H_2O\rightleftharpoons 2CrO_4^{2-}+2H^+$$

$$K=\frac{[CrO_4^{2-}]^2\ [H^+]^2}{[Cr_2O_7^{2-}]}$$

但对于非水溶液中的反应，若有水参加，水的浓度不能视为常数，必须书写在平衡常数表达式。例如：

$$C_2H_5OH + CH_3COOH \rightleftharpoons CH_3COOC_2H_5 + H_2O$$

$$K = \frac{[CH_3COOC_2H_5][H_2O]}{[C_2H_5OH][CH_3COOH]}$$

三、多重平衡规则

在一个反应体系中若有多个平衡同时存在，并且一种物质同时参与几个平衡，这种现象称为多重平衡。例如，C、O_2、CO 和 CO_2 共存于一个反应体系中，此时至少同时存在着三个化学平衡：

(1) $C(s) + O_2(g) \rightleftharpoons CO_2(g) \quad K_1 = \frac{[CO_2]}{[O_2]}$ (3-7)

(2) $CO(g) + 1/2O_2(g) \rightleftharpoons CO_2(g) \quad K_2 = \frac{[CO_2]}{[CO][O_2]^{1/2}}$ (3-8)

(3) $C(s) + 1/2O_2(g) \rightleftharpoons CO(g) \quad K_3 = \frac{[CO]}{[O_2]^{1/2}}$ (3-9)

仔细观察可见，式（3-9）=式（3-7）-式（3-8）。若将式（3-7）和式（3-8）的平衡常数相除：

$$K_1 \div K_2 = \frac{[CO_2]}{[O_2]} \div \frac{[CO_2]}{[CO][O_2]^{1/2}} = \frac{[CO]}{[O_2]^{1/2}} = K_3$$

再如：(1) $SO_2(g) + 1/2O_2(g) \rightleftharpoons SO_3(g) \quad K_1 = \frac{[SO_3]}{[SO_2][O_2]^{1/2}}$ (3-10)

(2) $NO_2(g) \rightleftharpoons NO(g) + 1/2O_2(g) \quad K_2 = \frac{[NO][O_2]^{1/2}}{[NO_2]}$ (3-11)

(3) $SO_2(g) + NO_2(g) \rightleftharpoons SO_3(g) + NO(g) \quad K_3 = \frac{[NO][SO_3]}{[SO_2][NO_2]}$

可见，式（3-12）=式（3-10）+式（3-11），K_1 与 K_2 相乘等于 K_3。

$$K_1 \times K_2 = \frac{[SO_3]}{[SO_2][O_2]^{1/2}} \times \frac{[NO][O_2]^{1/2}}{[NO_2]} = \frac{[NO][SO_3]}{[SO_2][NO_2]} = K_3$$

由此得出多重平衡规则：即在相同的条件下，若干个反应方程式相加（减）所得到的化学反应的平衡常数为这些反应的平衡常数之积（或商）。利用多重平衡规则，可以方便地进行多种平衡同时存在时的计算。

第三节　化学反应进行的方向

任何一个平衡，包括化学平衡都只有在一定条件下，才能保持相对的和暂时的平衡状态，外界条件的变化将破坏平衡体系。对于化学平衡，如果浓度、压力、温度等外界条件发生变化，由于它们对正向反应速率和逆向反应速率产生不同的影响，原来的平衡状态就会被破坏，引起反应体系中各物质的浓度的改变，可逆反应从暂时的平衡变为不平衡，直至在新的条件下又达到新的平衡。在新的平衡状态下，各物质的浓度都已不是原来平衡时的浓度了。

这种因反应条件的改变，使可逆反应从一种平衡状态向另一种平衡状态转变的过程，称为化学平衡的移动。影响化学平衡的因素，主要有浓度、压力和温度。

一、浓度对化学平衡的影响

对于溶液中的某可逆反应，在任意状态下各生成物浓度幂的乘积与各反应物浓度幂的乘积之比称为“反应熵”以符号 Q 表示。与平衡表达式对应：

$$aA + bB \rightleftharpoons dD + eE$$

令

$$Q_c = \frac{c_D^d c_E^e}{c_A^a c_B^b}$$

式中 c_A、c_B 和 c_D、c_E 分别为各反应物和生成物的任意浓度，Q_c 可为任意数值，称为浓度熵。根据 Q_c 和 K_c 的相对大小，可判断反应是否已进行到最大限度（或达到平衡状态），判断处于非平衡状态的可逆反应进行的方向。当 $Q_c = K_c$ 时，体系处于平衡状态，当 $Q_c \neq K_c$ 时，体系处于非平衡状态。如果向平衡体系中增加反应物 A 和 B 的浓度时，$Q_c < K$，平衡被破坏，反应将向右进行，反应物 A 和 B 的浓度逐渐减小，生成物 D 和 E 的浓度逐渐增大，Q_c 也增大，当 $Q_c = K$ 时，体系处于新的平衡状态。新的平衡建立后，A、B、D、E 的浓度不同于原来平衡体系中的浓度。

同理，增加平衡体系中生成物 D 和 E 的浓度，或减小反应物 A 和 B 的浓度时，由于 $Q_c > K$，平衡将向左移动，至到 $Q_c = K$，建立新的平衡为止。

浓度对化学平衡的影响可概括如下：在其他条件不改变的情况下，增加反应物浓度或减少生成物浓度，化学平衡向正反应方向移动；反之若增加生成物浓度或减少反应物浓度，化学平衡向着逆反应方向移动。

例 3-4：反应 $CO(g) + H_2O(g) \rightleftharpoons CO_2(g) + H_2(g)$，在 373K 时，平衡常数 $K = 9.0$，如反应开始时 CO 和 H_2O 的浓度都是 0.020mol/L。计算在此条件下，CO 的转化率最大是多少？若将开始时 H_2O 的浓度增大为原来的 4 倍，其他条件不变，CO 的转化率又是多少？

解：(1) 设平衡时有 xmol/L 的 CO_2 和 H_2 生成

	$CO(g)$	$+H_2O(g)$	$\rightleftharpoons CO_2(g)$	$+H_2(g)$
初始浓度	0.020	0.020	0	0
平衡浓度	$0.020 - x$	$0.020 - x$	x	x

据 $\frac{[CO_2][H_2]}{[CO][H_2O]} = K$，可得 $\frac{x^2}{(0.020 - x)^2} = 9.0$

$$x = 0.015\ (\text{mol/L})$$

$$\text{转化率} = \frac{0.015}{0.020} \times 100\% = 75\%$$

(2) 设若将 H_2O 的浓度增大为原来的 4 倍，即为 0.08mol/L，反应达到平衡时 CO_2 的浓度为 y，因为温度未变，所以 K 仍为 9.0，同样的计算方法可得 $y = 0.0194$mol/L。

此时 CO 的转化率 $= \frac{0.0194}{0.020} \times 100\% = 97\%$

由计算结果可见，对于一个平衡体系，增大某一反应物的浓度，能使生成物的浓度增加，并使另一与其作用的反应物转化率提高。

二、压力对化学平衡的影响

对于在液相和固相中发生的反应，改变压强，对平衡体系几乎不产生影响，但对有气体参加的反应就可能有影响。

对于有气体参加的任一反应：

$$aA + bB \rightleftharpoons dD + eE$$

Q_p 称为分压熵，p_A、p_B 和 p_D、p_E 分别为各反应物和产物的任意分压，当 $Q_p = K_p$ 时，体系处于平衡状态。恒温时对气体反应平衡体系，增加或减少总压，体系中各组分的分压将增加或减少相同的倍数，就有可能影响到反应的 Q_p，影响到化学平衡。压力改变对化学平衡的影响分两个方面。

（1）如果反应物气体分子总数与生成物的气体分子总数相等，即 $a + b = d + e$，增加压力和减小压力都不会改变 Q_p 值，仍 $Q_p = K_p$，平衡不发生移动。如：

$$H_2(g) + I_2(g) \rightleftharpoons 2HI(g)$$

因为增大或减小压力对生成物和反应物的分压产生的影响是等效的，所以压力的变化不会对平衡产生影响。

（2）如果反应物气体分子总数与生成物的气体分子总数不相等，即 $a + b \neq d + e$，增加压力和减小压力都会改变 Q_p 值，使得 $Q_p \neq K_p$，平衡将会发生移动。例如：

$$N_2 + 3H_2 \rightleftharpoons 2NH_3$$

增加总压力，平衡向生成 NH_3 的方向移动，即向气体分子数减少的方向移动；减小总压力，平衡向生成 N_2 和 H_2 的方向移动，即向气体分子数增加的方向移动。

压强对化学平衡的影响可归纳为：在其他条件不变的情况下，增大压强，化学平衡向着气体分子计量总数减少的方向移动；减小压强，化学平衡向着气体分子计量总数增加的方向移动。

三、温度对化学平衡的影响

温度对化学平衡的影响与前两种情况有本质的区别，改变浓度或压力只能使平衡点改变，而温度的改变，却导致了平衡常数值的改变。

温度对化学平衡的影响直接取决于化学反应的热效应。放出热量的反应叫放热反应，放出的热量常用“+”号表示在化学方程式右边；吸收热量的反应叫吸热反应，吸收的热量常用“-”号表示在化学方程式的右边。对于可逆反应，如果正向反应是放热反应，逆向反应一定是吸热反应，而且放出的热量和吸收的热量相等。例如，二氧化氮生成四氧化二氮的反应：

$$2NO_2 \rightleftharpoons N_2O_4 + 56.9kJ$$

在这个反应中，正向反应为放热反应，逆向反应为吸热反应。

温度对化学平衡的影响是：在其他条件不变时，升高温度，平衡向吸热反应的方向移动；降低温度，平衡向放热反应的方向移动。

综合以上影响平衡移动的各种结论，可以得出一个更为概括的规律。这就是法国科学家理查特（H. Le chatelier，1850～1936）在 1887 年提出的原理：假如改变平衡系统的条件之一，如浓度、压力或温度，平衡就向减弱这种改变的方向移动。

理查特原理是一条普遍的规律，它对于所有的动态平衡（包括物理平衡）都是适用的，但必须注意，它只能应用在已经达到平衡的体系。对于未达到平衡的体系是不能应用的。

习　题

1. 试用各组分浓度随时间的变化率表示下列反应的瞬时速率，并写出各速率之间的相互关系。

（1）$2N_2O_5 \rightarrow 4NO_2 + O_2$

（2）$4HBr + O_2 \rightarrow 2Br_2 + 2H_2O$

2. 什么是质量作用定律？应用时有什么限制？

3. 温度升高，化学反应的正反应速率和逆反应速率都加快，为什么化学平衡会发生移动？

4. 判断下列说法是否正确：

（1）在某反应的速率方程式中，若反应物浓度的方次与反应方程式中的计量系数相等，则反应一定是基元反应。

（2）反应速率常数与温度有关，而与物质的浓度无关。

（3）在一定温度下，反应的活化能越大，其反应速率也越大。

（4）催化剂只能同时加快正、逆向的反应速率，而不能改变其平衡状态。

5. 试解释下列问题：

（1）浓度、压力、温度、催化剂对反应速率的影响；

（2）浓度、压力、温度、催化剂对化学平衡的影响。

6. 已知反应 $H_2 + I_2 \rightleftharpoons 2HI$ 的速率方程为 $v = k \cdot c(H_2) \cdot c(I_2)$，若 H_2 和 I_2 的浓度都为 2.00mol/L 时，反应速率为 0.10mol/（L·s）。

（1）求 $[H_2] = 0.10$mol/L，$[I_2] = 0.50$mol/L 时的反应速率。

（2）若反应进行一段时间后，体系内 $[H_2] = 0.60$mol/L，$[I_2] = 0.10$mol/L，$[HI] = 0.20$mol/L。求反应开始时的反应速率。

7. $HI(g) + CH_3I(g) \rightarrow CH_4(g) + I_2(g)$ 反应，在 650 K 时速率常数是 2.0×10^{-5}，在 670K 时速率常数是 7.0×10^{-5}，求该反应的活化能 E_a。

8. 300K 时，反应：$H_2O_2(aq) \rightarrow H_2O(l) + \frac{1}{2}O_2(g)$ 的活化能为 75.3kJ/mol。若用 I^- 催化，活化能降为 56.5kJ/mol。若用酶催化，活化能降为 25.1kJ/mol。试计算在相同温度下，该反应用 I^- 催化及酶催化时，其反应速率分别是无催化时的多少倍？

9. 已知反应 $N_2(g) + O_2(g) \rightleftharpoons 2NO(g)$ 的 $K_c = 0.100$（273K）。判断在 273 K 时，下列各种起始状态反应自发进行的方向。

状态	起始浓度		
	c（N_2）	c（O_2）	c（NO）
Ⅰ	0.81	0.81	0
Ⅱ	0.98	0.68	0.26
Ⅲ	1.0	1.0	1.0

第四章 酸碱平衡

酸碱是两类及其重要的化学物质，在日常生活中我们几乎每天都要接触到不同的酸碱。酸碱反应又是一类极为重要的化学反应，大量的化学变化也都属于酸碱反应的范畴。大多数药物也都是有机弱酸或弱碱，在这些药物的制备、分析及体内吸收过程中，环境的pH对它们的存在状态都有很大的影响。

第一节 酸碱质子理论

人们对酸、碱的认识经历了一个由浅入深、由现象到本质的逐步完善过程，通过对酸、碱物质的性质、组成及结构关系的研究，先后提出了多种酸碱理论。1887年阿仑乌尼斯提出的酸碱电离理论认为：凡是在水溶液中能够解离产生H^+的物质是酸（acid），能够解离产生OH^-的物质是碱（base）。酸碱反应的实质是H^+与OH^-结合生成H_2O的反应。这一理论曾一定程度上提高了人们对酸碱本质的认识，对化学的发展起到了积极的作用。但随着化学学科的发展，人们发现电离理论具有明显的局限性，首先电离理论将酸、碱这两种密切相关的物质完全割裂开来，并将酸、碱及酸碱反应仅限于水溶液中，对于非水溶液中进行的反应无法给出合理的解释。如HCl和NH_3在苯中生成NH_4Cl的反应，表现出了酸碱中和反应的性质，但它们并不解离出H^+和OH^-。而且许多不含H^+和OH^-的物质也能表现出酸碱性质（如Na_2CO_3显碱性，却不含OH^-），这是电离理论无法解释的。这说明酸碱电离理论尚不完善，需要进一步补充和发展。后来有不少学者提出过各种酸碱理论，其中较重要的是酸碱质子理论。

一、酸碱质子理论

酸碱质子理论是1923年丹麦化学家布朗斯特（J. N. Brönsted，1879～1947）和英国化学家劳瑞（T. M. Lowry，1874～1936）分别提出的。他们认为：凡是能给出质子（H^+）的物质都是酸，凡能接受质子的物质都是碱。例如，HCl、NH_4^+、HCO_3^-、$H_2PO_4^-$等都是酸，因为它们都能给出质子；Cl^-、NH_3、CO_3^{2-}、HPO_4^-都是碱，因为它们都能接受质子。

根据酸碱质子理论，酸和碱不是孤立的，酸给出质子后即成为碱，碱接受质子后就变成酸。它们的关系如下：

$$\text{酸} \rightleftharpoons \text{碱} + \text{质子} \tag{4-1}$$

$$HCl \rightleftharpoons Cl^- + H^+$$

$$HAc \rightleftharpoons Ac^- + H^+$$

$$H_2O \rightleftharpoons OH^- + H^+$$

$$H_3O^+ \rightleftharpoons H_2O + H^+$$

$$NH_4^+ \rightleftharpoons NH_3 + H^+$$

$$H_2PO_4^- \rightleftharpoons HPO_4^{2-} + H^+$$

$$HPO_4^{2-} \rightleftharpoons PO_4^{3-} + H^+$$

$$[Al(H_2O)_6]^{3+} \rightleftharpoons [Al(H_2O)_5OH]^{2+} + H^+$$

上述关系式又称为酸碱半反应式，酸释放出一个质子后形成其共轭碱，或者说碱结合一个质子后形成其共轭酸。酸与碱的这种相互依存关系称为共轭关系，等式两边的酸碱称为共轭酸碱对。

从以上例子可以看出：

（1）在酸碱质子理论中酸和碱可以是分子，也可以是阳离子或阴离子。如 HCl 、HAc 是分子酸，而 NH_4^+ 则是离子酸。Cl^-、PO_4^{3-} 是离子碱。

（2）在酸碱质子理论中酸和碱具有相对性。例如，HPO_4^{2-} 既能给出质子表现为酸，也能结合质子表现为碱，称其为两性物质。同理，H_2O 也是两性物质。

（3）在酸碱质子理论中没有盐的概念。如 Na_2CO_3 在电离理论中称为盐，但酸碱质子理论认为 CO_3^{2-} 是碱，而 Na^+ 它既不给出质子，又不接受质子，是非酸非碱物质。

（4）在共轭酸碱对中，共轭酸的酸性愈强，其共轭碱的碱性愈弱；共轭酸的酸性愈弱，其共轭碱的碱性愈强。

必须指出的是，上述各酸碱半反应中释放出的质子是不能单独存在的，必须有一种物质接受这个质子。这就是所谓的“有酸才有碱，有碱才有酸、酸中有碱，碱可变酸”。

二、酸碱反应

按照酸碱质子理论，酸在水溶液中之所以表现出酸性，实质上是酸与水分子之间发生了质子转移的结果。或者说，酸给出质子，水分子接受质子，这实际上是一种酸碱反应。例如：

$$\underset{酸_1}{HCl} + \underset{碱_2}{H_2O} \rightleftharpoons \underset{酸_2}{H_3O^+} + \underset{碱_1}{Cl^-}$$

显然，上述反应涉及到两个共轭酸碱对，即酸$_1$－碱$_1$ 和酸$_2$－碱$_2$。酸碱反应的实质是两个共轭酸碱对之间的质子转移反应。这样就大大地扩大了酸碱反应的范围，它可以把电离理论中的解离反应、中和反应、水解反应都归纳为酸碱反应，也就是质子转移反应。例如：

$$H_3O^+ + OH^- \rightleftharpoons H_2O + H_2O \quad （中和反应）$$

$$HCl + H_2O \rightleftharpoons H_3O^+ + Cl^- \quad （解离反应）$$

$$HAc + H_2O \rightleftharpoons H_3O^+ + Ac^- \quad （解离反应）$$

$$NH_4^+ + H_2O \rightleftharpoons H_3O^+ + NH_3 \quad （水解反应）$$

（以上各式中，箭头标注 H^+ 由左边第一种物质转移给第二种物质。）

$$H_2O + Ac^- \xrightleftharpoons{} HAc + OH^-$$ （水解反应）

（H^+ 由 H_2O 转移给 Ac^-）

这种质子传递反应，既不要求反应必须在溶液中进行，也不要求先生成独立的质子再加到碱上，而只是质子从一种物质（酸$_1$）转移到另一种物质（碱$_2$）中去。因此，反应可在水溶液中进行，也可在非水溶液或气相中进行。如：

$$NH_3\text{（g）} + HCl\text{（g）} \rightleftharpoons NH_4^+Cl^-$$

在质子传递反应中，存在着争夺质子的过程。其结果必然是强碱夺取强酸的质子，强碱转化为它的共轭酸（弱酸）；强酸转化为它的共轭碱（弱碱）。也就是说，酸碱反应总是由较强的酸和较强的碱反应生成较弱的酸和较弱的碱。

三、酸碱的强度

根据酸碱质子理论，具有共轭关系的酸碱对其强度是互相制约的。酸给出质子能力愈强，即酸性越强，其共轭碱的碱性则越弱；同理，碱接受质子能力越强，即碱性越强，其共轭酸的酸性则越弱。例如，HCl 是很强的酸，其对应的 Cl^- 便是很弱的碱；HAc 的酸性较弱，其对应的 Ac^- 便是很强的碱。因此，从酸性上看 HCl > HAc；从碱性上看 $Ac^- > Cl^-$。

酸碱在溶液中所表现出来的强度不仅与酸碱的本性有关，而且也与溶剂的性质有关。同一种酸在不同的溶剂中由于溶剂接受质子能力不同而显示不同的酸性。例如，HAc 在 H_2O 中表现为弱酸，在液 NH_3 中表现为强酸。这是由于接受质子能力 $NH_3 > H_2O$。HNO_3 在 H_2O 中是强酸，在冰醋酸中酸的强度大为减弱，在 H_2SO_4 中则表现为弱碱。其原因就是冰醋酸、H_2SO_4 是酸性溶剂，冰醋酸接受质子能力小于 H_2O，H_2SO_4 给出质子能力大于 HNO_3。

$$HNO_3 + HAc \rightleftharpoons H_2Ac^+ + NO_3^-$$

（H^+ 由 HNO_3 转移给 HAc）

$$HNO_3 + H_2SO_4 \rightleftharpoons H_2NO_3^+ + HSO_4^-$$

（H^+ 由 H_2SO_4 转移给 HNO_3）

$HClO_4$、HCl、H_2SO_4、HNO_3 在冰醋酸中，四强酸的顺序为 $HClO_4 > HCl > H_2SO_4 > HNO_3$，冰醋酸将这四种强酸的强弱区分开来了，这种能够区分酸碱强度的作用称为区分效应。

在水中这四种强酸的强度都表现为 H_3O^+ 的水平，它们的相对强弱在水溶液中显示不出来。H_3O^+ 是水溶液中最强酸的形式。水对这四种强酸起着拉平的作用，称为拉平效应。

酸碱质子理论发展了经典电离理论，扩大了酸碱的定义和酸碱反应的范围，突破了酸碱反应必须在水溶液中进行的局限性，解释了非水溶剂或气体间的酸碱反应，把电离理论中的解离反应、水解反应都归结为质子传递反应，同时把酸碱的性质和溶剂的性质相联系，建立了酸碱的强度与质子传递反应的辩证关系。

第二节　溶液的酸碱性

水是最重要的溶剂，一些生命现象均与水溶液中的反应有关。水溶液的酸碱性取决于溶质和水的解离平衡。

一、水的解离平衡

水是一种酸碱两性物质，它既可给出质子，又可接受质子。在水分子之间也能发生质子转移，称为质子自递反应。

$$H_2O + H_2O \overset{H^+}{\rightleftharpoons} H_3O^+ + OH^-$$

其平衡常数表示式为：

$$K = \frac{[H_3O^+][OH^-]}{[H_2O]^2}$$

因为水是极弱电解质，自递反应十分弱，故将 $[H_2O]$ 看成常数

$$[H_3O^+][OH^-] = K[H_2O]^2 = K_w$$

为简便起见 $[H_3O^+]$ 写成 $[H^+]$，则：$K_w = [H^+][OH^-]$　　(4－2)

K_w 称为水的质子自递平衡常数，又称水的离子积。

实验测得，在 295 K 时，纯水中 $[H^+] = [OH^-] = 1 \times 10^{-7}$ mol/L，代入式（4－2）可得

$$K_w = [H^+][OH^-] = 1.0 \times 10^{-14} \quad (4-3)$$

水的质子自递作用是吸热过程，故 K_w 随温度升高而增大，但室温下改变不大，均可按 1.0×10^{-14} 计算。

水的质子自递常数 K_w 不仅适用于纯水，也适用于水的稀溶液。只要知道水溶液的 H^+ 浓度，就可计算出 OH^- 浓度；反之亦然。故可以用 H^+ 浓度或 OH^- 浓度表示溶液的酸碱性。

二、溶液的酸度

一般溶液中酸的浓度，直接用酸的物质的量浓度 c 表示；酸度则用 $[H^+]$ 表示。如 0.1mol/L 的 HCl 溶液与 0.1mol/L 的 HAc 溶液浓度相同，但酸度显然不同。当 H^+、OH^- 浓度较小时，如血清中 $[H^+] = 3.98 \times 10^{-8}$ mol/L，用浓度表示溶液的酸碱度就很不方便。为此常用 $[H^+]$ 的负对数即 pH 来表示

$$pH = -\lg[H^+] \quad (4-4)$$

同样，也可以用 $[OH^-]$ 的负对数 pOH 来表示溶液的酸碱性，即：$pOH = -\lg[OH^-]$。由于常温下 $[H^+][OH^-] = 1 \times 10^{-14}$，故：

$$pH + pOH = 14$$

pH 的概念不仅仅在化学领域而且在医学、生物学中也很重要，人体的各种体液都有

一定的 pH 范围，见表 4－1。

表 4－1　人体各种体液的 pH

体液	pH	体液	pH
血清	7.35～7.45	大肠液	8.3～8.4
成人胃液	0.9～1.5	乳汁	6.6～6.9
婴儿胃液	5.0	泪液	～7.4
唾液	6.35～6.85	尿液	4.8～7.5
胰液	7.5～8.0	脑脊液	7.35～7.45
小肠液	～7.6		

pH 使用范围一般在 0～14 之间，对于更强的酸性或碱性溶液（即 $[H^+]>1$ 或 $[OH^-]>1$）用“物质的量”浓度表示酸碱度反而比较方便。

在生产和科学研究工作中，控制和测定溶液的 pH 非常重要。如在药物分析和药剂工作中，经常需要控制酸度。人的血液 pH 维持在 7.35～7.45，故药物注射液的 pH 都有规定。测定溶液 pH 的方法很多，使用酸度计可以准确地测定出溶液的 pH，如果只需要知道溶液的大概 pH，使用酸碱指示剂或 pH 试纸比较方便。

三、酸碱指示剂

酸碱指示剂是一种在不同 pH 溶液中能发生自身结构变化而显示不同颜色的有机化合物。常用的酸碱指示剂是有机弱酸或有机弱碱。它们在溶液中存在酸式（即弱酸结构）和碱式（即弱酸的共轭碱结构）两种形式，而且这两种形式具有不同的颜色。当溶液的 pH 改变时，指示剂失去质子由酸式色型转化为碱式色型或得到质子由碱式色型转化为酸式色型，从而引起溶液颜色变化。例如，酚酞指示剂是一种有机弱酸，其酸式结构为无色，而碱式结构为红色。

若以 HIn 和 In^- 分别表示酸碱指示剂的酸式和碱式，则在溶液中存在如下质子转移平衡：

$$\underset{(\text{酸式})}{HIn} + H_2O \rightleftharpoons H_3O^+ + \underset{(\text{碱式})}{In^-}$$

$$K_{HIn} = \frac{[H_3O^+][In^-]}{[HIn]}$$

式中，K_{HIn} 是酸碱指示剂的质子转移平衡常数。

$$[H_3O^+] = K_{HIn}\frac{[HIn]}{[In^-]}$$

$$pH = pK_{HIn} + \lg\frac{[In^-]}{[HIn]} \qquad (4-5)$$

对于给定的指示剂，在一定温度下，pK_{HIn} 是一定值，$[In^-]/[HIn]$ 的比值取决于溶液的 pH，而溶液的颜色又与 $[In^-]/[HIn]$ 的比值有关。即当溶液的 pH 改变时，$[In^-]/[HIn]$ 的比值随之改变，溶液的颜色也逐渐发生变化。这就是酸碱指示剂的变色原理。一般来说，酸碱指示剂变色情况如下：

(1) 当 [In^-] / [HIn] =1 时，溶液的 pH = pK_{HIn} 称为指示剂的理论变色点，指示剂在溶液中显现的颜色是酸式或碱式浓度相等混合后的中间混合色。

(2) 当 [In^-] / [HIn] ≥10 时，人的视觉观察到的是 In^-（碱式）的颜色。

(3) 当 [In^-] / [HIn] ≤0.1 时，人的视觉观察到的是 HIn（酸式）的颜色。

当 [In^-] / [HIn] 在 0.1 ~ 10 范围，即 pH 在 $pK_{HIn}-1$ 与 $pK_{HIn}+1$ 之间时，溶液显现混合色，这时人们的视觉才能明显地观察出指示剂的两种颜色的逐渐变化。因此，溶液的 pH = $pK_{HIn}\pm1$ 称为指示剂的理论变色范围。由于人的视觉对各种色彩的敏感程度不同，以及混合色区两种颜色的干扰，故实际指示剂的变色范围都不是 2 个 pH 单位。表 4 -2 列出了几种常见酸碱指示剂的变色范围。

表 4 -2　常见酸碱指示剂变色范围

指示剂	变色范围（pH）	酸式色	过渡色	碱式色	pK_{HIn}
百里酚蓝	1.2 ~ 2.8	红	橙	黄	1.7
甲基橙	3.1 ~ 4.4	红	橙	黄	3.7
甲基红	4.4 ~ 6.2	红	橙	黄	5.0
溴百里酚蓝	6.0 ~ 7.6	黄绿蓝			7.3
中性红	6.8 ~ 8.0	红	橙	黄	7.4
酚酞	8.0 ~ 9.6	无色	粉红	红	9.1
百里酚酞	9.4 ~ 10.6	无色	淡蓝	蓝	10.0

用酸碱指示剂测定溶液的 pH 是很粗略的，要精确测定溶液的 pH 需借助于 pH 计，其原理和使用方法可参阅有关实验资料。

第三节　电解质溶液

电解质是指在水溶液中或熔融状态下能导电的物质，其水溶液称为电解质溶液。电解质有强电解质和弱电解质之分，在水溶液中完全解离的称为强电解质，部分解离的称为弱电解质。

一、强电解质

电解质的解离程度可以定量地用解离度来表示，解离度 α 是指电解质达到解离平衡时，已解离的分子数和原有的分子总数之比。

$$\alpha = \frac{\text{已解离的分子数}}{\text{原有分子总数}} \times 100\% \qquad (4-6)$$

根据近代物质结构理论，强电解质在水中是完全解离的，其解离度应该是 100%。但是根据电导实验所测得的强电解质在水溶液中的解离度都小于 100%。如 0.10mol/L 的 KCl 溶液 α = 86%，H_2SO_4 的 α = 61% 等。

(一) 离子相互作用理论

为了揭示水溶液中强电解质的解离度都小于 100% 这一矛盾，1923 年德拜（P. Debye,

荷兰，1884~1966）和休克尔（E. Hückel，德国，1896~）提出了离子相互作用理论。该理论认为，强电解质溶于水是完全解离的，但由于不同电荷的离子之间的相互吸引和相同离子之间的相互排斥作用，使得离子在溶液中的分布不均匀。阳离子周围有较多阴离子，阴离子周围有较多阳离子，结果每一个离子都被异号电荷所包围，形成了“离子氛”（ionic atmosphere），如图 4-1 所示。离子在不断地运动着，所以“离子氛”不断形成，又不断拆散，结果是离子自由活动的能力减弱。当外电场作用时，决定导电离子的运动速率也就相应地降低，溶液中离子浓度越大，这种现象越明显。

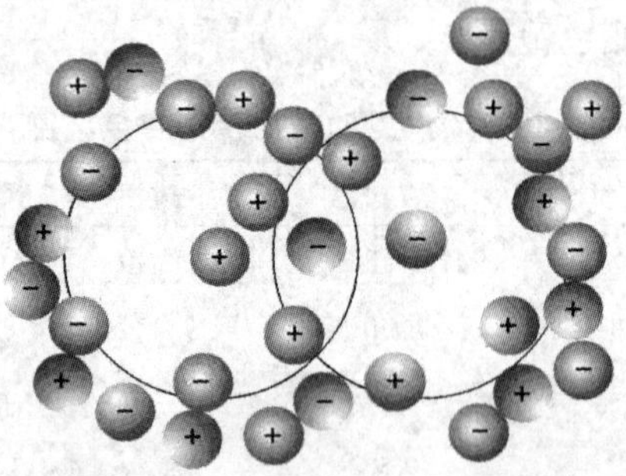

图 4-1　“离子氛”示意图

由此可以看出，强电解质与弱电解质的解离度意义不同，强电解质的解离度反映溶液中离子的相互牵制作用的强弱，通常称为表观解离度；弱电解质解离度则表示弱电解质解离的百分数。

（二）活度和活度系数

由于强电解质溶液中离子之间的相互牵制作用，使得离子的有效浓度（表观浓度）比理论浓度（配制浓度）小。离子的有效浓度称为活度，用 a 表示，活度等于活度系数乘以理论浓度。活度系数是量纲为 1 的量，$\gamma<1$。

$$a=\gamma\cdot c \qquad (4-7)$$

式中：c 为离子的理论浓度；γ 为活度系数，反映了离子之间相互牵制作用的大小。离子浓度越大，电荷越高，离子之间相互牵制的作用越强，γ 越小，活度与浓度之间差别越大。反之，当浓度极稀时，离子之间平均距离增大，相互牵制的作用极小，γ 趋近于 1，活度越接近浓度。在近似计算中，通常将中性分子、液态和固态纯物质、纯水以及弱电解质的活度系数均视为 1。

（三）离子强度

离子的活度系数，不仅与本身浓度有关，也与离子所带的电荷数有关。同时还受到溶液中其他各种离子的浓度和电荷的影响。为了进一步衡量溶液中离子之间相互作用情况，人们引入了离子强度的概念。

离子强度定义为：

$$I=\frac{1}{2}\left(b_1z_1^2+b_2z_2^2+b_3z_3^2+\cdots+b_iz_i^2\right)=\frac{1}{2}\sum b_iz_i^2 \qquad (4-8)$$

式中：I 为离子强度；b_1、b_2、b_3…分别为各离子质量摩尔浓度；z_1、z_2、z_3…分别为各离子所带电荷数。

离子强度是溶液中存在的离子所产生的电场强度的量度，它仅与溶液中各种离子浓度和电荷有关，而与离子本性无关。

溶液的离子强度对离子的活度系数有明显的影响。表 4－2 列出 298.15K，不同电荷的离子活度系数与离子强度的关系。从表 3－2 看出，溶液的离子强度越大，离子所带电荷越多，离子间相互牵制作用越强，活度系数越小。反之，活度系数越大。离子强度相同时，离子所带电荷越多，活度系数越小。当溶液中的离子强度很小（$I<1\times10^{-4}$ mol/kg）时，$\gamma\rightarrow1$，活度越接近浓度。

表 4－2　不同离子强度时的活度系数

离子强度（mol/kg）	活度系数		
	$z=1$	$z=2$	$z=3$
1×10^{-4}	0.99	0.95	0.90
5×10^{-4}	0.97	0.90	0.80
1×10^{-3}	0.96	0.86	0.73
5×10^{-3}	0.92	0.72	0.51
1×10^{-2}	0.89	0.63	0.39
5×10^{-2}	0.81	0.44	0.15
0.1	0.78	0.33	0.08
0.2	0.70	0.24	0.04

例 4－1：0.010mol/kg 的 HCl 溶液中，同时含有 0.090mol/kg 的 KCl，求该溶液中的 H^+ 离子活度。

解：$I=\frac{1}{2}\left[0.010\times1^2+0.010\times(-1)^2+0.090\times1^2+0.090\times(-1)^2\right]=0.10$（mol/kg）

从表 4－2 查出 $I=0.10$ 时，一价离子 $\gamma=0.78$

$$a(H^+)=\gamma\cdot c=0.78\times0.010=0.0078\ (\text{mol/kg})$$

答：该溶液中的 H^+ 离子活度为 0.0078mol/kg。

活度与离子强度等概念，对理解生物化学过程有重要意义。人体血液中存在多种离子，其离子强度约为 0.16mol/kg。

二、弱电解质溶液

强电解质在水溶液中全部解离，而弱电解质则为部分解离，未解离的电解质分子与已解离的离子之间存在着解离平衡，在此讨论较重要的弱酸、弱碱溶液。

（一）一元弱酸、弱碱的解离平衡

1. 解离平衡常数

一元弱酸（HAc、NH_4^+）、一元弱碱（NH_3、Ac^-）在水溶液中发生解离，即质子转移，用 HB 表示一元弱酸，B^- 表示其共轭碱。

$$HB + H_2O \rightleftharpoons H_3O^+ + B^-$$

平衡时：

$$K_a = \frac{[H_3O^+][B^-]}{[HB]} \tag{4-9}$$

式中，K_a 为弱酸的质子转移平衡常数，即酸的解离常数，表示弱酸在水溶液中释放质子的能力。不同的酸具有不同的解离常数 K_a，表示它们在水溶液中的相对强度。K_a 越大，说明酸在水溶液中越易给出质子，酸性越强。例如，HAc 和 NH_4^+ 的 K_a 分别为 1.76×10^{-5} 和 5.6×10^{-10}，故其酸性强弱顺序为：HAc > NH_4^+。

同理，一元弱碱（B^-）在水溶液中发生质子转移平衡。

$$B^- + H_2O \rightleftharpoons OH^- + HB$$

$$K_b = \frac{[HB][OH^-]}{[B^-]} \tag{4-10}$$

K_b 为弱碱质子转移平衡常数，通常称为碱的解离常数，表示弱碱在水溶液中接受质子的能力的大小。K_b 越大，越易接受质子，碱性越强。

由于一些弱酸、弱碱的解离常数 K 很小，为使用方便，常用 K_a 或 K_b 的负对数即 pK_a 或 pK_b 来表示。表 4－3 列出了一些常见弱酸、弱碱的解离常数。

表 4－3　某些弱酸和弱碱的质子转移平衡常数（298K）

酸或碱	分子式	K_a 或 K_b	pK_a 或 pK_b
甲酸	HCOOH	1.77×10^{-4}	3.74
乙酸	CH_3COOH	1.76×10^{-5}	4.75
氢氟酸	HF	6.8×10^{-4}	3.17
氢氰酸	HCN	6.2×10^{-10}	9.21
乙胺	$C_2H_5NH_2$	5.01×10^{-4}	3.30
氨	NH_3	1.79×10^{-5}	4.75

2. 共轭酸碱常数关系

弱酸的 K_a 与其共轭碱 K_b 之间有确定的关系，现以共轭酸碱对 HB－B^- 为例说明。

弱酸 HB 及其共轭碱 B^- 的解离平衡表示式分别为：$K_a = \frac{[H_3O^+][B^-]}{[HB]}$ 和 $K_b = \frac{[HB][OH^-]}{[B^-]}$。

将两式相乘：

$$K_a \cdot K_b = \frac{[H_3O^+][B^-]}{[HB]} \cdot \frac{[HB][OH^-]}{[B^-]} = [H_3O^+] \cdot [OH^-] = K_w$$

$$K_a \cdot K_b = K_w \tag{4-11}$$

$$pK_a + pK_b = pK_w \tag{4-12}$$

式（4－11）表示，K_a 与 K_b 成反比，说明一个物质其酸性越强，则共轭碱的碱性越弱；

其酸性越弱，则共轭碱的碱性越强。若已知某酸的解离常数 K_a，就可以求出其共轭碱的解离常数 K_b。反之亦然。

例 4-2：已知 NH_3 的 $K_b = 1.79 \times 10^{-5}$，求 NH_4^+ 的 K_a。

解：298K 时，$K_w = 10^{-14}$，NH_4^+ 是 NH_3 的共轭酸，所以：

$$K_a = \frac{K_w}{K_b} = \frac{10^{-14}}{1.79 \times 10^{-5}} = 5.59 \times 10^{-10}$$

答：NH_4^+ 的 $K_a = 5.59 \times 10^{-10}$。

3. 质子转移平衡的移动

（1）浓度对平衡移动的影响　在弱酸 HB 质子转移平衡体系中，加水稀释溶液，则平衡右移，HB 浓度降低，HB 解离度 α 增大。

$$HB + H_2O \rightleftharpoons H_3O^+ + B^-$$

初始浓度	c	0	0
平衡浓度	$c - c\alpha$	$c\alpha$	$c\alpha$

$$K_a = \frac{[H_3O^+]\,[B^-]}{[HB]} = \frac{(c\alpha)^2}{c-\alpha} = \frac{c\alpha^2}{1-c\alpha}$$

弱酸属弱电解质，一般 $\alpha < 5\%$，$1-\alpha \approx 1$　$K_a \approx c\alpha^2$

$$\alpha = \sqrt{\frac{K_a}{c}} \qquad (4-13)$$

此式称为稀释定律，酸常数 K_a 不随浓度而变化，所以在一定温度下，解离度 α 随弱电解质浓度减小而增大。

（2）同离子效应　在弱电解质溶液中，加入与该弱电解质含有相同离子的易溶强电解质，使得弱电解质解离度降低的现象，称为同离子效应（commonion effect）。例如，在 HAc 溶液中，存在这下列解离平衡：

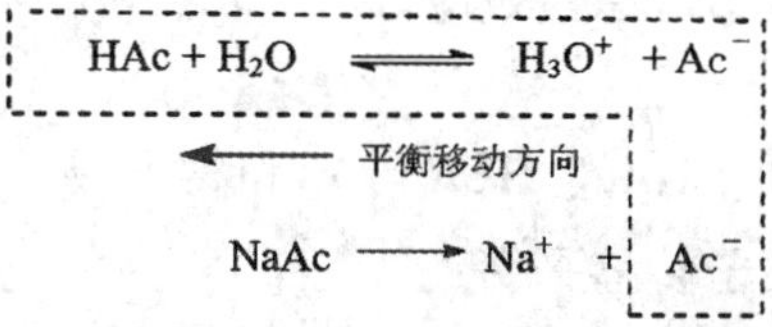

在弱电解质 HAc 溶液中，加入少量强电解质 NaAc，由于 NaAc 在溶液中全部解离为 Na^+ 和 Ac^-，使溶液中 Ac^- 浓度增大，HAc 在水溶液中质子转移平衡向左移动，从而降低了 HAc 解离度。下例计算结果可以进一步说明同离子效应。

例 4-3：计算：（1）0.10mol/L HAc 溶液的 $[H^+]$ 和解离度 α；（2）如果在 1L 0.10mol/L 的 HAc 溶液中加入 0.10mol 固体 NaAc，溶液的 $[H^+]$ 和解离度 α 各为多少？已知 HAc 的 $K_a = 1.76 \times 10^{-5}$。

解：（1）$HAc + H_2O \rightleftharpoons H_3O^+ + Ac^-$

$$\alpha = \sqrt{\frac{K_a}{c}} = \sqrt{\frac{1.76 \times 10^{-5}}{0.10}} = 1.33 \times 10^{-2} = 1.33\%$$

$$[H^+] = c\alpha = 0.10 \times 1.33 \times 10^{-2} = 1.33 \times 10^{-3}\ \text{(mol/L)}$$

（2）加入固体 NaAc 后，由于同离子效应的存在，$[H^+] \neq [Ac^-]$，不能用式（4－

13）计算。

设：此时 $[H^+]$ 为 $x$mol/L，达到新平衡时有：

$$HAc + H_2O \rightleftharpoons H_3O^+ + Ac^-$$

$$0.10 - x \qquad\qquad x \qquad\qquad x + 0.10$$

$$K_a = \frac{[H^+][Ac^-]}{[HAc]} = \frac{x(x+0.10)}{0.10-x}$$

由 $x \ll 0.10$，$x + 0.10 \approx 0.10$，上式可简化为 $K_a = \frac{0.10x}{0.10} = x$

$$[H^+] = x = K_a = 1.76 \times 10^{-5}\ (mol/L)$$

$$\alpha = \frac{[H^+]}{c} = \frac{1.76 \times 10^{-5}}{0.10} = 1.76 \times 10^{-4} = 0.0176\%$$

很显然加入 NaAc 后，HAc 解离度降至原来的 1/80。在工业生产和科学实验中，人们常常利用同离子效应来调节 H^+ 和 OH^- 的浓度，达到控制溶液酸度的目的。

（3）盐效应　在弱电解质溶液中加入不含有同离子的易溶强电解质，可使弱电解质解离度略有增大的现象称为盐效应（salt effect）。例如，在 1L 0.10mol/L 的 HAc 溶液中加入 0.10mol 固体 NaCl，HAc 的解离度由 1.33% 增大到 1.82%。其原因是强电解质的加入增加了溶液的离子强度，使溶液中离子之间牵制作用加强，因此 HAc 解离度略有增大。以弱酸 HB 为例：

$$HB + H_2O \rightleftharpoons H_3O^+ + B^-$$

$$K_a = \frac{a_{H^+} a_{B^-}}{a_{HB}} = \frac{\gamma_{H^+}[H^+] \cdot \gamma_{B^-}[B^-]}{[HB]} = \gamma_{H^+}\gamma_{B^-} \cdot \frac{[H^+][B^-]}{[HB]}$$

因为 $\gamma < 1$，K_a 不变，$[H^+]$、$[B^-]$ 必须增大。

产生同离子效应时，必然伴随盐效应，但盐效应的影响要比同离子效应小得多。因此对离子强度不大的溶液，可以不考虑盐效应。

4. 溶液 pH 的计算

一元弱酸包括分子酸（如：HAc、HCN 等）和离子酸［如：NH_4^+、$(C_2H_5)_3NH^+$ 等］。它们在水溶液中存在着两种质子转移平衡：

$$HB + H_2O \rightleftharpoons H_3O^+ + B^-$$

$$H_2O + H_2O \rightleftharpoons H_3O^+ + OH^-$$

HB、H_3O^+、B^-、OH^- 四种物质的浓度都是未知的，要精确计算相当复杂。因此，我们可考虑采用下面的近似处理。

（1）当 $c \cdot K_a \geqslant 20K_w$ 时，可以忽略水的质子转移平衡，溶液中 H^+ 主要来自酸的质子转移平衡。

以 HAc 为例，设 HAc 的起始浓度为 c。

$$HAc + H_2O \rightleftharpoons H_3O^+ + Ac^-$$

平衡时　$c - [H^+] \qquad [H^+] \qquad [H^+]$

$$K_a = \frac{[H^+][Ac^-]}{[HAc]} = \frac{[H^+]^2}{c - [H^+]}$$

$$[H^+]^2 + K_a[H^+] - K_a c = 0$$

$$[H^+] = \frac{-K_a + \sqrt{K_a^2 + 4K_a c}}{2} \qquad (4-14)$$

式（4－14）是计算一元弱酸［H^+］的近似公式。

（2）当 $c/K_a \geqslant 500$ 时，质子转移平衡中$[H^+] \ll c$，则$[HAc] = c - [H^+] \approx c$

$K_a = \frac{[H^+]^2}{c - [H^+]}$可简化为：

$$[H^+] = \sqrt{K_a \cdot c} \qquad (4-15)$$

式（4－15）是计算一元弱酸［H^+］的最简式，误差<5%。

例 4－4：分别计算计算 0.10mol/L 和 1.0×10^{-5} mol/L HAc 溶液的［H^+］。已知 K_a（HAc）$=1.76 \times 10^{-5}$。

解：（1）$c/K_a = \frac{0.10}{1.76 \times 10^{-5}} > 500$，根据最简式（4－15）

$$[H^+] = \sqrt{K_a c} = \sqrt{1.76 \times 10^{-5} \times 0.10} = 1.33 \times 10^{-3} \ (\text{mol/L})$$

（2）$c/K_a = \frac{1.0 \times 10^{-5}}{1.76 \times 10^{-5}} < 500$，根据近似公式（4－14）

$$[H^+] = \frac{-K_a + \sqrt{K_a^2 + 4K_a c}}{2}$$

$$= \frac{-1.76 \times 10^{-5} + \sqrt{(1.76 \times 10^{-5})^2 + 4 \times 1.76 \times 10^{-5} \times 1.0 \times 10^{-5}}}{2}$$

$$= 7.1 \times 10^{-6} \ (\text{mol})$$

如果根据最简式（4－15）计算，$[H^+] = \sqrt{K_a \cdot c} = 1.33 \times 10^{-5}$ mol/L $> 1.0 \times 10^{-5}$ mol/L，此结果显然不合理。

对一元弱碱溶液，$c \cdot K_b \geqslant 20K_w$，且 $c/K_b \geqslant 500$ 时，同理可以得到最简式：

$$[OH^-] = \sqrt{K_b \cdot c} \qquad (4-16)$$

例 4－5：求 0.10mol/L NaAc 溶液的 pH。已知 K_a（HAc）$=1.76 \times 10^{-5}$

解：NaAc 在水中完全解离，Ac^-与 H_2O 存在质子转移平衡

$$Ac^- + H_2O \rightleftharpoons HAc + OH^-$$

$$K_b = \frac{K_w}{K_a} = 5.68 \times 10^{-10}$$

$c/K_b = \frac{0.10}{5.68 \times 10^{-10}} > 500$，根据最简式（4－16）

$$[OH^-] = \sqrt{K_b \cdot c} = \sqrt{5.68 \times 10^{-10} \times 0.10} = 7.54 \times 10^{-6} \ (\text{mol/L})$$

$$pOH = 5.12 \qquad pH = 14 - 5.13 = 8.88$$

（二）多元酸（碱）溶液

能释放出多个质子的酸称为多元酸。例如 H_2CO_3、H_2S、H_3PO_4 等都是多元酸。多元

酸的解离都是分步进行的。例如，H_2CO_3 的解离分两步进行：

$$H_2CO_3 + H_2O \rightleftharpoons H_3O^+ + HCO_3^- \quad K_{a_1} = \frac{[HCO_3^-][H^+]}{[H_2CO_3]} = 4.30 \times 10^{-7}$$

$$HCO_3^- + H_2O \rightleftharpoons H_3O^+ + CO_3^{2-} \quad K_{a_2} = \frac{[CO_3^{2-}][H^+]}{[HCO_3]} = 5.61 \times 10^{-11}$$

从 K_a 的大小可以看出，第二步解离要比第一步困难得多。其原因为：① 带两个电荷的 CO_3^{2-} 离子，对 H_3O^+ 离子的吸引比带一个电荷的 HCO_3^- 对 H_3O^+ 的吸引要强得多；② 第一步解离出来的 H_3O^+ 离子对第二步解离平衡产生同离子效应，从而抑制了第二步解离的进行。因此，对多元弱酸来说每下一步解离都比上一步困难得多。溶液中 H_3O^+ 主要来自第一步解离。通常 $K_{a_1} \gg K_{a_2} \gg K_{a_3}$，且 $K_{a_1}/K_{a_2} > 10^2$ 时，计算 $[H_3O^+]$ 即可作一元弱酸处理。因此，K_{a_1} 可作为衡量多元弱酸酸性强弱的标志。

多元弱碱的质子转移与多元弱酸相似，如 CO_3^{2-}、S^{2-}、PO_4^{3-} 等离子。

$$CO_3^{2-} + H_2O \rightleftharpoons HCO_3^- + OH^- \quad K_{b_1} = K_w/K_{a_2} = 1.78 \times 10^{-4}$$

$$HCO_3^- + H_2O \rightleftharpoons H_2CO_3 + OH^- \quad K_{b_2} = K_w/K_{a_2} = 2.38 \times 10^{-8}$$

例 4-6：求 0.10mol/L Na_2CO_3 的 pH 及 $[H_2CO_3]$。

解：$K_{b_1}/K_{b_2} > 10^2$ 忽略第二步质子转移产生的 OH^-，按一元弱碱处理。

$c/K_{b_1} = \dfrac{0.10}{1.78 \times 10^{-4}} > 500$，根据最简式（4-16）

$$[OH^-] = \sqrt{K_{b_1} \cdot c} = \sqrt{1.78 \times 10^{-4} \times 0.10} = 4.2 \times 10^{-3} \text{ (mol/L)}$$

$$pOH = 2.37 \qquad pH = 11.62$$

因为 $[OH^-] \approx [HCO_3^-]$

由 $K_{b_2} = \dfrac{[H_2CO_3][OH^-]}{[HCO_3^-]}$

得 $[H_2CO_3] \approx K_{b_2} = 2.32 \times 10^{-8}$ (mol/L)

（三）两性物质溶液

在溶液中既能给出质子又能接受质子的物质为两性物质。一般可分为三种类型：① 两性阴离子型（多元弱酸的酸根离子），如 HCO_3^-、HPO_4^{2-}、$H_2PO_4^-$；② 阳离子酸和阴离子碱型（弱酸弱碱盐），如 NH_4Ac；③ 氨基酸型，如 H_2NCH_2COOH。

两性物质在溶液中质子转移平衡比较复杂，只给出近似计算公式。以 HCO_3^- 为例。

HCO_3^- 作为酸与 H_2O 发生质子转移：

$$HCO_3^- + H_2O \rightleftharpoons CO_3^{2-} + H_3O^+ \quad (HCO_3^- \text{ 的 } K_{a_2})$$

HCO_3^- 作为碱与 H_2O 发生质子转移：

$$HCO_3^- + H_2O \rightleftharpoons H_2CO_3 + OH^- \quad (H_2CO_3 \text{ 的 } K_{a_1})$$

溶液中水的自递反应为：

$$H_2O + H_2O \rightleftharpoons H_3O^+ + OH^-$$

当 $c \cdot K_{a_2} > 20K_w$，可忽略水的自递反应，当 $c > 20K_{a_1}$，且两性物质浓度不很小，溶液中［H^+］最简计算式为：

$$[H^+] = \sqrt{K_{a_1} \cdot K_{a_2}} \tag{4-17}$$

$$pH = \frac{1}{2}(pK_{a_1} + pK_{a_2}) \tag{4-18}$$

同理，对于 $H_2PO_4^-$ 溶液 $[H^+] = \sqrt{K_{a_1} \cdot K_{a_2}}$ 或 $pH = \frac{1}{2}(pK_{a_1} + pK_{a_2})$

K_{a_1}、K_{a_2}分别为 H_3PO_4 的一级、二级解离平衡常数。

对于 HPO_4^{2-} 溶液 $[H^+] = \sqrt{K_{a_2} \cdot K_{a_3}}$ 或 $pH = \frac{1}{2}(pK_{a_2} + pK_{a_3})$

K_{a_2}、K_{a_3}分别为 H_3PO_4 的二级、三级解离平衡常数。

对于阳离子酸和阴离子碱型的两性物质（弱酸弱碱盐），以 NH_4Ac 为例：K_a 表示阳离子酸 NH_4^+ 的解离平衡常数，K_a'表示阴离子碱 Ac^- 的共轭酸 HAc 的解离平衡常数。

当 $c \cdot K_a > 20K_w$，$c > 20K_a'$，［H^+］的最简计算式为：

$$[H^+] = \sqrt{K_a \cdot K_a'} \tag{4-19}$$

$$pH = \frac{1}{2}(pK_a + pK_a') \tag{4-20}$$

氨基酸类两性物质在水溶液中也是以两性离子（$^+NH_3CH(R)COO^-$）的形式存在的，也可以看作是阳离子酸和阴离子碱型的两性物质，应用式 4－19 进行 pH 的计算。

例 4－7：求 0.100mol/L NH_4F 溶液的 pH。已知 $pK_a(NH_4^+) = 9.25$，$pK_a'(HF) = 3.17$

解：$c \cdot K_a > 20K_w$，$c > 20K_a'$，根据式（4－20）

$$pH = \frac{1}{2}(pK_a + pK_a') = \frac{1}{2} \times (9.25 + 3.17) = 6.21$$

第四节　缓冲溶液

前面我们曾指出，很多药物是弱酸或是弱碱，它们的制备和分析测定条件，以及药理作用均与溶液的酸碱性有着重要的关系。人体血液的正常 pH 维持在 7.35～7.45 之间，若超过这个范围，细胞的正常生理功能就会丧失，某些酶的活性也会受到影响。缓冲溶液可以将体系控制在一个适宜而稳定的 pH 范围内。

一、缓冲溶液的组成和作用原理

（一）缓冲溶液的组成

让我们做这样一个实验：取 0.10mol/L 的 NaCl 溶液或纯水 1L；再取浓度为0.10mol/L 的 HAc 与0.10mol/L的 NaAc 混合溶液 1L，分别加入等量的酸或碱，两种溶液的 pH 变化见表 4－4。

表 4－4　强酸强碱的加入对溶液 pH 的影响

1.0L 溶液	pH	加入 0.010mol HCl		加入 0.010mol NaOH	
		pH	△pH	pH	△pH
H_2O	7	2	5	12	5
0.10mol/L NaCl	7	2	5	12	5
0.10mol/L HAc－NaAc	4.75	4.66	0.09	4.84	0.09

表 4－4 数据说明，同样的强酸或强碱加入到纯水或 NaCl 溶液中，pH 改变了 5 个单位，而 HAc 和 NaAc 混合溶液的 pH 改变却不到 0.1 个单位。这说明后者有抵御外来酸或碱的能力，而前者没有。我们把能抵御外加少量强酸、强碱或适当稀释，而保持 pH 基本不变的作用称为缓冲作用，具有缓冲作用的溶液称为缓冲溶液（buffer solution）。

缓冲溶液具有缓冲作用，其原因在于缓冲溶液中含有抗酸、抗碱两种成分，这两种物质合称为缓冲对或缓冲系。按照酸碱质子理论，缓冲系为共轭酸碱对。常见的缓冲系见表 4－5。

表 4－5　常见缓冲系

缓冲系	弱酸	共轭碱	质子转移平衡式	pK_a（25℃）
$HAc-Ac^-$	HAc	Ac^-	$HAc+H_2O \rightleftharpoons Ac^- +H_3O^+$	4.75
$H_2CO_3-HCO_3^-$	H_2CO_3	HCO_3	$H_2CO_3+H_2O \rightleftharpoons HCO_3+H_3O^+$	6.38
$H_2C_8H_4O_4$(1) $-HC_8H_4O_4^-$	$H_2C_8H_4O_4$	$HC_8H_4O_4^-$	$H_2C_8H_4O_4+H_2O \rightleftharpoons HC_8H_4O_4^- +H_3O^+$	2.95
Tris·HCl－Tris(2)	Tris·HCl	Tris	$Tris\cdot H^+ +H_2O \rightleftharpoons Tris+H_3O^+$	8.08
$NH_4^+-NH_3$	NH_4^+	NH_3	$NH_4^+ +H_2O \rightleftharpoons NH_3+H_3O^+$	9.25
$NaH_2PO_4-Na_2HPO_4$	$H_2PO_4^-$	HPO_4^{2-}	$H_2PO_4^- +H_2O \rightleftharpoons HPO_4^{2-} +H_3O^+$	7.20
$Na_2HPO_4-Na_3PO_4$	HPO_4^{2-}	PO_4^{3-}	$HPO_4^{2-} +H_2O \rightleftharpoons PO_4^{3-} +H_3O^+$	12.36

注：(1) 邻苯二甲酸；(2) 三（羟甲基）甲胺。

较浓的强酸或强碱溶液，当加入少量强酸、强碱后，其 pH 也能基本保持不变，所以它们也具有缓冲作用。但由于这类溶液的酸性或碱性太强，实际上很少当作缓冲溶液使用。

（二）缓冲溶液的作用原理

按照酸碱质子理论，缓冲溶液实质上是一个共轭酸碱体系，即由一种弱酸和对应的共轭碱所组成的混合物。以 HAc－NaAc 为例，NaAc 是强电解质，在溶液中完全解离，HAc 是弱电解质，解离程度很小，Ac^- 离子的存在又进一步抑制了它的解离。所以该体系的特点是，有着大量的 HAc 和 Ac^-，且是共轭酸碱对，它们之间存在着质子转移平衡。

$$HAc+H_2O \rightleftharpoons H_3O^+ + Ac^-$$

$$NaAc \longrightarrow Na^+ + Ac^-$$

当加入少量强酸时，溶液中 Ac^- 离子接受质子，平衡左移生成 HAc，达到新的平衡。

同时，溶液中 HAc 浓度略有增加，Ac^- 浓度略有减少，溶液中 H^+ 浓度则无明显增加。所以，溶液的 pH 基本不变。在此，共轭碱（Ac^-）起了抗酸作用，称为抗酸组分。

当加入少量强碱时，OH^- 与体系中的 H_3O^+ 结合生成 H_2O，平衡右移促使 HAc 解离。在新的平衡条件下，Ac^- 浓度略有增加，HAc 浓度略有减少，溶液中 H^+ 浓度无明显减少，溶液的 pH 基本不变。弱酸（HAc）起了抗碱作用，称为抗碱组分。

总之，缓冲溶液因含有大量的抗酸组分和抗碱组分，通过质子转移平衡移动，消耗外来少量强酸和少量强碱，使溶液的 H^+ 浓度和 OH^- 浓度无明显变化。

二、缓冲溶液 pH 的计算

（一）缓冲公式

组成缓冲溶液的共轭酸碱对中存在下列质子转移平衡：

$$\text{弱酸} + H_2O \rightleftharpoons \text{共轭碱} + H_3O^+$$

表面看来，这似乎与弱酸的解离平衡一样，但弱酸解离平衡产生的共轭碱来自其共轭酸，缓冲溶液则主要是人为的同时加入或同时存在的共轭碱。

根据平衡原理

$$K_a = \frac{[H_3O^+][\text{共轭碱}]}{[\text{弱酸}]}$$

$$[H_3O^+] = K_a \cdot \frac{[\text{弱酸}]}{[\text{共轭碱}]}$$

两边取负对数，得

$$pH = pK_a + \lg\frac{[\text{共轭碱}]}{[\text{弱酸}]} \tag{4-21}$$

式（4－21）是计算缓冲溶液 pH 的亨德森－哈塞尔巴赫（Henderson－Hasselbalch）方程，又称缓冲公式。

如果共轭酸碱对中弱酸的 K_a 很小，弱酸本身的解离很弱，弱酸和共轭碱的浓度又较大，由于同离子效应，弱酸解离的那部分共轭碱可忽略，则

$$[\text{共轭碱}] \approx c(\text{共轭碱}),\ [\text{弱酸}] \approx c(\text{弱酸})$$

$$pH = pK_a + \lg\frac{c(\text{共轭碱})}{c(\text{弱酸})} \tag{4-22}$$

若以 n（HB）和 n（B^-）分别表示 V 体积（L 或 ml）缓冲溶液中所含弱酸及其共轭碱的物质的量（mol 或 mmol），则式（4－22）可改写为：

$$pH = pK_a + \lg\frac{n(B^-)/V}{n(HB)/V} = pK_a + lg\frac{n(B^-)}{n(HB)} \tag{4-23}$$

若使用相同浓度的弱酸及其共轭碱，即 $c(HB) = c(B^-)$，则式（4－23）又可改写为：

$$pH = pK_a + \lg\frac{c(B^-)\cdot V(B^-)}{c(HB)\cdot V(HB)} = pK_a + \lg\frac{V(B^-)}{V(HB)} \tag{4-24}$$

式（4－22）、（4－23）和（4－24）是近似计算缓冲溶液 pH 的实用公式。根据缓冲

公式可知：

（1）缓冲溶液的 pH 主要取决于弱酸 HB 的解离常数 K_a，即主要取决于弱酸的性质。其次，取决于缓冲溶液的缓冲比［B^-］/［HB］。

（2）对于由同一缓冲对组成的不同浓度的缓冲溶液，由于 K_a 相同，故缓冲溶液的 pH 只取决于缓冲比。若缓冲比等于 1，则 $pH = pK_a$。

（3）加水适当稀释缓冲溶液，由于［B^-］与［HB］同样减小，缓冲比不变，pH 几乎不变。但大量稀释会引起溶液离子强度减小，导致 pH 微小变化。

（二）缓冲溶液 pH 的计算

例 4-8：由 0.20mol/L 的 HAc 溶液和 0.20mol/L 的 NaAc 溶液，等体积混合成 1.0L 缓冲溶液，求此溶液的 pH。在此溶液中分别加入 0.010mol 的 HCl 和 0.010mol 的 NaOH，其溶液的 pH 改变多少单位（不考虑体积改变）？

解：由于 HAc 和 NaAc 溶液等体积混合，所以缓冲溶液中 HAc 和 NaAc 的浓度为它们原来浓度的一半。

（1）原缓冲溶液 pH　$c(HAc) = \frac{0.20}{2} = 0.10\ (mol/L)$

$$c(Ac^-) = \frac{0.20}{2} = 0.10\ (mol/L)$$

代入式（4-22）得　$pH = 4.75 + \lg\frac{0.10}{0.10} = 4.75$

（2）加入 0.010mol HCl 后缓冲溶液 pH 的变化　加入 HCl 后，外加 H^+ 与 Ac^- 结合生成 HAc，使 HAc 的量增加，Ac^- 的量减少。

$$c(Ac^-) = \frac{0.10 \times 1.0 - 0.010}{1.0} = 0.09\ (mol/L)$$

$$c(HAc) = \frac{0.10 \times 1.0 + 0.010}{1.0} = 0.11\ (mol/L)$$

代入式（4-22）得：$pH = 4.75 + \lg\frac{0.09}{0.11} = 4.66$

加酸后 pH 由 4.75 减至 4.66，下降了 0.09 个单位。

（3）加入 0.010mol NaOH 后，缓冲溶液 pH 的变化　加入的 NaOH 与 HAc 反应生成 Ac^-，使 HAc 的量减少，Ac^- 的量增加。

$$c(Ac^-) = \frac{0.10 \times 1.0 + 0.010}{1.0} = 0.11\ (mol/L)$$

$$c(HAc) = \frac{0.10 \times 1.0 - 0.010}{1.0} = 0.09\ (mol/L)$$

代入式（4-22）得：$pH = 4.75 + \lg\frac{0.11}{0.09} = 4.84$

加碱后 pH 由 4.75 增加到 4.84，上升了 0.09 个单位。

须注意的是，任何缓冲溶液的缓冲作用都是有限度的，就每一种缓冲溶液而言，只能加入少量的酸碱才能保持溶液的 pH 基本不变，如果外加强酸强碱的量较大时，缓冲溶液对酸碱的抵抗能力就会逐渐减弱，最终失去缓冲能力。

一般而言，影响缓冲溶液能力的因素有两个：总浓度（$[B^-]+[HB]$）和缓冲比（$[B^-]/[HB]$）。①当缓冲比一定时，总浓度越大，抗酸碱成分越多，缓冲能力也越强；反之总浓度越小，缓冲能力也越弱；②在总浓度相同的前提下，缓冲比越接近1，缓冲能力越强，缓冲比越偏离1，缓冲能力则越弱。当缓冲比小于1/10或大于10/1时，一般认为缓冲溶液已失去缓冲作用。因此，把 $pH = pK_a \pm 1$ 作为缓冲作用的有效区间，称为缓冲范围。

三、缓冲溶液的配制

配制缓冲溶液时，为了实际需要和使所配制的缓冲溶液具有足够的缓冲能力，应按下述原则和步骤进行。

（1）选择适当的缓冲对　所配制缓冲溶液的pH应在选择的缓冲对的有效缓冲范围内，即 $pH = pK_a \pm 1$，而且尽可能接近 pK_a。选择缓冲对时，还需要考虑是否与主药发生配伍禁忌，缓冲对在贮存期内是否稳定，以及是否有毒等。例如，硼酸－硼酸盐缓冲体系有一定毒性，就不能作口服和注射用药液的缓冲对物质。

（2）控制缓冲溶液的总浓度　总浓度太低，缓冲容量太小；总浓度太高，一方面离子强度太大或渗透压力过高而不适用，另一方面造成试剂的浪费。因此，在实际工作中，一般选用总浓度在0.05～0.2mol/L之间为宜。

（3）计算所需缓冲对物质的量　在选定缓冲对后，就可根据式（4－22）、（4－23）和（4－24）计算出弱酸及其共轭碱的量或体积。一般为配制方便，常常使用相同浓度的弱酸及其共轭碱。

（4）校正　按照计算结果，分别量取相应体积的HB和 B^- 溶液相混合，即得近似pH的缓冲溶液。如果对pH要求严格，还需在pH计上加以校准。

例4－9：如何配制100ml，pH＝5.00的缓冲溶液？

解：HAc的 $pK_a=4.75$，最接近所需要求的pH，故宜选用 $HAc-Ac^-$ 缓冲对。若利用浓度相同的HAc和NaAc溶液（如浓度均为0.10mol/L）配制，由式（4－24）可得：

$$5.00 = 4.75 + \lg\frac{V(Ac^-)}{V(HAc)}$$

$$0.25 = \lg\frac{V(Ac^-)}{V(HAc)}$$

$$\frac{V(Ac^-)}{V(HAc)} = 1.8$$

$$V(Ac^-) + V(HAc) = 1.8V(HAc) + V(HAc) = 2.8V(HAc) = 100$$

$$V(HAc) = 36\ (ml)$$

$$V(Ac^-) = 100 - 36 = 64\ (ml)$$

量取浓度为0.10mol/L的HAc溶液36ml和0.10mol/L的NaAc溶液64ml，混合，即得100ml pH＝5.00的缓冲溶液。

在配制缓冲溶液时，也可在弱酸（或弱碱）溶液中，加入一定量的强碱（或强酸），以中和部分弱酸（或弱碱），从而得到所需要的缓冲溶液。

例4－10：在浓度为0.05mol/L的Tris（三羟甲基氨基甲烷）溶液50ml中，加入浓度为0.05mol/L的HCl溶液多少毫升，用水稀释到100ml后溶液的pH为7.40？（已知$Tris \cdot H^+$的$pK_a=8.17$）

解：Tris缓冲对由Tris和Tris·HCl或$Tris \cdot H^+$的混合物组成，设需加入HCl溶液$x$ml

$$Tris + H_3O^+ \rightleftharpoons Tris \cdot H^+ + H_2O$$

平衡时物质的量（mmol）　　0.05（50－x）　　0.05x

据式（4－23）得：

$$7.40 = 8.17 + \lg\frac{0.50\ (50-x)}{0.05x}$$

$$0.77 = \lg\frac{x}{50-x}$$

$$x = 42.7\ (ml)$$

需在50ml，浓度为0.05mol/L的Tris中，加入浓度为0.05mol/L的HCl溶液42.7ml，再加水稀释至100ml，即得到pH为7.40的$Tris \cdot H^+ - Tris$缓冲溶液。

血液中存在多种缓冲对，其中最重要的是$H_2CO_3 - HCO_3^-$缓冲对。该缓冲对在血液中的浓度最高，缓冲能力最强，对维持血液恒定的pH起着主要作用。血浆中碳酸主要以溶解的CO_2的形式存在，因而该缓冲对的pH计算式为：

$$pH = pK_a + \lg\frac{[HCO_3^-]}{[CO_2]_{溶液}}$$

正常人血浆离子强度为0.16，经过校正后H_2CO_3的pK_a为6.10，血浆中［CO_2］溶解度为1.2×10^{-3}mol/L，［HCO_3^-］为2.4×10^{-2}mol/L。代入上式，则血浆pH为：

$$pH = 6.10 + \lg\frac{0.024}{0.0012} = 7.40$$

缓冲溶液在医学检验及药学中的应用是很广泛的，如微生物的培养、组织切片、细菌的染色、酶的催化研究，以及临床常做的许多检验都需在具有一定pH的缓冲溶液中进行，许多药物也必须在一定pH范围内生产和使用。可见，理解缓冲溶液的基本原理、掌握缓冲溶液的配制方法是十分重要的。

习　题

1. 强电解质和弱电解质有何区别？它们在水溶液中以什么形式存在？其解离度的含义有何不同？

2. 写出下列各酸的共轭碱：NH_4^+、H_2S、H_2SO_4、$H_2PO_4^-$、HSO_4^-、$[Al(H_2O)_6]^{3+}$。

3. 写出下列各碱的共轭酸：SO_4^{2-}、S^{2-}、$H_2PO_4^-$、HSO_4^-、NH_3、OH^-、Cl^-。

4. 根据酸碱质子理论，下列分子或离子中，哪些是酸？哪些是碱？哪些是两性物质？HS^-、CO_3^{2-}、$H_2PO_4^-$、NH_3、H_2S、HAc、OH^-、H_2O。

5. 判断下列酸碱反应进行的方向：

（1）$HAc + CO_3^{2-} \rightleftharpoons HCO_3^- + Ac^-$

(2) $H_3O^+ + OH^- \rightleftharpoons H_2O + H_2O$

(3) $SO_4^{2-} + H_2O \rightleftharpoons HSO_4^- + OH^-$

(4) $HCN + S^{2-} \rightleftharpoons HS^- + CN^-$

6. 在氨水中加入下列物质时，$NH_3 \cdot H_2O$ 的质子转移平衡将向何方移动？

(1) 加 NH_4Cl　(2) 加 NaOH　(3) 加 HCl

7. 计算 0.010mol/L 的 Na_2SO_4 溶液的离子强度。

8. 已知 HCOOH 在 298K 时，$K_a = 1.77 \times 10^{-4}$，求其共轭碱的 K_b 是多少？

9. 计算下列溶液的 pH：

(1) 0.20mol/L 的氨水与 0.20mol/L 的 HCl 等体积混合后的溶液。

(2) 0.20mol/L 的氨水与 0.20mol/L 的 HAc 等体积混合后的溶液。

(3) 0.20mol/L 的 NaOH 与 0.20mol/L 的 HAc 等体积混合后的溶液。

10. 将 0.4mol/L 的丙酸（HPr）溶液 125ml 加水稀释至 400ml，求稀释后溶液的 pH（HPr 的 $K_a = 1.38 \times 10^{-5}$）。

11. 从下列物质中选择适当成分，组成尽可能多的缓冲对。

HCl、NH_3、NaH_2PO_4、NaOH、$NaHCO_3$、HAc

12. 求下列各缓冲溶液的 pH。

(1) 0.20mol/L 的 HAc 50ml 和 0.10mol/L 的 NaAc 100ml 的混合溶液。

(2) 0.10mol/L 的 $NaHCO_3$ 和 0.010mol/L 的 Na_2CO_3 50ml 的混合溶液。

(3) 0.50mol/L 的 $NH_3 \cdot H_2O$ 100ml 和 0.10mol/L 的 HCl 200ml 的混合溶液。

(4) 0.10mol/L 的 HAc 50ml 和 0.10mol/L 的 NaOH 25ml 的混合溶液。

13. 取 0.10mol/L 某一元弱酸 50ml 和 0.10mol/L 的 KOH 溶液 20ml 相混合，将混合液稀释至 100ml，测得此溶液 pH 为 5.25，求该一元弱酸的解离常数。

14. 要配制 pH 为 9.40 的缓冲溶液，需往 500ml 0.020mol/L 的 $NH_3 \cdot H_2O$ 中加入多少克固体 NH_4Cl，在稀释至 1L 才能达到要求？

15. 化验得知，三例住院病人血浆中 HCO_3^- 和 CO_2 溶解浓度分别如下：

甲 $c(HCO_3^-) = 24.0$ mmol/L　$c(CO_{2溶解}) = 1.20$ mmol/L

乙 $c(HCO_3^-) = 21.6$ mmol/L　$c(CO_{2溶解}) = 1.35$ mmol/L

丙 $c(HCO_3^-) = 56.0$ mmol/L　$c(CO_{2溶解}) = 1.40$ mmol/L

37℃ 时的 pK_a 为 6.10，求各血浆的 pH 为多少？并判断谁属正常（pH = 7.35 ~ 7.45），谁属酸中毒（pH < 7.35），谁属碱中毒（pH > 7.45）。

第五章　沉淀－溶解平衡

沉淀的生成与溶解是一种常见且很重要的化学平衡。在实际工作中经常要利用沉淀－溶解平衡理论来进行物质的制备、分离、纯化或定性、定量分析。例如，药物的制备，药品中微量氯化物、硫酸盐或重金属离子的检测，化学分析中的沉淀法和沉淀滴定法等，均与沉淀－溶解平衡有关。如何判断沉淀能否生成？如何使沉淀更加完全？如何使混合溶液中某种离子沉淀，而另外几种离子仍保留在溶液中？是本章将要讨论的主要内容。

第一节　难溶电解质的溶度积

一、沉淀－溶解平衡

难溶电解质在水中的溶解，是一个很复杂的过程。将难溶的 AgCl 固体放入水中。一方面，由于水分子的作用，使少量的 Ag^+ 离子和 Cl^- 离子脱离固体 AgCl 表面而进入溶液，这个过程就是溶解（dissoive）。另一方面，溶液中的 Ag^+ 离子和 Cl^- 离子也在不停地运动，离子在运动过程中碰到固体 AgCl 的表面，就会重新回到固体表面上去，这个过程就是沉淀（precipitate）。

溶解和沉淀是可逆的两个过程。如果溶液是不饱和的，那么溶液中溶解过程是主要的，固体溶解。相反在过饱和溶液中，沉淀过程是主要的，会有一些新的沉淀生成。如果溶液中沉淀和溶解两个相反过程的速率相等，溶液就达到饱和状态。在一定温度下，饱和溶液中各种离子的浓度不再改变，而实际上沉淀和溶解这两个过程并没有停止。此时，固体和溶液中的离子之间，处于一种动态的平衡状态。这种难溶强电解质在饱和溶液中溶解与沉淀的平衡，称为沉淀－溶解平衡。

二、溶度积常数

难溶强电解质如 AgCl、$BaSO_4$ 等在水中的溶解度很小，但它们是离子型晶体，一旦溶解就完全解离。当溶解速率与沉淀速率相等，溶液达到饱和时，未溶解的固体与已溶解的离子之间将形成一个动态平衡。AgCl 的沉淀溶解平衡可表示如下：

$$AgCl\ (s) \underset{沉淀}{\overset{溶解}{\rightleftharpoons}} Ag^+\ (aq) + Cl^-\ (aq)$$

其平衡常数为：$K=\dfrac{[Ag^+][Cl^-]}{[AgCl]}$

固体 AgCl 的浓度为一常数，与 K 合并得一新的常数，以 K_{sp} 表示，则：

$$K_{sp} = [Ag^+][Cl^-]$$

式中的 K_{sp} 称为难溶电解质的沉淀－溶解平衡常数，又称溶度积常数，简称溶度积

(soiubility product)。它表明在一定温度下，难溶强电解质的饱和溶液中，有关离子浓度幂的乘积是一个常数。

严格地说，溶度积应以离子活度幂的乘积来表示。由于难溶强电解质的溶解度很小，溶液中离子强度不大，活度系数趋近于1，离子的活度与浓度相差甚微，故可用浓度代替活度。

不同类型难溶强电解质溶度积的表达形式有所不同。

（1）AB 型　由一个阳离子和一个阴离子形成的难溶强电解质，如 AgCl、$BaSO_4$ 等，它们在水溶液中的沉淀与溶解平衡关系式以及溶度积表达式为：

$$AB(s) \rightleftharpoons A^+ + B^- \quad K_{sp} = [A^+][B^-]$$

（2）AB_2 型　如 PbI_2、$Mg(OH)_2$ 等，则有：

$$AB_2(s) \rightleftharpoons A^{2+} + 2B^- \quad K_{sp} = [A^{2+}][B^-]^2$$

（3）A_2B 型　如 Ag_2CrO_4、Ag_2S 等，则有：

$$A_2B(s) \rightleftharpoons 2A^+ + B^{2-} \quad K_{sp} = [A^+]^2[B^{2-}]$$

若写成一般形式则为：$A_mB_n(s) \rightleftharpoons mA^{n+} + nB^{m-}$

$$K_{sp} = [A^{n+}]^m [B^{m-}]^n \tag{5-1}$$

K_{sp}与其他平衡常数一样，只与难溶电解质的本性及温度有关，而与溶液中离子的浓度变化无关。表 5－1 给出了 $BaSO_4$ 的溶度积和溶解度随温度变化的情况。

表 5－1　$BaSO_4$ 溶度积和溶解度随温度的变化

温度℃	0	10	25	50	100
溶解度，mg/L	1.9	2.2	2.8	3.4	3.9
溶度积（K_{sp}）	6.7×10^{-11}	8.9×10^{-11}	1.1×10^{-10}	2.1×10^{-10}	2.8×10^{-10}

从表 5－1 可以看出，随着温度的升高，$BaSO_4$ 在水中的溶解度逐渐增大，溶度积也随之增大。但实际工作中常采用 298K 时的数据，表 5－2 列出了一些常见难溶强电解质在 298 K 时的溶度积常数。

表 5－2　一些常见难溶电解质的 K_{sp}（298 K）

难溶电解质	溶 度 积	难溶电解质	溶 度 积
AgBr	5.35×10^{-13}	CdS	8.0×10^{-27}
AgCl	1.77×10^{-10}	CuS	6.30×10^{-36}
AgI	8.52×10^{-17}	HgS	4.0×10^{-53}
Ag_2CrO_4	1.12×10^{-12}	$Fe(OH)_2$	4.87×10^{-17}
Ag_2S	6.3×10^{-50}	$Fe(OH)_3$	2.79×10^{-39}
$BaCO_3$	2.58×10^{-9}	$Mg(OH)_2$	5.61×10^{-12}
$BaSO_4$	1.08×10^{-10}	$Mn(OH)_2$	1.9×10^{-13}
BaC_2O_4	1.6×10^{-7}	MnS	2.5×10^{-13}
$BaCrO_4$	1.17×10^{-10}	$PbCrO_4$	2.8×10^{-13}
$CaCO_3$	3.36×10^{-9}	PbI_2	9.8×10^{-9}
$CaC_2O_4\cdot H_2O$	2.32×10^{-9}	$PbSO_4$	2.53×10^{-8}
$CaSO_4$	4.93×10^{-5}	ZnS	2.93×10^{-25}

K_{sp}是有单位的，其单位与难溶电解质的组成有关，一般情况下可不写出单位。

三、溶度积与溶解度

溶度积是难溶电解质饱和溶液中离子浓度幂的乘积，溶解度是指饱和溶液中所能溶解物质的量，两者均可表示难溶电解质在水中的溶解能力。如果溶解度用 mol/L 表示，则在溶度积和溶解度之间可建立直接的换算关系。

（一）已知溶解度求溶度积

例 5-1：已知 298K 时，AgCl 的溶解度为 1.91×10^{-3}g/L，试求该温度下 AgCl 的溶度积（AgCl 的相对分子质量为 143.4）。

解：$AgCl(s) \rightleftharpoons Ag^+(aq) + Cl^-(aq)$

AgCl 的溶解度以 mol/L 表示时为：

$$S=\frac{1.91\times10^{-3}}{143.4}=1.33\times10^{-5}\ (\text{mol/L})$$

溶解的 AgCl 完全解离，所以：

$$[Ag^+]=[Cl^-]=S=1.33\times10^{-5}\ (\text{mol/L})$$

$$K_{sp}=[Ag^+][Cl^-]=(1.33\times10^{-5})^2=1.77\times10^{-10}$$

答：298K 时，AgCl 的溶度积为 1.77×10^{-10}。

例 5-2：Ag_2CrO_4 在 298 K 时的溶解度 S 为 6.54×10^{-5}mol/L，计算其溶度积。

解：$Ag_2CrO_4(s) \rightleftharpoons 2Ag^+ + CrO_4^{2-}$

由上述溶解平衡式可知，每溶解 1mol Ag_2CrO_4，必生成 1mol CrO_4^{2-}、2mol Ag^+。

∴ $[Ag^+]=2S=2\times6.54\times10^{-5}$mol/L

$[CrO_4^{2-}]=S=6.54\times10^{-5}$mol/L

$K_{sp}(Ag_2CrO_4)=[Ag^+]^2[CrO_4^{2-}]=(2\times6.54\times10^{-5})^2\times(6.54\times10^{-5})=1.12\times10^{-12}$

答：298K 时 Ag_2CrO_4 的溶度积为 1.12×10^{-12}。

（二）已知溶度积求溶解度

例 5-3：298K 时，$Mg(OH)_2$ 的 K_{sp} 为 5.61×10^{-12}，求该温度下以 mol/L 表示的 $Mg(OH)_2$的溶解度。

解：$Mg(OH)_2(s) \rightleftharpoons Mg^{2+} + 2OH^-$

设 $Mg(OH)_2$ 的溶解度为 Smol/L。

∵ 溶解的 $Mg(OH)_2$ 可认为完全解离

∴ 在饱和溶液中 $[Mg^{2+}]=S$　$[OH^-]=2S$

$$K_{sp}=[Mg^{2+}][OH^-]^2=S(2S)^2=4S^3=5.61\times10^{-12}$$

$$S=\sqrt[3]{5.61\times10^{-12}/4}=1.12\times10^{-4}\ (\text{mol/L})$$

答：298K 时，$Mg(OH)_2$ 的溶解度为 1.12×10^{-4}mol/L。

虽然溶度积的大小与溶液中离子浓度的大小有关，但并不是溶解度大的难溶强电解质，其溶度积（K_{sp}）就一定大，溶解度小的难溶强电解质，其溶度积（K_{sp}）就一定小。因为不同类型的难溶电解质的 K_{sp} 表达式不同，只有相同类型的难溶电解质，才可用溶度积的大小来比较其溶解度的大小。表 8－3 列出了 298 K 下，同是 AB 型的 AgCl，AgBr 和 AgI 的溶度积和溶解度数据。

表 8－3　AgCl，AgBr 和 AgI 的 K_{sp} 及溶解度（298 K）

难溶电解质	溶度积（K_{sp}）	溶解度（mol/L）
AgCl	1.56×10^{-10}	1.34×10^{-5}
AgBr	7.7×10^{-13}	4.3×10^{-7}
AgI	1.5×10^{-16}	1.28×10^{-9}

从上表可以看出在类型相同的情况下，K_{sp} 大的难溶电解质，其溶解度也大，K_{sp} 小的难溶电解质，其溶解度也小。

对于不同类型的难溶电解质就不能用 K_{sp} 的大小来比较其溶解度的大小。表 8－4 列出了 298 K 下，不同类型难溶银化合物 AgCl，Ag_2CrO_4 和 Ag_2S 的溶度积和溶解度数据。

表 8－4　AgCl，Ag_2S，Ag_2CrO_4 的 K_{sp} 及溶解度（25℃）

难溶电解质	溶度积（K_{sp}）	溶解度（mol/L）
AgCl	1.56×10^{-10}	1.34×10^{-5}
Ag_2CrO_4	1.1×10^{-12}	6.5×10^{-5}
Ag_2S	6.3×10^{-50}	2.5×10^{-17}

从表中数据可以看出，Ag_2CrO_4 溶解度比 AgCl 大几倍，但 Ag_2CrO_4 的 K_{sp} 比 AgCl 的 K_{sp} 要小 100 多倍。所以，对于不同类型的难溶电解质，不能直接从溶度积的大小来判断溶解度的大小，必须进行计算，才能得出正确的结论。

应该指出，由于影响难溶强电解质溶解度的因素很多，因此，上述 K_{sp} 与溶解度间的相互换算仅适用于以下几种情况。

（1）离子强度很小，浓度可以代替活度的难溶强电解质溶液。对于溶解度较大的微溶电解质（如 $CaSO_4$、$CaCrO_4$ 等），由于离子强度较大，用上述方法换算将会产生较大的误差。

（2）溶解后解离出的正、负离子在水溶液中不发生水解等副反应或副反应程度很小的物质。对于微溶的硫化物、碳酸盐、磷酸盐等，由于 S^{2-}、CO_3^{2-}、PO_4^{3-} 的水解，就不宜用上述方法换算。

（3）离子型难溶强电解质。对于共价型难溶电解质（Hg_2Cl_2、Hg_2I_2），由于溶液中还存在溶解了的分子与水合离子间的解离平衡，用上述方法换算也会产生较大的误差。

四、溶度积规则

在难溶强电解质的溶液中，任意情况下离子浓度的乘积称为离子积，用符号 IP 表示。例如，难溶强电解质 A_mB_n 的离子积 $IP=c^m(A^{n+})\cdot c^n(B^{m-})$。对于某一给定的溶液，

IP 与 K_{sp}间的大小关系可能有三种情况：

（1）$IP = K_{sp}$，表示溶液是饱和的。这时溶液中的沉淀与溶解达到了动态平衡，既无沉淀析出又无沉淀溶解。

（2）$IP > K_{sp}$，表示溶液为过饱和，可析出沉淀，直至建立平衡为止。

（3）$IP < K_{sp}$，表示溶液为未饱和溶液，无沉淀生成。若加入难溶电解质，则会继续溶解，直至平衡。

上述 IP 与 K_{sp}的关系是难溶强电解质多相离子平衡移动规律的总结，称为溶度积规则。根据溶度积规则可以控制溶液中难溶强电解质的离子浓度，使之产生沉淀或使沉淀溶解。

第二节　沉淀的生成和溶解

一、沉淀的生成

根据溶度积规则可知，要使沉淀自溶液中析出，必须增大溶液中有关离子的浓度，使难溶强电解质的离子积大于溶度积，$IP > K_{sp}$。一般可采取如下措施。

（一）加入过量沉淀剂

例如，在 $Pb(NO_3)_2$ 溶液中加入 Na_2S 溶液，当溶液中 $c(Pb^{2+}) \cdot c(S^{2-}) > K_{sp}(PbS)$ 时，会产生 PbS 沉淀；若加入 KI 溶液，当溶液中$c(Pb^{2+}) \cdot c(I^-)^2 > K_{sp}(PbI_2)$时，会产生 PbI 沉淀。$Na_2S$ 和 KI 均可称为 Pb^{2+} 的沉淀剂。

例 5-4：已知 $BaSO_4$ 的溶度积 $K_{sp} = 1.07 \times 10^{-10}$，若将 0.010mol/L 的 $BaCl_2$ 溶液和 0.010mol/L Na_2SO_4 溶液等体积混合，是否有沉淀生成？

解：当两溶液等体积混合时，Ba^{2+} 和 SO_4^{2-} 的浓度都减至原来的一半，即：

$$c(Ba^{2+}) = c(SO_4^{2-}) = \frac{0.010}{2} = 0.0050\ (mol/L)$$

$$IP = c(Ba^{2+}) \cdot c(SO_4^{2-}) = 0.0050 \times 0.0050 = 2.5 \times 10^{-5} > 1.07 \times 10^{-10}$$

由于 $IP > K_{sp}$，所以有 $BaSO_4$ 沉淀生成。

（二）控制溶液的 pH

某些难溶的弱酸盐和难溶的氢氧化物，通过控制溶液的 pH 可使沉淀生成和溶解。

例 5-5：计算 298K 时，使 0.010mol/L 的 Fe^{3+} 开始沉淀和沉淀完全时溶液的 pH。已知 $K_{sp}[Fe(OH)_3] = 2.64 \times 10^{-39}$。

解：（1）开始沉淀所需 pH

$$Fe(OH)_3\ (s) \rightleftharpoons Fe^{3+} + 3OH^-$$

$$K_{sp} = [Fe^{3+}][OH^-]^3$$

$$[OH^-] = \sqrt[3]{\frac{2.64 \times 10^{-39}}{0.010}} = 6.42 \times 10^{-13}\ (mol/L)$$

$$pOH = 13 - \lg 6.42 = 12.19$$

$$pH = 14 - 12.19 = 1.81$$

（2）沉淀完全（残留的离子浓度小于 1×10^{-6}mol/L）所需 pH

$$[OH^-] = \sqrt[3]{\frac{2.64 \times 10^{-39}}{1 \times 10^{-6}}} = 1.38 \times 10^{-11} \text{（mol/L）}$$

$$pOH = 11 - 0.14 = 10.86$$

$$pH = 14 - 10.86 = 3.14$$

答：在 298 K 时，使 0.010mol/L 的 Fe^{3+} 开始沉淀和沉淀完全时溶液的 pH 分保为 1.81 和 3.14。

通过上例可以看出，金属氢氧化物开始沉淀或沉淀完全不一定是在碱性溶液中。不同氢氧化物的 K_{sp} 不同，分子中所含 OH^- 数目不同。因此，沉淀所需的 pH 也不同，故可通过控制溶液的 pH 达到分离金属离子的目的。

（三）同离子效应与盐效应

在一定温度下，AgCl 饱和溶液中存在着 Ag^+、Cl^- 与固体 AgCl 之间的沉淀－溶解平衡，此时 $[Ag^+][Cl^-] = K_{sp}$（AgCl），当加入含有相同离子的强电解质 NaCl 时，溶液中的 Cl^- 浓度增大，使 AgCl 的多相离子平衡向左移动，如下式表示：

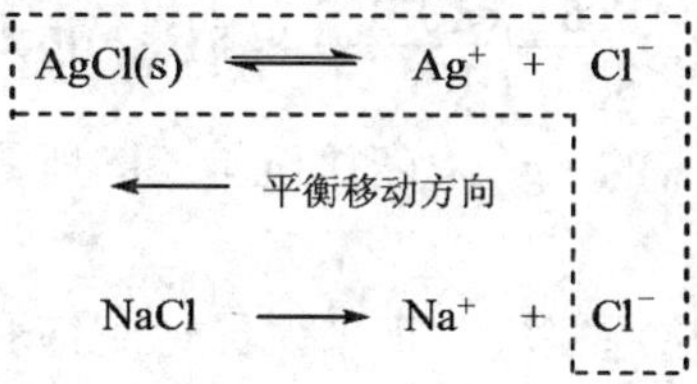

此时，溶液中的 $[Ag^+][Cl^-] > K_{sp}$（AgCl），AgCl 沉淀析出。当达到新的平衡状态时，AgCl 溶解度降低。这种因加入含有相同离子的强电解质，而使难溶电解质溶解度降低的效应称为沉淀平衡中的同离子效应。

例 5－6：计算在 298 K 时，AgCl 在 0.010mol/L 的 NaCl 溶液中的溶解度，并与 AgCl 在纯水中的溶解度相比较。已知 AgCl 的 $K_{sp} = 1.77 \times 10^{-10}$。

解：由于 NaCl 的存在溶液中 Cl^- 浓度增大，产生同离子效应

设：AgCl 在 0.010mol/L 的 NaCl 溶液中的溶解度为 Smol/L，则：

$$AgCl(s) \rightleftharpoons Ag^+ + Cl^-$$

平衡浓度（mol/L）　　　　　　　　S　　　$0.010 + S \approx 0.010$

$$K_{sp}(AgCl) = [Ag^+][Cl^-] = S(0.010) = 1.77 \times 10^{-10}$$

$S = 1.77 \times 10^{-10}/0.010 = 1.77 \times 10^{-8}$（mol/L）

从以上计算可知，298K 时，AgCl 在 0.010mol/L 的 NaCl 溶液中的溶解度只有 1.77×10^{-8}mol/L，比在纯水中的 1.33×10^{-5}mol/L 降低了几百倍。

实际工作中，根据同离子效应可降低难溶强电解质溶解度的原理，加入适当过量沉淀剂就可使沉淀反应更趋完全。

若在难溶强电解质溶液中，加入一种不含相同离子的易溶强电解质，将使难溶强电解

质的溶解度略有增加，这种现象称为盐效应。例如，$BaSO_4$ 在 KNO_3 溶液中的溶解度就比在纯水中大一些，并且 KNO_3 的浓度越大，$BaSO_4$ 的溶解度也越大。

必须指出的是，在加入含有相同离子的易溶强电解质产生同离子效应的同时，也能产生盐效应。但一般盐效应不如同离子效应明显，故在一般计算中可不予考虑。

二、分步沉淀

如果在溶液中有两种以上的离子可与同一试剂反应产生沉淀，首先析出的是离子积最先达到溶度积的化合物。这种按先后顺序沉淀的现象，叫做分步沉淀。例如，在含有同浓度的 I^- 和 Cl^- 的溶液中，逐滴加入 $AgNO_3$ 溶液，最先看到淡黄色 AgI 沉淀，至加到一定量 $AgNO_3$ 溶液后，才生成白色 AgCl 沉淀，可通过计算予以说明。

例 5 -7：在含有 0.010mol/L 的 Cl^- 和 I^- 的溶液中，逐滴加入 $AgNO_3$，问：（1）AgCl 和 AgI 哪个先析出？（2）当 AgCl 开始沉淀时，溶液中 I^- 的浓度为多少？

解：已知 K_{sp}（AgCl）$=1.77\times10^{-10}$　K_{sp}（AgI）$=8.51\times10^{-17}$

（1）AgCl 开始沉淀所需 Ag^+ 的最低浓度为：

$$c(Ag^+)=\frac{1.77\times10^{-10}}{0.010}=1.77\times10^{-8}\ (mol/L)$$

AgI 开始沉淀所需 Ag^+ 的最低浓度为

$$c(Ag^+)=\frac{8.51\times10^{-17}}{0.010}=8.51\times10^{-15}\ (mol/L)$$

计算结果表明，沉淀 I^- 所需的 Ag^+ 浓度比沉淀 Cl^- 所需的 Ag^+ 浓度小得多，所以 AgI 先析出。

（2）当 AgCl 开始沉淀时，溶液对 AgCl 来说已达到饱和，此时 $[Ag^+]\geqslant1.77\times10^{-8}$ mol/L，并同时满足这两个沉淀溶解平衡，所以：

$$[I^-]=\frac{K_{sp}(AgI)}{[Ag^+]}=\frac{8.51\times10^{-17}}{1.77\times10^{-8}}=4.81\times10^{-9}\ (mol/L)$$

由计算可知，当 AgCl 开始沉淀时，$[I^-]<10^{-6}$mol/L，可以认为已经沉淀完全了。

可见，对于同种类型的难溶强电解质来说，K_{sp} 小的先沉淀，而且溶度积差别越大，后沉淀离子（例 5 -7 中的 Cl^-）的浓度越小，分离的效果越好。但对于不同类型的难溶强电解质，因有不同浓度幂次关系，就不能直接根据其溶度积的大小来判断沉淀的先后次序和分离效果。

例 5 -8：在浓度均为 0.010mol/L 的 KCl 和 K_2CrO_4 混合溶液中，逐滴加入 $AgNO_3$ 溶液时，AgCl 和 Ag_2CrO_4 哪个沉淀先析出？

解：K_{sp}（AgCl）$=1.77\times10^{-10}$，K_{sp}（Ag_2CrO_4）$=1.12\times10^{-12}$

$$AgCl(s)\rightleftharpoons Ag^++Cl^-$$

$$K_{sp}=[Ag^+][Cl^-]$$

AgCl 开始沉淀时所需 $[Ag^+]$ 为：

$$[Ag^+]=\frac{K_{sp}(AgCl)}{[Cl^-]}=\frac{1.77\times10^{-10}}{0.010}=1.77\times10^{-8}\ (mol/L)$$

$$Ag_2CrO_4\ (s) \rightleftharpoons 2Ag^+ + CrO_4^{2-}$$

$$K_{sp}\ (Ag_2CrO_4) = [Ag^+]^2\ [CrO_4^{2-}]$$

Ag_2CrO_4 开始沉淀时所需 $[Ag^+]$ 为：

$$[Ag^+] = \sqrt{\frac{K_{sp}\ (Ag_2CrO_4)}{[CrO_4^{2-}]}} = \sqrt{\frac{1.12 \times 10^{-12}}{0.010}} = 1.1 \times 10^{-5}\ (mol/L)$$

由以上计算可知，虽然 Ag_2CrO_4 的 K_{sp} 比 AgCl 的 K_{sp} 小，但沉淀 Cl^- 所需的 $[Ag^+]$ 却比沉淀 CrO_4^{2-} 所需 $[Ag^+]$ 小得多，在这种情况下，反而 K_{sp} 大的 AgCl 先沉淀。

分步沉淀常应用于离子的分离。当一种试剂能沉淀溶液中几种离子时，生成沉淀所需试剂离子浓度越小越先沉淀；如果生成各个沉淀所需试剂离子的浓度相差较大，就能分步沉淀，从而达到分离的目的。当然，分离效果还与溶液中被沉淀离子的最初浓度有关。

三、沉淀的溶解

根据溶度积规则，要使沉淀溶解，只需加入适当试剂，降低溶液中难溶电解质的某种离子浓度，使离子积小于该物质的溶度积（$IP < K_{sp}$），沉淀便可溶解。常用的方法有以下几种。

（一）生成弱电解质

组成难溶强电解质的离子，由于与溶液中其他离子结合，生成了难解离的水、弱酸、弱碱等弱电解质，降低了溶液中难溶强电解质的离子浓度，使溶液中 $IP < K_{sp}$，从而使难溶强电解质沉淀溶解。

例如，CaC_2O_4 在水中不易溶解，加入 HCl 溶液后，CaC_2O_4 逐渐溶解。

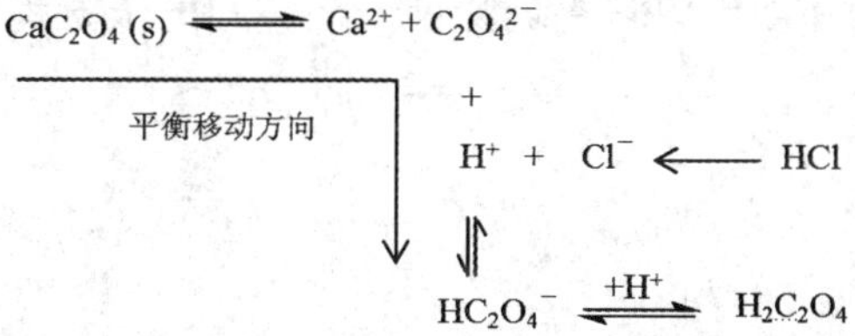

这是因为加入 HCl 溶液后，H^+ 与 $C_2O_4^{2-}$ 结合成弱酸根 $HC_2O_4^-$，使溶液中的 $C_2O_4^{2-}$ 浓度降低，平衡向右移动，故使 CaC_2O_4 沉淀溶解。

又如，$Mg(OH)_2$ 沉淀溶解于 HCl 溶液，是由于 HCl 中的 H^+ 与 $Mg(OH)_2$ 解离的 OH^- 相结合，生成难解离的水，致使 Mg^{2+} 和 OH^- 的离子积小于 $Mg(OH)_2$ 的溶度积，因而使沉淀溶解。

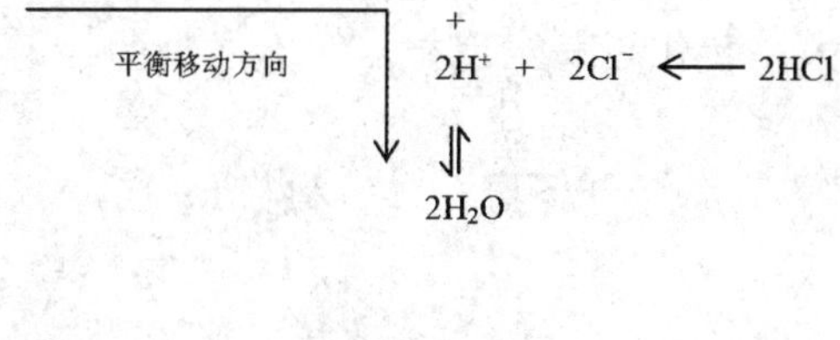

（二）生成配合物

组成难溶强电解质的离子，由于与溶液中其他离子结合，形成难解离的配离子，降低了溶液中难溶强电解质的离子浓度，使溶液中 $IP < K_{sp}$，从而使难溶强电解质沉淀溶解。

例如，AgCl 能溶于氨水，就是由于发生了配位反应，生成微弱解离的 $[Ag(NH_3)_2]^+$ 配离子，从而降低了 Ag^+ 的浓度，使 AgCl 沉淀溶解。

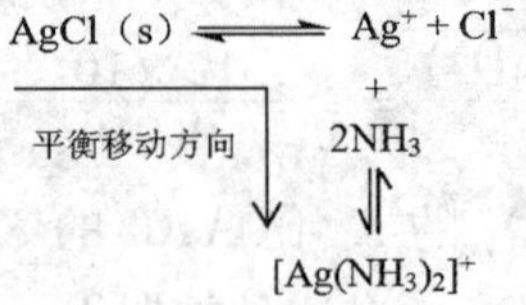

（三）利用氧化还原反应

加入氧化剂或还原剂，使某种离子发生氧化还原反应而降低其浓度，满足 $IP < K_{sp}$。例如，CuS、Ag_2S 等不溶于盐酸，但可用 HNO_3 将 S^{2-} 氧化为单质 S 的方法来降低 S^{2-} 的浓度，因此 CuS、Ag_2S 等能溶于 HNO_3 中，其反应式为：

$$3CuS(s) + 8HNO_3 \rightleftharpoons 3Cu(NO_3)_2 + 3S\downarrow + 2NO\uparrow + 4H_2O$$

对于 K_{sp} 最小的 HgS，则需要用王水同时降低 Hg^{2+} 和 S^{2-} 离子的浓度，才能使之溶解。其反应式为：

$$3HgS(s) + 2HNO_3 + 12HCl \rightleftharpoons 3H_2HgCl_4 + 3S\downarrow + 2NO\uparrow + 4H_2O$$

四、沉淀的转化

在含有某一沉淀的溶液中，加入适当的试剂，使之转化为另一种沉淀的过程，称为沉淀的转化。

例如，锅炉中的锅垢含有 $CaSO_4$ 不易去除，可以用 Na_2CO_3 处理，使 $CaSO_4$ 转化为易溶于酸的 $CaCO_3$ 沉淀，这样就可以将锅垢除掉。反应的离子方程式为：

$$CaSO_4(s) + CO_3^{2-} \rightleftharpoons CaCO_3(s) + SO_4^{2-}$$

反应平衡常数 K 为：

$$K = \frac{[SO_4^{2-}]}{[CO_3^{2-}]}$$

分子分母中同乘以 $[Ca^{2+}]$，则

$$K = \frac{[SO_4^{2-}]}{[CO_3^{2-}]} = \frac{[SO_4^{2-}][Ca^{2+}]}{[CO_3^{2-}][Ca^{2+}]} = \frac{K_{sp}(CaSO_4)}{K_{sp}(CaCO_3)} = \frac{7.10\times10^{-5}}{4.96\times10^{-9}} = 1.4\times10^4$$

在含有 $CaSO_4$ 沉淀的溶液中，存在着 $CaSO_4$ 的沉淀－溶解平衡，由于 $CaCO_3$ 的溶解度比 $CaSO_4$ 小，当加入 Na_2CO_3 后，CO_3^{2-} 与 Ca^{2+} 形成了更难溶的 $CaCO_3$ 沉淀，从而降低了溶液中 Ca^{2+} 浓度，使 $CaSO_4$ 的沉淀－溶解平衡向溶解的方向移动，从而实现了沉淀的转化。沉淀转化平衡常数越大，转化越易实现。

习　　题

1. 溶度积常数的意义是什么？离子积和溶度积有何区别？
2. 已知室温下 PbI_2 的溶解度为 Smol/L，则其 K_{sp} 为 S^3 还是 $4S^3$？

3. 判断下列说法是否正确：

（1）两种难溶电解质，K_{sp}大者，溶解度也一定大。

（2）AgCl 的 $K_{sp}=1.77\times10^{-10}$，$Ag_2CrO_4$ 的 $K_{sp}=1.12\times10^{-12}$，在 Cl^- 和 CrO_4^{2-} 浓度相同的溶液中，滴加 $AgNO_3$ 溶液，先析出 Ag_2CrO_4 沉淀。

（3）在一定温度下，AgCl 饱和溶液中 Ag^+ 和 Cl^- 浓度的乘积是常数。

（4）沉淀转化的方向是由 K_{sp}大的转化为 K_{sp}小的。

4. 已知 $Mg(OH)_2$ 的 K_{sp}是 5.61×10^{-12}，若溶液中 Mg^{2+} 浓度为 1.0×10^{-4}mol/L，OH^- 浓度为 2.0×10^{-4}mol/L，下列哪种判断沉淀生成的方式是正确的？

（1）$(1.0\times10^{-4})\times(2.0\times10^{-4})\times2=4.0\times10^{-12}<K_{sp}$，不沉淀。

（2）$(1.0\times10^{-4})\times(2\times2.0\times10^{-4})\times2=1.6\times10^{-11}>K_{sp}$，生成沉淀。

5. 已知 298K 时 AgI 的 K_{sp}为 8.42×10^{-17}，若溶解的 AgI 完全解离，试计算：

（1）AgI 在纯水中的溶解度；

（2）AgI 在 0.010mol/L 的 KI 溶液中的溶解度。

6. 判断下列情况有无沉淀生成：

（1）含 1.0×10^{-3}mol/L 的 Ag^+溶液与含 1.0×10^{-3}mol/L 的 Cl^-溶液等体积混合。

（2）0.010mol/L 的 $BaCl_2$ 溶液 2.0ml 与 0.10mol/L 的 K_2SO_4 溶液 8.0ml 相混合。

7. 某溶液中含有 Fe^{3+} 和 Fe^{2+}，浓度均为 0.050mol/L，欲使 $Fe(OH)_3$ 沉淀完全，而 Fe^{2+}不生成 $Fe(OH)_2$ 沉淀，需控制 pH 在什么范围？

8. AgI 沉淀用 $(NH_4)_2S$ 溶液处理使之转化为 Ag_2S 沉淀，该转化反应的平衡常数为多少？

第六章　氧化还原与电极电势

氧化还原反应是化学反应中极为重要的反应类型。人类的繁衍生息、衣食住行都与氧化还原反应密切相关。例如，葡萄糖在体内进行的有氧代谢，最终生成 CO_2 和 H_2O 并放出能量，就是典型的氧化还原反应。

$$C_6H_{12}O_6(s) + 6O_2(g) = 6CO_2(g) + 6H_2O(l) + 2816kJ$$

另外，如维生素 C 的含量测定，过氧化氢消毒杀菌，饮用水残留氯的监测等药品生产、分析及检测等工作也都离不开氧化还原反应。本章学习氧化数及氧化还原反应的基本概念，重点介绍电极电势的产生、测定及其应用。

第一节　氧化还原反应的基本概念

氧化还原反应的实质是反应物之间发生了电子的转移或偏移。例如：

$$2Br^- + Cl_2 \xrightarrow{2e\ (Br^- \to Cl_2)} Br_2 + 2Cl^-$$

该反应的发生是 2 个 Br^- 失去 2 个电子转化为 Br_2，同时 Cl_2 获得 2 个电子转化为 2 个 Cl^-，反应过程中有 2 个电子发生了转移。但有许多氧化还原反应只是发生了电子偏移，利用是否发生了电子转移来判断氧化还原反应的发生比较困难。为了更准确地描述和研究氧化还原反应的问题，国际纯粹与应用化学联合会（IUPAC）于 1970 年提出了氧化数的概念，并于 1990 年重新修订了氧化数的定义。

一、氧化数

氧化数是指某元素一个原子的表观荷电数，这种表观荷电数是把原子间每个化学键中的电子指定给电负性较大的原子而求得的。

（一）确定元素氧化数的一般规则

根据上述氧化数的定义可以得出确定物质中各元素氧化数的一般规则。

（1）单质元素的氧化数为零。

（2）化合物中所有元素的氧化数代数和等于零。

（3）单原子离子的氧化数等于它所带的电荷数，多原子离子中所有元素的氧化数代数和等于该离子所带的电荷数。

（4）在任何物质中，某种元素的氧化数取决于该元素成键电子对的数目和与之成键的元素电负性的相对大小。

综上可知：氟的电负性最大，所以氟化物中氟的氧化数总是 -1；在一般化合物中氢的氧化数为 $+1$，但在金属氢化物（如 $LiAlH_4$）和硼氢化物（如 B_2H_6）中为 -1；在大多数化合物中氧的氧化数为 -2，但在过氧化物（如 H_2O_2）中为 -1，在超氧化物（如 KO_2）中为 -0.5，在氟化物（如 OF_2）中为 +2。

例 6-1：计算 H_2SO_4、$Na_2S_2O_3$ 和 $S_4O_6^{2-}$ 中硫的氧化数。

解：设 H_2SO_4 中 S 的氧化数为 x_1。

根据规则（3），有 $2\times(+1)+x_1+(-2)\times4=0$ 得 $x_1=+6$

设 $Na_2S_2O_3$ 中 S 的氧化数为 x_2。

则 $2\times(+1)+2x_2+(-2)\times3=0$ 得 $x_2=+2$

设 $S_4O_6^{2-}$ 中 S 的氧化数为 x_3。

则 $4x_3+(-2)\times6=-2$ 得 $x_3=+2.5$

在一个化合物中包含同一种元素的多个原子时，既可以单独指明某个原子的氧化数，也可以计算出该元素所有原子氧化数的平均值。例如，在连四硫酸根离子中，中间的 2 个硫原子氧化数均为 0，两边的 2 个硫原子氧化数均为 +5；而在整个离子中，4 个硫原子氧化数的平均值为 +2.5。

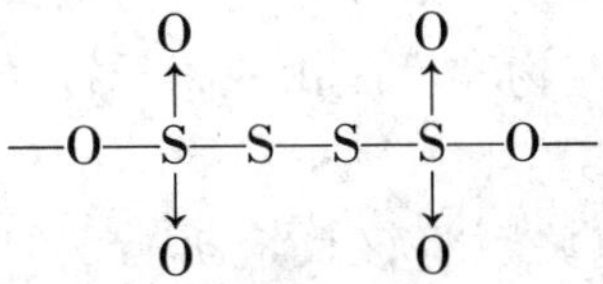

氧化数与化合价的概念不同。化合价反映的是原子间形成化学键的能力，只能是整数；而氧化数是对元素外层电子偏离原子状态的人为规定值，它是一种形式电荷数，既可以是整数，也可以是小数。

（二）氧化数的表示方法

在单独书写氧化数时，可以用带正、负号的阿拉伯数字表示；例如，$S_4O_6^{2-}$ 中 S 的氧化数为 +2.5。在分子式中注明某元素的氧化数时，可用罗马数字以指数形式表示；如 $[S^{VI}S^{-II}O_3^{-II}]^{2-}$。需要在化合物名称中注明元素的氧化数时，可在元素名称后用罗马数字以括号形式表示；例如，六氰合铁（Ⅲ）酸钾。使用罗马数字时，正号可以省略，负号不可省略。

二、氧化还原共轭关系

根据氧化数的定义，可以更科学、更严密地定义有关氧化还原反应的一些概念。凡是反应前后元素的氧化数发生变化的反应就称为氧化还原反应，将其中元素氧化数升高的过程称为氧化，元素氧化数降低的过程称为还原。把氧化还原反应中氧化数升高的物质称为还原剂，也称为还原型或还原态；把氧化数降低的物质称为氧化剂，也称为氧化型或氧化态。

在氧化还原反应中，氧化剂与还原剂之间既互相对立，又相互联系。氧化剂得到电子（氧化数降低）转化为还原剂，还原剂失去电子（氧化数升高）转化为氧化剂；我们将氧化剂与还原剂之间的相互依存与相互转化关系，称为氧化还原共轭关系。可表示为：

$$\text{氧化剂} + ne \underset{\text{氧化}}{\overset{\text{还原}}{\rightleftharpoons}} \text{还原剂}$$

例如：

$$Fe^{2+} + 2e \rightleftharpoons Fe$$

$$Cl_2 + 2e \rightleftharpoons 2Cl^-$$

$$MnO_4^- + 8H^+ + 5e \rightleftharpoons Mn^{2+} + 4H_2O$$

互为氧化还原共轭关系的一组物质称为共轭氧化还原电对，简称电对。可用“氧化型/还原型”表示。例如，Fe^{2+}/Fe，Cl_2/Cl^-，MnO_4^-/Mn^{2+}等。

三、氧化还原反应式的配平

配平氧化还原反应式要遵循3项守恒原则，即反应前后原子数目守恒、转移电子数（氧化数变化值）守恒、电荷数守恒。配平氧化还原反应式的方法主要有化合价法、氧化数法和离子电子法等。化合价法在中学已经学习，氧化数法与化合价法的配平步骤相同，因此，在这里只介绍离子电子法。

离子电子法的依据是氧化还原反应中得失（转移）电子数相等。

下面以$KMnO_4$在H_2SO_4溶液中与Na_2SO_3反应为例，说明该配平法的一般步骤。

（1）根据实验事实，写出反应物和生成物的离子符号或分子式：

$$MnO_4^- + SO_3^{2-} + H^+ \longrightarrow Mn^{2+} + SO_4^{2-} + H_2O$$

（2）根据氧化还原反应共轭关系将该反应拆分为两个半反应，即氧化反应和还原反应：

$$SO_3^{2-} - e \longrightarrow SO_4^{2-}$$

$$MnO_4^- + e \longrightarrow Mn^{2+}$$

（3）配平两个半反应式，使反应前后原子数目相等、电子与离子的电荷守恒：

$$MnO_4^- + 8H^+ + 5e = Mn^{2+} + 4H_2O \quad ①$$

$$SO_3^{2-} + H_2O - 2e = SO_4^{2-} + 2H^+ \quad ②$$

（4）根据氧化还原反应中得失电子数相等的原则，将两个半反应分别乘以某数值，使其转移的电子数等于他们的最小公倍数，然后将两个半反应相加，得到配平的离子反应方程式。

① ×2　$2MnO_4^- + 16H^+ + 10e = 2Mn^{2+} + 8H_2O$

+② ×5　$5SO_3^{2-} + 5H_2O - 10e = 5SO_4^{2-} + 10H^+$

$$2MnO_4^- + 5SO_3^{2-} + 6H^+ = 2Mn^{2+} + 5SO_4^{2-} + 3H_2O$$

（5）在离子方程式中加入未参加反应的正、负离子，将离子方程式改写为化学方程式。

$$2KMnO_4 + 5Na_2SO_3 + 3H_2SO_4 = 2MnSO_4 + Na_2SO_4 + 5K_2SO_4 + 3H_2O$$

使用离子电子法配平氧化还原反应时要注意以下两点。

（1）离子电子法只适用于在水溶液中进行的氧化还原反应，不能应用于非水溶液或高温等条件下进行的反应。

（2）许多氧化还原反应是在一定酸碱度溶液中进行的，H^+或OH^-常常参与反应。需要配平氧原子或氢原子时，酸性条件下，可以在反应前后加上H^+或H_2O；碱性条件下，则在反应前后加上OH^-或H_2O。

第二节　电极电势

氧化还原反应的发生伴随着电子转移，这种电子转移一般是在相互接触的氧化剂和还原剂之间进行的，我们很难检测得到。若能使氧化还原反应中的电子转移变成电子的定向移动，就可以将化学能转变为电能，为人类所用。

一、原电池

在 1mol/L 的 $CuSO_4$ 溶液中插入锌片，可以观察到溶液的蓝色逐渐变浅，过一段时间锌片变小，并有红棕色的铜沉积在锌片上，而且溶液的温度升高。这个实验事实说明，Zn 与 Cu^{2+} 之间发生了电子转移，而且将化学能转化为了热能。我们能否使转移的电子进行定向移动，让化学能转变为电能呢？

（一）原电池装置和原理

按图 6－1 安装的装置能将氧化还原反应的化学能转变为电能，称为原电池。图中左侧烧杯内盛装 1mol/L 的 $ZnSO_4$ 溶液并插入锌片（称为锌电极或锌半电池）；右侧烧杯内盛装 1mol/L 的 $CuSO_4$ 溶液并插入铜片（称为铜电极或铜半电池）；用一个盛满 KCl 饱和溶液和琼脂的倒置 U 型管（称为盐桥）和导线将两个烧杯连接起来。这时，串联在锌电极和铜电极之间的检流计 A 的指针发生偏转，说明有电流通过。经过一段时间后会发现锌片逐渐溶解，而铜片慢慢增大，两个烧杯中的温度无明显变化。由检流计指针偏转的方向可知，锌电极发生氧化反应，向外电路输出电子，称为负极；铜电极发生还原反应，从外电路接受电子，称为正极。

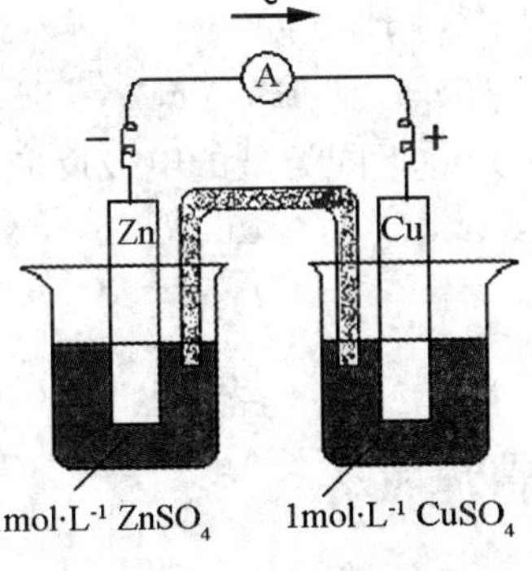

图 6－1　铜－锌原电池示意图

铜－锌原电池的电极反应和电池反应分别是：

锌极（负极，发生氧化反应）：$Zn - 2e \longrightarrow Zn^{2+}$

铜极（正极，发生还原反应）：$Cu^{2+} + 2e \longrightarrow Cu$

电池反应（氧化还原反应）：$Zn + Cu^{2+} = Zn^{2+} + Cu$

该原电池反应与锌片直接插在铜盐溶液中的置换反应完全相同，只不过在原电池中，氧化剂和还原剂不直接接触，还原反应和氧化反应分别在两个半电池中进行，因而电子做有规则的定向移动，产生电流。

随着反应的进行，锌半电池溶液中由于 Zn^{2+} 不断增加，正电荷过剩；铜半电池溶液中由于 Cu^{2+} 不断减少，负电荷过剩。使用盐桥，Cl^- 会自动流向锌半电池，K^+ 流向铜半电池，从而使锌盐和铜盐溶液保持电中性，以维持氧化还原反应的持续进行。

在理论上，凡是氧化还原反应都能作为电池反应。其中没有金属导体时可使用惰性电极，如铂电极、石墨电极。因为气体或离子本身不能直接作为导体，必须以惰性金属（如镀有铂黑的Pt片）或非金属（如石墨）作载体和导体，C（石墨）和 Pt 不参与电极反应，只起吸附气体和传递电子的作用。

（二）原电池和电极的符号

为了书面表达的方便，可以用电池符号表示原电池。上述锌－铜原电池可用电池符号表示为：

$$(-)\ Zn \mid Zn^{2+}(c_1) \parallel Cu^{2+}(c_2) \mid Cu\ (+)$$

书写原电池符号的一般方法如下。

（1）用化学式表示参与氧化还原反应的物质和惰性电极，在各化学式后用括号注明物质浓度或气体分压。

（2）习惯上将负极写在左边，正极写在右边；并在两端用括号标出；在正、负两极之间用符号“‖”代表盐桥。

（3）不同相之间用符号“｜”表示，同相中的不同物质，用逗号隔开。

（4）某些电极反应没有导电材料，需插入惰性电极，如 Fe^{3+}/Fe^{2+}，O_2/H_2O等。惰性电极在电池符号中也要表示出来。又如：

电池反应：$2H^+ + Fe \rightleftharpoons Fe^{2+} + H_2(g)$

电池符号：$(-)\ Fe \mid Fe^{2+}(c_1) \parallel H^+(c_2) \mid H_2(p),\ Pt\ (+)$

电极可以用电极符号表示。几种不同类型的电极反应和电极符号如下：

$Cu^{2+} + 2e \rightleftharpoons Cu$	$Cu \mid Cu^{2+}(c)$
$Fe^{3+} + e \rightleftharpoons Fe^{2+}$	C（石墨）$\mid Fe^{3+}(c_1),\ Fe^{2+}(c_2)$
$2H^+ + 2e \rightleftharpoons H_2(g)$	$Pt,\ H_2(p) \mid H^+(c)$
$AgCl(s) + e \rightleftharpoons Ag + Cl^-$	$Ag,\ AgCl \mid Cl^-(c)$

二、电极电势的产生

原电池可产生电流，说明正负电极间存在电势差，称为电池电动势，用 E 表示。

$$E = \varphi(\text{正}) - \varphi(\text{负}) \qquad (6-1)$$

式中，E——电池电动势，V；

φ（正）——正极电势，V；

φ（负）——负极电势，V。

电极电势是怎样产生的？为什么不同的电极具有不同的电势呢？现以金属单质与金属

离子构成的电极为例加以说明。将金属片插入含有该金属离子的溶液中，会发生两种变化。一方面，金属表面的部分金属离子由于本身的热运动、极性水分子的溶剂化作用及溶液中阴离子的吸引作用，会进入溶液，形成水合离子，发生氧化反应，即金属溶解。金属离子越活泼，且溶液的离子浓度越小，这一趋势越大。由于金属晶格中的自由电子不能进入溶液，而使金属表面带负电荷；溶液因金属离子的进入而正电荷过剩，如图 6－2a 所示。另一方面，溶液中的金属离子由于本身的热运动及金属表面电子的吸引作用，部分金属离子会沉积到金属表面，发生还原反应，即金属沉积。金属越稳定，且溶液中金属离子的浓度越大，这种趋势越强。金属沉积使金属表面带正电荷，而溶液中负电荷过剩，如图 6－2b 所示。

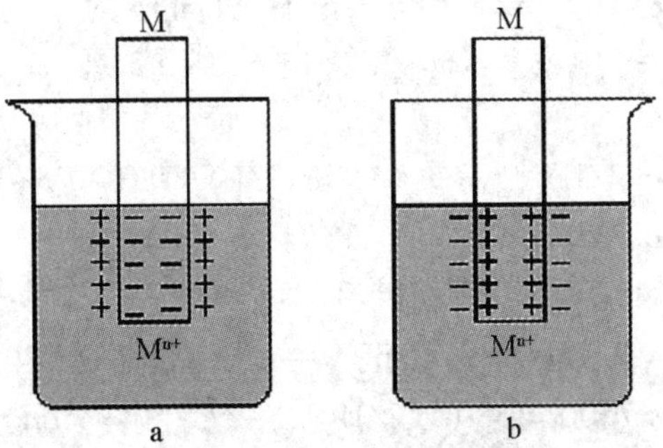

图 6－2　双电层结构示意图

在一个半电池中，金属的溶解（氧化过程）与沉积（还原过程）是两个相反的过程，当金属溶解速率与沉积速率相等时，金属与金属离子间的转化达到动态平衡。

$$M(s) \underset{\text{沉积}}{\overset{\text{溶解}}{\rightleftharpoons}} M^{n+}(aq) + ne$$

这时，两相中的电荷数目保持相对不变。由于异性电荷之间的相互吸引，在金属和溶液的界面形成双电层，产生一个恒定的电势差，称为电极电势（electrode potential）。

显然，不同的电极产生电极电势的大小不同。电极电势的大小主要取决于电极本性，另外还受温度、电解质溶液浓度、pH 及离子强度等影响。

三、标准电极电势的测定

电极电势的大小反映了氧化还原电对中氧化型物质的氧化能力以及还原型物质还原能力的强弱。至今还无法测得任何电极电势的绝对值，在实际应用中，只能选定某电极作为参比电极，并把其电极电势规定为某一定值，再将其他电极与参比电极组成原电池，从而获得其他电极电势的相对大小。

1. 标准氢电极

按照 IUPAC 的建议，目前以标准氢（Standard hydrogen electrode 缩写为 SHE）电极作为参比电极。标准氢电极是将镀有铂黑的铂电极浸入氢离子浓度（严格的讲应使用活度）为 1.0mol/L 的硫酸溶液中，不断地通入压力为 101.325 kPa 纯氢气流，使铂黑吸附的氢气达到饱和（图 6－3）。标准氢电极的符号为

$$Pt, H_2(P^{\ominus}) \mid H^+ (1.0mol/L)$$

其中 $P^{\ominus}$ 代表氢气压力为标准压力（101.325 kPa），规定在恒定温度 298.15K 时的标准氢电极的电极电势为 0V。即：

$$\varphi^{\ominus}(H^+/H_2) = 0V$$

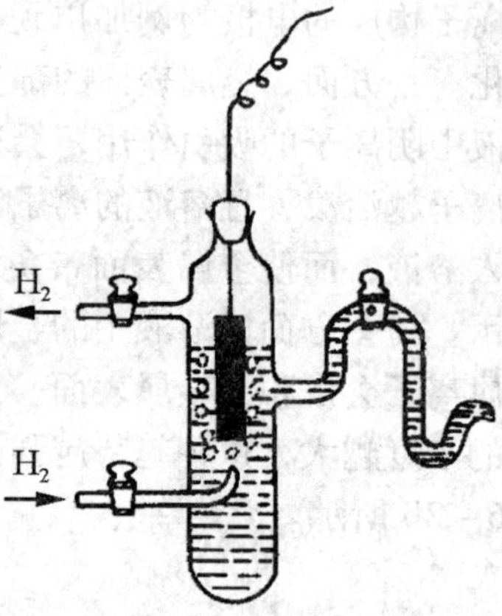

图 6-3　标准氢电极

2. 标准电极电势

将标准氢电极与标准状态时的其他待测电极组成原电池，测定电池电动势后，可计算出待测电极的标准电极电势。标准状态是指温度为 298.15 K，溶液的浓度为1.0mol/L、气体压力为 101.325 kPa、液体和固体为纯净物。例如，将标准锌电极与标准氢电极组成原电池：

$$(-)\ Zn \mid Zn^{2+}(1.0mol/L) \parallel H^+(1.0mol/L) \mid H_2(Py), Pt\ (+)$$

测得原电池的电动势 $Ey = 0.7600V$。

因为　$\varphi^{\ominus}(H^+/H_2) = 0V$

根据（6-1）式，有　$0.7600 = \varphi^{\ominus}(正) - \varphi^{\ominus}(负)$

$$0.7600 = \varphi^{\ominus}(H^+/H_2) - \varphi^{\ominus}(Zn^{2+}/Zn)$$

得：　$\varphi^{\ominus}(Zn^{2+}/Zn) = -0.7600V$

又如，标准铜电极与标准氢电极组成原电池：

$$(-)\ Pt, H_2(P^{\ominus}) \mid H^+(1.0mol/L) \parallel Cu^{2+}(1.0mol/L) \mid Cu\ (+)$$

测得 $E^{\ominus} = 0.3417V$，同理可得：

$$\varphi^{\ominus}(Cu^{2+}/Cu) = 0.3417V$$

3. 标准电极电势表

理论上按上述方法可以测得（或计算出）所有电极的标准电极电势（standard electrode potential）。将标准电极电势按顺序排列所成的表，称为标准电极电势表。

在标准电极电势表中，以标准氢电极为分界。若电极电势为负值，表明该电极的电势低于氢电极的电势，该电极与标准氢电极组成原电池时作负极，电极上进行氧化反应；若标准电极电势为正值，表明当该电极与标准氢电极组成原电池时作正极，电极上进行还原反应。

某电极的标准电极电势代数值越小，表明这个电对中的还原型物质越容易失去电子转变为共轭氧化型，即还原能力越强，是较强的还原剂，其共轭氧化型是较弱的氧化剂；若标准电极电势代数值越大，则电对中的氧化型物质越容易得到电子转变为共轭还原型，即氧化能力越强，是较强的氧化剂，其共轭还原型则是较弱的还原剂。比较标准电极电势表中所有电极电势可知，标准状态时，Li 是最强的还原剂，F_2 是最强的氧化剂；Li^+ 是最弱的氧化剂，F^- 是最弱的还原剂。

在使用标准电极电势表时要注意以下几个问题。

（1）表中的电极反应均写成“氧化型 $+ ne \rightleftharpoons$ 还原型”的形式。由于标准电极电势是平衡电势，电极反应是可逆的。因此，无论是电极反应中的氧化型，还是其共轭还原型作为反应物参加反应，$\varphi^{\ominus}$ 值的符号不变。

例如，$Fe^{3+} + e \rightleftharpoons Fe^{2+}$，$\varphi^{\ominus} = 0.771V$。在反应 $2Fe^{3+} + 2I^{-} = 2Fe^{2+} + I_2$ 中，Fe^{3+} 作为氧化剂参加反应；而在反应 $MnO_4^{-} + 8H^{+} + 5Fe^{2+} = Mn^{2+} + 5Fe^{3+} + 4H_2O$ 中，Fe^{2+} 作为还原剂参加反应。在上述两个反应中，$\varphi^{\ominus}(Fe^{3+}/Fe^{2+})$ 均为 0.771 V。

（2）$\varphi^{\ominus}$ 数值的大小反映了标准状态下水溶液中氧化还原反应的规律性，不适用于非水溶液、高温熔融体系等的氧化还原反应。

（3）$\varphi^{\ominus}$ 值反映的是电对在标准状态下得失电子的倾向，它取决于电极反应中物质的本性，而与反应式中的化学计量数无关。因为 $\varphi^{\ominus}$ 是电极的强度性质，不随反应体系内物质的多少而改变，只与电对的种类有关。例如 $Cu^{2+} + 2e \rightleftharpoons Cu$，$2Cu^{2+} + 4e \rightleftharpoons 2Cu$ 的标准电极电势均为 0.3417 V。

（4）$\varphi^{\ominus}$ 只能体现氧化还原反应的趋势和程度，不涉及反应速率。例如，$(NH_4)_2S_2O_8$ 与 $MnSO_4$ 的氧化还原反应，由于 $\varphi^{\ominus}(S_2O_8^{2-}/SO_4^{2-}) = 2.01V > \varphi^{\ominus}(MnO_4^{-}/Mn^{2+}) = 1.507V$，故可以发生如下反应：

$$5S_2O_8^{2-} + 2Mn^{2+} + 8H_2O \rightleftharpoons 2MnO_4^{-} + 16H^{+} + 10SO_4^{2-}$$

但实验中看不到紫色的 MnO_4^{-} 生成。必须加入少量 $AgNO_3$ 作催化剂并加热，使反应速率加快，才能观察到紫色 生成。因此在确定多个氧化还原反应的活性顺序时，必须综合考虑反应方向和反应速率这两方面的影响。

（5）有些物质既有氧化性又有还原性，要注意使用相应电对的 $\varphi^{\ominus}$ 值。例如 H_2O_2 作为氧化剂时，其 $\varphi^{\ominus}(H_2O_2/H_2O) = 1.776$ V，电极反应为 $H_2O_2 + 2H^{+} + 2e \rightleftharpoons 2H_2O$；作为还原剂时，则 $\varphi^{\ominus}(O_2/H_2O_2) = 0.695V$，电极反应为 $O_2 + 2H^{+} + 2e \rightleftharpoons H_2O_2$。

（6）溶液的酸碱度对许多电极反应的 $\varphi^{\ominus}$ 值有影响，在不同酸碱度溶液中，$\varphi^{\ominus}$ 值不同，甚至电极反应根本不同。因此，标准电极电势表有酸表和碱表之分。在电极反应中，H^{+} 无论是反应物还是产物，均查阅酸表；OH^{-} 无论是反应物还是产物，均查阅碱表；没有 H^{+} 和 OH^{-} 出现时，则根据物质的存在状态来确定。例如，$Fe^{3+} + e \rightleftharpoons Fe^{2+}$，$Fe^{3+}$ 只能在酸性溶液中存在，应该查阅酸表。

四、影响电极电势的因素——Nernst 方程

随着氧化还原反应的进行，实际上很难保持在标准状态，反应体系的温度、溶液的浓度和酸碱度等外界条件对电极电势的大小都有影响。电极电势与各影响因素的定量关系可用能斯特方程（Nernst equation）表示。

对于电极反应：氧化型 $+ ne \rightleftharpoons$ 还原型

则有

$$\varphi = \varphi^{\ominus} + \frac{RT}{nF}\lg\frac{[\text{氧化型}]}{[\text{还原型}]} \tag{6-2}$$

式中，φ——非标准状态时的电极电势，V；

R——气体常数，8.314J/（mol·K）；

T——热力学温度，K；

n——电极反应中转移的电子数；

F——法拉第（Farday）常数，96 485 C/mol；

［氧化型］——电极反应中氧化型一方各物质浓度幂的乘积；

［还原型］——电极反应中还原型一方各物质浓度幂的乘积；

其中各物质浓度的指数等于电极反应式中相应各物质的化学计量数。

当 $T=298.15$ K 时，将 R、F 的数值代入能斯特方程，可得：

$$\varphi=\varphi^{\ominus}+\frac{0.059}{n}\lg\frac{[\text{氧化型}]}{[\text{还原型}]} \quad (6-3)$$

在使用 Nernst 方程式时应注意：①如果电极反应中某一物质是固体或纯液体，则将它们的浓度视为常数，作为 1 处理；②在稀水溶液中进行的反应，水的浓度也视为常数；③如果反应中有气体参加，应将气体的分压与标准压力（101.325 kPa）的比值代入能斯特方程中。例如，

$$2O_2+4H^+ +4e \rightleftharpoons 2H_2O_2$$

则 $$\varphi(O_2/H_2O_2)=\varphi^{\ominus}(O_2/H_2O_2)+\frac{0.059}{4}\lg\frac{P_{O_2}\cdot[H^+]^4}{101.325}$$

1. 氧化型、还原型物质浓度对电极电势的影响

例 6-2：已知电极反应 $Fe^{3+}+e \rightleftharpoons Fe^{2+}$，$\varphi^{\ominus}=0.771$ V，试计算 $[Fe^{3+}]/[Fe^{2+}]=10$ 和 $[Fe^{3+}]/[Fe^{2+}]=\frac{1}{10}$时的 φ 值（298.15K）。

解：根据式 6-3，该电极反应的能斯特方程为

$$\varphi(Fe^{3+}/Fe^{2+})=\varphi^{\ominus}(Fe^{3+}/Fe^{2+})+0.059\lg([Fe^{3+}]/[Fe^{2+}])$$

当 $[Fe^{3+}]/[Fe^{2+}]=10$ 时 $\varphi(Fe^{3+}/Fe^{2+})=0.771+0.059=0.8301V$

当 $[Fe^{3+}]/[Fe^{2+}]=\frac{1}{10}$时 $\varphi(Fe^{3+}/Fe^{2+})=0.771-0.059=0.7119V$

由上述计算结果可知，当氧化型物质（Fe^{3+}）的浓度增大时，φ 值升高，氧化型物质（Fe^{3+}）的氧化性增强；而还原型物质（Fe^{2+}）的浓度增大时，φ 值降低，还原型物质（Fe^{2+}）的还原性降低。

2. 溶液酸碱度对电极电势的影响

例 6-3：已知 $MnO_4^-+8H^+ +5e \rightleftharpoons Mn^{2+}+4H_2O$ $\varphi^{\ominus}(MnO_4^-/Mn^{2+})=1.507$ V。试计算（1）pH=2 和（2）pH=7 时的 $\varphi(MnO_4^-/Mn^{2+})$ 值。已知 $[MnO_4^-]=[Mn^{2+}]=1.0$mol/L，$T=298.15$ K。

解：根据式 6-3，该电极反应的能斯特方程为：

$$\varphi=\varphi^{\ominus}+\frac{0.059}{5}\lg\frac{[MnO_4^-][H^+]^8}{[Mn^{2+}]}$$

（1）pH=2，即 $[H^+]=1.0\times10^{-2}$mol/L

$$\varphi=1.507+\frac{0.059}{5}\lg(1.0\times10^{-2})^8=1.317\ (V)$$

（2）pH=7，即 $[H^+]=1.0\times10^{-7}$mol/L

$$\varphi=1.507+\frac{0.059}{5}\lg(1.0\times10^{-7})^8=0.82\ (V)$$

由计算结果可知，MnO_4^- 离子的氧化能力随 H^+ 浓度的降低而明显减弱。凡有 H^+ 或

OH^-参加的电极反应，酸碱度对 φ 值会有较大的影响，有时还能影响氧化还原反应的产物。例如，Na_2SO_3 与 $KMnO_4$ 在不同介质中的反应如下。

强酸性介质中：$2MnO_4^- + 5SO_3^{2-} + 6H^+ \longrightarrow 2Mn^{2+}$（浅粉色）$+ 5SO_4^{2-} + 3H_2O$

中性介质中：$2MnO_4^- + 3SO_3^{2-} + H_2O \longrightarrow 2MnO_2\downarrow$（褐色）$+ 3SO_4^{2-} + 2OH^-$

强碱性介质中：$2MnO_4^- + SO_3^{2-} + 2OH^- \longrightarrow MnO_4^{2-}$（绿色）$+ SO_4^{2-} + H_2O$

3. 加入沉淀剂对电极电势的影响

例 6－4：在标准银电极溶液中加入 Br^-，并使 Br^- 在体系达到平衡时的浓度为 1.0mol/L，计算银电极电势。

解：查标准电极电势表

$$Ag^+ + e \rightleftharpoons Ag,\ \varphi^{\ominus} = 0.7994V$$

加入 Br^- 后，因生成 AgBr 沉淀，$[Ag^+]$ 会降低很多，达到平衡时：

根据 $Ag^+ + Br^- \rightleftharpoons AgBr\downarrow$　$K_{sp} = [Ag^+][Br^-] = 5.35\times10^{-13}$

则 $[Ag^+] = K_{sp}/[Br^-] = 5.35\times10^{-13}$ mol/L

根据式 6－3，有：$\varphi(Ag^+/Ag) = \varphi^{\ominus}(Ag^+/Ag) + 0.059\lg[Ag^+] = 0.7994 + 0.059\times\lg(5.35\times10^{-13}) = 0.0754\ (V)$

例 6－5：标准状态时，在 Mg^{2+}/Mg 电极溶液中加入 OH^-，并使 OH^- 在体系达到平衡时的浓度为 1.0mol/L，计算该电极电势。

解：查标准电极电势表

$$Mg^{2+} + 2e \rightleftharpoons Mg,\ \varphi^{\ominus} = -2.372V$$

加入 OH^- 后，因生成 $Mg(OH)_2$ 沉淀，$[Mg^{2+}]$ 会降低很多，达到平衡时：

根据 $Mg^{2+} + 2OH^- \rightleftharpoons Mg(OH)_2\downarrow$　$K_{sp} = [Mg^{2+}][OH^-]^2 = 5.61\times10^{-12}$

则 $[Mg^{2+}] = K_{sp}/[OH^-]^2 = 5.61\times10^{-12}$ mol/L

根据式 6－3，有：

$$\varphi(Mg^{2+}/Mg) = \varphi^{\ominus}(Mg^{2+}/Mg) + \frac{0.059}{2}\lg[Mg^{2+}]$$

$$= -2.372 + \frac{0.059}{2}\times\lg5.61\times10^{-12} = -2.704\ (V)$$

由计算结果可知，在电极反应中加入使氧化型物质生成沉淀的沉淀剂，会使电极电势减小，氧化型物质的氧化能力降低，还原型物质的还原能力增强。

第三节　电极电势的应用

一、比较氧化剂和还原剂的相对强弱

1. 标准状态

电极电势的大小反映出氧化还原电对中氧化型的氧化能力和还原型的还原能力的强弱。标准状态下，确定氧化剂和还原剂的相对强弱，可直接比较 $\varphi^{\ominus}$ 值的大小而得出。$\varphi^{\ominus}$ 值较大电对中的氧化型是较强的氧化剂；$\varphi^{\ominus}$ 值较小电对中的还原型是较强的还原剂。例如，卤族元素之间的置换反应，可用 $\varphi^\ominus$ 值的大小来说明。

$$F_2 + 2e \rightleftharpoons 2F^- \quad \varphi^\ominus = 2.866\ V$$

$$Cl_2 + 2e \rightleftharpoons 2Cl^- \quad \varphi^\ominus = 1.36\ V$$

$$Br_2 + 2e \rightleftharpoons 2Br^- \quad \varphi^\ominus = 1.066\ V$$

$$I_2 + 2e \rightleftharpoons 2I^- \quad \varphi^\ominus = 0.5353\ V$$

因为 $\varphi^\ominus(F_2/F^-) > \varphi^\ominus(Cl_2/Cl^-) > \varphi^\ominus(Br_2/Br^-) > \varphi^\ominus(I_2/I^-)$，所以氧化型物质的氧化性强弱为 $F_2 > Cl_2 > Br_2 > I_2$；还原型物质的还原性强弱为 $I^- > Br^- > Cl^- > F^-$。即 F_2 能氧化 Cl^-、Br^-、I^-，Cl_2 能氧化 Br^-、I^-，Br_2 则只能氧化 I^-。

金属活动顺序表基本上是将金属及其在水溶液中能稳定存在的简单离子组成的电对，按 $\varphi^\ominus$ 值由小到大的顺序排列而成，金属单质的活泼性（还原性）按这一顺序依次降低。但应指出，按 $\varphi^\ominus$ 值次序排列出的金属活动顺序表，只表明金属单质作为还原剂或金属离子作为氧化剂，参加氧化还原反应的可能性和趋势，而未包括速率因素。此外，由于 $\varphi^\ominus$ 是标准状态时的数据，因此该顺序是纯净金属的活泼性顺序。有的金属在空气中表面会生成氧化膜，使活泼性大大降低。例如，纯铬比铁活泼，但暴露在空气中的铬表面形成氧化膜后，活泼性远小于铁。

通过比较 $\varphi^\ominus$ 值，还可以选择合适的氧化剂或还原剂。

例 6－6：选择一种氧化剂只将 Cl^- 和 Br^- 混合溶液中的 Br^- 氧化成 Br_2，而不影响 Cl^-。试根据 $\varphi^\ominus$ 值确定在常用的氧化剂 H_2O_2、$KMnO_4$ 和 $K_2Cr_2O_7$ 中选择何者为宜?

解：查标准电极电势表

$$H_2O_2 + 2H^+ + 2e \rightleftharpoons 2H_2O \quad \varphi^\ominus = 1.776V$$

$$MnO_4^- + 8H^+ + 5e \rightleftharpoons Mn^{2+} + 4H_2O \quad \varphi^\ominus = 1.507V$$

$$Cr_2O_7^{2-} + 14H^+ + 6e \rightleftharpoons 2Cr^{3+} + 7H_2O \quad \varphi^\ominus = 1.232V$$

比较上述 3 个电对 $\varphi^\ominus$ 值与 $\varphi^\ominus(Cl_2/Cl^-)$、$\varphi^\ominus(Br_2/Br^-)$ 可知，标准状态下 H_2O_2 和 $KMnO_4$ 均能氧化 Br^- 和 Cl^-；而 $K_2Cr_2O_7$ 只能氧化 Br^-，不能氧化 Cl^-，故选择 $K_2Cr_2O_7$ 为宜。

实验室常用的强氧化剂电对的 $\varphi^\ominus$ 值一般大于 1 V，如 $KMnO_4$、$K_2Cr_2O_7$、H_2O_2 等；常用的强还原剂电对的 $\varphi^\ominus$ 值一般小于 0V，如 Zn、Fe 等。当然，氧化剂和还原剂的强弱是相对的，并没有严格的界限。例如 H_2O_2 是一种常用的氧化剂，但在有些反应中，H_2O_2 却作还原剂。

$$MnO_4^- + 5H_2O_2 + 6H^+ = 2Mn^{2+} + 5O_2\uparrow + 8H_2O$$

2. 非标准状态

比较非标准状态下氧化剂和还原剂的相对强弱，需利用 Nernst 方程计算出 φ 值。

例 6－7：298.15K 时，找出下列电对中最强的氧化剂和最强的还原剂。

$$HClO\ (1.0mol/L),\ H^+\ (1.0mol/L)\ |\ Cl_2\ (0.01mol/L)$$

$$MnO_4^-\ (1.0mol/L),\ H^+\ (0.01mol/L)\ |\ MnO_2$$

$$H_2O_2\ (1.0mol/L),\ H^+\ (1.0\times10^{-4}mol/L)\ |\ H_2O$$

解：查标准电极电势表得

$$2HClO + 2H^+ + 2e \rightleftharpoons Cl_2 + 2H_2O \quad \varphi^\ominus = 1.611V$$

$$MnO_4^- + 4H^+ + 3e \rightleftharpoons MnO_2 + H_2O \quad \varphi^\ominus = 1.679V$$

$$H_2O_2 + 2H^+ + 2e \rightleftharpoons 2H_2O \quad \varphi^\ominus = 1.776V$$

根据式 6－3，有：

φ（$HClO/Cl_2$）$= \varphi^\ominus$（$HClO/Cl_2$）$+ \frac{0.059}{2}\lg\frac{[HClO]^2\,[H^+]^2}{[Cl_2]} = 1.611 + \frac{0.059}{2} \times \lg \frac{1.0}{0.01} = 1.670$（V）

φ（MnO_4^-/MnO_2）$= \varphi^\ominus$（MnO_4^-/MnO_2）$+ \frac{0.059}{3}\lg[MnO_4^-]\,[H^+]^4 = 1.679 + \frac{0.059}{3} \times \lg 0.01^4 = 1.522$（V）

φ（H_2O_2/H_2O）$= \varphi^\ominus$（H_2O_2/H_2O）$+ \frac{0.059}{2}\lg[H_2O_2][H^+]^2 = 1.776 + \frac{0.059}{2} \times \lg(1.0 \times 10^{-4})^2 = 1.540$（V）

由计算结果得知，φ（$HClO/Cl_2$）值最大，所以 HClO 是最强的氧化剂，φ（MnO_4^-/MnO_2）值最小，故 MnO_2 是最强的还原剂。

二、判断氧化还原反应自发进行的方向

原电池的电池反应可以表示为：

$$\overset{ne}{\text{氧化型}_A + \text{还原型}_B} \rightleftharpoons \text{还原型}_A + \text{氧化型}_B$$

电池反应进行的方向与电池电动势存在如下关系。

（1）$E^\ominus > 0V$，电池反应正向进行，即 $\varphi^\ominus$（氧化型$_A$/还原型$_A$）$> \varphi^\ominus$（氧化型$_B$/还原型$_B$）。

（2）$E^\ominus < 0V$，电池反应逆向进行，即 $\varphi^\ominus$（氧化型$_A$/还原型$_A$）$< \varphi^\ominus$（氧化型$_B$/还原型$_B$）。

（3）$E^\ominus = 0V$，电池反应处于化学平衡状态，即 $\varphi^\ominus$（氧化型$_A$/还原型$_A$）$= \varphi^\ominus$（氧化型$_B$/还原型$_B$）。

由此可知，电池反应进行的方向是较强氧化剂与较强还原剂作用，生成较弱氧化剂与较弱还原剂。

例 6－8：判断（1）标准状态下，Sn^{4+} 能否将 I^- 氧化为 I_2？（2）非标准状态 Sn^{4+}（1.0mol/L）/Sn^{2+}（1.0×10^{-4}mol/L），I_2/I^-（2.0mol/L）时，Sn^{4+} 能否将 I^- 氧化为 I_2？

解：（1）标准状态下，查标准电极电势表

$$Sn^{4+} + 2e \rightleftharpoons Sn^{2+} \quad \varphi^\ominus = 0.151\ V$$

$$I_2 + 2e \rightleftharpoons 2I^- \quad \varphi^\ominus = 0.5353\ V$$

因 $\varphi^\ominus$（I_2/I^-）$> \varphi^\ominus$（Sn^{4+}/Sn^{2+}），即 I_2 的氧化能力大于 Sn^{4+}，故标准状态下，Sn^{4+} 无法将 I^- 氧化为 I_2。

（2）当 $[Sn^{2+}] = 1.0 \times 10^{-4}$mol/L，$[I^-] = 2.0$mol/L 时

$$\varphi(Sn^{4+}/Sn^{2+}) = \varphi^{\ominus}(Sn^{4+}/Sn^{2+}) + \frac{0.059}{2}\lg\frac{[Sn^{4+}]}{[Sn^{2+}]}$$

$$= 0.151 + \frac{0.059}{2} \times \lg\frac{1.0}{1.0 \times 10^{-4}} = 0.269\ (V)$$

$$\varphi(I_2/I^-) = \varphi^{\ominus}(I_2/I^-) + \frac{0.059}{2}\lg\frac{1}{[I^-]^2} = 0.5353 + \frac{0.059}{2} \times \lg\frac{1}{(2.0)^2} = 0.5175$$

(V)

同样，因 $\varphi(I_2/I^-) > \varphi(Sn^{4+}/Sn^{2+})$，即 I_2 的氧化能力大于 Sn^{4+}，故非标准状态下，Sn^{4+} 也不能将 I^- 氧化为 I_2。

一般来说，当两个电对的 $\varphi^{\ominus}$ 值相差较大时（$\Delta\varphi^{\ominus} > 0.2 \sim 0.4$ V），可以用标准电极电势直接判断非标准状态下氧化还原反应的方向，因为浓度的变化不致于改变反应的方向；但若两个电对电势差较小时，非标准状态下，则必须运用 Nernst 方程计算出相应的电极电势值，再进行判断。

例 6-9：已知 $Fe^{3+} + e \rightleftharpoons Fe^{2+}$，$\varphi^{\ominus}(Fe^{3+}/Fe^{2+}) = 0.771$ V；$I_2 + 2e \rightleftharpoons 2I^-$，$\varphi^{\ominus}(I_2/I^-) = 0.5353$ V。在 $[Fe^{3+}] = 1.0 \times 10^{-3}$ mol/L，$[Fe^{2+}] = 1.0$ mol/L，$[I^-] = 1.0 \times 10^{-3}$ mol/L 时，反应 $2Fe^{3+} + 2I^- \rightleftharpoons 2Fe^{2+} + I_2$ 向哪个方向进行？并与标准状态下的反应自发进行方向比较。

解：标准状态下

$E^{\ominus} = \varphi^{\ominus}(Fe^{3+}/Fe^{2+}) - \varphi^{\ominus}(I_2/I^-) = 0.771 - 0.5353 = 0.2357\ (V) > 0\ (V)$

因此，标准状态下反应正向进行。

非标准状态下

$$\varphi(Fe^{3+}/Fe^{2+}) = \varphi^{\ominus}(Fe^{3+}/Fe^{2+}) + 0.059\lg\frac{[Fe^{3+}]}{[Fe^{2+}]}$$

$$= 0.771 + 0.059\lg \times \frac{1.0 \times 10^{-3}}{1.0} = 0.593\ (V)$$

$$\varphi(I_2/I^-) = \varphi^{\ominus}(I_2/I^-) + \frac{0.059}{2}\lg\frac{1}{[I^-]^2}$$

$$= 0.5353 + \frac{0.059}{2} \times \lg\frac{1}{(1.0 \times 10^{-3})^2} = 0.7123\ (V)$$

$E = 0.593 - 0.7123 = -0.1193\ (V) < 0\ (V)$

所以，反应逆向自发进行。

某些含氧化合物如 $KMnO_4$、MnO_2、$K_2Cr_2O_7$ 等参加氧化还原反应时，还必须考虑溶液的酸度对反应方向的影响。

例 6-10：当 $[Mn^{2+}] = 1.0$ mol/L，$P_{Cl_2} = 101.325$ kPa。若反应 $MnO_2 + 4HCl \rightleftharpoons MnCl_2 + Cl_2\uparrow + 2H_2O$ 正向进行，所用盐酸的浓度（mol/L）至少是多少？

解：查标准电极电势表

$$MnO_2 + 4H^+ + 2e \rightleftharpoons Mn^{2+} + 2H_2O \quad \varphi^{\ominus}(MnO_4^-/Mn^{2+}) = 1.224\ V$$

$$Cl_2 + 2e \rightleftharpoons 2Cl^- \quad \varphi^{\ominus}(Cl_2/Cl^-) = 1.36\ V$$

标准状态下

$E^{\ominus} = \varphi^{\ominus}(MnO_4^-/Mn^{2+}) - \varphi^{\ominus}(Cl_2/Cl^-) = 1.224 - 1.36 = -0.136\ (V) < 0\ (V)$

所以标准状态下（$[H^+] = 1.0mol/L$）反应无法正向进行。要使反应正向进行，就必须增大盐酸的浓度，这一方面可增大 H^+ 浓度，使 $\varphi(MnO_4^-/Mn^{2+})$ 升高，另一方面可增大 Cl^- 浓度，使 $\varphi(Cl_2/Cl^-)$ 降低；从而使 $E > 0V$，反应正向进行。

设反应正向进行时盐酸浓度为 $x$mol/L，则 $[H^+] = [Cl^-] = x$mol/L

则 $\varphi(MnO_4^-/Mn^{2+}) = \varphi^{\ominus}(MnO_4^-/Mn^{2+}) + \frac{0.059}{2}\lg\frac{[H^+]^4}{[Mn^{2+}]} = 1.224 + \frac{0.059}{2}\lg x^4 = 1.224 + 0.118\lg x$

$\varphi(Cl_2/Cl^-) = \varphi^{\ominus}(Cl_2/Cl^-) + \frac{0.059}{2}\lg\frac{(P_{Cl_2}/101.325)}{[Cl^-]^2} = 1.36 + \frac{0.059}{2}\lg\frac{1}{x^2} = 1.36 - 0.059\lg x$

反应正向进行的条件为 $\varphi(MnO_4^-/Mn^{2+}) > \varphi(Cl_2/Cl^-)$

即：$1.224 + 0.118\lg x > 1.36 - 0.059\lg x$

$$0.177\lg x > 0.136$$

$$\lg x > 0.768$$

所以 $$x > 5.86mol/L$$

由计算可知，当 $c(HCl) > 5.86mol/L$ 时，可利用 MnO_2 和盐酸反应制备 Cl_2，这也是实验室制备少量 Cl_2 的方法之一。

三、判断氧化还原反应进行的限度

氧化还原反应进行的最大限度是化学平衡状态，$E = 0V$，即 φ（正）$= \varphi$（负）。氧化还原反应中电对的标准电极电势与反应平衡常数之间存在内在联系，我们可以利用两个电对的标准电极电势，计算出氧化还原反应平衡常数，以确定反应进行的程度大小。

例 6－11：计算 $6Fe^{2+} + Cr_2O_7^{2-} + 14H^+ \rightleftharpoons 6Fe^{3+} + 2Cr^{3+} + 7H_2O$ 反应的平衡常数（298.15 K）。

解：该氧化还原反应达到平衡时 φ（正）$= \varphi$（负）

查标准电极电势表

$$6Fe^{3+} + 6e \rightleftharpoons 6Fe^{2+} \quad \varphi^{\ominus}(Fe^{3+}/Fe^{2+}) = 0.771V$$

$$Cr_2O_7^{2-} + 14H^+ + 6e \rightleftharpoons 2Cr^{3+} + 7H_2O \quad \varphi^{\ominus}(Cr_2O_7^{2-}/Cr^{3+}) = 1.232V$$

根据式（6－3）

$$\varphi(Fe^{3+}/Fe^{2+}) = \varphi^{\ominus}(Fe^{3+}/Fe^{2+}) + \frac{0.059}{6}\lg\frac{[Fe^{3+}]^6}{[Fe^{3+}]^6}$$

$$\varphi(Cr_2O_7^{2-}/Cr^{3+}) = \varphi^{\ominus}(Cr_2O_7^{2-}/Cr^{3+}) + \frac{0.059}{6}\lg\frac{[Cr_2O_7^{2-}][H^+]^{14}}{[Cr^{3+}]^2}$$

达到平衡时 $\varphi(Fe^{3+}/Fe^{2+}) = \varphi(Cr_2O_7^{2-}/Cr^{3+})$，即：

$$\varphi^{\ominus}(Fe^{3+}/Fe^{2+}) + \frac{0.059}{6}\lg\frac{[Fe^{3+}]^6}{[Fe^{2+}]^6}$$

$$= \varphi^{\ominus}(Cr_2O_7^{2-}/Cr^{3+}) + \frac{0.059}{6}\lg\frac{[Cr_2O_7^{2-}][H^+]^{14}}{[Cr^{3+}]^2}$$

即$\frac{0.059}{6}\lg\frac{[Fe^{3+}]^6[Cr^{3+}]^2}{[Fe^{2+}]^6[Cr_2O_7^{2-}][H^+]^{14}}=\varphi^{\ominus}(Cr_2O_7^{2-}/Cr^{3+})-\varphi^{\ominus}(Fe^{3+}/Fe^{2+})$

由于反应已达平衡，故上式中各物质的浓度均为平衡浓度，则：

$$\lg K=\frac{6[\varphi^{\ominus}(Cr_2O_7^{2-}/Cr^{3+})-\varphi^{\ominus}(Fe^{3+}/Fe^{2+})]}{0.059}$$

$$=\frac{6\times(1.232-0.771)}{0.059}=46.88$$

所以，$K=7.59\times10^{46}$

该反应的平衡常数值如此之大，表明该反应朝正向进行的趋势极强，反应进行得非常彻底。

将上述结论推广到一般的氧化还原反应：

$$氧化型_A+还原型_B\rightleftharpoons氧化型_B+还原型_A$$

当 $T=298.15K$ 时，有：

$$\lg K=\frac{n[\varphi^{\ominus}(氧化剂_A/还原剂_A)-\varphi^{\ominus}(氧化剂_B/还原剂_B)]}{0.059} \quad (6-4)$$

式中，n——电池反应中转移的电子数。

一般认为，平衡常数 $K>10^6$ 时，反应进行得很彻底。根据式6-4，若

$n=1$，$E^{\ominus}=\varphi^{\ominus}(氧化型_A/还原型_A)-\varphi^{\ominus}(氧化型_B/还原型_B)=0.35\ V$

$n=2$，$E^{\ominus}=\varphi^{\ominus}(氧化型_A/还原型_A)-\varphi^{\ominus}(氧化型_B/还原型_B)=0.18\ V$

$n=3$，$E^{\ominus}=\varphi^{\ominus}(氧化型_A/还原型_A)-\varphi^{\ominus}(氧化型_B/还原型_B)=0.12\ V$

因此，通常情况下，可以用 $E^{\ominus}$ 是否大于0.2~0.4 V来判断氧化还原反应是否进行得完全。

例6-12：反应 $Ag^++Fe^{2+}\rightleftharpoons Ag+Fe^{3+}$，(1) 计算此反应的平衡常数 K(298.15K)；(2) 如果反应开始时 $[Ag^+]=1.0mol/L$，$[Fe^{2+}]=0.10mol/L$；那么，平衡时 Fe^{3+} 浓度是多少？

解：(1) 根据式6-4，有

$$\lg K=\frac{[\varphi^{\ominus}(Ag^+/Ag)-\varphi^{\ominus}(Fe^{3+}/Fe^{2+})]}{0.059}=0.474$$

解得 $K=2.98$

(2) 设平衡时 $[Fe^{3+}]=x$mol/L，

	Ag^+	+	$Fe^{2+}\rightleftharpoons Ag$	+	Fe^{3+}
起始浓度(mo1/L)	1.0		0.10		0
平衡浓度(mo1/L)	$1.0-x$		$0.10-x$		x

$$K=\frac{[Fe^{3+}]}{[Ag^+][Fe^{2+}]}=\frac{x}{(1.0-x)(0.10-x)}$$

即 $2.98=\frac{x}{(1.0-x)(0.10-x)}$

解得 $x=0.073$

即平衡时，$[Fe^{3+}]=0.073mol/L$。

上例说明 Ag^+ 作为氧化剂时，由于平衡常数 K 值不大；所以，尽管 Ag^+ 离子浓度为 Fe^{2+} 离子浓度的 10 倍，也只有 73% 的 Fe^{2+} 离子被氧化成 Fe^{3+} 离子。

四、元素标准电极电势图及其应用

为了更直观地表明某种元素各种氧化态之间的氧化还原关系，将该元素不同氧化态按氧化数从高到低排列，各氧化态之间用直线连接起来，并在直线上方标明氧化态之间所对应的标准电极电势值，就构成了元素标准电极电势图，简称元素电势图。由于各电对在不同酸碱度时的标准电极电势值不同，因此，元素电势图也有酸性介质（$[H^+]=1.0mol/L$）和碱性介质（$[OH^-]=1.0mol/L$）之分。例如，氯元素在酸性和碱性介质中的电势图如下：

酸性溶液中 $\varphi^{\ominus}$：

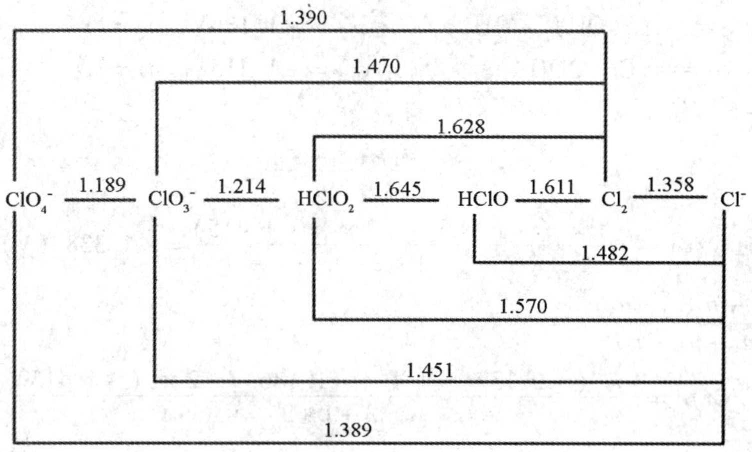

碱性溶液中 $\varphi^{\ominus}$：

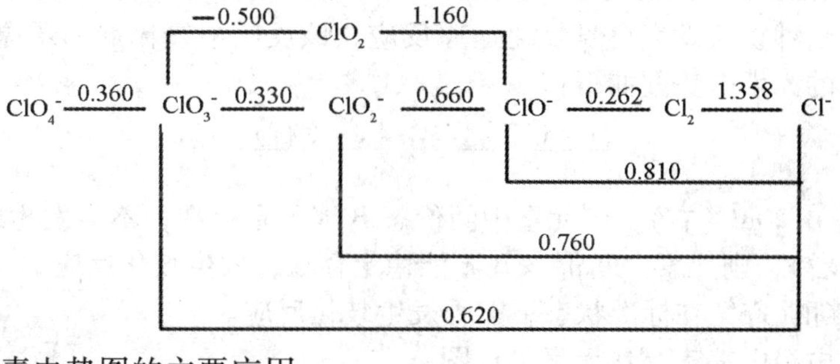

下面介绍元素电势图的主要应用。

1. 求算未知电对的标准电极电势

设某元素电势图如下：

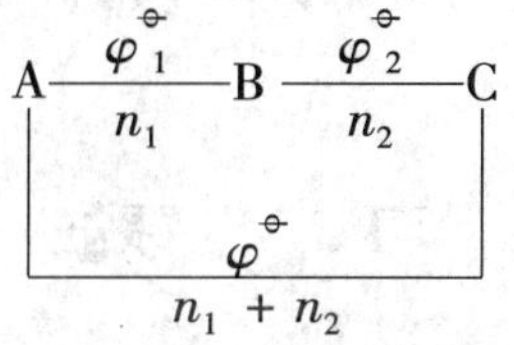

则电势图中各电极电势之间的关系由热力学计算得出：

$$\varphi^{\ominus}=\frac{n_1\varphi^{\ominus}_1+n_2\varphi^{\ominus}_2}{n_1+n_2}$$

式中，φ_y——标准电极电势，V；

n——电极反应式中转移的电子数。

将上式推广为：

$$\varphi^{\ominus}=\frac{n_1\varphi^{\ominus}_1+n_2\varphi^{\ominus}_2+\cdots+n_i\varphi^{\ominus}_i}{n_1+n_2+\cdots+n_i} \tag{6-5}$$

例 6-13：下面是碱性溶液中铬元素部分电势图。计算 $\varphi^{\ominus}$ [$Cr(OH)_3/Cr$] 和 $\varphi^{\ominus}$ (CrO_4^{2-}/Cr)。

解：由电势图可知，各电对的电极反应和电极电势是

$CrO_4^{2-}+4H_2O+3e \rightleftharpoons Cr^{3+}+8OH^-$　　$\varphi^{\ominus}_1=-0.13V$，$n_1=3$；

$Cr(OH)_3+e \rightleftharpoons Cr(OH)_2+OH^-$　　$\varphi^{\ominus}_2=-1.186V$，$n_2=1$；

$Cr(OH)_2+2e \rightleftharpoons Cr+2OH^-$　　$\varphi^{\ominus}_3=-1.415V$，$n_3=2$。

根据式 6-5，有

$$\varphi^{\ominus}=\frac{n_1\varphi^{\ominus}_1+n_2\varphi^{\ominus}_2}{n_1+n_2}$$

$$\varphi^{\ominus}[Cr(OH)_3/Cr]=\frac{1\times(-1.186)+2\times(-1.415)}{1+2}=-1.338\ (V)$$

$$\varphi^{\ominus}=\frac{n_1\varphi^{\ominus}_1+n_2\varphi^{\ominus}_2+n_3\varphi^{\ominus}_3}{n_1+n_2+n_3}$$

$$\varphi^{\ominus}(CrO_4^{2-}/Cr)=\frac{3\times(-0.13)+1\times(-1.186)+2\times(-1.415)}{3+1+2}$$

$=-0.734$ (V)

2. 判断氧化剂或还原剂的稳定性，确定中间氧化态是否发生歧化反应

歧化反应是一种物质发生自身氧化还原反应，该反应中氧化剂和还原剂为同一物质。某元素三种价态的元素电势图如下：

$$A \xrightarrow{\ \varphi^{\ominus}(\text{左})\ } B \xrightarrow{\ \varphi^{\ominus}(\text{右})\ } C$$

如果 $\varphi^{\ominus}$（左）$>\varphi^{\ominus}$（右），则元素中间价态 B 能稳定存在，不会发生歧化反应；如果 $\varphi^{\ominus}$（左）$<\varphi^{\ominus}$（右），则元素中间价态 B 不能稳定存在，发生歧化反应。

例 6-14：判断 Fe^{2+} 在标准状态下能否发生歧化反应。

解：查标准电极电势表，作元素电势图：

$$Fe^{3+} \xrightarrow{\ 0.771\ } Fe^{2+} \xrightarrow{\ -0.447\ } Fe$$

由电势图可知：$\varphi^{\ominus}$（左）$>\varphi^{\ominus}$（右），所以中间价态 Fe^{2+} 能稳定存在，不会发生歧化反应。

习　　题

1. 用氧化数法配平下列氧化还原反应式，并指明氧化剂和还原剂。

（1）$KMnO_4 + C_2H_4 + H_2SO_4 \longrightarrow CO_2 + MnSO_4 + K_2SO_4 + H_2O$

（2）$Pb_3O_4 + HNO_3 \longrightarrow Pb(NO_3)_2 + PbO_2 + H_2O$

（3）$S + NaOH \longrightarrow Na_2S + Na_2S_2O_3 + H_2O$

（4）$Cr(OH)_3 + H_2O_2 + NaOH \longrightarrow Na_2CrO_4 + H_2O$

（5）$K_2Cr_2O_7 + HCl \longrightarrow CrCl_3 + Cl_2\uparrow + KCl + H_2O$

2. 用离子电子法配平下列氧化还原反应式。

（1）$NaNO_2 + KMnO_4 + H_2SO_4 \longrightarrow NaNO_3 + MnSO_4 + K_2SO_4 + H_2O$

（2）$Cr(OH)_3 + KIO_3 + KOH \longrightarrow K_2CrO_4 + KI + H_2O$

（3）$HNO_3 + Zn \longrightarrow Zn(NO_3)_2 + NH_4NO_3 + H_2O$

（4）As_2S_3（s）$+ HNO_3 \longrightarrow H_3ASO_4 + H_2SO_4 + NO\uparrow$

（5）$K_2Cr_2O_7 + KI + HCl \longrightarrow CrCl_3 + I_2 + KCl + H_2O$

3. 根据标准电极电势表的数据，找出下列电对中最强的氧化剂和最强的还原剂。

I_2/I^-、Sn^{4+}/Sn^{2+}、NO_3^-/NO、MnO_4^-/Mn^{2+}。

4. 在标准状态下，用下列电对组成原电池，写出电池符号，电极反应和电池反应。

（1）MnO_4^-/Mn^{2+}和Fe^{3+}/Fe^{2+}

（2）Cl_2/Cl^-和IO_3^-/I^-

（3）$CO_2/C_2O_4^{2-}$ 和 $Cr_2O_7^{2-}/Cr^{3+}$

（4）Fe^{3+}/Fe^{2+}和Sn^{4+}/Sn^{2+}

5. 根据标准电极电势，确定下列各反应在标准状态时反应进行的方向。

（1）$2FeCl_3 + 2Hg \rightleftharpoons 2FeCl_2 + Hg_2Cl_2$

（2）$Sn^{2+} + Hg^{2+} \rightleftharpoons Sn^{4+} + Hg$

（3）$2KMnO_4 + 5H_2O_2 + 3H_2SO_4 \rightleftharpoons 5O_2\uparrow + 2MnSO_4 + K_2SO_4 + 8H_2O$

（4）$5HBr + HBrO_3 \rightleftharpoons 3Br_2 + 3H_2O$

6. 通过平衡常数的计算，说明反应 $Zn + 2HCl \rightleftharpoons ZnCl_2 + H_2\uparrow$进行的程度。

7. 计算下列反应的平衡常数（298.15K）。

（1）$2Fe^{3+} + Hg \rightleftharpoons 2Fe^{2+} + Hg^{2+}$

（2）$Br_2 + 2Fe^{2+} \rightleftharpoons 2Br^- + 2Fe^{3+}$

（3）$5Br^- + BrO_3^- + 6H^+ \rightleftharpoons 3Br_2 + 3H_2O$

（4）$4Fe^{3+} + 2H_2O \rightleftharpoons 4Fe^{2+} + O_2\uparrow + 4H^+$

8. 若在$[Fe^{3+}] = 0.01mol/L$，$[Fe^{2+}] = 1.0mol/L$，$[Cu^{2+}] = 0.1mol/L$ 时，将 Fe^{3+}/Fe^{2+} 与 Cu^{2+}/Cu 组成原电池。

（1）写出电池反应式；

（2）用电池符号表示原电池装置；

（3）计算原电池的电动势；

（4）计算反应平衡常数。

第七章　原子结构

原子是组成物质的基本单元，它由原子核和核外电子组成。化学反应的实质是原子的结合或重新组合，在组合过程中原子核并不发生变化，只是原子核外电子的运动状态发生了改变。所以本章重点研究核外电子的运动状态及其特征；研究核外电子的排布规律，阐述元素性质发生周期性变化规律与元素原子的电子层结构的关系。

第一节　核外电子运动状态

运动是物质存在的基本形式，原子核和电子都在不停地运动。由于在一般化学反应中，原子核不变，起变化的只是核外电子，因而元素的化学性质与核外电子的运动状态及排布有直接的关系。

一、电子云的概念

电子围绕原子核不停地高速运动，就像卫星围绕地球运转。不同的是我们可以在任何时间内同时准确测出卫星的位置和速度，却测不准电子的这些数据。与常见的宏观物体不同，电子的质量非常小，只有 9.1×10^{-31} kg，但在核外运动的速度却非常快（接近光速，即每秒 30×10^{6} km），运动的范围非常小（原子范围内）。即电子的运动具有两重性——微粒性和波动性。所以，不能用看待地球、人造卫星等大物体的眼光来看待它。它不像人造卫星那样有固定轨道。我们不能确定电子在某一时间的空间位置，而只能知道电子在某一区域内出现几率的大小。这就是电子运动的特殊性。

目前还没有办法测出电子的运动轨迹，只能统计出核外某一区域内电子出现几率的多少。如果我们用小黑点的疏密度来表示电子出现几率的多少，则氢原子中电子在核外运动的状态可描述为图 7－1。

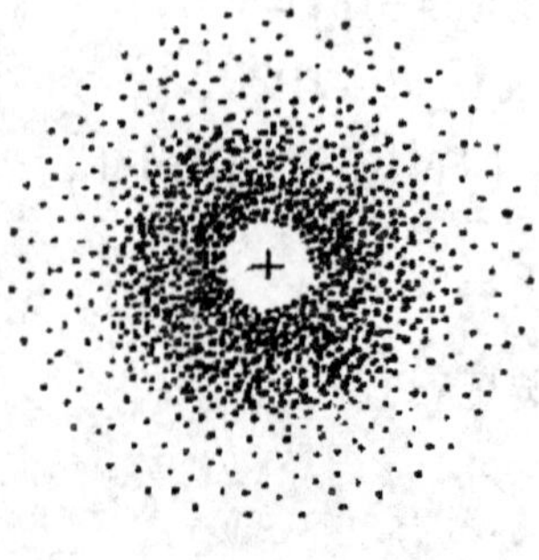

图 7－1　基态氢原子电子云图

图中小黑点密集的地方，表示电子在这区域出现的几率大，出现的可能性也大。而小黑点稀疏的地方，表示电子在此区域出现的几率小。这样，电子在核外某一区域内的高速运转，就如同在原子核外蒙上一层带负电的云雾，称为“电子云”。电子云是一种形象化的比喻，而不是说电子可以分散成云。

对氢原子来说，在离核 53 pm 的球壳内电子出现的几率最大，除此之外的地方，电子云的密度就较低。因此，我们把电子出现几率相等的地方连结起来，作为电子云的界面，这个界面所包括的空间范围叫做原子轨道。由此可见，原子轨道与宏观的轨道含义不同，原子轨道实际上表现的是电子经常出现的区域。

二、核外电子运动状态的描述

电子在原子核外一定的区域内作高速的运动，都具有一定的能量。实验证明，电子离核的远近，能反映出电子能量的高低，电子离原子核愈近，能量愈低；离原子核愈远，能量愈高。氢原子核外只有一个电子，它在离核 53 pm 处出现的几率最大，这时的能量最低，称为基态。如果给氢原子增加能量，电子就会跳到离核较远的区域运动。由此可见，核外电子由于能量不同表现为分层运动，对于其他元素的原子来说，电子数比氢原子多得多，这些电子在核外的运动状态复杂，其运动状态需用四个参数来描述，它们各自反映着电子不同的运动状态及能量关系。这四个参数常用 n、l、m、m_s 表示。

（一）主量子数

主量子数（principal quantum number）n 决定电子出现概率最大的区域距原子核的平均距离，n 的取值为 1，2，3，…等除零以外的正整数。主量子数 n 是决定电子能量高低的主要因素，n 越大，各电子层离核越近，电子的能量越高。在一个原子中，常称 n 相同的电子为一个电子层。

主量子数（n）：	1	2	3	4	5…
电子层：	第一层	第二层	第三层	第四层	第五层
电子层符号：	K	L	M	N	O

（二）角量子数

角量子数（angular quantum number）l 又称副量子数，它决定了原子轨道的角动量，描述了原子轨道的形状，反映了电子在空间不同角度的分布情况。l 的取值受 n 的制约，可取 0 和小于 n 的正整数，l=0，1，2，…，$n-1$。l 的每一个取值对应一个亚层。

主量子数（n）：	1	2	3	4	5	…
角量子数（l）	0	0、1	0、1、2	0、1、2、3	0、1、2、3、4	
电子亚层符号：	s	s、p	s、p、d	s、p、d、f	s、p、d、f、g	

在多电子原子中，n 和 l 共同决定了电子的能量。当 n 相同时，随 l 的增大，亚层的能量增大。

（三）磁量子数

磁量子数（magnetic quantum number）m 确定原子轨道在空间的伸展方向。m 的取值受l的制约，当l确定后，$m=0$，±1，±2，…，$\pm l$。每一个l对应有$2l+1$个不同的m，因此有$2l+1$种取向。

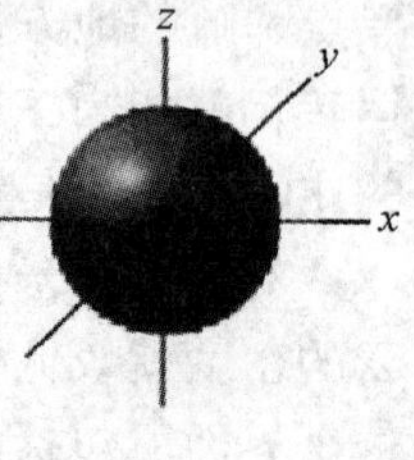

图7－2　s电子云

例如，当$l=0$（s）时，m只能取0，表明s亚层只有1个轨道。因为s电子云是球形对称的，在整个球壳上电子云密度完全相等，因此没有方向性，所以s状态的电子只有一个轨道，称s轨道（图7－2）。

当$l=1$（p）时，$m=0$，±1，共三个轨道。p电子云呈哑铃形，三个轨道在空间沿x、y、z三个互相垂直的轴的方向伸展，分别叫做p_x轨道、p_y轨道、p_z轨道，统称为p轨道（图7－3）。

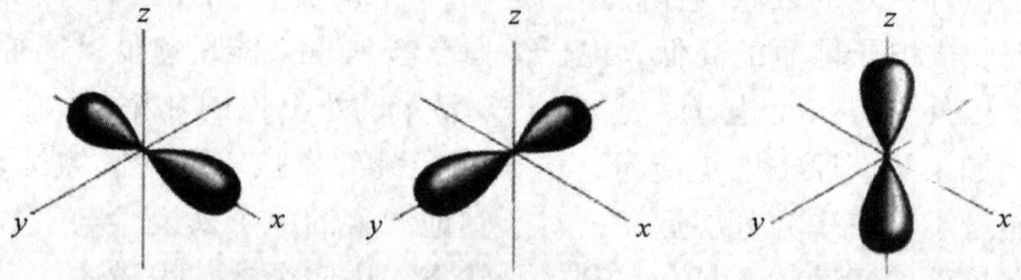

图7－3　p电子云

当$l=2$（d）时，$m=0$，±1，±2，共五个轨道。d电子云呈花瓣形，5个轨道处在空间5个不同的伸展方向上（图7－4）。

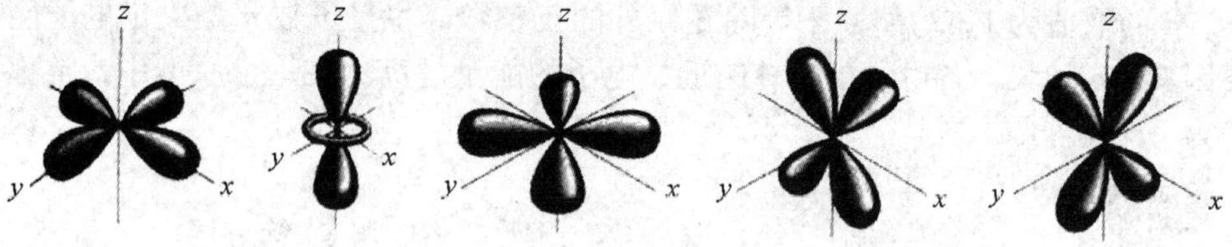

图7－4　d电子云

n和l相同，但m不同的各原子轨道的能量相同，称为简并轨道或等价轨道。

（四）自旋量子数

原子中的电子不仅围绕着原子核运动，也围绕着本身的轴转动，叫做电子的自旋。自旋量子数（spin angular quantum number）m_s就是用来描述电子的自旋运动状态的。电子的自旋只有两个值：$+1/2$和$-1/2$；它们代表电子自旋的2个相反方向，即顺时针方向和逆时针方向，通常分别用向上和向下的箭头表示，即“↑”和“↓”。自旋量子数m_s表明了每一个原子轨道最多能容纳的电子数为2个。

主量子数n，角量子数l，磁量子数m的关系及取值范围归纳成表7－1。

表 7-1　电子层、电子亚层、原子轨道与量子数之间的关系

n	电子层	l	电子亚层	m	轨道数	
1	K	0	1s	0	1	
2	L	0	2s	0	1	4
		1	2p	1，0，+1	3	
3	M	0	3s	0	1	9
		1	3p	-1，0，+1	3	
		2	3d	-2，-1，0，+1，+2	5	
4	N	0	4s	0	1	16
		1	4p	-1，0，+1	3	
		2	4d	-2，-1，0，+1，+2	5	
		3	4f	-3，-2，-1，0，+1，+2，+3	7	

从表中可以看出：

（1）四个量子数可以确定电子的一种运动状态，而 n、l、m 三个量子数只可以确定一个原子轨道。

（2）每种类型的原子轨道的数目 = 磁量子数的个数 =（$2l+1$）个。

（3）各电子层中最多的分层数目 = n。

（4）各电子层的原子轨道数目 = n^2。

（5）各电子层可能有的状态数 = $2n^2$，这也是各电子层最多能容纳的电子数。

根据各电子层的原子轨道数目（表 7-1）可知，第一电子层可容纳 2 个电子，第二电子层可容纳 8 个电子，第三电子层可容纳 18 个电子，第四电子层可容纳 32 个电子，第 n 电子层可容纳 $2n^2$ 个电子。

例如，在第四电子层中，有 4s、4p、4d、4f 四个亚层，其中 4s 有 1 个轨道，4p 有 3 个轨道，4d 有 5 个轨道，4f 有 7 个轨道，共计 16 个轨道，每个轨道填 2 个电子，共 32 个电子。

即：$n=4$，$2n^2=2\times4^2=32$。

综上所述，原子核外每个电子的运动状态可用四个量子数来描述，四个量子数从原子轨道的分布范围、轨道形状、伸展方向及电子的自旋几个方面，较全面地描述了每个核外电子的运动情况。四个量子数之间互相联系互相制约，主量子数限定了角量子数的取值范围，角量子数又限定了磁量子数的取值范围，由此推算出每一电子层具有的轨道总数。再结合自旋量子数，可得到各电子层最多容纳的电子数目。

例 7-1：试讨论在原子核外的第三电子层中，有多少个亚层？各亚层上有多少个轨道？可容纳多少个电子？

解：由题意得，第三电子层 $n=3$，则 $l=0$，1，2。

所以，第三电子层有 3 个亚层，为 3s、3p、3d。

当 $l=0$ 时，$m=0$，即有 1 个 3s 轨道。

当 $l=1$ 时，$m=0$，-1，$+1$，即有 3 个 3p 轨道。

当 $l=2$ 时，$m=0$， ±1， ±2，即有 5 个 $3d$ 轨道。

根据各电子层最多容纳的电子数目为 $2n^2$，得知第三电子层可容纳电子数目为 $2\times3^2=18$。

三、多电子原子轨道的能级

除氢原子以外，其他元素原子的核外电子都多于 1 个，这些原子称为多电子原子。在氢原子中，电子的能量只由主量子数 n 决定，与角量子数 l 无关。而在多电子原子中，除主量子数 n 外，角量子数 l 也影响着电子能量的高低。在多电子原子中，电子的能量除了与核电荷及距核的平均距离有关外，还必须考虑电子之间的相互排斥作用。

（一）屏蔽效应和钻穿效应

1. 屏蔽效应

在多电子原子中，每个电子不仅受到原子核的吸引，而且还受到其他电子的排斥。电子之间的排斥作用与原子核对电子的吸引作用相反，因此其他电子的存在，势必会减弱原子核对电子的吸引力。由于电子都在高速不停地运动着，要准确地确定电子之间的排斥作用是不可能的。通常采用一种近似的处理方法，将其余电子对某个指定电子的排斥作用简单地看成是它们抵消了一部分核电荷。这种将其他电子对某个指定电子的排斥作用归结为对核电荷的抵消作用称为屏蔽效应（screening effect）。

对于角量子数 l 相同的原子轨道来说，随着主量子数 n 的增加，原子核对电子的吸引力减弱，同时受到其他电子的屏蔽作用增大，其能量就越高。因此 n 不同，l 相同时各亚层的能级高低顺序为：

$$E(1s)<E(2s)<E(3s)<\cdots$$

$$E(2p)<E(3p)<E(4p)<\cdots$$

$$E(3d)<E(4d)<E(5d)<\cdots$$

2. 钻穿效应

在多电子原子中，每个电子既被其他电子所屏蔽，同时也对别的电子起屏蔽作用。而决定这两者大小的因素，就是电子在空间出现的概率分布。一般来说，若电子在核附近出现的概率较大，就可以较好地避免其他电子对它的屏蔽，而受核电荷的吸引力较大，因而其能量较低；同时，它却可以对其他电子起屏蔽作用，使其他电子的能量升高。这种由于电子在核附近处出现的概率不同，因而其能量不同的现象称为钻穿效应（drill through effect）。当 n 相同时，l 越小的电子在核附近出现的概率越大，受到原子核的吸引力就越大，其能量也就越低。因此，同一电子层中各亚层的能量高低顺序为：

$$E(ns)<E(np)<E(nd)<E(nf)$$

钻穿效应不仅能解释 n 相同、l 不同时原子轨道能量的高低，还可以解释当 n、l 都不同时某些原子轨道发生的能级交错现象。

（二）Pauling 原子轨道近似能级图

美国化学家鲍林（L. Pauling，1901 ~ ）根据光谱实验的结果，总结出多电子原子的原子轨道的近似能级高低顺序。如图 7 – 5 所示。

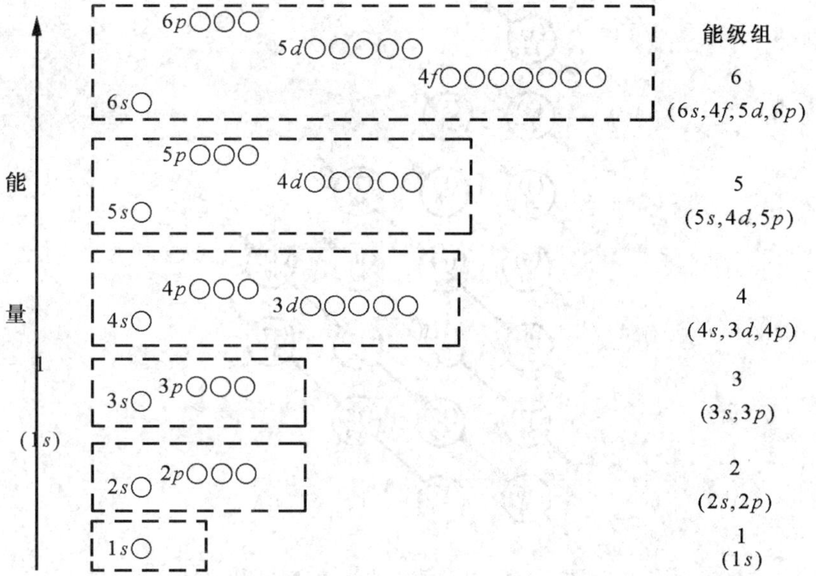

图 7－5　鲍林原子轨道近似能级图

此图按原子轨道能量高低的顺序排列，排在图的下方的轨道能量低，排在图上方的轨道能量高；一个方框表示一个能级组，不同能级组之间能量差别大，同一能级组内各能级之间能量差别少；每个小圆圈表示一个轨道。*np* 能级有三个轨道，能量相同，称为三重简并轨道。同样 *nd* 能级的五个轨道是五重简并轨道。同一电子层的轨道用线连接。

从近似能级图可以看出，$E(4s) < E(3d)$。主量子数大的 4*s* 亚层的能量，反而低于主量子数小的 3*d* 亚层的能量，这种现象叫做能级交错。常见能级交错现象还有 $E(5s) < E(4d)$、$E(4f) > E(6s) > E(5f) > E(7s)$ 等。

四、基态原子中电子分布原理

根据光谱实验数据，多电子原子中的核外电子的排布规律可归纳为以下三条：能量最低原理、保里不相容原理和洪特规则。

（一）能量最低原理

"系统的能量愈低，愈稳定"，是自然界的普遍规律。核外电子的排布也遵循这一规律。基态多电子原子核外电子排布时总是先占据能量最低的轨道，当低能量轨道占满后，才排入高能量的轨道，以使整个原子能量最低。这就是能量最低原理。

应用鲍林原子轨道近似能级图，并根据能量最低原理，可以确定电子填入原子轨道的顺序，如图 7－6 所示。

在个别情况下，虽然按原子轨道能级由低到高的顺序填充了，但并没有达到使整个原子能量最低。例如第 24 号铬，其价层电子按鲍林原子轨道近似能级图填充电子的顺序从低到高排布应是 $3d^44s^2$，但按 $3d^54s^1$ 排布才使整个原子能量最低。

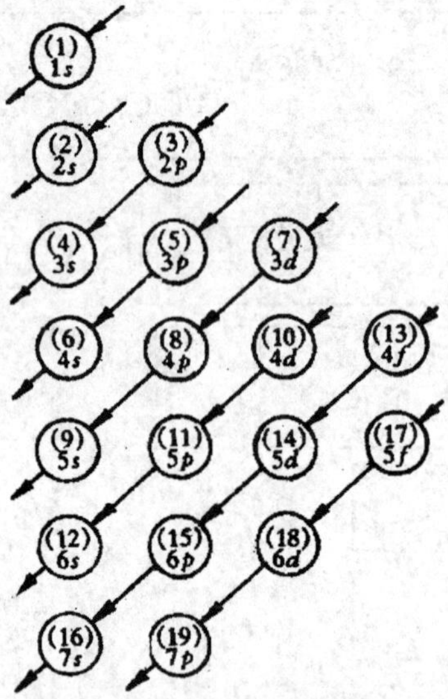

图 7－6　电子填入原子轨道的顺序

（二）保里不相容原理

1925 年，奥地利物理学家保里（W. Pauli，1900～1958）提出，在同一原子中不可能有四个量子数完全相同的 2 个电子同时存在，这就是保里不相容原理（Pauli exclusion principle）。换言之，在一个原子中不容许有两个电子处于完全相同的运动状态。前已提到 n，l，m 三个量子数可以决定一个原子轨道，而自旋角动量量子数，只可能有两个数值，所以在一个原子轨道上最多只能容纳两个自旋方向相反的电子。

例如：氦 He 原子的 1s 轨道中有两个电子，如果其中一个电子的四个量子数 $n=1$，$l=0$，$m=0$，$m_s=+1/2$，则另一个电子的四个量子数必然是 $n=1$，$l=0$，$m=0$，$m_s=-1/2$，即两个电子的自旋方向必须相反，否则就违反了保里原理。

根据保里原理，我们可以获得几个重要结论：

（1）每一种运动状态的电子只能有一个。

（2）每一个原子轨道里包含两种运动状态，所以每一个原子轨道中最多只能容纳两个自旋不同的电子。

（3）因为 s、p、d、f 各分层中的原子轨道数分别为 1、3、5、7 个，所以 s、p、d、f 各分层中分别最多容纳 2、6、10、14 个电子。

（4）每个电子层中原子轨道的总数为 n^2 个，因此各电子层中电子的最大容量为 $2n^2$ 个。

（三）洪特规则

德国科学家 Hund 根据光谱实验指出：“电子在能量相同的轨道（即简并轨道）上排布时，总是尽可能以自旋相同的方向，分占不同的轨道，因为这样的排布方式总能量最低”，这就是洪特规则（Hund's rule）。而若使两个电子在一个轨道上成对，就要克服它们之间的斥力，要吸收额外的电子成对能（electron pairing energy），原子的总能量就会升高。

例如，基态碳原子的电子排布为 $1s^2 2s^2 2p^2$，若以方框表示一个原子轨道，则碳原子的核外电子排布的轨道式应表示为：

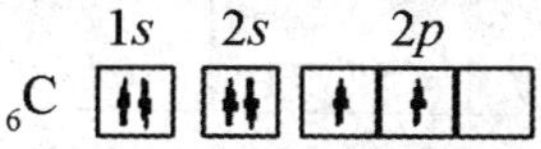

而不应表示为：

或

。

洪特规则的特例：等价轨道全充满、半充满或全空的状态时比较稳定的。

全充满：s^2、p^6、d^{10}、f^{14}

半充满：s^1、p^3、d^5、f^7

全　空：s^0、p^0、d^0、f^0

这就解释了 24 号元素铬价层电子排布为 $3d^5 4s^1$（半充满）而不是 $3d^4 4s^2$、也说明了 29 号元素铜的价层电子排布为 $3d^{10} 4s^1$（全充满）而不是 $3d^9 4s^2$。

例 7－2：按核外电子排布的规律，写出 22 号元素钛的基态电子排布式。

解：根据能量最低原理，我们将 22 个电子从能量最低的 1*s* 轨道上排起，每个轨道只能排 2 个电子，第 3、4 个电子填入 2*s* 轨道，2*p* 能级有三个轨道，可以填 6 个电子，再以后填入 3*s*、3*p*、3*p* 填满后是 18 个电子。因为 4*s* 能量比 3*d* 低，所以第 19、20 个电子应先填入 4*s* 轨道。此时已填入 20 个电子，剩下的 2 个电子填入 3*d* 。

所以 22 号元素钛的基态电子排布式为：$1s^2 2s^2 2p^6 3s^2 3p^6 3d^2 4s^2$。

注意，按填充顺序排布电子时，最后 4 个电子要先填入 4*s*，后填入 3*d*，但书写电子排布式时，一律按电子层的顺序写，3*d* 写在 4*s* 之前。

在书写电子排布式时，为了简化，通常把内层已达到稀有气体电子层结构的部分，用稀有气体的元素符号加方括号表示，并称为原子芯（atomic kernel）。例如，26 号元素铁的基态原子电子排布式为：$1s^2 2s^2 2p^6 3s^2 3p^6 3d^6 4s^2$，可以写成［Ar］$3d^6 4s^2$。又如，47 号银基态原子的电子排布式为：$1s^2 2s^2 2p^6 3s^2 3p^6 3d^{10} 4s^2 4p^6 4d^{10} 5s^1$，可以写成［Kr］$4d^{10} 5s^1$。这种写法的另一优点就是指出了在化学反应中原子芯部分的电子排布不发生变化，而突出了价层电子排布，使其一目了然，如铁原子的价层电子 $3d^6 4s^2$，银原子的价层电子 $4d^{10} 5s^1$。

书写离子的电子排布式是在基态原子的电子排布式基础上加上（负离子）或失去（正离子）电子。但要注意，在填电子时 4*s* 能量比 3*d* 低，但填满电子后 4*s* 的能量则高于 3*d*，所以形成离子时，先失去 4*s* 上的电子。例如：

Fe^{2+}：［Ar］$3d^6 4s^0$（失去 4*s* 上的 2 个电子）。

Fe^{3+}：［Ar］$3d^5 4s^0$（先失去 4*s* 上 2 个电子，再失去 3*d* 上 1 个电子）。

核外电子排布的三原则只是一般规律，随着原子序数的增大，核外电子数目的增多，原子中电子之间相互作用的增强，核外电子的排布更复杂，常出现例外情况，因此对某一具体元素原子的排布情况，还应尊重光谱实验结果，结合实验事实加以判断。表 7－2 是元素基态原子的电子层结构。

表 7-2 元素基态原子的电子层结构

周期	原子序数	元素名称	元素符号	电子层						
				K	*L*	*M*	*N*	*O*	*P*	*Q*
				1*s*	2*s* 2*p*	3*s* 3*p* 3*d*	4*s* 4*p* 4*d* 4*f*	5*s* 5*p* 5*d* 5*f*	6*s* 6*p* 6*d*	7*s*
1	1	氢	H	1						
	2	氦	He	2						
2	3	锂	Li	2	1					
	4	铍	Be	2	2					
	5	硼	B	2	2 1					
	6	碳	C	2	2 2					
	7	氮	N	2	2 3					
	8	氧	O	2	2 4					
	9	氟	F	2	2 5					
	10	氖	Ne	2	2 6					
3	11	钠	Na	2	2 6	1				
	12	镁	Mg	2	2 6	2				
	13	铝	Al	2	2 6	2 1				
	14	硅	Si	2	2 6	2 2				
	15	磷	P	2	2 6	2 3				
	16	硫	S	2	2 6	2 4				
	17	氯	Cl	2	2 6	2 5				
	18	氩	Ar	2	2 6	2 6				
4	19	钾	K	2	2 6	2 6	1			
	20	钙	Ca	2	2 6	2 6	2			
	21	钪	Sc	2	2 6	2 6 1	2			
	22	钛	Ti	2	2 6	2 6 2	2			
	23	钒	V	2	2 6	2 6 3	2			
	24	铬	Cr	2	2 6	2 6 5	1			
	25	锰	Mn	2	2 6	2 6 5	2			
	26	铁	Fe	2	2 6	2 6 6	2			
	27	钴	Co	2	2 6	2 6 7	2			
	28	镍	Ni	2	2 6	2 6 8	2			
	29	铜	Cu	2	2 6	2 6 10	1			
	30	锌	Zn	2	2 6	2 6 10	2			
	31	镓	Ga	2	2 6	2 6 10	2 1			
	32	锗	Ge	2	2 6	2 6 10	2 2			
	33	砷	As	2	2 6	2 6 10	2 3			
	34	硒	Se	2	2 6	2 6 10	2 4			
	35	溴	Br	2	2 6	2 6 10	2 5			
	36	氪	Kr	2	2 6	2 6 10	2 6			
5	37	铷	Rb	2	2 6	2 6 10	2 6	1		
	38	锶	Sr	2	2 6	2 6 10	2 6	2		
	39	钇	Y	2	2 6	2 6 10	2 6 1	2		
	40	锆	Zr	2	2 6	2 6 10	2 6 2	2		
	41	铌	Nb	2	2 6	2 6 10	2 6 3	1		
	42	钼	Mo	2	2 6	2 6 10	2 6 4	1		
	43	锝	Tc	2	2 6	2 6 10	2 6 5	2		
	44	钌	Ru	2	2 6	2 6 10	2 6 5	1		
	45	铑	Rh	2	2 6	2 6 10	2 6 7	1		

（续表）

周期	原子序数	元素名称	元素符号	电子层																	
				K	*L*		*M*			*N*				*O*				*P*			*Q*
				1*s*	2*s*	2*p*	3*s*	3*p*	3*d*	4*s*	4*p*	4*d*	4*f*	5*s*	5*p*	5*d*	5*f*	6*s*	6*p*	6*d*	7*s*
	46	钯	Pd	2	2	6	2	6	10	2	6	8									
	47	银	Ag	2	2	6	2	6	10	2	6	10		1							
	48	镉	Cd	2	2	6	2	6	10	2	6	10		2							
	49	铟	In	2	2	6	2	6	10	2	6	10		2	1						
5	50	锡	Sn	2	2	6	2	6	10	2	6	10		2	2						
	51	锑	Sb	2	2	6	2	6	10	2	6	10		2	3						
	52	碲	Te	2	2	6	2	6	10	2	6	10		2	4						
	53	碘	I	2	2	6	2	6	10	2	6	10		2	5						
	54	氙	Xe	2	2	6	2	6	10	2	6	10		2	6						
	55	铯	Cs	2	2	6	2	6	10	2	6	10		2	6			1			
	56	钡	Ba	2	2	6	2	6	10	2	6	10		2	6			2			
	57	镧	La	2	2	6	2	6	10	2	6	10		2	6	1		2			
	58	铈	Ce	2	2	6	2	6	10	2	6	10	1	2	6	1		2			
	59	镨	Pr	2	2	6	2	6	10	2	6	10	3	2	6			2			
	60	钕	Nd	2	2	6	2	6	10	2	6	10	4	2	6			2			
	61	钷	Pm	2	2	6	2	6	10	2	6	10	5	2	6			2			
	62	钐	Sm	2	2	6	2	6	10	2	6	10	6	2	6			2			
	63	铕	Eu	2	2	6	2	6	10	2	6	10	7	2	6			2			
	64	钆	Gd	2	2	6	2	6	10	2	6	10	7	2	6	1		2			
	65	铽	Tb	2	2	6	2	6	10	2	6	10	9	2	6			2			
	66	镝	Dy	2	2	6	2	6	10	2	6	10	10	2	6			2			
	67	钬	Ho	2	2	6	2	6	10	2	6	10	11	2	6			2			
	68	铒	Er	2	2	6	2	6	10	2	6	10	12	2	6			2			
	69	铥	Tm	2	2	6	2	6	10	2	6	10	13	2	6			2			
6	70	镱	Yb	2	2	6	2	6	10	2	6	10	14	2	6			2			
	71	镥	Lu	2	2	6	2	6	10	2	6	10	14	2	6	1		2			
	72	铪	Hf	2	2	6	2	6	10	2	6	10	14	2	6	2		2			
	73	钽	Ta	2	2	6	2	6	10	2	6	10	14	2	6	3		2			
	74	钨	W	2	2	6	2	6	10	2	6	10	14	2	6	4		2			
	75	铼	Re	2	2	6	2	6	10	2	6	10	14	2	6	5		2			
	76	锇	Os	2	2	6	2	6	10	2	6	10	14	2	6	6		2			
	77	铱	Ir	2	2	6	2	6	10	2	6	10	14	2	6	7		2			
	78	铂	Pt	2	2	6	2	6	10	2	6	10	14	2	6	9		1			
	79	金	Au	2	2	6	2	6	10	2	6	10	14	2	6	10		1			
	80	汞	Hg	2	2	6	2	6	10	2	6	10	14	2	6	10		2			
	81	铊	Tl	2	2	6	2	6	10	2	6	10	14	2	6	10		2	1		
	82	铅	Pb	2	2	6	2	6	10	2	6	10	14	2	6	10		2	2		
	83	铋	Bi	2	2	6	2	6	10	2	6	10	14	2	6	10		2	3		
	84	钋	Po	2	2	6	2	6	10	2	6	10	14	2	6	10		2	4		
	85	砹	At	2	2	6	2	6	10	2	6	10	14	2	6	10		2	5		
	86	氡	Rn	2	2	6	2	6	10	2	6	10	14	2	6	10		2	6		

（续表）

周期	原子序数	元素名称	元素符号	电子层 *K*	*L*	*M*	*N*	*O*	*P*	*Q*
				1*s*	2*s* 2*p*	3*s* 3*p* 3*d*	4*s* 4*p* 4*d* 4*f*	5*s* 5*p* 5*d* 5*f*	6*s* 6*p* 6*d*	7*s*
7	87	钫	Fr	2	2 6	2 6 10	2 6 10 14	2 6 10	2 6	1
	88	镭	Ra	2	2 6	2 6 10	2 6 10 14	2 6 10	2 6	2
	89	锕	Ac	2	2 6	2 6 10	2 6 10 14	2 6 10	2 6 1	2
	90	钍	Tb	2	2 6	2 6 10	2 6 10 14	2 6 10	2 6 2	2
	91	镤	Pa	2	2 6	2 6 10	2 6 10 14	2 6 10 2	2 6 1	2
	92	铀	U	2	2 6	2 6 10	2 6 10 14	2 6 10 3	2 6 1	2
	93	镎	Np	2	2 6	2 6 10	2 6 10 14	2 6 10 4	2 6 1	2
	94	钚	Pu	2	2 6	2 6 10	2 6 10 14	2 6 10 6	2 6	2
	95	镅	Am	2	2 6	2 6 10	2 6 10 14	2 6 10 7	2 6	2
	96	锔	Cm	2	2 6	2 6 10	2 6 10 14	2 6 10 7	2 6 1	2
	97	锫	Bk	2	2 6	2 6 10	2 6 10 14	2 6 10 9	2 6	2
	98	锎	Cf	2	2 6	2 6 10	2 6 10 14	2 6 10 10	2 6	2
	99	锿	Es	2	2 6	2 6 10	2 6 10 14	2 6 10 11	2 6	2
	100	镄	Fm	2	2 6	2 6 10	2 6 10 14	2 6 10 12	2 6	2
	101	钔	Md	2	2 6	2 6 10	2 6 10 14	2 6 10 13	2 6	2
	102	锘	No	2	2 6	2 6 10	2 6 10 14	2 6 10 14	2 6	2
	103	铹	Lr	2	2 6	2 6 10	2 6 10 14	2 6 10 14	2 6 1	2
	104		Rf	2	2 6	2 6 10	2 6 10 14	2 6 10 14	2 6 2	2
	105		Db	2	2 6	2 6 10	2 6 10 14	2 6 10 14	2 6 3	2
	106		Sg	2	2 6	2 6 10	2 6 10 14	2 6 10 14	2 6 4	2
	107		Bh	2	2 6	2 6 10	2 6 10 14	2 6 10 14	2 6 5	2
	108		Hs	2	2 6	2 6 10	2 6 10 14	2 6 10 14	2 6 6	2
	109		Mt	2	2 6	2 6 10	2 6 10 14	2 6 10 14	2 6 7	2

第二节　电子结构与元素周期表

一、元素周期性与电子层结构的关系

（一）原子的电子层结构和周期

元素周期表共有七个横行，每一横行为一个周期，共有七个周期。元素在周期表中所属周期数等于该元素基态原子的电子层数，第一周期元素原子有一个电子层，主量子数 $n=1$；第二周期元素原子有两个电子层，最外电子层的主量子数 $n=2$；其余类推。因此，元素在周期表中所属周期数也等于元素原子的最外电子层的主量子数。

各周期所包含的元素的数目，等于相应能级组中的原子轨道所能容纳的电子总数。各周期中元素的数目与相应能级组的原子轨道的关系如表 7－3。

表 7-3　周期与能级组的关系

周期	能级组	能级组内原子轨道	元素数目	电子最大容量
1	Ⅰ	$1s$	2	2
2	Ⅱ	$2s\ 2p$	8	8
3	Ⅲ	$3s\ 3p$	8	8
4	Ⅳ	$4s\ 3d\ 4p$	18	18
5	Ⅵ	$5s\ 4d\ 5p$	18	18
6	Ⅶ	$6s\ 4f\ 5d\ 6p$	32	32
7	Ⅷ	$7s\ 5f\ 6d$（未完）	23（未完）	未满

（二）原子的电子结构和族

元素周期表共有 18 个纵行，除第八、九、十纵行为第Ⅷ族外，其余 15 个纵行，每一个纵行为一个族。元素周期表共有 16 个族，除了稀有气体（0 族）和Ⅷ族外，还有七个 A 族和七个 B 族。A 族由长周期元素和短周期元素组成；B 族只由长周期元素组成。

A 族元素在周期表中的族数等于元素基态原子的最外电子层的电子数；A 族元素的最高氧化值等于元素原子的最外电子层上的电子数。在同一 A 族内，虽然不同元素的原子的电子层数是不相同的，但是最外电子层上的电子数都是相同的。

B 族元素基态原子的最外电子层有 1 个或 2 个电子，次外层上有 9 ~ 18 个电子，它们在化学反应中除了失去最外层的电子外，还能失去一部分次外层上的 d 电子。除Ⅷ族外，B 族元素的最高氧化数等于该元素所属的族数；ⅢB ~ ⅦB 族元素的族数等于元素原子的最外层的 s 电子与次外层的 d 电子数之和。

（三）原子的外层电子构型和元素的分区

由于在化学反应中一般只涉及到原子的外层电子，因此掌握元素的外层电子构型是很重要的。从元素原子的核外电子排布来看，元素的外层电子构型就是元素原子的外层电子排布式。这里所说的外层电子是指对元素的性质有比较明显影响的电子，对于 A 族和 0 族元素来说，外层电子是指最外层的 s 电子和 p 电子；对于 B 族和Ⅷ族元素来说，是指最外层的 s 电子和次外层的 d 电子；对于镧系和锕系元素来说，是指最外层上的 s 电子、次外层的 d 电子和（$n-2$）层上的 f 电子。

根据元素原子的外层电子构型，可把周期表中的元素分为 s 区、p 区、d 区、ds 区和 f 区，如表 7-4 所示。

表 7-4　周期表中元素的分区

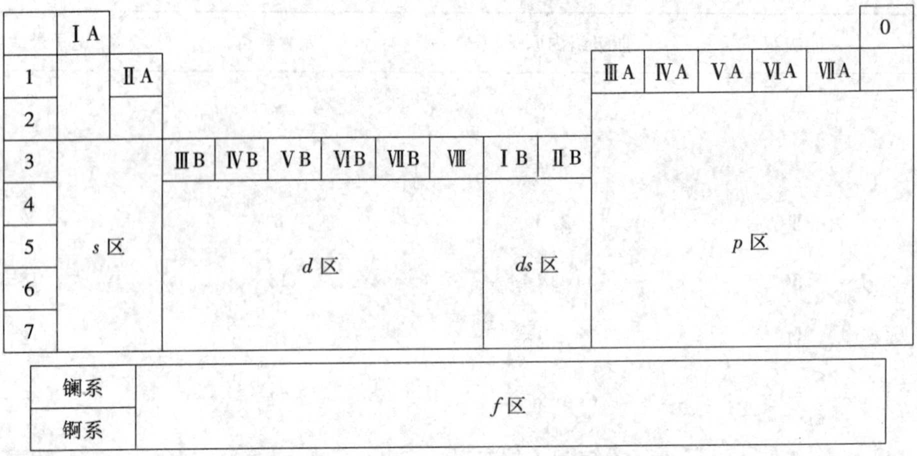

s 区元素：最后 1 个电子填充在 ns 轨道上，价层电子的构型是 ns^1 或 ns^2，位于周期表的左侧，包括ⅠA 和ⅡA 族，它们都是活泼金属，容易失去电子形成 +1 或 +2 价离子。

p 区元素：最后 1 个电子填充在 np 轨道上，价层电子构型是 $ns^2np^{1\sim6}$，位于长周期表右侧，包括ⅢA ~ ⅦA 族元素。大部分为非金属。0 族稀有气体也属于 p 区。

s 区和 p 区的共同特点是：最后 1 个电子都排布在最外层，最外层电子的总数等于该元素的族数。s 区和 p 区就是按族划分的周期表中的 A 族。

d 区元素：它们的价层电子构型是 $(n-1)\ d^{1\sim9}\ ns^{1\sim2}$，最后 1 个电子基本都是填充在倒数的第二层 $(n-1)$ 层 d 轨道上的元素，位于长周期的中部。这些元素都是金属，常有可变化的氧化数，称为过渡元素。它包括ⅢB ~ Ⅷ族元素。

ds 区元素：价层电子构型是 $(n-1)\ d^{10}ns^{1\sim2}$，即次外层 d 轨道是充满的，最外层轨道上有 1 ~2 个电子。它们既不同于 s 区，也不同于 d 区，故称为 ds 区，它包括ⅠB 和ⅡB 族，处于周期表 d 区和 p 区之间。它们都是金属，也属过渡元素。

f 区元素：最后 1 个电子填充在 f 轨道上，价层电子构型是 $(n-2)\ f^{0\sim14}ns^2$ 或 $(n-2)\ f^{0\sim14}(n-1)\ d^{0\sim2}ns^2$，它包括镧系和锕系元素（各有 14 种元素），由于本区包括的元素较多，故常将其列于周期表之下。它们的最外层电子数目相同，次外层电子数目也大部分相同，只有外数第三层的电子数目不同，所以每个系内各元素的化学性质极为相似。

二、元素性质的周期性

（一）原子半径

一般所说的原子半径（atomic radius）有三种：以共价单键结合的两个相同原子核间距离的一半称为共价半径（covalent radius）；单质分子晶体中相邻分子间两个非键合原子核间距离的一半称为范德华半径（van der Waals radius）；金属单质的晶体中相邻两个原子核间距离的一半称为金属半径（metallic radius）。表 7-5 列出了各种原子的原子半径，表中除稀有气体为范德华半径外，均为共价半径。

表 7－5　元素周期表中个各元素的原子半径（r/pm）

H 37																	He 54
Li 156	Be 105											B 91	C 77	N 71	O 60	F 67	Ne 80
Na 186	Mg 160											Al 143	Si 117	P 111	S 104	Cl 99	Ar 96
K 231	Ca 197	Sc 161	Ti 154	V 131	Cr 125	Mn 118	Fe 125	Co 125	Ni 124	Cu 128	Zn 133	Ga 123	Ge 122	As 116	Se 115	Br 114	Kr 99
Rb 243	Sr 215	Y 180	Zr 161	Nb 147	Mo 136	Tc 135	Ru 132	Rh 132	Pd 138	Ag 144	Cd 149	In 151	Sn 140	Sb 145	Te 139	I 138	Xe 109
Cs 265	Ba 210	Hf 154	Ta 143	W 137	Re 138	Os 134	Ir 136	Pt 139	Au 144	Hg 147	Tl 189	Pb 175	Bi 155	Po 167	At 145		

镧系元素

La 187	Ce 183	Pr 182	Nd 181	Pm 181	Sm 180	Eu 199	Gd 179	Tb 176	Dy 175	Ho 174	Er 173	Tm 173	Yb 194	Lu 172

由上表可以看出原子半径在周期表中有如下的变化规律：

（1）同一周期 A 族元素，从左到右，原子核对外层电子的引力逐渐增强，而电子层数并不增加，从而导致原子半径明显减小。

（2）同一周期 B 族元素，从左到右，由于原子核对最外层电子的吸引力增加不大，且电子层数并不增加，使得原子半径减小比较缓慢。但当次外层的 d 轨道全部充满形成 18 电子构型时，原子半径突然增大。这是由于（$n-1$）d 轨道全充满后对外层电子屏蔽作用较大，使得原子核对最外层电子的吸引力减小而引起的。

（二）元素的金属性与非金属性

元素的金属性就是指元素的原子失去电子的性质，非金属性指元素的原子获得电子的性质。元素失去电子的能力大，金属性就强；反之，获得电子能力大，非金属性就强。元素的原子得失电子的难易程度取决于原子半径的大小和电子层的结构。概括地说，有以下三方面的关系。

（1）如电子层相同，核电荷数越多，正、负电荷间的引力就越大，越容易得到电子，非金属性越强。反之，非金属性越弱。

（2）原子的半径越小，正负电荷间的吸引力也越大，越容易得到电子，非金属性越强。反之，非金属性越弱。

（3）原子的最外层电子数少于 4 个时，容易失去电子，表现出金属性，电子数越少金属性越强。原子的最外层电子数多于 4 个时，容易得到电子，表现出非金属性，电子数越多非金属性越强（当然不会超过 8 个）。这一点是从稀有气体元素的结构得到启发，稀有气体元素（氦除外）最外层是 ns^2np^6 共 8 个电子，八电子结构能量最低最稳定。因此，原子的最外层电子少于 4 个或多于 4 个时，则容易失去或得到电子，以构成八电子结构（即八隅体）。

（三）元素的主要氧化数

从锂到氟、钠到氯，元素的氧化数（oxidation number）由 +1 逐渐递变到 +7，中部开始出现负氧化数，由 −4 递变到 −1。这些都与外层电子的数目有关，如最高正氧化数等于其外层电子数，最低负氧化数等于其最外层电子欲达到 8 电子稳定结构所需要的电子数。所有元素的氧化数都是随着原子序数的递增，外层电子从 1 到 8 的循环，而呈现周期性的变化。

（四）元素的电负性

为全面反映分子中各原子间争夺电子的能力大小，1932 年鲍林首先提出了元素电负性（electronegativity）的概念。元素的电负性是指元素的原子在分子中吸引电子的能力，鲍林指定最活泼的非金属元素 F 的电负性为 4.0，然后通过比较得到其他元素的电负性。表 7－6列出各元素的电负性。

表 7－6 元素的电负性

H 2.1																
Li 1.0	Be 1.5											B 2.0	C 2.5	N 3.0	O 3.5	F 4.0
Na 0.9	Mg 1.2											Al 1.51	Si 1.8	P 2.1	S 2.5	Cl 3.0
K 0.8	Ca 1.0	Sc 1.3	Ti 1.5	V 1.6	Cr 1.6	Mn 1.5	Fe 1.8	Co 1.9	Ni 1.9	Cu 1.9	Zn 1.9	Ga 1.6	Ge 1.8	As 2.0	Se 2.4	Br 2.8
Rb 0.8	Sr 1.0	Y 1.2	Zr 1.4	Nb 1.6	Mo 1.8	Tc 1.9	Ru 2.2	Ru 2.2	Pd 2.2	Ag 1.9	Cd 1.7	In 1.7	Sn 1.8	Sb 1.9	Te 2.1	I 2.5
Cs 0.7	Ba 0.9	La 1.2	Hf 1.3	Ta 1.5	W 1.7	Re 1.9	Os 2.2	Ir 2.2	Pt 2.2	Au 2.4	Hg 1.9	Tl 1.8	Pb 1.8	Bi 1.9	Po 2.0	At 2.2

元素的电负性越大，原子在分子中吸引电子的能力就越强，元素的非金属性也就越强；元素的电负性越小，原子在分子中吸引电子的能力就越弱，元素的金属性也就越强。因此，元素的电负性能综合地反映出元素的原子得失电子的能力的大小，能全面衡量元素的金属性和非金属性的强弱。

从表 7－6 可以看出，元素的电负性呈现出比较明显的周期性变化。同一周期元素，从左到右，电负性逐渐增大。同一 A 族元素，从上到下，元素的电负性逐渐减小。B 族元素的电负性变化的规律性不强，总的变化趋势是同一 B 族元素（ⅢB 除外）从上到下电负性增大。

金属元素的电负性一般小于 2.0，非金属元素的电负性一般大于 2.0。

习　题

1. 用哪些量子数才能确定原子核外的电子层、能级和原子轨道？

2. 下列各量子数值是否合理？请说明理由。

（1）$n=2$，$l=1$，$m=-1$；

（2）$n=2$，$l=2$，$m=+1$；

（3）$n=3$，$l=1$，$m=-1$；

（4）$n=2$，$l=3$，$m=0$。

3. 某元素原子的电子排布式是 $1s^22s^22p^63s^23p^63d^{10}4s^2$，试问该元素原子的原子核外有多少个电子层？每个电子层有多少个轨道、多少个电子？

4. 请指出下列错误的电子排布式违背了什么原理？并写出正确的电子排布式。

（1） B：$1s^2 2s^2$

（2） Ca：$1s^2 2s^2 2p^6 3s^2 3p^6 3d^2$

（3） O：$1s^2 2p_{x^2} p_{y^2}$

（4） Cr：$1s^2 2s^2 2p^6 3s^2 3p^6 3d^4 4s^2$

5. 已知某元素原子的电子具有下列量子数，试排列出它们能量高低的次序：

（1） 3，2，+1，+1/2　　（2） 2，1，+1，-1/2

（3） 2，1，0，+1/2　　（4） 3，1，-1，-1/2

（5） 3，1，0，+1/2　　（6） 2，0，0，-1/2

6. 氮的价层电子排布是 $2s^2 2p^3$，试用 4 个量子数分别表明每个电子的运动状态。

7. 不参考周期表，试给出下列原子的电子排布式和未成对电子数。

（1） 第 4 周期第七个元素；

（2） 第 4 周期的稀有气体元素；

（3） 原子序数为 38 的元素的最稳定离子；

（4） 4p 轨道半充满的 A 族元素。

8. 写出下列离子的电子排布式：Ag^+、Zn^{2+}、Fe^{3+}、Cu^+。

9. s 区、p 区、d 区元素在周期表中各占多少个族？它们的原子核外电子排布各有什么特征？

10. 某元素原子的电子最后填入 3d 轨道，其最高氧化数为 +4，试写出其电子排布式。并根据电子排布，指出在周期表的位置。

第八章　共价键与分子结构

在通常条件下，纯物质都以分子或晶体的形式存在，它们都是由原子组合而成的。分子或晶体中相邻两原子或离子间的强烈作用力称为化学键（chemical bond），化学键的成键能量约为几十到几百千焦每摩。在分子间还存在一种较弱的作用力即分子间作用力，其作用能约比化学键小一、二个数量级。物质的性质决定于分子的性质及分子间的作用力，而分子的性质又是由分子的内部结构决定的。因此，研究分子中的化学键及分子间的作用力对于了解物质的性质和变化规律具有重要意义。

化学键按成键时电子运动状态的不同，可分为离子键、共价键（包括配位键）和金属键三种基本类型。在这三种类型化学键中，以共价键相结合的化合物占已知化合物的90%以上，所以本章重点介绍共价键理论和共价化合物，适当联系共价分子的空间构型，最后简要介绍分子间力。

第一节　共价键理论

1916年，美国化学家路易斯（G. N. Lewis，1875～1946）提出了经典共价键理论。路易斯认为：分子中的每个原子都有达到稳定的稀有气体结构的倾向，在非金属原子组成的分子中，原子达到稀有气体稳定结构不是通过电子的得失，而是通过共用一对或几对电子来实现的。这种由共用电子对所形成的化学键称为共价键（covalent bond）。

路易斯的经典共价键理论虽然能成功地解释由相同原子组成的分子（如 H_2、Cl_2、N_2 等），以及性质相近的不同原子组成的分子（如 HCl 等）的形成，并初步揭示了共价键与离子键的区别，但路易斯理论也有其局限性。它不能解释为什么有些分子的中心原子最外层电子数虽然少于8个（如 BF_3）或多于8个（如 PCl_5、SF_6）电子，但这些分子仍能稳定存在；不能解释共价键的特性（如方向性、饱和性）；也不能说明为什么共用电子对就能使两个原子结合成分子的本质原因。因为根据经典的静电理论，同性电荷相斥，两个电子为何不相斥，反而互相配对?

1927年，英国化学家海特勒（W. H. Heitler，1904～）和德国化学家伦敦（F. Londen，1900～1954）将量子力学的成果应用到最简单的 H_2 分子结构上，才使共价键的本质得到初步的解释。后来鲍林等人发展了这一成果，建立了现代价键理论（valence bond theory），即电子配对理论、杂化轨道理论、价层电子对互斥理论，杂化轨道理论圆满地解释了碳四面体结构的价键状态。下面先介绍现代价键理论。

一、现代价键理论

（一）氢分子的形成和共价键的本质

两个氢原子在结合形成氢气分子时，存在两种情况。

（1）当自旋方向相反的两个氢原子的未成对电子相互接近时，两个1*s*轨道才会有效重叠，形成共价键。由图8－1（a）可见，当两个氢原子互相靠近时，如果电子自旋方向相反，原子轨道相互重叠，核间电子云密度增大，系统的能量随之降低，当核间距 *r* 测定值达到74pm（理论值87pm）时，两个原子轨道发生最大重叠，系统能量最低（测定值为－458kJ/mol，理论值为－458kJ/mol），两个氢原子间形成了稳定的共价键，这称为氢分子的基态。

（2）当自旋方向相同的两个氢原子的未成对电子相互接近时，两个氢原子间发生排斥，两核间的电子云密度减小到几乎为零，从而增加了两核间的排斥力，系统的能量比两个独立氢原子的能力之和还高，这种状况下，两个氢原子之间不能稳定结合［图8－1（b）］。

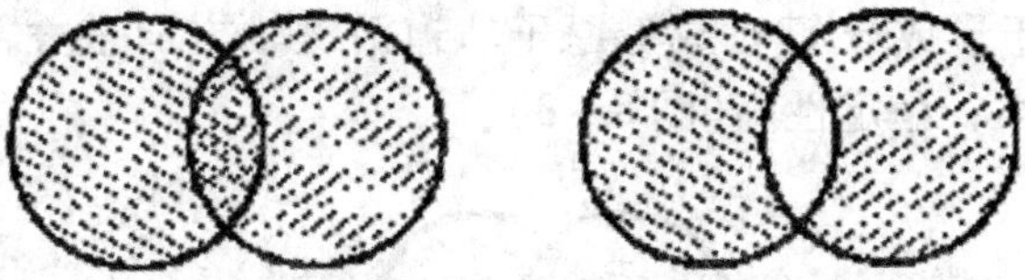

(a) 电子自旋方向相反　　(b) 电子自旋方向相同

图8－1　两个H原子相互接近时原子轨道重叠示意图

（二）现代价键理论的要点

将对 H_2 分子的研究结果推广到其他双原子分子和多原子分子，便可归纳出现代价键理论的要点。

（1）两个原子接近时，只有自旋方向相反的单电子可以相互配对（两原子轨道重叠），使电子云密集于两核间，系统能量降低，形成稳定的共价键。

（2）自旋方向相反的单电子配对形成共价键后，就不能再和其他原子中的单电子配对。所以，每个原子所能形成共价键的数目取决于该原子中的单电子数目。这就是共价键的饱和性。

（3）两个原子成键时，原子轨道间重叠愈多，两核间电子云愈密集，形成的共价键愈牢固，这称为原子轨道最大重叠原理。据此，共价键的形成将尽可能沿着原子轨道最大程度重叠的方向进行。原子轨道中，除 *s* 轨道呈球形对称外，*p*、*d* 等轨道都有一定的空间取向，它们在成键时只有沿一定的方向靠近达到最大程度的重叠，才能形成稳定的共价键，这就是共价键的方向性。例如，在形成HCl分子时，H原子的1*s*轨道与Cl原子的 $3p_x$ 轨道是沿着 *x* 轴方向靠近，以实现它们之间的最大程度重叠，形成稳定的共价键［图8－2（a）］。其他方向的重叠，如图8－2（b）和图8－2（c）所示，因原子轨道没有重叠和很少重叠，故不能成键。

（三）共价键的类型

1. σ键

原子轨道沿键轴（两原子核间联线）方向以“头碰头”的方式重叠所形成的共价键

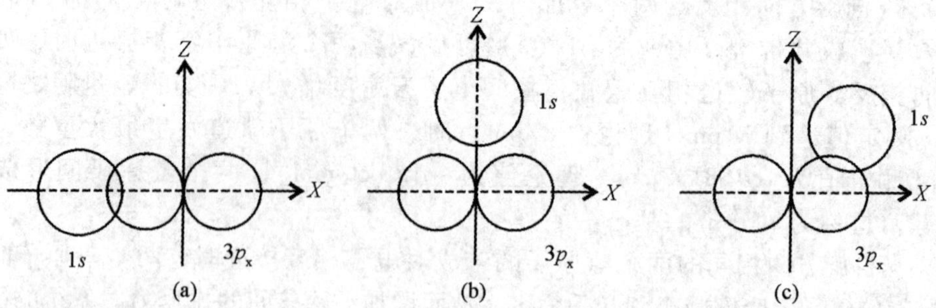

图 8-2　氯化氢分子的成键示意图

称为 σ 键（σ bond）。形成 σ 键时，原子轨道的重叠部分对于键轴呈圆柱形对称，可沿键轴方向任意旋转。由于形成 σ 键时成键原子轨道沿键轴方向重叠，达到了最大程度的重叠，所以 σ 键的键能大，稳定性高(图 8-3)。

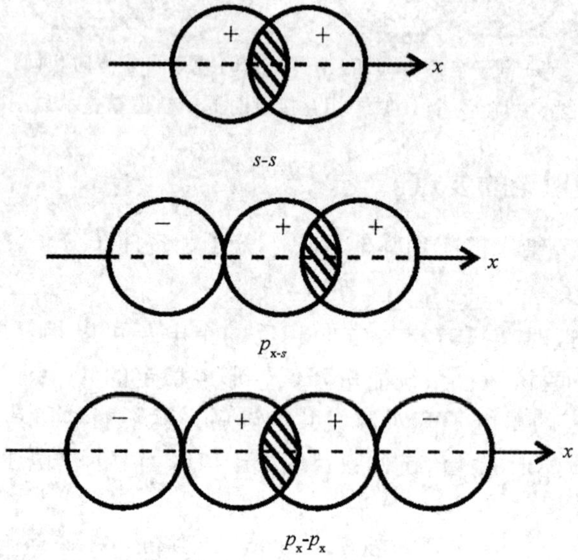

图 8-3　σ 键示意图

2. π 键

原子轨道垂直于键轴以“肩并肩”的方式重叠所形成的共价化学键称为 π 键（π bond）。形成 π 键时，由于 π 键不是沿原子轨道最大重叠方向形成，故重叠程度较小，键能较小。若以 x 轴为键轴，p_y-p_y、p_z-p_z 的重叠形成 π 键，如图 8-4 所示。

从原子轨道重叠程度来看，π 键的重叠程度要比 σ 键的重叠程度小，π 键的键能要小于 σ 键的键能，所以 π 键的稳定性低于 σ 键，它是化学反应的积极参与者。σ 键和 π 键的特征比较如表 8-1 所示。

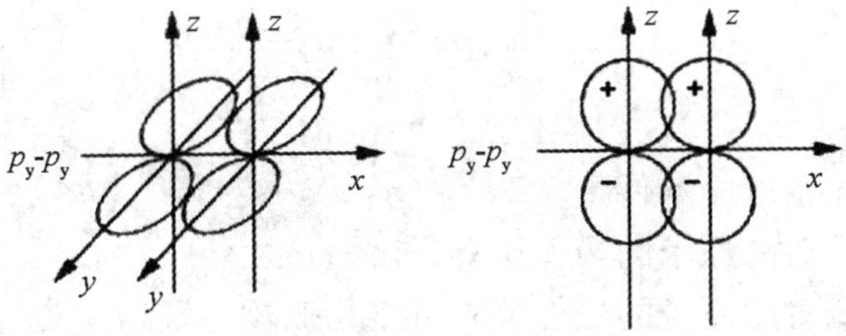

图 8－4　π 键示意图

表 8－1　σ 键和 π 键的特征比较

键类型	σ 键	π 键
原子轨道重叠方式	沿键轴方向相对重叠	沿键轴方向平行重叠
原子轨道重叠部位	两原子核之间，在键轴处	键轴上方和下方，键轴处为零
原子轨道重叠程度	较大	较小
键的强度	较大	较小
化学活泼性	不活泼	活泼

两个原子形成共价单键时，原子轨道总是沿键轴方向达到最大程度的重叠，所以单键都是 σ 键；形成共价双键时，有一个 σ 键和一个 π 键；形成共价叁键时，有一个 σ 键和两个 π 键。

例如，N 原子的电子组态为 $1s^2 2s^2 2p_x^1 2p_y^1 2p_z^1$，其中 3 个单电子分别占据 3 个互相垂直的 p 轨道。当两个 N 原子结合成 N_2 分子时，各以 1 个 p_x 轨道沿键轴以“头碰头”方式重叠形成 1 个 σ 键后，余下的 2 个 $2p_y$ 和 2 个 $2p_z$ 轨道只能以“肩并肩”方式进行重叠，形成 2 个 π 键，如图 8－5 所示。所以，N_2 分子中有 1 个 σ 键和 2 个 π 键，其分子结构式可用 N≡N 表示。

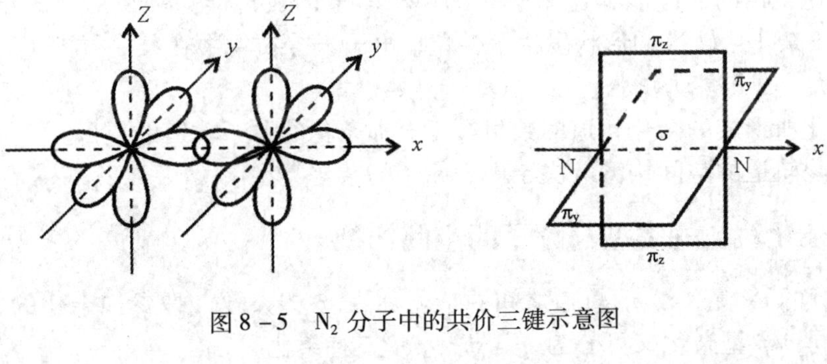

图 8－5　N_2 分子中的共价三键示意图

3. 配位键

配位键是共价键的一种特殊形式。一般共价键的共用电子对都是由成键的两个原子分别提供一个电子形成。但当两个原子形成配位键时，其共用电子对是由一个成键原子单独提供的。这种由一个原子单独提供共用电子对而形成的共价键称为配位键（coordination bond）。配位键用箭号“→”表示，箭头方向由提供电子对的原子指向接受电子对的原子。

例如：

$$H^+ + :\underset{\displaystyle \overset{|}{H}}{O}—H = [H \leftarrow \underset{\displaystyle \overset{|}{H}}{O}—H]^+$$

由此可见，形成配位键的条件是：

（1）提供共用电子对的原子的最外层有孤对电子。

（2）接受共用电子对的原子的最外层有可接受孤对电子的空轨道。

二、杂化轨道理论

价键理论成功地说明了共价键的形成，解释了共价键的方向性和饱和性，但用它来阐明多原子分子的空间构型却遇到了困难。例如，它不能解释 CH_4 分子的正四面体空间构型，也不能解释 H_2O 分子中 2 个 O—H 键的键角为什么不是 90°而是 104°45′。为了解决价键理论无法解决的这类矛盾，1931 年鲍林等人在价键理论的基础上提出了杂化轨道理论（hybrid orbital theory）。杂化轨道理论实质上仍属于现代价键理论，但它在成键能力、分子的空间构型等方面丰富和发展了现代价键理论。

（一）杂化轨道理论的要点

杂化轨道理论认为：原子在形成分子时，为了增强成键能力，同一原子中能量相近的不同类型的原子轨道重新组合，形成能量、形状和方向与原轨道不同的新的原子轨道。这种原子轨道重新组合的过程称为杂化（hybridization），所形成的新的原子轨道称为杂化轨道（hybrid orbital）。

杂化轨道理论的基本要点如下。

（1）只有在形成分子的过程中，能量相近的原子轨道才能进行杂化，孤立的原子不可能发生杂化，常见杂化方式有 $ns-np$ 杂化、$ns-np-nd$ 杂化和 $(n-1)d-ns-np$ 杂化。

（2）杂化轨道的成键能力比未杂化的原子轨道的成键能力强，形成的化学键的键能大。这是由于杂化后轨道的形状发生了变化，电子云分布集中在某一方向上，成键时轨道重叠程度增大，成键能力增强。

（3）杂化所形成的杂化轨道的数目等于参加杂化的原子轨道的数目。

（4）杂化轨道的空间构型取决于中心原子的杂化类型。

（二）杂化轨道的类型与分子的空间构型

能量相近的 *ns* 轨道和 *np* 轨道之间的杂化称为 *sp* 型杂化。按参加杂化的 *s* 轨道、*p* 轨道数目的不同，*sp* 型杂化又可分为 *sp*、sp^2、sp^3 三种杂化。

1. *sp* 杂化

由 1 个 *s* 轨道和 1 个 *p* 轨道组合成 2 个 *sp* 杂化轨道的过程称为 *sp* 杂化，所形成的轨道称为 *sp* 杂化轨道。每个 *sp* 杂化轨道均含有 1/2 的 *s* 轨道成分和 1/2 的 *p* 轨道成分。为使相互间的排斥能最小，轨道间的夹角为 180°。当 2 个 *sp* 杂化轨道与其他原子轨道重叠成键后就形成直线型分子。*sp* 杂化过程及 *sp* 杂化轨道的形状如图 8－6 所示。

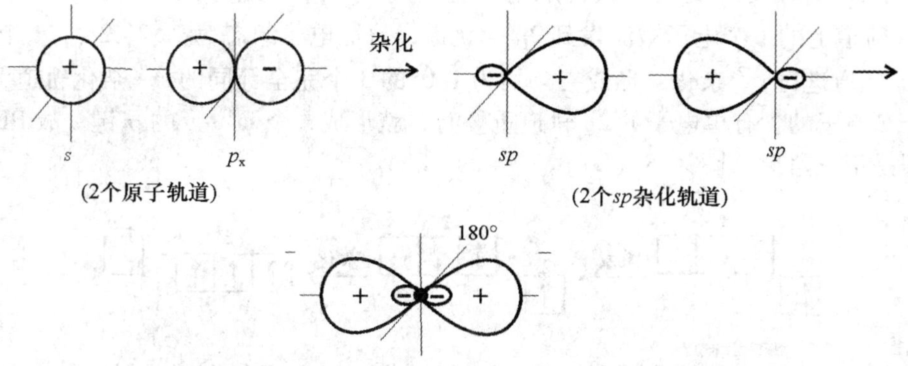

图 8－6　s 和 p 轨道组合成 sp 杂化轨道示意图

例 8－1：试说明 $BeCl_2$ 分子的空间构型。

解：实验测出，$BeCl_2$ 分子中有 2 个完全等同的 Be—Cl 键，键角为 180°，分子的空间构型为直线。

Be 原子的价层电子组态为 $2s^2$。在形成 $BeCl_2$ 分子的过程中，Be 原子的 1 个 2s 电子被激发到 2p 空轨道，价层电子组态为 $2s^1 2p_x^{\ 1}$，这 2 个含有单电子的 2s 轨道和 $2p_x$ 轨道进行 sp 杂化，组成夹角为 180°的 2 个能量相同的 sp 杂化轨道，当它们各与 2 个 Cl 原子中含有单电子的 3p 轨道重叠，就形成 2 个 sp－p 的 σ 键，所以 $BeCl_2$ 分子的空间构型为直线，其形成过程可表示如图 8－7 所示。

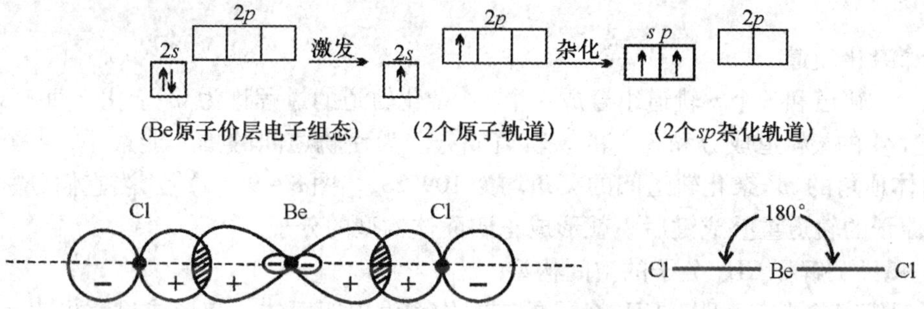

图 8－7　$BeCl_2$ 分子构型和 sp 杂化轨道的空间取向

2. sp^2 杂化

由 1 个 s 轨道与 2 个 p 轨道组合成 3 个 sp^2 杂化轨道的过程称为 sp^2 杂化。每个 sp^2 杂化轨道含有 1/3 的 s 轨道成分和 2/3 的 p 轨道成分，为使轨道间的排斥能最小，3 个 sp^2 杂化轨道呈正三角形分布，夹角为 120°［图 8－8（a）］。当 3 个 sp^2 杂化轨道分别与其他 3 个相同原子的轨道重叠成键后，就形成正三角形构型的分子。

例 8－2：试说明 BF_3 分子的空间构型。

解：实验测定，BF_3 分子中有 3 个完全等同的 B—F 键，键角为 120°，分子的空间构型为正三角形。

BF_3 分子的中心原子是 B，其价层电子组态为 $2s^22p_x^1$。在形成 BF_3 分子的过程中，B 原子的 $2s$ 轨道上的 1 个电子被激发到 $2p$ 空轨道，价层电子组态为 $2s^12p_x^12p_y^1$，1 个 $2s$ 轨道和 2 个 $2p$ 轨道进行 sp^2 杂化，形成夹角均为 120°的 3 个完全等同的 sp^2 杂化轨道，当它们各与 1 个 F 原子的含有单电子的 $2p$ 轨道重叠时，就形成 3 个 sp^2-p 的 σ 键。故 BF_3 分子的空间构型是正三角形［图8－8（b）］。

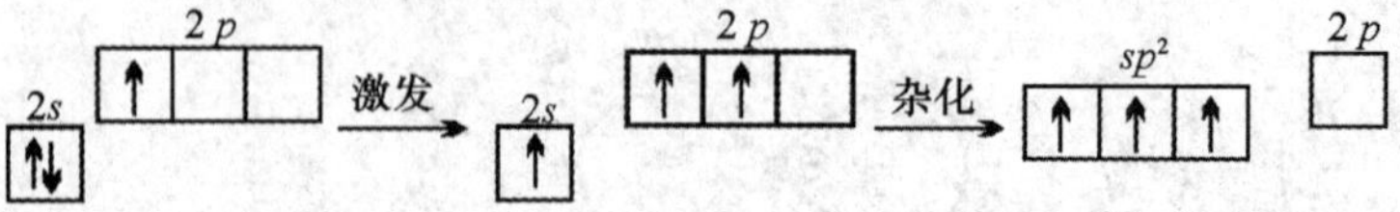

（B原子价层电子组态）　（3个原子轨道）　（3个sp^2杂化轨道）

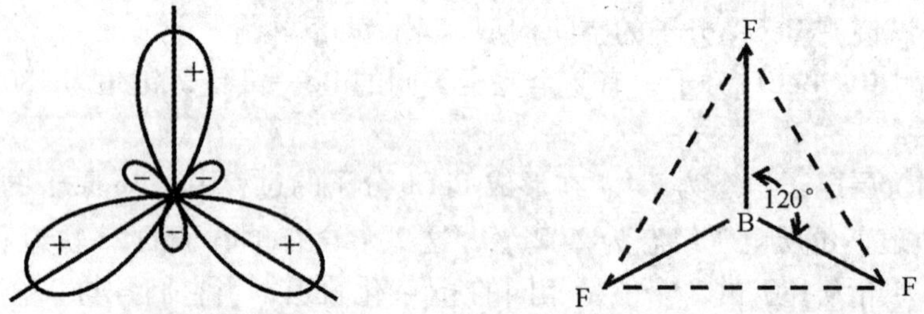

(a) 3个sp^2杂化轨道　(b) 平面三角形构形的BE分子

图 8－8　BF_3 的平面三角形构型和 sp^2 杂化轨道的空间取向

3. sp^3 杂化轨道

由 1 个 s 轨道和 3 个 p 轨道组合成 4 个 sp^3 杂化轨道的过程称为 sp^3 杂化。每个 sp^3 杂化轨道含有 1/4 的 s 轨道成分和 3/4 的 p 轨道成分。为使轨道间的排斥能最小，4 个分别指向正四面体顶角的 sp^3 杂化轨道间的夹角均为 109°28′［图 8－9（a）］。当它们分别与其他 4 个相同原子的轨道重叠成键后，就形成正四面体构型的分子。

例 8－3：试解释 CH_4 分子的空间构型。

解：近代实验测定表明，CH_4 分子的空间构型为正四面体。其形成过程可表示为：即中心原子 C 以夹角均为 109°28′的 4 个完全等同的 sp^3 杂化轨道分别与 4 个 H 原子的 $1s$ 轨道重叠后，形成 4 个 sp^3-s 的 σ 键。故 CH_4分子的空间构型为正四面体［图 8－9（b）］。

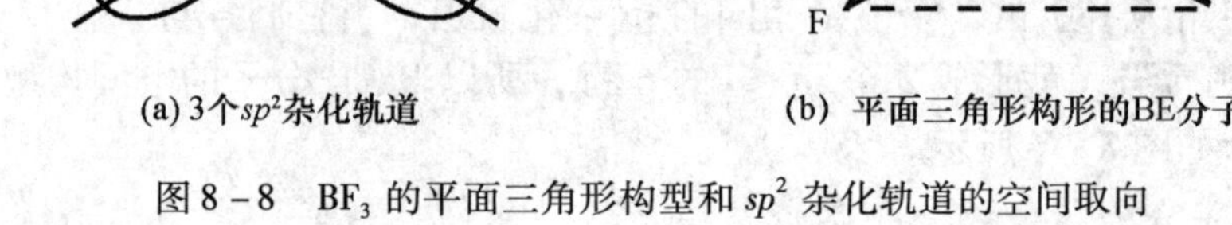

（C原子价层电子组态）　（4个原子轨道）　（4个sp^3杂化轨道）

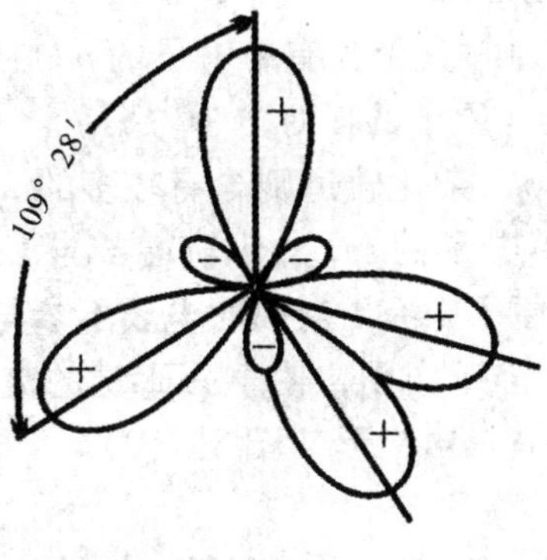

(a) 4个sp^3杂化轨道

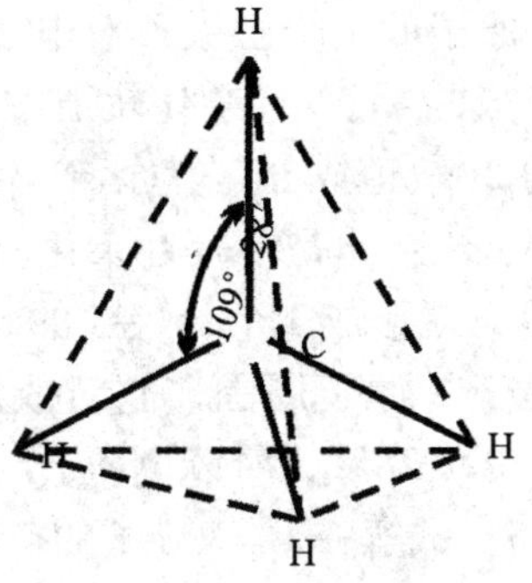

(b) 正四面体构形的CH_4分子

图 8－9　CH_4 分子的空间构型和 sp^3 杂化轨道

现将上述 sp 型的三种杂化归纳于表 8－2 中。

表 8－2　s 轨道和 p 轨道的三种杂化形式

杂化类型	sp	sp^2	sp^3
参与杂化的原子轨道	1 个 s＋1 个 p	1 个 s＋2 个 p	1 个 s＋3 个 p
杂化轨道数	2 个 sp 杂化轨道	3 个 sp^2 杂化轨道	4 个 sp^3 杂化轨道
杂化轨道间夹角	180°	120°	109°28′
空间构型	直线	正三角形	正四面体
实例	$BeCl_2$、C_2H_2	BF_3、C_2H_4	CH_4、CCl_4

4. 等性杂化和不等性杂化

按杂化后形成的几个杂化轨道的能量是否相同，轨道的杂化可分为等性杂化和不等性杂化。

（1）等性杂化　杂化后所形成的几个杂化轨道所含原来轨道成分的比例相等，能量完全相同，这种杂化称为等性杂化（equivalent hybridization）。通常，若参与杂化的原子轨道都含有单电子或都是空轨道，其杂化是等性的。如上述的三种 sp 型杂化，即 $BeCl_2$、BF_3 和 CH_4 分子中的中心原子分别为 sp、sp^2 和 sp^3 等性杂化。在配离子 $[Fe(CN)_6]^{3-}$ 和 $[Co(NH_3)_6]^{2+}$ 中，中心原子分别为 d^2sp^3 和 sp^3d^2 等性杂化。

（2）不等性杂化　杂化后所形成的几个杂化轨道所含原来轨道成分的比例不相等而能量不完全相同，这种杂化称为不等性杂化（nonequivalent hybridization）。通常，若参与杂化的原子轨道中，有的已被孤对电子占据，其杂化是不等性的，现以 NH_3 分子和 H_2O 分子的形成为例予以说明。

例 8－4： 试说明 NH_3 分子的空间构型。

解：实验测知，NH_3 分子中有 3 个 N—H 键，键角为 107°，分子的空间构型为三角锥形（习惯上孤对电子不包括在分子的空间构型中）。

N 原子是 NH_3 分子的中心原子，其价层电子组态为 $2s^2 2p_x^1 2p_y^1 2p_z^1$。在形成 NH_3 分子的过程中，N 原子的 1 个已被孤对电子占据的 2*s* 轨道与 3 个含有单电子的 *p* 轨道进行 sp^3 杂化，但在形成的 4 个 sp^3 杂化轨道中，有 1 个已被 N 原子的孤对电子占据，该 sp^3 杂化轨道含有较多的 2*s* 轨道成分，其余 3 个各有单电子的 sp^3 杂化轨道则含有较多的 2*p* 轨道成分，故 N 原子的 sp^3 杂化是不等性杂化。当 3 个含有单电子的 sp^3 杂化轨道各与 1 个 H 原子的 1*s* 轨道重叠，就形成 3 个 sp^3-s 的 σ 键。由于 N 原子中有 1 对孤对电子不参与成键，其电子云较密集于 N 原子周围，它对成键电子对产生排斥作用，使 N—H 键的夹角被压缩至 107°（小于 109°28′），所以 NH_3 分子的空间构型呈三角锥形（图 8－10）。

例 8－5：试解释 H_2O 分子的空间构型。

解：实验测得，H_2O 分子中有 2 个 O—H 键，键角为 104°45′，分子的空间构型为 V 形。

中心原子 O 的价层电子组态为 $2s^2 2p_x^2 2p_y^1 2p_z^1$。在形成 H_2O 分子的过程中，O 原子以 sp^3 不等性杂化形成 4 个 sp^3 不等性杂化轨道，其中有单电子的 2 个 sp^3 杂化轨道含有较多的 2*p* 轨道成分，它们各与 1 个 H 原子的 1*s* 轨道重叠，形成 2 个 sp^3-s 的 σ 键，而余下的 2 个含有较多 2*s* 轨道成分的 sp^3 杂化轨道各被 1 对孤对电子占据，它们对成键电子对的排斥作用比 NH_3 分子中的更大，使 O—H 键夹角压缩至 104°45′（比 NH_3 分子的键角小），故 H_2O 分子具有 V 形空间构型（图 8－10）。

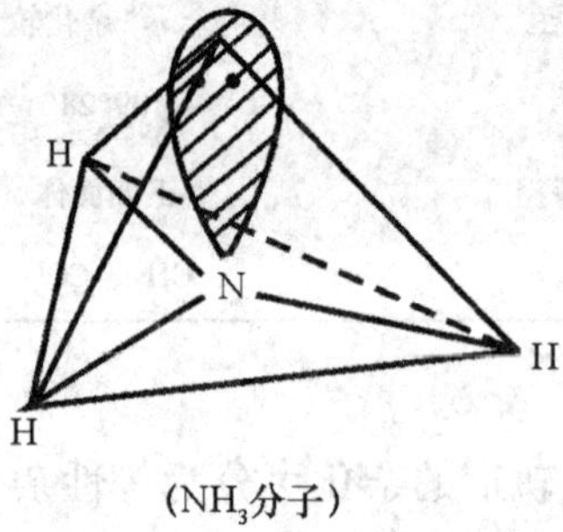

（NH_3分子）

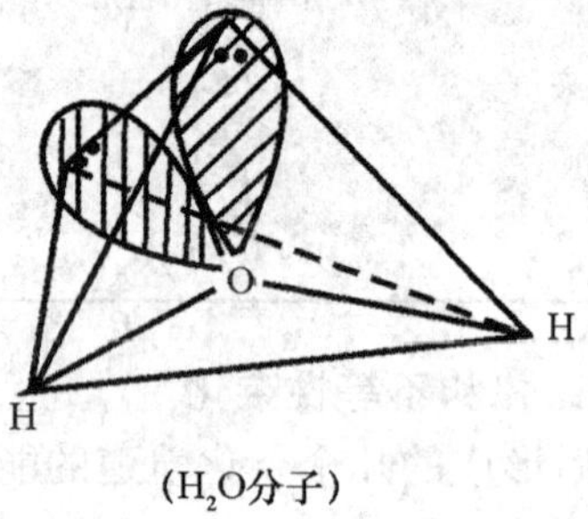
（H_2O分子）

图 8－10　NH_3 分子和 H_2O 分子的结构示意图

三、价层电子对互斥理论

杂化轨道理论成功地解释了分子的空间构型，但是如果直接应用轨道杂化理论预测分子的空间构型，未必都能得到满意的结果。为了方便地确定并预测分子的空间构型，1940 年美国的 Sidgwick NV 等人相继提出了价层电子对互斥理论（valence shell electron pair repulsion theory），简称 VSEPR 法，20 世纪 60 年代初，Gillespie 等人发展了这一理论。价层电子对互斥理论比较简单，用它来预测分子的空间构型，既方便又准确。

（一）价层电子对互斥理论的基本要点

1. 价层电子对互斥理论的基本要点

（1）分子或离子的空间构型取决于中心原子的价层电子对数。中心原子的价层电子对

是指 σ 键电子对和未参与成键的孤对电子。

（2）中心原子的价层电子对之间尽可能远离，以使斥力最小，并由此决定了分子的空间构型。价电子层中电子对间的静电斥力最小的排布方式如表 8－3所示。

表 8－3　静电斥力最小的价层电子对的排布方式

价层电子对数	2	3	4	5	6
电子对排布方式	直线形	平面三角形	四面体	三角锥	八面体

（3）价层电子对之间的斥力与价层电子对的类型有关，价层电子对之间静电斥力大小顺序为：孤对电子－孤对电子＞孤对电子－成键电子对＞成键电子对－成键电子对。

2. 价层电子对互斥理论预测分子或离子的空间构型的步骤

（1）确定中心原子的价层电子对数。

价层电子对数＝（中心原子的价电子数＋配位原子提供的电子数）/2

（2）根据中心原子的价层电子对数，从表 8－3 中找到相应的电子对排布，这种排布方式可使电子对之间静电斥力最小。

（3）根据中心原子的价层电子对的排布方式，将配位原子排布在中心原子周围，每一对电子连接一个配位原子，未结合配位原子的电子对就是孤对电子。若中心原子的价层电子对全部是成键电子对，则分子或离子的空间构型与中心原子的价层电子对的排布方式相同；若价层电子对中有孤对电子，应根据成键电子对、孤对电子之间的静电斥力大小，选择静电斥力最小的结构，即为分子或离子的空间构型。中心原子的价层电子对的排布和 AB_n 型共价分子的构型见表 8－4。

表 8－4　中心原子的价层电子对的排布和 AB_n 型共价分子的构型

价层电子对数	价层电子对排布	成键电子对数	孤对电子数	分子类型	电子对的排布方式	分子构型	实例
2	直线形	2	0	AB_2		直线形	$HgCl_2$
3	平面三角形	3	0	AB_2	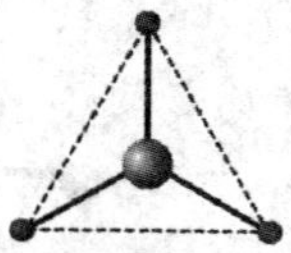	平面正三角形	BF_3
		2	1	AB_2	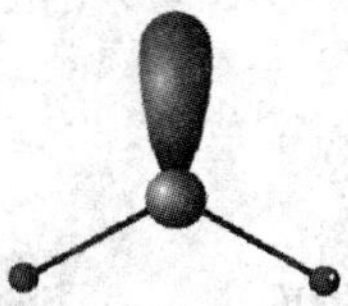	角形（V 形）	$PbCl_2$

（续表）

价层电 子对数	价层电子 对排布	成键电 子对数	孤对 电子数	分子 类型	电子对的 排布方式	分子 构型	实例
4	四面体	4	0	AB_4	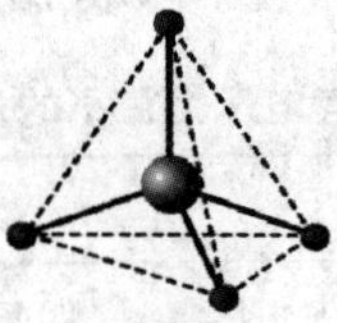	正四面体	CH_4
		3	1	AB_3	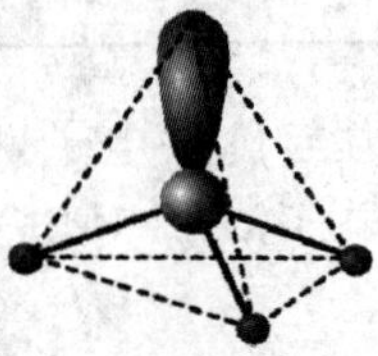	三角锥	NH_3
		2	2	AB_2	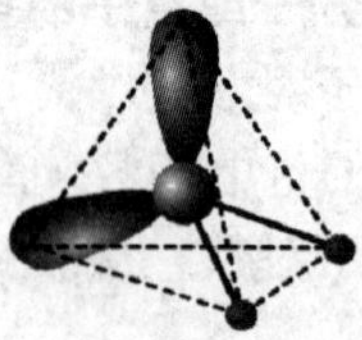	角形（V 形）	H_2O
5	三角双锥	5	0	AB_5	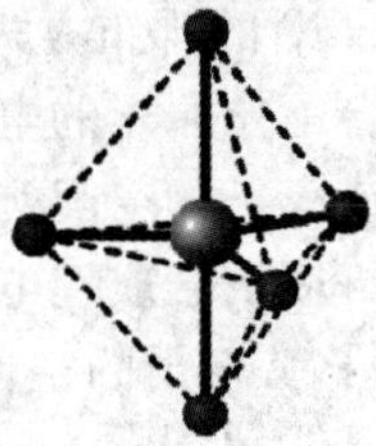	三角双锥	PCl_5
		4	1	AB_4	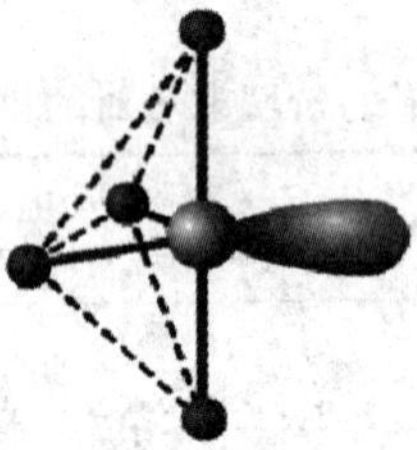	变形四面体	SF_4
		3	2	AB_3	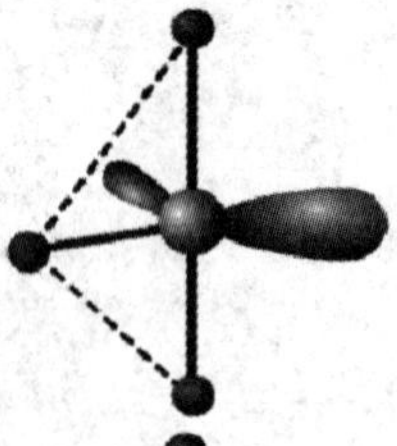	T 形	ClF_3
		2	3	AB_2		直线形	I_3^-

（续表）

价层电子对数	价层电子对排布	成键电子对数	孤对电子数	分子类型	电子对的排布方式	分子构型	实例
6	八面体	6	0	AB_6	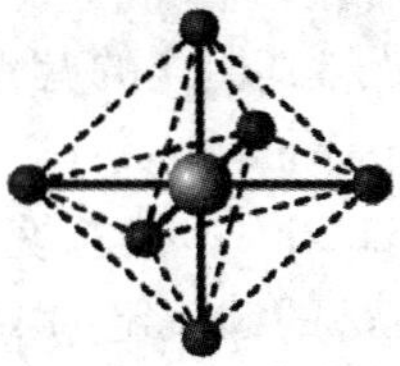	正八面体	SF_6
		5	1	AB_5	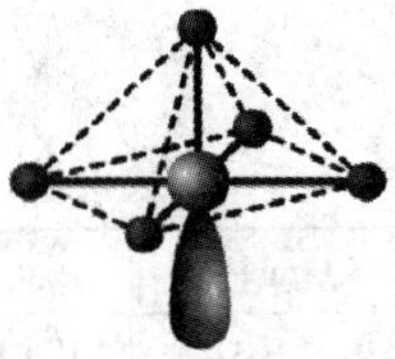	四方锥形	IF_5
		4	2	AB_4	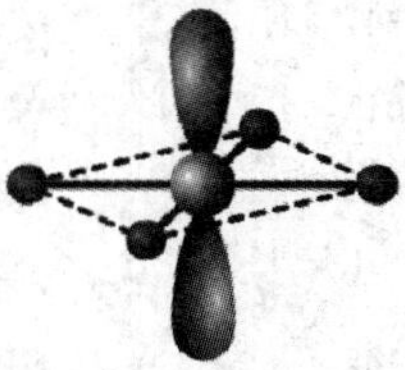	平面正方形	ICl_4^-

四、键参数

能表征化学键性质的物理量称为键参数（bond parameter）。共价键的键参数主要有键能、键长及键角等。

（一）键能

键能（bond energy）是从能量因素来衡量共价键强度的物理量，用来反映断开或形成一个化学键的难易程度。

对于以共价键结合的双原子分子来说，其键能为裂解成原子时所吸收的能量，故又可称为离解能。也就是说双原子分子的键能等于其离解能。然而对于多原子分子，键能不同于其离解能。离解能是裂解分子中某一个共价键时所需的能量，而键能则是指分子中同种类型共价键离解能的平均值。例如，甲烷有四个碳－氢键，其离解能分别如下：

$$CH_4 \longrightarrow \cdot CH_3 + \cdot H + 435.1\text{kJ/mol}$$

$$\cdot CH_3 \longrightarrow \cdot \dot{C}H_2 + \cdot H + 443.5\text{kJ/mol}$$

$$\cdot CH_2 \longrightarrow \cdot \dot{\underset{\cdot}{C}}H + \cdot H + 443.5\text{kJ/mol}$$

$$\cdot CH \longrightarrow \cdot \dot{\underset{\cdot}{C}} \cdot + \cdot H + 443.5\text{kJ/mol}$$

甲烷分子中 C—H 键的键能则为上述四个 C—H 键离解能的平均值（415.3kJ/mol）。

一般来说，键能越大，表明键越牢固，由该化学键形成的分子也越稳定。

（二）键长

分子中两成键原子的核间距离称为键长（bond length）。常用单位为 pm（皮米）。光谱及衍射实验的结果表明，键长受与其相连的其他原子或基团的影响较小，同一种化学键在不同分子中的键长几乎相等。因而可用其平均值即平均键长作为该键的键长。例如，C—C 单键的键长在金刚石中为 154. 2pm；在乙烷中为 153. 3pm；在丙烷中为 154pm；在环己烷中为 153pm。因此将 C—C 单键的键长定为 154pm。

一般情况下，成键原子的半径越小，成键的电子对越多，其键长越短，键能越大，共价键就越牢固。

表 8－5　一些共价键的键长和键能

共价键	键长 l（pm）	键能 E（kJ/mol）	共价键	键长 l（pm）	键能 E（kJ/mol）
H—H	74	436	C—H	109	414
C—C	154	347	C—N	147	305
C＝C	134	611	C—O	143	360
C≡C	120	837	C≡O	121	736
N－N	145	159	C—Cl	177	326
O—O	148	142	N－H	101	389
Cl—Cl	199	244	O－H	96	464
Br—Br	228	192	S—H	136	368
I—I	267	150	N≡N	110	946
S—S	205	264	F—F	128	158

（三）键角

在分子中键与键之间的夹角，称为键角（bond angle）。它是表征分子几何构型的重要参数。如 H_2O 分子中的键角为 104°45′，表明 H_2O 分子为 V 形结构；CO_2 分子中的键角为 180°，表明 CO_2 分子为直线型结构。一般而言，根据分子中的键角和键长可确定分子的空间构型。

表 8－6　一些分子的键长、键角和分子构型

分子	键长（pm）	键角	构型	分子	键长（pm）	键角	构型
$HgCl_2$	234	180°	直线形	NH_3	101. 5°	107°18′	三角锥形
CO_2	116. 3	180°		SO_3^{2-}	151	106°	
H_2O	96	104. 5°	V 形	CH_4	109	109. 5°	四面体形
SO_2	143	119. 5°		SO_4^{2-}	149	109. 5°	
BF_3	131	120°	三角形				
SO_3	143	120°					

第二节　分子间作用力与氢键

气体可以液化是分子间存在相互作用力的最好证明。分子间的作用力有范德华力和氢键力。分子间作用力主要影响物质的物理性质，如熔点、沸点、溶解度等。它的产生与分子的极化密切相关，而分子的极化是指分子在外电场作用下发生的结构变化。

一、分子的极性

根据分子中正、负电荷重心是否重合，可将分子分为极性分子和非极性分子。正、负电荷重心相重合的分子是非极性分子；不重合的是极性分子。

对于双原子分子，分子的极性与键的极性是一致的。即由非极性共价键构成的分子一定是非极性分子，如 H_2、Cl_2、O_2 等分子；由极性共价键构成的分子一定是极性分子，如 HCl、HF 等分子。

对于多原子分子，分子的极性与键的极性不一定一致。分子是否有极性，不仅取决于组成分子的元素的电负性，而且也与分子的空间构型有关。例如 CO_2、CH_4 分子中，虽然都是极性键，但前者是直线构型，后者是正四面体构型，键的极性相互抵消，因此它们是非极性分子。而在 V 形构型的 H_2O 分子和三角锥形构型的 NH_3 分子中，键的极性不能抵消，它们是极性分子。

分子极性的大小用电偶极矩（electric dipole moment）量度。分子的电偶极矩简称偶极矩（μ），它等于正、负电荷重心距离（d）和正电荷重心或负电荷重心上的电量（q）的乘积：

$$\mu = q \cdot d$$

其单位为 10^{-30} C · m。电偶极矩是一个矢量，化学上规定其方向是从正电荷重心指向负电荷重心。一些分子的电偶极矩测定值见表 8－7。电偶极矩为零的分子是非极性分子，电偶极矩愈大表示分子的极性愈强。

表 8－7　一些分子的电偶极矩 μ（10^{-30}C · m）

分子	μ	分子	μ	分子	μ
H_2	0	BF_3	0	CO	0.40
Cl_2	0	SO_2	5.33	HCl	3.43
CO_2	0	H_2O	6.16	HBr	2.63
CH_4	0	HCN	6.99	HI	1.27

二、分子间作用力

分子间存在着一种只有化学键键能 1/10 ～ 1/100 的弱作用力，它最早由荷兰物理学家范德华提出，故称范德华力。按作用力产生的原因和特性，这种力可分为取向力、诱导力和色散力三种。

1. 取向力

取向力发生在极性分子之间。极性分子具有永久偶极，当两个极性分子接近时，因同极相斥，异极相吸，分子将发生相对转动，力图使分子间按异极相邻的状态排列（图 8-11）。极性分子的这种运动称为取向，由永久偶极的取向而产生的分子间吸引力称为取向力（orientation force）。

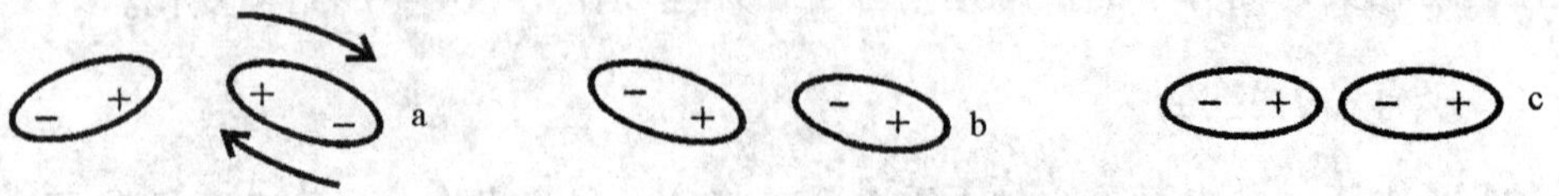

图 8-11　两个极性分子相互作用示意图

2. 诱导力

诱导力发生在极性分子和非极性分子以及极性分子之间。当极性分子与非极性分子接近时，因极性分子的永久偶极对于非极性分子来说相当于一个外电场，可使非极性分子极化而产生诱导偶极，于是诱导偶极与永久偶极之间相互吸引，如图 8-12 所示。由极性分子的永久偶极与非极性分子所产生的诱导偶极之间的相互作用力称为诱导力（induction force）。当两个极性分子互相靠近时，在彼此的永久偶极的影响下，相互极化产生诱导偶极，因此对极性分子之间的作用来说，诱导力是一种附加的取向力。

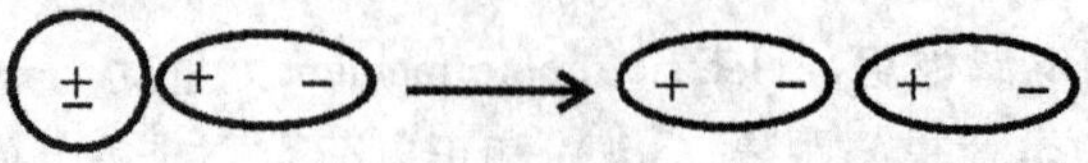

图 8-12　极性分子和非极性分子相互作用示意图

3. 色散力

非极性分子之间也存在相互作用力。由于分子内部的电子在不断地运动，原子核在不断地振动，使分子的正、负电荷重心不断发生瞬间相对位移，从而产生瞬间偶极。瞬间偶极又可诱使邻近的分子极化，因此非极性分子之间可靠瞬间偶极相互吸引（图 8-13）产生分子间作用力，由于从量子力学导出的这种力的理论公式与光的色散公式相似，因此把这种力称为色散力（dispersion force）。虽然瞬间偶极存在的时间很短，但是不断地重复发生，又不断地相互诱导和吸引，因此色散力始终存在。任何分子都有不断运动的电子和不停振动的原子核，都会不断产生瞬间偶极，所以色散力存在于各种分子之间，并且在范德华力中占有相当大的比重。

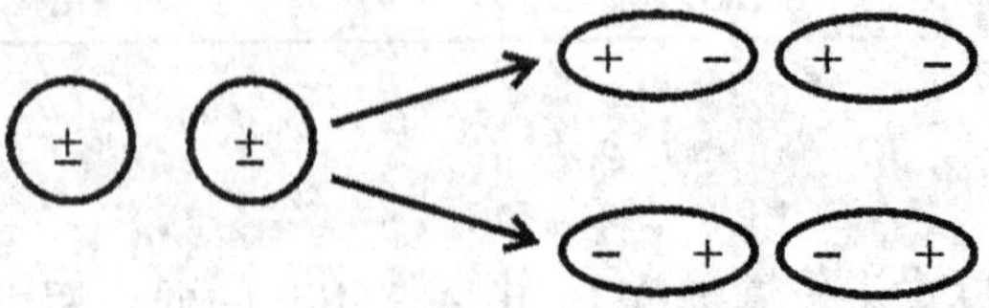

图 8-13　色散力产生示意图

综上所述，在非极性分子之间只有色散力；在极性分子和非极性分子之间，既有诱导力也有色散力；而在极性分子之间，取向力、诱导力和色散力都存在。对于大多数分子来说，色散力是主要的；只有当分子的极性很大时，取向力才比较显著；而诱导力通常很小。

三、氢键

氢原子核外只有一个电子，当氢原子与电负性大、半径小的 X 原子（X = F，O，N）以共价键结合后，共用电子对偏向于 X 原子，氢原子几乎变成了“裸核”。“裸核”的体积很小，又没有内层电子，不被其他原子的电子所排斥，还能与另一个电负性大、半径小的 Y 原子（Y = F，O，N）中的孤对电子产生静电吸引作用。这种产生在氢原子与电负性大的元素原子的孤对电子之间的静电吸引称为氢键（hydrogen bond）。水分子之间形成的氢键如图 8 - 14所示。

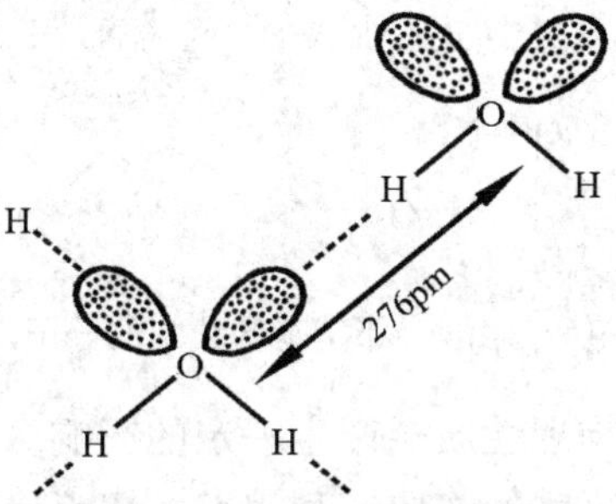

图 8 - 14　水分子间的氢键

氢键通常用 X—H…Y 表示，其中 X 和 Y 代表 F、O、N 等电负性大、半径小的非金属元素的原子；…代表氢键。氢键的键能在分子间作用力的范围内，比化学键的键能小得多。

氢键的强弱与 X、Y 原子的电负性及半径大小有关。X、Y 原子的电负性愈大、半径愈小，形成的氢键愈强。Cl 的电负性和 N 相同，但半径比 N 大，只能形成较弱的氢键。常见氢键的强弱顺序是：

F—H…F > O—H…O > O—H…N > N—H…N > O—H…Cl

氢键的键能一般在 42kJ/mol 以下，它比化学键弱得多，但比范德华力强。氢键与范德华力不同之点是氢键具有饱和性和方向性。氢键的方向性是指形成氢键 X—H…Y 时，X、H、Y 原子尽可能在同一直线上，这样可使 X 原子与 Y 原子之间距离最远，两原子间的斥力最小。但形成分子内氢键时，由于结构的限制，X、H、Y 往往不能在同一直线上。氢键的饱和性是指一个X—H分子只能与一个 Y 原子形成氢键，当 X—H 分子与一个 Y 原子形成氢键 X—H…Y 后，如果再有一个 Y 原子接近时，则这个原子受到 X—H…Y 上的 X，Y 原子的排斥力远大于 H 原子对它的吸引力，使 X—H…Y 中的 H 原子不能在与第二个 Y 原子形成第二个氢键。

氢键可分为分子间氢键和分子内氢键两种类型。一个分子的 X—H 键与另一个分子中的Y原子形成的氢键称为分子间氢键，如氟化氢、氨水（图8－15）；一个分子的X—H键与该分子内的Y原子形成的氢键称为分子内氢键，如硝酸、邻硝基苯酚（图8－16）。分子内氢键虽不在一条直线上，但形成了较稳定的环状结构。

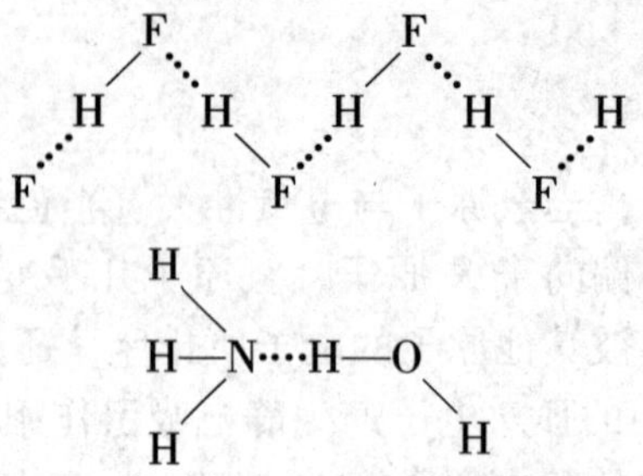

图8－15　氟化氢、氨水中的分子间氢键

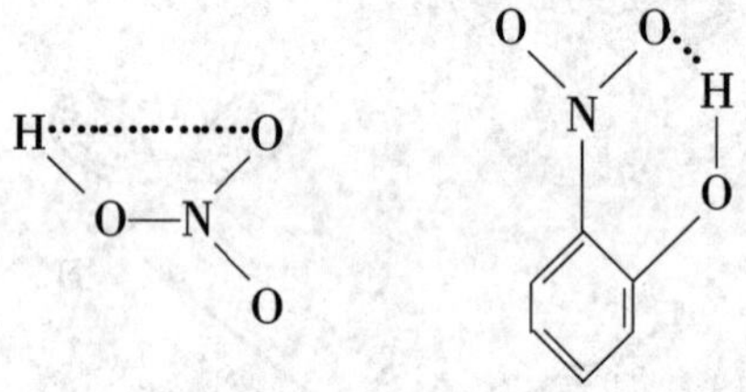

图8－16　硝酸、邻硝基苯酚中的分子内氢键

氢键的形成，对化合物的物理性质会产生一定的影响。因为破坏氢键需要能量，所以在同类化合物中能形成分子间氢键的物质，其沸点、熔点比不能形成分子间氢键的高。如ⅤA～ⅦA元素的氢化物中，NH_3、H_2O和HF的沸点比同族其他相对原子质量较大元素的氢化物的沸点高，这种反常行为是由于它们各自的分子间形成了氢键。如果溶质分子与溶剂分子之间形成氢键，将使溶质与溶剂分子之间的结合力增强，导致溶质的溶解度增大。而形成分子内氢键时，常会使化合物的熔点、沸点降低。若溶质分子生成分子内氢键，则在极性溶剂中的溶解度减小，而在非极性溶剂中的溶解度增大。

氢键在生命过程中具有非常重要的意义。与生命现象密切相关的蛋白质和核酸分子中都含有氢键，氢键在决定蛋白质和核酸等分子的结构和功能方面起着极为重要的作用。在这些分子中，一旦氢键被破坏，分子的空间结构就要改变，生物活性就会散失。

习　题

1. 共价键为什么具有饱和性和方向性？

2. 简要说明σ键和π键的主要区别。

3. 试用杂化轨道理论说明下列分子或离子的中心原子可能采取的杂化类型及其空间构型。

（1）PH_3　（2）$HgCl_2$　（3）$SnCl_4$　（4）$SeBr_2$　（5）H_3O^+

4. 下列说法是否正确？为什么？

（1）相同原子间的叁键键能是单键键能的3倍。

(2) sp^2 杂化轨道是指 1*s* 轨道与 2*p* 轨道混合而成的轨道。

(3) 极性键组成极性分子，非极性键组成非极性分子。

(4) 氢化物分子间均能形成氢键。

5. BF_3 的空间构型为正三角形而 NF_3 却是三角锥形，试用杂化轨道理论予以说明。

6. 用价层电子对互斥理论判断下列分子或离子的空间构型。

(1) NH_4^+　(2) CO_3^{2-}　(3) PCl_5　(4) SF_6

7. 为什么常温下 F_2 和 Cl_2 为气体，Br_2 为液体，而 I_2 为固体？

8. 判断下列各组分子之间存在什么形式的作用力？

(1) C_6H_6 和 CCl_4　(2) He 和 H_2O

(3) CO_2 气体　(4) HBr 气体

(5) CH_3OH 和 H_2O

9. 为什么乙醇（C_2H_5OH）和二甲醚（CH_3OCH_3）组成相同，但乙醇的沸点比二甲醚的沸点高？

10. 已知 CH_4、CS_2、SO_2 分子的键角分别为 109°28′、180°、120°，试判断它们中心原子的轨道杂化的方式。

第九章　配位化合物

配位化合物（coordination compound）简称配合物，是一类组成比较复杂、结构特殊的化合物，它的存在和应用都非常广泛。生物体内的金属元素多以配合物的形式存在。例如，在植物的光合作用中起决定性作用的叶绿素是镁的配合物；动物血液中起着输送氧气作用的血红蛋白是铁的配合物；动物体内的各种酶也几乎都是以金属配合物形式存在的。经过多年的发展，现在配位化学已形成了一门专门的学科，是目前化学学科中最为活跃的研究领域之一。它不仅是现代无机化学学科的中心课题，而且对分析化学、生物化学、催化动力学、电化学、量子化学等方面的研究都有重要的意义。当今配合物已广泛地渗透到分析化学、生物化学等领域。

配合物的应用十分广泛，与医药关系密切。在医学上常用配位化学的原理，引入金属元素以补充体内的不足；利用配合物可排除体内过量或有害金属元素，以及治疗各种金属代谢障碍性疾病。一系列金属配合物还具有杀菌、抗病毒和抗癌的生理作用。

第一节　配位化合物的基本概念

一、配合物及其组成

在硫酸铜溶液中加入氨水，开始时有蓝色 $Cu_2(OH)_2SO_4$ 沉淀生成，当继续加氨水至过量时，蓝色沉淀溶解形成深蓝色溶液。总反应为：

$$CuSO_4 + 4NH_3 = [Cu(NH_3)_4]SO_4 \text{（深蓝色）}$$

此时在溶液中，除 SO_4^{2-} 和 $[Cu(NH_3)_4]^{2+}$ 外，几乎检查不出 Cu^{2+} 的存在。再如，在 $HgCl_2$ 溶液中加入 KI，开始形成桔黄色 HgI_2 沉淀，继续加 KI 至过量时，沉淀消失，变成无色的溶液。

$$HgCl_2 + 2KI = HgI_2\downarrow + 2KCl \qquad HgI_2 + 2KI = K_2[HgI_4]$$

研究发现这些复杂化合物与简单化合物有所不同。1893 年，维尔纳（A. Werner，瑞士，1866 ~ 1919）提出配位理论学说，认为配合物中有一个金属离子处于配合物的中央，称为中心离子（或形成体），在它周围按一定几何构型围绕着一些带负电荷的阴离子或中性分子，称为配位体，中心离子和配位体构成了配合物的内界，写在方括号内。内界离子与外界离子构成配合物。例如，$[Cu(NH_3)_4]SO_4$、$K_2[HgI_4]$ 的内界离子称为配离子，外界离子一般为与配离子带相反电荷的简单离子。配离子与外界离子，以离子键结合成电中性的配合物。此外，配合物也可直接由金属离子与一定数目的中性分子或阴离子以配位键结合而成，此类配合物没有外界离子。如 $[Pt(NH_3)_2Cl_2]$；还有一些配合物是由金属原子和中性分子直接组成，如 $[Fe(CO)_5]$ 和 $[Ni(CO)_4]$。

配合物的组成可图示如下：

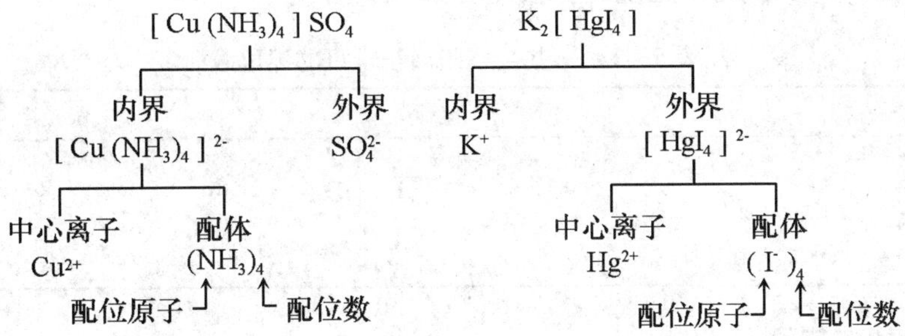

1. 中心离子

中心离子（central ion）为配合物的核心，绝大多数为具有空的价轨道的金属离子，特别是过渡金属离子，如 Fe^{3+}、Co^{2+}、Ni^{2+}、Cu^{2+}、Zn^{2+} 等；也有中性原子核和高氧化态的非金属元素，如 $[Ni(CO)_4]$ 中的 Ni 原子和 $Na_2[SiF_6]$ 中的 Si(Ⅳ)。

2. 配体和配位原子

配合物中同中心离子直接结合的阴离子或中性分子为配位体，简称配体（ligand），如：$[Cu(NH_3)_4]^{2+}$ 中的 NH_3、$[Fe(CN)_6]^{3-}$ 中的 CN^- 等。在配体中提供孤对电子与中心离子形成配位键的原子称为配位原子，如配体 NH_3 中的 N。常见的配位原子为 N、O、S、C 和卤素等电负性较大的非金属原子。只含有一个配位原子的配体称为单齿配体（monodentate ligand），如 X^-、NH_3、H_2O、CN^- 等。含有两个或两个以上配位原子，并同时与一个中心离子形成配位键的配体，称为多齿配体（multidentate ligand），如乙二胺 $H_2NCH_2CH_2NH_2$（简写作 en）、草酸根为双齿配体，乙二胺四乙酸（简称EDTA）为六齿配体。

与螯合剂不同，有些配体虽然也具有两个或多个配为原子，但在一定条件下，仅有一个配位原子与中心离子配位，这类配体称为两可配体。例如：SCN^- 既可以硫原子配位，又可以氮原子配位；NO_2^- 既可以氮原子配位，又可以氧原子配位，它们都是两可配体，而这些两可配体实际上仍起单齿配体的作用。

3. 配位数

配合物中直接同中心离子形成配位键的配位原子的总数目称为该中心离子的配位数（coordination number）。一般的简单配合物的配体是单齿配体，中心离子配位数即是内界中配体的总数。例如，配合物 $[Co(NH_3)_6]^{3+}$，中心离子 Co^{3+} 与 6 个 NH_3 分子中的 N 原子配位，其配位数为 6。在配合物 $[Zn(en)_2]SO_4$ 中，中心离子 Zn^{2+} 与两个乙二胺分子结合，而每个乙二胺分子中有两个 N 原子配位，故 Zn^{2+} 的配位数为 4。因此，对于多齿配体要注意配位数与配位体数的区别，配位数等于配位体的数目乘以该配位体的齿数。

影响配合物配位数的因素很多，主要是中心离子和配体的电荷数以及中心离子和配位体的半径。在一定范围的外界条件下，某一中心离子有一个特征配位数。表 9-1 中列出了一些金属阳离子常见的配位数。一般来说，中心离子的电荷数越高，吸引配体的能力越强，越有利于形成高配位数的配合物。例如，$[Cu(NH_3)_4]^{2+}$ 的 Cu(Ⅱ) 的配位数为 4，而 $[Cu(NH_3)_2]^+$ 中 Cu（I）的配位数为 2。配体带电荷越多，相互间排斥力增大，不利于形成高配位数。中心离子的半径越大，其周围能容纳配位体的空间就越大，配位数也越高。如，$[BF_4]^-$ 和 $[AlF_6]^{3-}$。对同一中心离子而言，配体半径越大，配位数越小，如，

$[AlF_6]^{3-}$ 和 $[AlCl_4]^{3-}$。此外温度和浓度等也影响配位数。

表 9-1　一些金属阳离子常见的配位数

金属阳离子	电荷数	配位数
Ag^+、Cu^+、Au^+	+1	2
Cu^{2+}、Zn^{2+}、Hg^{2+}、Ni^{2+}、Co^{2+}	+2	4
Fe^{3+}、Co^{2+}、Co^{3+}、Cr^{3+}	+2 或 +3	6

4. 配离子的电荷数

配离子的电荷数等于中心离子与所有配体的电荷数的代数和。此外，由于配合物是电中性的（电荷为0），所以配离子的电荷数是外界离子电荷总数的相反数。如计算配合物 $Na_3[Fe(CN)_6]$ 中配离子电荷数时，可为：$+3+(-1)\times6=-3$。

也可根据外界离子电荷总数为 +3，推算出配离子的电荷数为 -3。再如，计算 $[Cu(NH_3)_4]SO_4$ 中配离子的电荷数时，因外界离子为 -2，所以配离子为 +2。再根据配离子的电荷数和配体的电荷数可推算出中心离子的电荷数。如在 $Na_3[Fe(CN)_6]$ 和 $Na_4[Fe(CN)_6]$ 中，中心离子铁的电荷数分别为 +3 和 +2。这是在命名中要特别注意的。

应该指出的是，一些组成复杂的化合物，例如明矾 $KAl(SO_4)_2\cdot12H_2O$ 是由硫酸钾和硫酸铝作用生成的，将其溶解于水中，便完全解离成 K^+、Al^{3+}、SO_4^{2-} 离子，而无复杂的配位单元存在，就像 K_2SO_4 和 $Al_2(SO_4)_3$ 的混合水溶液。这类化合物称为复盐，不是配合物。但配合物与复盐之间并没有严格的界线，例如复盐 $LiCl\cdot CuCl_2\cdot3H_2O$ 晶体中就存在着 $[CuCl_3]^-$ 配离子，尽管其晶体溶于水后立即解离为简单离子，但也应属于配合物的范畴。

二、配合物的化学式及命名

1. 配合物化学式的书写

书写配合物的化学式应遵循两条原则。

（1）含配位离子的配合物，其化学式中阳离子写在前，阴离子写在后。

（2）配位离子化学式的书写，先写出中心离子的元素符号，再依次列出阴离子和中性配体；无机配体列在前面，有机配体列在后面，将整个配位离子的化学式括在方括号内。在括号内同类配体的次序，以配位原子元素符号的英文字母次序为准。例如 NH_3、H_2O 两种中性分子配体的配位原子分别为 N 原子和 O 原子，因而 NH_3 写在 H_2O 之前。

2. 配合物的命名

（1）配离子的命名方法　配体数目 - 配体名称 - “合” - 中心离子（氧化数）。

配体的数目用数字一、二、三……写在该种配体名称的前面。配离子中含有多种配体时，不同配体的命名顺序与化学式书写顺序相同。即先离子，后分子；先无机，后有机；在无机或有机配体中，不同配体间用圆点隔开，在最后一个配体名称之后缀以“合”字。中心离子的氧化数用罗马数字标明，氧化数无变化的中心离子可省略。如：

$[Ag(NH_3)_2]^+$　　二氨合银配离子

$[Co(NH_3)_3(H_2O)Cl_2]^-$　　二氯·三氨·水合钴（Ⅲ）配离子

（2）配体的命名　某些分子或基团，作配体后读法上有所改变，如：CO 称为羰基、

OH^-称为羟基等。

对于两可配体，由于配位原子不同，而有不同的名称。SCN^-以硫原子配位时称为硫氰根（SCN^-），以氮原子配位时称为异硫氰根（NCS^-）；NO_2^-以氮原子配位时称为硝基（NO_2^-），以氧原子配位时称为亚硝酸根（ONO^-）。

某些复杂的配体命名时要用括号括起来，如：（硫代硫酸根）、（乙二胺）等。

（3）配合物的命名　配合物的命名方法基本上遵循一般无机物的命名原则，配阳离子化合物，称为某化某或某酸某；配阴离子化合物，则在配阴离子与外界阳离子之间用“酸”字连接，若外界为氢离子，则在配阴离子之后缀以“酸”字。下面列举一些配合物命名的实例。

配阳离子配合物：称“某化某”或“某酸某”：

$[Cu(NH_3)_4]SO_4$	硫酸四氨合铜（Ⅱ）
$[Co(NH_3)_6]Br_3$	三溴化六氨合钴（Ⅲ）
$[CoCl_2(NH_3)_3(H_2O)]Cl$	氯化二氯·三氨·一水合钴（Ⅲ）
$[PtCl(NO_2)(NH_3)_4]CO_3$	碳酸一氯·一硝基·四氨合铂（Ⅳ）

配阴离子配合物：称“某酸某”或“某某酸”：

$K_4[Fe(CN)_6]$	六氰合铁（Ⅱ）酸钾
$K_3[Fe(CN)_6]$	六氰合铁（Ⅲ）酸钾
$NH_4[Cr(SCN)_4(NH_3)_2]$	四（硫氰酸根）·二氨合铬（Ⅲ）酸铵
$Na_2[Zn(OH)_4]$	四羟基合锌酸钠
$H[AuCl_4]$	四氯合金（Ⅲ）酸

中性配合物：

$[PtCl_2(NH_3)_2]$	二氯·二氨合铂（Ⅱ）
$[Ni(CO)_4]$	四羰基合镍

对于一些常见的配合物，还通常用习惯名称。如$[Ag(NH_3)_2]^-$称银氨配离子，$K_3[Fe(CN)_6]$称铁氰化钾（赤血盐），$K_4[Fe(CN)_6]$称为亚铁氰化钾（黄血盐）等。

三、配合物的类型

1. 简单配合物

简单配合物是一类由NH_3、H_2O、X^-等单齿配体与中心离子直接配位形成的配合物。例如$[Ag(NH_3)_2]Cl$、$K_2[PtCl_4]$等，这类配合物分子中没有环状结构。根据配体种类的多少，又可分为单纯配体配合物，例如$[Cu(NH_3)_4]SO_4$、$K_2[HgI_4]$；混合配体配合物，例如$[Pt_2(OH)_2(NH_3)_2]$、$[Co(NH_3)_3(H_2O)Cl_2]Cl$。

另外许多水合物实际上也是以水为配体的简单配合物，例如$CuSO_4 \cdot 5H_2O$，即$[Cu(H_2O)_4]SO_4 \cdot H_2O$；$FeSO_4 \cdot 7H_2O$，即$[Fe(H_2O)_6]SO_4 \cdot H_2O$；$CrCl_3 \cdot 6H_2O$即，$[Cr(H_2O)_6]Cl_3$。

2. 螯合物

一个多齿配体通过两个或两个以上的配位原子与一个中心原子形成具有环状结构的配合物，称为螯合物（chelaye compound）。形成螯合物的多齿配体称为螯合剂（chelating agent）。

例如，乙二胺是一种有机配体，当乙二胺和锌离子配合时形成一个由 5 个原子组成的环状结构，称五元环。锌离子配位数为 4，可与 2 个乙二胺分子配合形成具有 2 个五元环的稳定的配离子。这种结构就如螃蟹的两个螯钳，紧紧地把金属钳在中间。其结构式为：

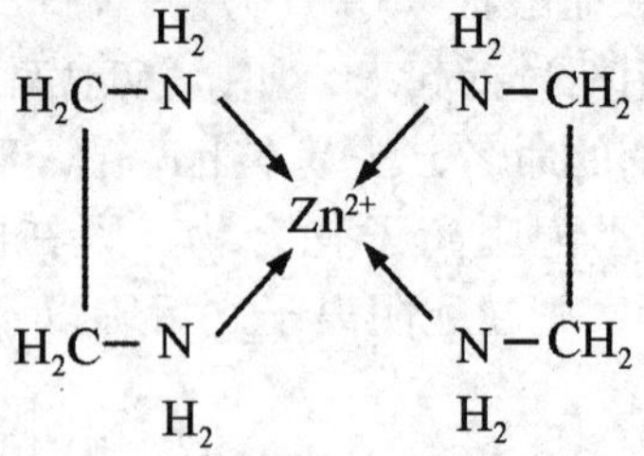

对于螯合物来说，形成五元环或六元环时，环的张力小，化合物的稳定性也较高，而要形成稳定的五元环或六元环螯合物，要求多齿配体的两个配位原子之间相隔 2 ~ 3 个其他原子。

应用最广泛的螯合剂是乙二胺四乙酸，简称 EDTA。其分子结构式为：

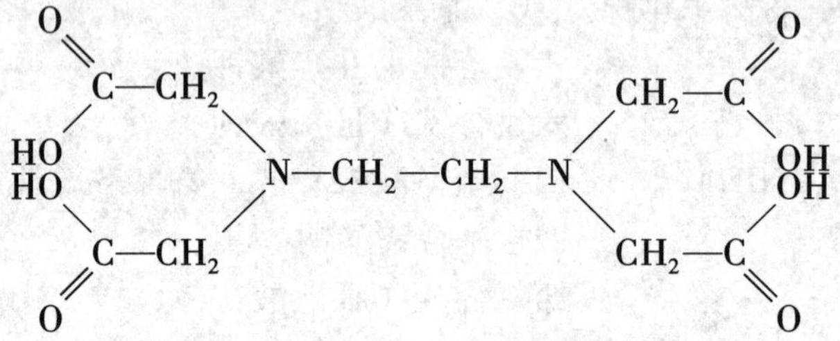

EDTA 为一个四元酸，可表示为 H_4Y。因在水中溶解度不大，常用其二钠盐 Na_2H_2Y。在它的分子中有六个配位原子，两个氮原子和四个氧原子，是一个六齿配体，具有极强的配位能力，可和绝大多数金属离子形成螯合物。它可与中心离子形成 5 个五元环，所形成的螯合物具有特殊的稳定性。因此，EDTA 不但可与过渡金属元素形成螯合物，还可与主族元素钠、钾、钙、镁等形成螯合物。EDTA 与 Cu^{2+} 形成的配合物的结构为：

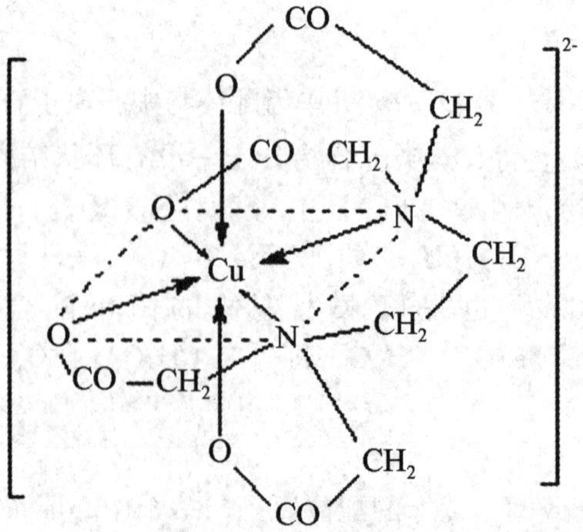

EDTA 被广泛用于分析化学中，在容量分析配位滴定法中常用 EDTA 作标准溶液，也常用于比色测定、沉淀分离。在医学上可用 $Na_2[Ca(EDTA)]$，采用螯合疗法治疗重金属和放射性元素中毒。

金属螯合物与具有相同配位原子的简单配合物相比，具有特殊的稳定性，这种特殊的稳定性是由于形成环状结构而产生的，称之为螯合效应。

3. 多核配合物

多核配合物是指一个配合物中有两个或两个以上的中心离子的配合物。在多核配合物中在两个金属离子之间是通过配体“桥联”的，即配体中的一个配位原子同时与两个中心离子结合形成多核配合物，这种配体称为桥联配体，简称桥基。作为桥联配体的是配位原子或基团中孤电子对数在 1 个以上、能同时与 2 个或 2 个以上的金属离子配位的基团。OH^-、Cl^-、H_2O 等就可作为桥联配体。如：

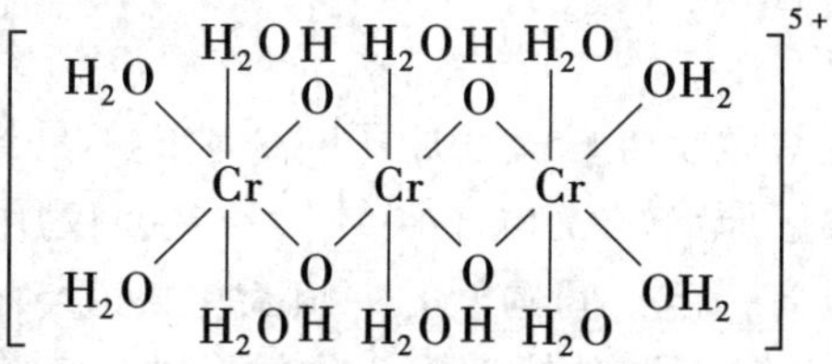

4. 羰基配合物

以一氧化碳为配体的配合物称为羰基配合物（简称羰合物）。一氧化碳几乎可以和全部过渡金属形成稳定的配合物，如 $Fe(CO)_5$，$Ni(CO)_4$，$Co_2(CO)_8$等。羰基配合物无论在结构、性质上都是比较特殊的一类配合物。

5. 大环配合物

大环配合物是环骨架上带有 O、N、S 等多个配位原子的多齿配体形成的环状配合物。

第二节　配合物的价键理论

配合离子与外界离子之间的结合主要是离子键；配体的结合主要都是共价键。我们将要讨论的配合物中的化学键主要是指中心离子与配体之间结合的化学键。配位化合物的化学键理论，目前主要有价键理论、晶体场理论和分子轨道理论（配位场理论）。配合物的化学键理论解释了配合物的结构和稳定性，以及配合物的磁性、光谱等性质。本节只对价键理论做简单的介绍。

一、价键理论的基本要点

配合物的价键理论是美国化学家鲍林，于 1928 年在杂化轨道理论的基础上发展而成的。他将杂化轨道理论用于说明中心离子与配体之间的化学键，并圆满地解释了配合物的空间结构和磁性。

配合物的价键理论要点如下。

（1）中心离子与配体之间以配位键结合。即配体的配位原子提供的孤对电子，中心离子提供空的成键轨道，形成配位键。

（2）为了增强成键能力，中心原子所提供的空轨道必须首先进行杂化，形成能量相同并具有一定方向性的一组杂化轨道，容纳配体提供的孤对电子形成配位键。

（3）中心离子的配位数、配合物的空间构型和稳定性由杂化的方式和杂化轨道的数目决定。

二、内轨型配合物和外轨型配合物

中心离子利用哪些空轨道杂化成键，这既与中心离子的价电子层结构有关，又与配位体的配位原子的电负性有关。特别是对（$n-1$）d 轨道尚未填满的过渡金属离子，是用次外层的（$n-1$）d 轨道与 ns、np 轨道杂化成键，还是用 ns、np、nd 轨道杂化成键，要考虑到配位原子的影响。根据中心离子提供参加杂化的轨道类型不同，价键理论将配合物分成内轨型配合物和外轨型配合物。

1. 外轨型配合物

当配位原子为卤素、氧等电负性较大的原子时，它们不易给出孤电子对，其电场对中心离子的影响较小，中心离子原有的价电子层结构不变，仅用外层的 ns、np、nd 空轨道进行杂化，生成能量相同具有一定空间构型的一组杂化轨道与配体结合。

下面以 $[Ag(NH_3)_2]^+$ 为例说明外轨型配合物的形成。实验证明 $[Ag(NH_3)_2]^+$ 中两个配位键是完全相同的。Ag^+ 的价电子轨道是：Ag^+ 与 NH_3 形成 $[Ag(NH_3)_2]^+$ 时，Ag^+ 必须提供两个空轨道，以接受 NH_3 分子中 N 原子提供的孤电子对。Ag^+ 是以 $5s$ 轨道和 1 个 $5p$ 轨道杂化形成两个等性的 sp 杂化轨道，分别接受 2 个 NH_3 提供的孤电子对。所以，$[Ag(NH_3)_2]^+$ 配离子的空间构型为直线型。

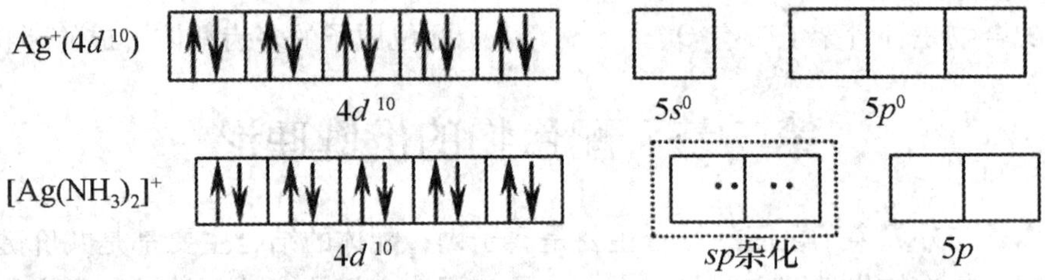

轨道图中虚线框内是中心离子 Ag^+ 提供的两个杂化轨道，其中的黑点表示 2 个 NH_3 分子中 N 原子上的孤对电子形成两个配位键。

一些 d 轨道未充满的过渡金属离子形成配合物时，d 轨道也参与杂化成键。例如：Fe^{3+} 离子的价电子层结构是 $3d^5 4s^0 4p^0 4d^0$，当 Fe^{3+} 离子与 H_2O 形成配离子时，Fe^{3+} 离子的原有的电子层结构保持不变，用 1 个 $4s$ 轨道、3 个 $4p$ 轨道和 2 个 $4d$ 轨道进行 sp^3d^2 杂化，形成具有八面体构型的 6 个杂化轨道，分别接纳 6 个 H_2O 分子中的 O 原子所提供的孤对电子，形成 6 个配位键。构成了具有八面体空间构型的 $[Fe(H_2O)_6]^{3+}$ 配离子。

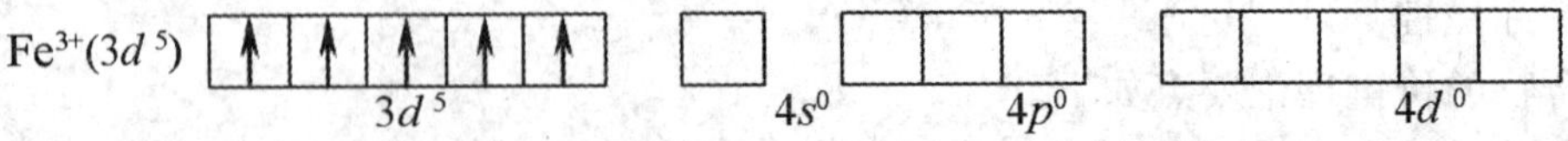

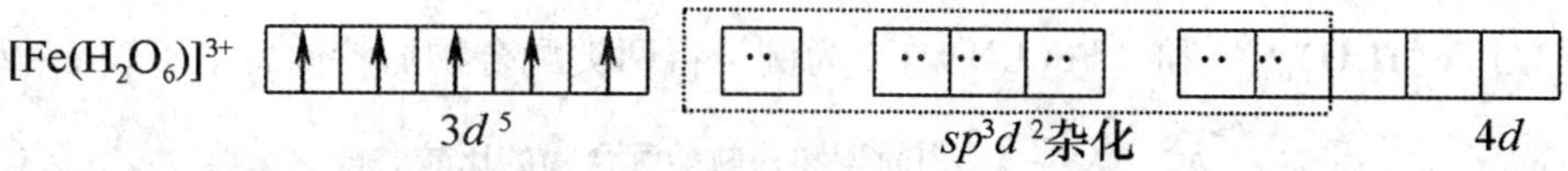

在上述配合物中，中心离子均提供最外层的 *ns*、*np*、*nd* 轨道杂化成键，故称为外轨型配合物（outer orbital coordination compound）。形成外轨型配合物时，中心离子的内层电子排布没有发生变化，未成对的 *d* 电子尽可能分占轨道而自旋平行，所以外轨型配合物也称作高自旋型配合物。它们常常具有未成对电子数越多，顺磁性，磁矩越大的特点。由于中心离子以能量较高的最外层轨道杂化成键，故外轨型配合物的稳定性较小。

2. 内轨型配合物

当配位原子为碳、氮等电负性较小的原子时，在形成配价键时较易给出孤对电子，对中心离子的影响较大，形成配合物时能使中心离子的价电子层结构发生电子重排，空出能量较低的次外层（$n-1$）d 轨道参与成键，由$(n-1)d$ 轨道和 *ns*、*np* 轨道参加杂化形成的配合物。

例如［$Fe(CN)_6$］$^{4-}$配离子的形成，当 Fe^{2+} 离子与 CN^- 形成配位键时，Fe^{2+} 离子的原有的电子层结构发生变化，$3d$ 轨道中的六个价电子进行重排而空出 2 个 $3d$ 轨道，用 1 个 $4s$ 轨道、3 个 $4p$ 轨道和 2 个 $3d$ 轨道进行 d^2sp^3 杂化，形成 6 个杂化轨道分别接纳 6 个 CN^- 中的配位原子 C 所提供的孤对电子，形成 6 个配位键，配离子的空间构型也是八面体型。

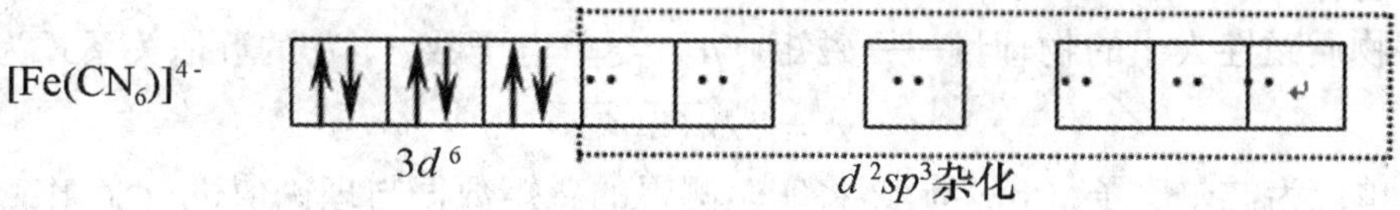

内轨型配合物还包括 dsp^2 杂化的平面四方型构型的配合物和 dsp^3 杂化的三角双锥构型的配合物。如［$Ni(CN)_4$］$^{2-}$配离子的形成，当 Ni^{2+} 离子与 CN^- 形成配位键时，Ni^{2+} 离子的 $3d$ 轨道在 CN^- 的影响下，原有的电子层结构发生变化，$3d$ 轨道中的 8 个价电子进行重排，而空出 1 个 $3d$ 轨道。此空轨道与 1 个 $4s$ 轨道、2 个 $4p$ 轨道进行 dsp^2 杂化，形成 4 个杂化轨道分别接纳 4 个 CN^- 中的配位原子 C 所提供的孤对电子，形成 4 个配位键，配离子的空间构型为平面正方型。

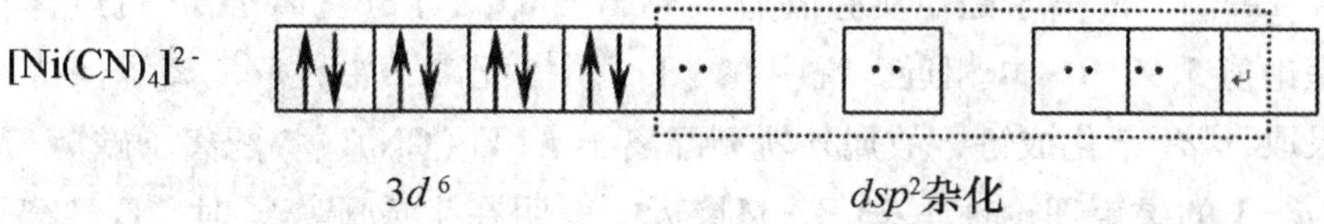

像［$Fe(CN)_6$］$^{4-}$、［$Ni(CN)_4$］$^{2-}$这类配离子，中心离子是以$(n-1)d$，*ns*，*np* 轨道杂化成键的，由于内层轨道参与了杂化成键，故称为内轨型配合物（inner orbital coordination compound）。形成内轨型配合物时，中心离子内层轨道 d 电子发生重排，使配合物中自旋平行的未成对电子数减少，磁矩变小，甚至变为逆磁性物质。所以内轨型配合物也称作低自旋配合物。中心离子是以能量较低的内层轨道参与杂化成键，所以内轨型配合物的稳定性比外轨型大。

现以 $[Fe(H_2O)_6]^{3+}$ 和 $[Fe(CN)_6]^{3-}$ 为例，将两类配合物的特性总结于表 9-2 中。

表 9-2　内轨型和外轨型配合物的比较

配离子	$[Fe(H_2O)_6]^{3+}$	$[Fe(CN)_6]^{3-}$
类型	外轨型配合物	内轨型配合物
自旋状态	高自旋态	低自旋态
杂化轨道	sp^3d^2	d^2sp^3
空间构型	正八面体	正八面体
单电子数目	$n=5$	$n=0$
稳定性	较差	稳定

三、配合物类型的判断

根据磁学原理，物质的磁性主要取决于分子中存在的单电子。若分子中的电子都已成对，则电子的自旋磁场彼此抵消，物质在外加磁场的诱导下将产生反（逆）磁性；若分子内含有单电子，电子的自旋磁场使物质在外加磁场的作用下产生顺磁性。分子中所含单电子数目越多，其顺磁性越强。因此，可通过实验测定配合物的磁矩，利用磁矩的数值推测单电子数，进而推断中心离子的电子排布，来判断配合物属于内轨型配合物，还是属于外轨型配合物。

反映物质磁性大小的物理量——磁矩（μ）与单电子数（n）的近似关系式为：

$$\mu = \sqrt{n(n+2)}$$

μ 的单位为波尔磁子（B·M），将实验测得的磁矩数据与理论值进行对比，可以估算出中心离子中所含单电子的数目（n），与自由金属离子中未成对电子数相比，就可以确定配合物的自旋状态。由此即可判断中心离子的杂化方式和配合物的空间构型。

中心离子的未成对电子数与配离子磁矩的理论值如下：

未成对电子数	0	1	2	3	4	5
磁矩（μ），B·M	0	1.73	2.83	3.87	4.90	5.92

例如：$[FeF_6]^{3-}$ 配离子磁矩实验值为 5.88 B·M，与 Fe^{3+} 离子 $3d$ 轨道含有 5 个单电子的磁矩理论值 5.92 B·M 相近。说明在 $[FeF_6]^{3-}$ 配离子中，Fe^{3+} 离子保持着原有的电子构型，采取 sp^3d^2 杂化成键，故属外轨型配离子。$[Fe(CN)_6]^{3-}$ 配离子磁矩实验值为 2.3 B·M，与 $n=1$ 的磁矩理论值 1.73 B·M接近。表明在生成配离子时，Fe^{3+} 离子 $(n-1)d$ 轨道上的 5 个单电子发生重排，空出 2 个 d 轨道，采取 d^2sp^3 杂化成键，故为内轨型配离子。

四、配合物的立体构型

在配离子中，中心离子居于配离子的中心，配体在其周围，它们相对于中心离子的位置是按照一定空间位置分布的，这种分布称为配合物的立体构型。这是因为能量相近的 *s*、*p*、*d* 轨道杂化后形成杂化轨道具有方向性，它直接关系到配合物的立体构型。而中心离子所采用的杂化方式主要由中心离子的结构特性决定，此外与配位数有关，中心离子要提供与配位数相等的杂化轨道形成配位键。由于不同的杂化方式使杂化轨道的空间构型不同，在形成配位键时要求配体必须从特定的空间位置接近中心离子，以保证原子轨道的最大重叠，形成稳定的共价键，所以可以根据中心离子的杂化方式判断配合物的空间构型。表 9－3 中列出了配合物杂化轨道类型与空间构型的关系。

表 9－3　配合物杂化轨道类型与空间构型的关系

配位数	杂化轨道类型	空间构型	实例
2	*sp*	直线形	$[Ag(NH_3)_2]^+$，$[Cu(CN)_2]^-$
3	sp^2	平面三角形	$[CuCl_3]^{2-}$，$[HgI_3]^-$
4	sp^3	正四面体形	$[Zn(CN)_4]^{2-}$，$[FeCl_4]^-$，$[BF_4]^-$，$[Ni(CO)_4]$，$[ZnCl_4]^{2-}$
	dsp^2	平面四方形	$[Pt(NH_3)_2Cl_2]$，$[Cu(NH_3)_4]^{2+}$，$[Ni(CN)_4]^{2-}$，$[PtCl_4]^{2-}$
6	d^2sp^3 sp^3d^2	正八面体形	$[Fe(CN)_6]^{3-}$，$[FeF_6]^{3-}$，$[Co(NH_3)_6]^{2+}$， $[W(CO)_6]$，$[Ti(H_2O)_6]^{3+}$

五、配合物的几何异构

化合物的化学式相同而结构不同的现象称为同分异构现象，这些化合物互称为同分异构体。配合物也存在着多种异构现象，产生异构的原因大多是由于立体结构不同或内界组成和配位体的连接方式不同。其中最常见的是，由于配体在中心离子周围排列方式不同而产生的异构现象，称为立体异构现象。如平面正方形的配合物 $[PtCl_2(NH_3)_2]$，可有顺式和反式两种异构体。

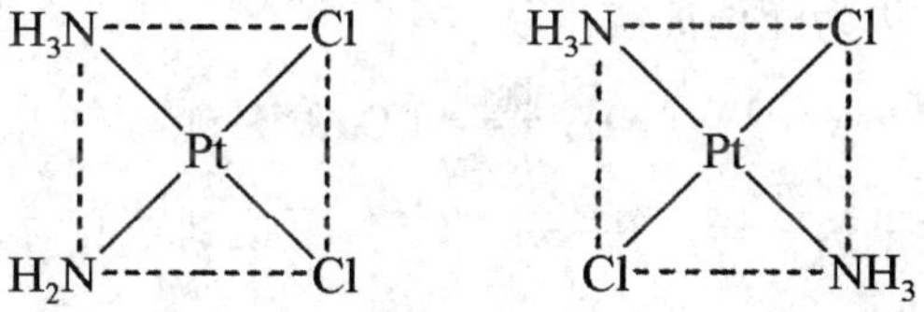

顺式为同种配位体处于相邻位置上，而反式则同种配体处于对角位置。顺式－$[PtCl_2(NH_3)_2]$ 为黄棕色，偶极矩值大于零，溶解度较小。反式－$[PtCl_2(NH_3)_2]$ 为淡黄色，偶极矩为零，溶解度比顺式结构更小。顺－反异构体虽然都是平面正方形结构，因配位体位置不同，导致它们的物理和化学性质的不同，甚至对人体内的生理、病理作用也有很大的差异。如顺式－$[PtCl_2(NH_3)_2]$ 具有抑制肿瘤的作用，医学上可作抗癌药物，而反式－$[PtCl_2(NH_3)_2]$ 则无此活性。。

六配位的正八面体配合物也存在着顺反异构。如：$[PtCl_2(NH_3)_4]^+$ 顺反异构体的结构如下：配位数为 2（直线型），3（平面三角形），4（正四面体）的配合物，没有几何异构。

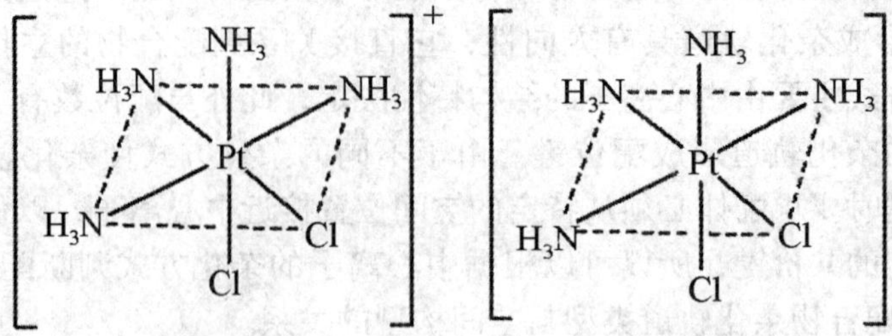

顺式(紫色)　　　　反式(绿色)

价键理论简单明了，能成功地说明配合物化学键的形成、中心离子的配位数、配合物的空间构型、稳定性和磁性问题。但价键理论只是定性的理论，不能解释成键电子的能量问题，对配合物的颜色特征、稳定性及光谱性质不能给出圆满的解释。其根本原因是它孤立地考虑中心离子与配体的成键，忽略了配体所形成的电场对中心离子价层 d 轨道能量的影响。而以后发展起来的晶体场理论和配位场理论使这些问题得到比较满意的解释。

第三节　配位平衡

一、稳定常数和不稳定常数

将氨水加到 $CuSO_4$ 溶液中生成深蓝色的 $[Cu(NH_3)_4]^{2+}$，这类反应称为配位反应。在此溶液中加入氢氧化钠溶液，无氢氧化铜沉淀生成。若在 $[Cu(NH_3)_4]^{2+}$ 溶液中再加入 Na_2S 溶液，便有黑色的 CuS 沉淀生成，证明 $[Cu(NH_3)_4]^{2+}$ 溶液中还有 Cu^{2+} 存在，只是其浓度极小，不足已达到 $Cu(OH)_2$ 的 K_{sp} 形成氢氧化铜沉淀。而 CuS 的 $K_{sp} = 1.27 \times 10^{-36}$，$Cu^{2+}$ 在极低的浓度下即可以产生 CuS 沉淀。由此可知，配离子的稳定性是相对的，Cu^{2+} 和 NH_3 配位反应的同时还存在着 $[Cu(NH_3)_4]^{2+}$ 的离解反应。配位反应和离解反应的速度相等时，达到了平衡状态，称为配位离解平衡。

$$Cu^{2+} + 4NH_3 \underset{\text{离解}}{\overset{\text{配位}}{\rightleftharpoons}} [Cu(NH_3)_4]^{2+}$$

配位平衡与其他化学平衡一样，在一定的条件下达到平衡时，反应物与生成物间存在着如下的平衡关系：

$$K_{稳} = \frac{[Cu(NH_3)_4^{2+}]}{[Cu^{2+}][NH_3]^4} \tag{9-1}$$

该平衡常数为配离子的配位平衡常数。其数值越大，说明生成配离子的倾向越大，而离解的倾向越小，配离子越稳定，所以常把它称为配离子的稳定常数，一般用 $K_{稳}$ 表示。不同配离子的 $K_{稳}$ 值不同。

同类型的配离子，即配位体数目相同的配离子，不存在其他副反应时，可直接根据 $K_{稳}$ 值比较配离子稳定性的大小。如 $[Ag(CN)_2]^-$（$K_{稳} = 1.3 \times 10^{21}$）比 $[Ag(NH_3)_2]^+$（$K_{稳} = 1.12 \times 10^7$）稳定得多。对不同类型的配离子不能简单的利用 $K_{稳}$ 值来比较它们的稳定性，要通过计算同浓度时溶液中中心离子的浓度来比较。例如，$[Cu(en)_2]^{2+}$（$K_{稳}$

$= 1.0\times10^{20}$）和 $[CuY]^{2-}$（$K_{稳} = 6.33\times10^{18}$），似乎前者比后者稳定，而事实恰好相反。

配离子的稳定性也可用解离常数（不稳定常数）表示，用 $K_{不稳}$ 表示。

$$[Cu(NH_3)_4]^{2+} \rightleftharpoons Cu^{2+} + 4NH_3$$

$$K_{不稳} = \frac{[Cu^{2+}][NH_3]^4}{[Cu(NH_3)_4^{2+}]} \tag{9-2}$$

显然，$K_{稳}$ 的倒数即为不稳定常数 $K_{不稳}$，$K_{不稳} = 1/K_{稳}$。$K_{不稳}$ 数值越大，说明配离子解离的倾向越大，配离子越不稳定。

二、配位离解平衡的应用

利用配离子的稳定常数，不但可以计算出配合物溶液中有关离子的浓度，还可以判断配离子与沉淀之间、配离子之间转化的可能性。配位平衡与其他化学平衡一样，是建立在一定条件下的动态平衡。根据化学平衡原理，系统中任何一组分浓度的改变，都会使配位平衡发生移动，在新的条件下建立新的平衡。通过配位平衡与其他化学平衡的关系，选择一种化学试剂，使之和配离子中的某一组分发生反应，从而破坏配离子。

1. 计算配合物溶液中有关离子的浓度

例 9-1：分别计算 0.1mol/L 的 $[Ag(NH_3)_2]^+$ 溶液和含有 0.1mol/L 氨水的 0.1mol/L $[Ag(NH_3)_2]^+$ 溶液中的 Ag^+ 的浓度。

解：设 0.1 mol/L 的 $[Ag(NH_3)_2]^+$ 溶液中的 Ag^+ 的浓度为 x mol/L，由配位平衡：

$$Ag^+ + 2NH_3 \rightleftharpoons [Ag(NH_3)_2]^+$$

	Ag^+	$2NH_3$	$[Ag(NH_3)_2]^+$
起始浓度（mol/L）	0	0	0.1
平衡浓度（mol/L）	x	2x	0.1 − x

由于 $[Ag^+]$ 很小，所以（0.1 − x）mol/L ≈ 0.1 mol/L，将平衡浓度代入稳定常数表达式。

$$K_{稳} = \frac{[Ag(NH_3)_2^+]}{[Ag][NH_3]^2} = \frac{0.1}{x\cdot x^2} = 1.12\times10^7$$ 解方程得：$x = 1.31\times10^{-3}$（mol/L）

设在含有 0.1 mol/L 氨水的 0.1 mol/L $[Ag(NH_3)_2]^+$ 溶液中的 Ag^+ 的浓度为 y mol/L。

$$Ag^+ + 2NH_3 \rightleftharpoons [Ag(NH_3)_2]^+$$

	Ag^+	$2NH_3$	$[Ag(NH_3)_2]^+$
起始浓度（mol/L）	0	0.1	0.1
平衡浓度（mol/L）	y	0.1 + 2y	0.1 − y

溶液中 $[Ag^+]$ 很小，所以：（0.1 mol/L + 2y mol/L）≈ 0.1 mol/L

（0.1 mol/L − y mol/L）≈ 0.1 mol/L

将平衡浓度代入稳定常数表达式：

$$K_{稳} = \frac{[Ag(NH_3)_2^+]}{[Ag][NH_3]^2} = \frac{0.1}{y\times0.1^2} = 1.12\times10^7$$

解方程得：$y = 8.93\times10^{-7}$（mol/L）

由以上计算可知，在配合物溶液中，过量的配位剂使溶液中的配合物更加稳定。

2. 配位平衡与酸碱平衡

按照现代酸碱理论，配体都是电子的给予体，为路易斯碱。当溶液中 H^+ 离子浓度增加时，H^+ 便和配体结合成弱电解质分子或离子。由于溶液中配体浓度的降低 使配位平衡发生移动，导致配离子离解。这种因配体与 H^+ 离子结合而导致配离子离解的作用称为酸效应。此时溶液中配位平衡与酸碱平衡同时存在，是配位平衡与酸碱平衡之间的竞争反应。溶液的 pH 越小，越容易使配离子离解，酸效应越明显。例如：

$$[FeF_6]^{3-} \rightleftharpoons Fe^{3+} + 6\ F^-$$

$$6\ HF \rightleftharpoons 6F^- + 6\ H^+$$

根据多重平衡规则，两式相减的出总反应为：$[FeF_6]^{3-} + 6H^+ \rightleftharpoons Fe^{3+} + 6HF$

$$K = K_{不稳}/K^6\ (HF) = \frac{[Fe^{3+}]\cdot[F]^6}{[FeF^{3-}]}\cdot\frac{[HF]^6}{[H^+]^6\cdot[F]^6} = \frac{[Fe^{3+}]\cdot[HF]^6}{[FeF^{3-}]\cdot[H^+]^6}$$

另一方面，某些金属离子容易水解，当溶液的酸度降低到一定程度，溶液中 OH^- 浓度达到一定数值时，金属离子便发生水解，生成氢氧化物沉淀，也使配位平衡向离解方向移动。这种由于金属离子形成氢氧化物沉淀而使配离子稳定性下降，甚至被破坏的作用，称为金属离子的水解效应。所以要使配离子在溶液中稳定存在，溶液的酸度必须控制在一定范围内。

例 9-2：在 1.0mol/L 的 $[Ag(NH_3)_2]^+$ 溶液中，加入 HNO_3（设无体积变化），使配离子解离 99% 时，溶液的 pH 为多少？$K_{稳}([Ag(NH_3)_2]^+) = 1.12\times10^7$，$K_b(NH_3) = 1.8\times10^{-5}$。

解：
$$[Ag(NH_3)_2]^+ \rightleftharpoons Ag^+ + 2NH_3$$
$$2NH_3 + 2H^+ \rightleftharpoons 2NH_4^+$$

两式相减得出加入 HNO_3 的总反应为：

$$[Ag\ (NH_3)_2]^+ + 2H^+ \rightleftharpoons Ag^+ + 2NH_4^+$$

平衡浓度（mol/L）： 0.01 x 0.99 2×0.99

$$K = \frac{[Ag^+]\cdot[NH_4^+]^2}{[Ag(NH_3)_2^+]\cdot[H^+]^2} = \frac{[Ag^+]\cdot[NH_4^+]^2\cdot[NH_3]^2}{[Ag(NH_3)_2^+]\cdot[H^+]^2\cdot[NH_3]^2}$$

$$= \frac{[Ag^+]\ [NH_3]^2}{[Ag(NH_3)_2^+]}\cdot\frac{[NH_4^+]^2}{[H^+]^2\cdot[NH_3]^2}$$

$$K = K_{不稳}\ ([Ag\ (NH_3)_2]^+) \div K^2\ (NH_4^+) = K_{不稳}\ ([Ag(NH_3)_2]^+) \div \left[\frac{K_w}{K\ (NH_3)}\right]^2$$

$$= \frac{K^2\ (NH_3)}{K_{稳}(\ [Ag(NH_3)_2]^+)\cdot K_w^2} = 2.9\times10^{11}$$

$$K = \frac{[Ag^+]\cdot[NH_4^+]^2}{[Ag(NH_3)_2^+]\cdot[H^+]^2} = \frac{0.99\times(2\times0.99)^2}{0.01x} = 2.9\times10^{11}$$

解方程得：$x = 3.7\times10^{-5}$ $[H^+] = 3.7\times10^{-5}mol/L$ pH = 4.43

3. 配位平衡与沉淀溶解平衡

配位剂与沉淀剂都可以和金属离子结合，生成配合物或沉淀物，两种平衡的关系实质是配体与沉淀剂与金属离子的竞争反应。一些难溶盐的沉淀可因形成可溶性的配离子而溶解，同时有些配离子却因加入沉淀剂生成沉淀而被破坏。这是沉淀平衡与配位平衡相互影响的结果，主要取决于 K_{sp}和 $K_{稳}$ 的相对大小。利用配离子的稳定常数和沉淀的溶度积常数，可具体分析和判断反应进行的方向。

例如：在 AgCl 沉淀中加入 NH_3 时，NH_3 会与 Ag^+结合生成$[Ag(NH_3)_2]^+$配离子，从而使 Ag^+ 浓度降低，促使沉淀溶解。

$$AgCl + 2NH_3 \rightleftharpoons [Ag(NH_3)_2]^+ + Cl^-$$

此反应受配位平衡和沉淀溶解平衡的影响，其平衡常数为：

$$K = \frac{[Ag(NH_3)_2^+]\cdot[Cl^-]}{[NH_3]^2} = \frac{[Ag(NH_3)_2^+]\cdot[Cl^-]\cdot[Ag^+]}{[NH_3]^2\cdot[Ag^+]}$$

$$= \frac{[Ag(NH_3)_2^+]\cdot K_{sp}}{[NH_3]^2\cdot[Ag^+]} = K_{稳}\cdot K_{sp}$$

由以上平衡关系式可以看出，生成的沉淀的 K_{sp}越大，配合物稳定性越大，K 值越大，沉淀越易形成配合物而溶解。

而当向 $[Ag(NH_3)_2]^+$溶液中加入 KBr 溶液时，Br^-与 Ag^+结合生成乳黄色的 AgBr 沉淀。

$$[Ag(NH_3)_2]^+ + Br^- \rightleftharpoons AgBr + 2NH_3$$

此反应同样受配位平衡和沉淀溶解平衡的影响，其平衡常数为：

$$K = \frac{[NH_3]^2}{[Ag(NH_3)_2^+]\cdot[Br^-]} = \frac{[NH_3]^2}{[Ag(NH_3)_2^+]\cdot[Br^-]}\cdot\frac{[Ag^+]}{[Ag^+]}$$

$$= \frac{[NH_3]^2\cdot[Ag^+]}{[Ag(NH_3)_2^+]}\cdot\frac{1}{[Ag^+]\cdot[Br^-]}$$

$$= \frac{1}{K_{稳}K_{sp}}$$

由以上平衡关系式可以看出，生成的沉淀的 K_{sp}和配合物稳定性越小，K 值越大，配离子越容易被沉淀剂沉淀。

例 9－3：欲使 0.1mol 的 AgCl 完全溶解，在 1L 的氨水中，氨水的浓度最低为多少？若溶液为 0.1mol 的 AgI，氨水的浓度至少是多少？

解：查表得 K_{sp}（AgCl）$= 1.8\times10^{-10}$，$K_{稳}$（$[Ag(NH_3)_2]^+$）$=1.12\times10^7$

设平衡时 NH_3 的浓度为 x mol/L，而平衡时，$[Ag(NH_3)_2^+] = [Ag^+] = 0.1$ mol/L

$$AgCl(s) + 2NH_3 \rightleftharpoons [Ag(NH_3)_2]^+ + Cl^-$$

平衡浓度（mol/L）　　x　　0.1　　0.1

$K = K_{稳}$（$[Ag(NH_3)_2]^+$）$\times K_{sp}$（AgCl）

即：$$\frac{0.1\times0.1}{[NH_3]^2} = 1.12\times10^7\times1.8\times10^{-10}$$

$$\therefore\ [NH_3] = \sqrt{\frac{0.1\times0.1}{1.12\times10^7\times1.8\times10^{-10}}} = 1.9\ (mol/L)$$

氨水的起始浓度为 $1.9+2\times0.1 = 2.1$（mol/L）

所以，至少需用 1L 2.1 mol/L 的氨水。

若使 0.1 mol 的 AgI 溶解于氨水中，K_{sp}（AgI）$= 8.52\times10^{-13}$

$K = K_{稳}([Ag(NH_3)_2]^+) \times K_{sp}(AgI)$

$\frac{0.1 \times 0.1}{[NH_3]^2} = 1.12 \times 10^7 \times 8.52 \times 10^{-13}$

$[NH_3] = \sqrt{\frac{0.1 \times 0.1}{1.12 \times 10^7 \times 8.52 \times 10^{-13}}} = 3.24 \times 10^3$（mol/L）

溶解 0.1 mol 的 AgI 所需氨水的浓度如此之大是不可能达到的，所以 AgI 不溶于氨水中。

3. 配位平衡与氧化还原平衡

在配合物溶液中，加入氧化剂或是还原剂发生氧化还原反应，将产生两种情况：一是氧化还原反应对配位平衡产生影响。由于溶液中金属离子发生氧化还原反应，降低了金属离子浓度，使配离子解离，破坏了配合物。例如：在含血红色的 $[Fe(SCN)_6]^{3-}$ 配离子溶液中滴加 $SnCl_2$ 溶液，Sn^{2+} 可将溶液中微量的 Fe^{3+} 还原为 Fe^{2+}，使 Fe^{3+} 浓度减少，配位平衡向解离的方向移动，配离子被破坏，血红色消失。总反应为：

$$2[Fe(SCN)^6]^{3-} + Sn^{2+} \rightleftharpoons 2Fe^{2+} + 12SCN^- + Sn^{4+}$$

另一种情况是配位平衡对氧化还原平衡产生影响。由于金属离子形成配合物，改变了其氧化或还原的能力，使氧化还原平衡发生移动，可以阻止某些氧化还原反应的发生，或者使通常不能发生的氧化还原反应得以进行。例如，Fe^{3+} 离子可以氧化 I^- 离子，若在该溶液中加入 F^- 离子，由于生成较稳定的 $[FeF_6]^{3-}$ 配离子，Fe^{3+} 离子浓度大大降低，使电对 Fe^{3+}/Fe^{2+} 的电极电势大大降低，从而降低了 Fe^{3+} 的氧化能力，增强了 Fe^{2+} 的还原能力，使氧化还原平衡向 I_2 氧化 Fe^{2+} 的方向移动。

总反应为：$2Fe^{2+} + I_2 + 12F^- \rightleftharpoons 2[FeF_6]^{3-} + 2I^-$

例 9-4：试计算 $[Ag(S_2O_3)_2]^{3-} + e^- \rightleftharpoons Ag^+ + 2S_2O_3{}^{2-}$ 体系的 $\varphi^{\ominus}$ 值（298K）。

已知 $K_{稳}([Ag(S_2O_3)_2]^{3-}) = 2.88 \times 10^{13} = 0.80V$

解：由于 Ag^+ 在体系中绝大多数以 $[Ag(S_2O_3)_2]^{3-}$ 的形式存在，Ag^+ 的浓度很小，使得电对 Ag^+/Ag 的标准电极电势发生改变。所以应首先计算溶液中的 Ag^+ 离子浓度：

$$[Ag(S_2O_3)_2]^{3-} \rightleftharpoons Ag^+ + 2S_2O_3^{2-}$$

$$K = \frac{[Ag(S_2O_3)_2^{3-}]}{[Ag^+][S_2O_3^{2-}]^2} = K_{稳}$$

由于体系处于标准状态下，故配离子和配体的浓度均为 1mol/L

则

$$\frac{1.0}{[Ag^+] \cdot [1.0]^2} = K_{稳} = 2.88 \times 10^{13}$$

$$Ag^+ = 3.4 \times 10^{-14} mol/L$$

由 Nernst 方程，有 $\varphi_{Ag^+/Ag} = \varphi^{\ominus}{}_{Ag^+/Ag} + 0.0591 lg[Ag^+]$

$= 0.80 + 0.0591 \lg[3.4 \times 10^{-14}]$

$= 0.80 + (-0.79)$

$= 0.01V$

该值也就是体系 $[Ag(S_2O_3)_2]^{3-} + e^- \rightleftharpoons Ag^+ + 2S_2O_3^{2-}$ 的 $\varphi^{\ominus}$ 值。

$\therefore \quad \varphi^{\ominus}_{[Ag(S_2O_3)_2]^{3-}/Ag} = 0.01V$

4. 配位物之间的转化

若在一种配合物的溶液中，加入另一种能与中心离子生成更稳定的配合物的配体，则发生配合物之间的转化作用。例如在 $[Ag(NH_3)_2]^+$溶液中，加入 KCN，发生如下反应：

$$Ag^+ + 2NH_3 \rightleftharpoons [Ag(NH_3)_2]^+ \quad (K_{稳} = 1.12 \times 10^7)$$

$$Ag^+ + 2CN^- \rightleftharpoons [Ag(CN)_2]^- \quad (K_{稳} = 1.3 \times 10^{21})$$

根据多重平衡规则，两式相减得总反应：$[Ag(NH_3)_2]^+ + 2CN^- \rightleftharpoons [Ag(CN)_2]^- + 2NH_3$

$$K = \frac{[Ag(CN)_2^-] \cdot [NH_3]^2}{[Ag(NH_3)_2^+] \cdot [CN^-]^2} = \frac{[Ag(CN)_2^-] \cdot [NH_3]^2}{[Ag(NH_3)_2^+] \cdot [CN^-]^2} \cdot \frac{[Ag^+]}{[Ag^+]}$$

$$= \frac{[Ag(CN)_2^-]}{[Ag^+] \cdot [CN^-]^2} \cdot \frac{[Ag^+] \cdot [NH_3]^2}{[Ag(NH_3)_2^+]} = \frac{K_{稳,[Ag(CN)_2]^-}}{K_{稳,[Ag(NH)_3]^+}} = \frac{1.3 \times 10^{21}}{1.12 \times 10^7} = 1.16 \times 10^{14}$$

一种配离子转化为另一种配离子的可能性和程度，取决于两种配离子的稳定常数，一般情况下由稳定性差的转化成稳定性较大的配合物，$K_{稳}$ 相差越大，转化总反应的平衡常数 K 值也就越大，配合物转化的越完全。因此，在含有 $[Ag(NH_3)_2]^+$ 的溶液中，加入足量的 CN^- 时，$[Ag(NH_3)_2]^+$被破坏而生成 $[Ag(CN)_2]^-$。

三、螯合物的稳定性

金属螯合物与具有相同配位原子的非螯合型配合物相比，具有特殊的稳定性。例如：中心离子、配位原子和配位数都相同的两种配离子$[Cu(NH_3)_4]^{2+}$、$[Cu(en)_2]^{2+}$，其 $K_{稳}$ 分别为 2.09×10^{13} 和 1.0×10^{20}。这种特殊的稳定性是由于环状结构形成而产生的，我们将这种由于螯环的形成而使螯合物具有特殊的稳定性称为螯合效应。螯合物的稳定性与环的大小和多少有关，一般来说以五员环、六员环最稳定；一种配体与中心离子形成的螯合物其环数目越多越稳定。如 Ca^{2+} 与 EDTA 形成的螯合物中有 5 个五员环结构，因此很稳定。

因此，螯合剂必须具备以下两点：①螯合剂分子或离子中含有两个或两个以上配位原子，而且这些配位原子同时与一个中心离子配位；②螯合剂中每两个配位原子之间相隔二到三个其他原子，以便与中心离子形成稳定的五员环或六员环。多于或少于五员环或六员环都不稳定。

第四节 配合物的应用

配合物化学经过多年的发展，已成为当代化学的前沿领域之一，它的发展打破了传统的无机化学和有机化学之间的界限，以其独特的性能在科学研究和生成实际中越来越显示出其重要作用。配位化合物已在分析化学、生物化学、医学、工业和农业生产等诸多领域中都得到了广泛的应用。

一、分析化学中的应用

配位化合物在分析化学中应用最广泛的是配位滴定法，即利用金属离子与具有很强配位能力的配体生成稳定配合物的反应来测定某些组分的含量。在配位滴定中，作为金属离子指示剂同样是具有一定配位能力的配体。

配体作为化学试剂参与的反应几乎涉及到分析化学的各个分支，利用它们的溶解度、颜色以及稳定性等的差异可用作显色剂、沉淀剂、萃取剂、滴定剂、掩蔽剂等。

许多配体与金属离子的反应具有很高的灵敏性和专属性，且能生成具有特征颜色的配合物，因而常用作鉴定某种离子的特征试剂。如丁二酮肟可与 Ni^{2+} 生成红色螯合物沉淀，可作为 Ni^{2+} 的特征试剂；KSCN 与 Fe^{3+} 生成血红色 $[Fe(SCN)_6]^{3-}$，可鉴定 Fe^{3+}。利用这种金属离子与某种配体生成具有特征颜色的稳定配合物的反应，可进行某些组分含量的定性或定量测定。

利用配位反应可以进行某些金属离子的分离，如在 Zn^{2+}、Al^{3+} 溶液中加入氨水，Zn^{2+} 可生成 $[Zn(NH_3)_4]^{2+}$ 配离子，而 Al^{3+} 只能生成 $Al(OH)_3$ 沉淀，从而可使二者分离；如果水相中含有多种金属离子，而其中一种离子可与有机体形成稳定的配合物，并且该配合物可溶于有机溶剂，这样就可利用有机溶剂将配合物萃取出来，从而分离出这种金属离子。例如，用双硫腙 - CCl_4 可从 pH 为 1 ~ 2 的 Hg^{2+}、Sn^{2+}、Zn^{2+}、Cd^{2+} 溶液中萃取出 Hg^{2+}。

利用配位反应除可以进行离子的鉴定和分离外，还可以对某些干扰离子进行掩蔽，提高分析方法的选择性。在含有 Co^{2+} 的溶液中加入 KSCN 溶液，生成艳蓝色的 $[Co(NCS)_4]^{2+}$ 配离子的反应，可作为鉴定 Co^{2+} 的分析方法。但是，如果溶液中同时含有 Fe^{3+}，Fe^{3+} 也可与 SCN^- 反应，形成血红色的 $[Fe(NCS)]^{2+}$，妨碍了对 Co^{2+} 的鉴定。若事先在溶液中先加入足量的配合剂 NaF（或 NH_4F），使 Fe^{3+} 形成更为稳定的无色配离子 $[FeF_6]^{3-}$，这样就可以排除 Fe^{3+} 对鉴定 Co^{2+} 的干扰作用。在分析化学上，这种排除干扰作用的效应称为掩蔽效应。

二、在生物科学和医学领域中的应用

配合物在生物体的代谢过程中起着十分重要的作用。生物体内的大多数反应都是在各种各样起特殊催化作用的酶的催化下进行的，其催化效能比一般非生物催化剂高千万倍至十万亿倍，而许多酶分子都含有以配合形态存在的金属离子，这些金属往往起着活性中心的作用，如铁酶、锌醇、钼酶等等。例如，植物进行光合作用所必需的叶绿素，是以 Mg^{2+} 为中心的复杂配合物，镁离子缺乏时光合作用和植物细胞的电子传递不能正常进行。植物固氮酶是铁、钼的蛋白质配合物。人体内具有运载氧功能的肌红蛋白和血红蛋白都含有血红素，而血红素是 Fe^{2+} 的卟啉配合物；维生素 B_{12} 是钴的配合物，它参与蛋白质和核酸的合成，是造血过程的生物催化剂，缺乏时会引起恶性贫血症。

某些配体能与重金属离子形成配离子，在医药上可作为解毒剂使用。如柠檬酸钠（$Na_3C_6H_5O_7$）是一种防治职业性铅中毒的有效药物，有迅速减轻症状和促进体内铅排出的作用。铅被人体吸收后，经过体内循环，积存于肝、肾而达于骨，在骨内以不溶性的磷酸三铅 $[Pb_3(PO_4)_2]$ 存在，柠檬酸钠溶液能溶解磷酸三铅，使铅成为难解离的柠檬酸铅配离子，从肾脏排出。近年来，医学上也用 Ca - EDTA（依地酸钙）治疗职业性铅中毒，得到非常良好的效果。Ca - EDTA 在组织中与 Pb^{2+} 作用，成为无毒的可溶性配合物，经肾脏排出体外。这种通过选择合适的配体排除体内有毒或过量的金属离子的方法称为螯合疗法，所用的螯合剂称为促排剂（或解毒剂）。

此外，抗癌金属配合物的研究也取得很大进展。科学研究表明，凡具有顺式结构［Pt（Ⅱ）A_2X_2］（A为胺类，X为酸根）的中性配合物均具有抗癌活性。目前已用于临床的顺－［$PtCl_2(NH_3)_2$］（简称顺铂），对人体生殖泌尿系统、头颈部以及其他软组织的恶性肿瘤有显著疗效，而顺－［$PtCl_2(C_5H_9NH_2)_2$］，在抑制血浆细胞癌方面，效果要比顺铂高30～40倍。

三、在工农业领域中的应用

在有机合成中，凡利用配位反应而产生的催化作用，称为配位催化。其含义是指单体分子先与催化剂活性中心配合，接着在配位界内进行反应。由于催化活性高、选择性专一以及反应条件温和，广泛应用于石油化学工业生产中。例如，由乙烯合成乙醛采用$PdCl_2$和$CuCl_2$的稀盐酸溶液催化，借助［$PdCl_3(C_2H_4)$］、［$PdCl_2(OH)(C_2H_4)$］等中间产物的形成，使C_2H_4分子活化，在常温常压下乙烯就能比较容易地氧化成乙醛，转化率高达95%。

电镀工业上，为了得到良好的镀层，常在电镀液中加入适当的配位剂，使金属离子转化为较难还原的配离子，减慢金属晶体的形成速度，从而得到光滑、均匀、致密的镀层。电镀上的配位剂，以前主要是用CN^-，由于其毒性大、污染严重，现在更多的是采用无氰电镀。例如：1－羟基亚乙基－1，1－二膦酸是一种较好的电镀通用配合剂，它与Cu^{2+}可形成羟基亚乙基二膦酸合铜（Ⅱ）配离子，电镀所得镀层达到质量标准。冶金工业上，如利用Au^+在CN^-存在下氧化成水溶性［$Au(CN)_2$］$^-$，将Au^+直接从金矿中浸取出来，然后在浸出液中加入锌粉即可还原成金。

土壤中，磷常和铁、铝等金属离子形成难溶的$AlPO_4$、$FePO_4$，而不能被植物所吸收利用。应提倡多施农家肥，其中某些成分，如腐植酸可与Al^{3+}、Fe^{3+}作用生成螯合物，使PO_4^{3-}被释放出来，土壤中可溶性磷增多，从而提高了土壤的肥力。动植物体内微量元素的摄取和运转也离不开配合物。在预防家禽微量元素缺乏病时，向饲料中加入某种螯合剂，可大大增强矿物元素的吸收。如以氨基酸铜、氨基酸锌作铜和锌的饲料添加剂，动物肝脏内铜、锌的含量就比用硫酸铜、硫酸锌时高得多。

习　题

1. 根据制备条件的不同，Cr^{3+}与Cl^-、H_2O可制得化学组成均为$CrCl_3 \cdot 6H_2O$的三种配合物。一种为深绿色，$AgNO_3$可沉淀出所含Cl^-的1/3；另一种为淡绿色，$AgNO_3$可沉淀出所含Cl^-的2/3；第三种为紫色，$AgNO_3$可沉淀出所含的全部Cl^-。写出Cr^{3+}的这三种配合物的化学式并命名。

2. 填写下表

配合物	中心离子	配位体	配位数	配离子电荷	配位原子	配合物名称
$(NH_4)_2[Hg(SCN)_4]$						
$K[Co(en)(C_2O_4)_2]$						
$[Ni(CO)_4]$						
						四碘合汞（Ⅱ）酸钾
						硫酸四氨合铜（Ⅱ）
						六氰合铁（Ⅲ）酸钾

3. 根据实验测定的磁矩数据，确定下列配离子中心离子的杂化类型、内轨型还是外轨型配合物及空间结构。

（1）$[Mn(CN)_6]^{4-}$　$\mu = 2.00BM$　（2）$[FeCl_4]^{2-}$ $\mu = 5.23\ BM$

（3）$[Co(NH_3)_6]^{2+}$　$\mu = 5.0\ BM$　（4）$[Cr(NH_3)_6]^{3+}$ $\mu = 0BM$

4. 根据下列配离子中心离子未成对电子数及杂化类型，试绘制中心离子价层 d 电子分布示意图。

配离子	未成对电子数	杂化类型
$[Cu(CN)_4]^{2-}$	1	dsp^2
$[CoF_6]^{3-}$	4	sp^3d^2
$[Fe(CN)_6]^{4-}$	0	d^2sp^3
$[Co(NCS)_4]^{2-}$	3	sp^3

5. 解释下列现象

（1）$[Fe(CN)_6]^{3-}$ 为顺磁性，$[Fe(CN)_6]^{4-}$ 为反磁性。

（2）$[Co(CN)_6]^{3-}$ 的稳定性大于 $[Co(CN)_6]^{4-}$ 的稳定性。

（3）在 $NH_4Fe(SO_4)_2$ 溶液中加入 KSCN，可出现血红色反应。

（4）在 $K_3[Fe(CN)_6]$ 溶液中加入 KSCN，无血红色反应。

（5）在 $Pb(NO_3)_2$ 溶液中加入适量 KI 溶液，产生黄色沉淀；在加入过量 KI，沉淀消失变为无色溶液。

6. 根据配合物的价键理论，判断下列说法是否准确。

（1）配合物的中心离子与配位体之间以配位键结合。

（2）配合物由配位体提供的孤对电子移入到中心离子的空的价电子轨道形成。

（3）配合物的中心离子与配位体之间以离子键结合。

（4）配合物由配位体提供的空的价电子轨道接受中心离子的孤对电子形成。

（5）由于配合物具有一定的空间构型，中心离子参与成键的轨道采取杂化方式。

7. Zn^{2+} 离子与氨水组成的溶液有一半的金属离子与 NH_3 形成了配离子。平衡时自由氨浓度为 5.0×10^{-3}，求 Zn^{2+} 配离子的 $K_{稳}$（298K）。

8. 10ml 0.10 mol/L 的 $CuSO_4$ 溶液与 10ml 6.0 mol/L 的 $NH_3 \cdot H_2O$ 混合并达平衡，计算溶液中 Cu^{2+}、NH_3 及 $[Cu(NH_3)_4]^{2+}$ 的浓度各是多少？若向此混合溶液中加入 0.010 mol 的固体 NaOH，问是否有 $Cu(OH)_2$ 沉淀生成？

9. 通过计算比较 1L 6.0 mol/L 的氨水与 1L 1.0mol/L 的 KCN 溶液，哪一个可溶解较多的 AgI？$K_{稳}$（$[Ag(NH_3)_2]^+$）= 1.12 ×10^7，$K_{稳}$（$[Ag(CN)_2]^-$）=1.3×10^{21}，K_{sp}（AgI）= 8.51×10^{-17}

10. 若在 1.0 L 氨水中刚好溶解了 0.020 mol 的 AgCl，问氨水的浓度最低应为多少？

11. 0.20 mol/L 的 $[Cu(NH_3)_4]SO_4$ 溶液和 1.0 mol/L 的 HCl 溶液等体积混合，求达平衡时溶液中 $Cu(NH_3)_4^{2+}$ 浓度。已知 $K_{稳}$（$[Cu(NH_3)_4]^{2+}$）= 2.09×10^{13}，K_a（$[NH_4]^+$）= 5.6×10^{-10}。

12. 向 5.0 ml 浓度为 0.10 mol/L 的 AgNO 溶液中加入 5.0 ml 浓度为 6.0mol/L 的氨水，所得溶液中逐滴加入 0.01mol/L 的 KBr 溶液，问加入多少毫升 KBr 溶液时，开始有 AgBr 沉淀析出？$K_{稳}$（$[Ag(NH_3)_2]^+$）= 1.12×10^7，K_{sp}（AgBr）= 4.1×10^{-13}

13. 计算下列反应的平衡常数，并判断反应进行的方向。

（1）$[HgCl_4]^{2-} + 4I^- \rightleftharpoons [HgI_4]^{2-} + 4Cl^-$

已知：$K_{稳}$（$[HgCl_4]^{2-}$）= 1.17×10^{15}；$K_{稳}$（$[HgI_4]^{2-}$）= 6.76×10^{29}

（2）$[Cu(CN)_2]^- + 2NH_3 \rightleftharpoons [Cu(NH_3)_2]^+ + 2CN^-$

已知：$K_{稳}$（$[Cu(CN)_2]^-$）= 1.0 ×10^{16}　$K_{稳}$（$[Cu(NH_3)_2]^+$）= 7.25 ×10^{10}

（3）$[Fe(NCS)_2]^+ + 6F^- \rightleftharpoons [FeF_6]^{3-} + 2SCN^-$

已知：$K_{稳}$（$[Fe(NCS)_2]^+$）=2.29×10^3　$K_{稳}$（$[FeF_6]^{3-}$）= 1.0×10^{16}

14. 已知 φ^ϕ（Hg^{2+}/Hg）= 0.851 V，$K_{稳}$（$[HgCl_4]^{2-}$）=1.17×10^{15}。试计算：

$HgCl_4^{2-} + 2e^- \rightleftharpoons Hg + 4Cl^-$ 的 φ^ϕ 值。

15. 试通过计算比较 $[Ag(NH_3)_2]^+$ 和 $[Ag(CN)_2]^-$ 氧化能力的相对强弱。

（已知，φ^ϕ（Ag^+/Ag）=0.7991V，$K_{稳}$（$[Ag(NH_3)_2]^+$）= 1.12 ×10^7，$K_{稳}$（$[Ag(CN)_2]^-$）= 1.3×10^{21}。

第十章　*s* 区元素及其化合物

在元素周期表中，ⅠA 族元素和ⅡA 族元素的价电子构型为 $ns^{1\sim2}$，因此统称为 s 区元素。第ⅠA 族元素中除氢以外的锂、钠、钾、铷、铯、钫 6 种元素的氢氧化物属于强碱，因而被称为碱金属元素。第ⅡA 族元素共 6 种元素：铍、镁、钙、锶、钡、镭被称为碱土金属元素；因为钙、锶、钡的氧化物既具有碱性又具有“土”性，在化学史上，曾把难溶于水又难熔融的性质称为“土性”。

第一节　碱金属元素

碱金属元素在自然界中均以化合态存在。其中，钠和钾的元素丰度较大、分布较广，属于常见元素；锂、铷、铯在自然界中的元素丰度较小，属于稀有金属；钫属于放射性元素。

一、碱金属的通性

碱金属元素的价电子构型为 ns^1，原子半径是同周期元素中最大的，第一电离能是同周期元素中最小的，金属性是同周期元素中最强的。碱金属单质极易失去最外层唯一的价电子，表现为强还原性。由于碱金属的第一电离能与第二电离能相差很大，因此，碱金属元素通常只有 +1 氧化态，它们所形成的化合物一般是离子型的。碱金属元素的基本性质列于表 10－1。

表 10－1　碱金属元素的基本性质

元素名称	锂	钠	钾	铷	铯
元素符号	Li	Na	K	Rb	Cs
原子序数	3	11	19	37	55
相对原子质量	6.941	22.988	39.098	85.468	132.905
价电子层构型	$2s^1$	$3s^1$	$4s^1$	$5s^1$	$6s^1$
原子半径，pm	152.0	185.8	227.2	247.5	265.5
M^+ 离子半径，pm	68	97	133	147	167
电负性	0.98	0.93	0.82	0.82	0.79
第一电离能，kJ/mol	521	499	421	405	371
第二电离能，kJ/mol	7259	4591	3088	2675	2436
标准电极电势，V	－3.045	－2.714	－2.931	－2.925	－2.923
单质的熔点，K	453.8	371.0	336.9	312.2	302.0
单质的沸点，K	1613.2	1154.6	1038.7	967.2	952.0
单质的密度，g/mol（298K）	0.535	0.968	0.856	1.532	1.897
单质的硬度（金刚石）	0.6	0.4	0.5	0.3	0.2

由上表可知，从锂到铯原子半径、离子半径、标准电极电势、单质的密度递增，电负性、电离能、单质的熔点、沸点和硬度递减。

碱金属单质能直接或间接与卤素、氧、硫、氮、磷等电负性较大的非金属作用。新切开的锂、钠、钾单质断面具有银白色金属光泽，接触空气后表面立即变得灰暗，这是因为它们极易与空气中的 O_2 反应，在金属表面生成了一层氧化膜；铷和铯在空气中会立即燃烧。因此，碱金属单质必须保存在煤油中，由于锂的密度小于煤油，放在固体石蜡中保存。

在隔绝空气的条件下，Li、Na、K 均可与 H_2O 反应，生成氢氧化物并放出 H_2；Rb 和 Cs 遇 H_2O 就发生燃烧，甚至爆炸。锂的标准电极电势最小，其还原性应该最大，但锂与水反应比较缓慢，反应活性比钠还低；这是因为单质锂的熔点较高，与水反应放出的热量不足以使它熔化成小球或液体，分散性较差，因而降低了锂的反应活性。暴露在空气中的碱金属单质遇水发生的反应更复杂、更剧烈。

二、碱金属的氧化物和氢氧化物

（一）碱金属氧化物

碱金属氧化物有多种，分别是普通氧化物 M_2O、过氧化物 M_2O_2、超氧化物 MO_2 和臭氧化物 MO_3。

1. 普通氧化物

碱金属与氧直接化合时，只有锂能生成 Li_2O，其余 M_2O 只能用间接方法制备。从 Li_2O 到 Cs_2O 都是固体，而且颜色依次加深。它们均能与水反应生成氢氧化物，Li_2O 与水反应缓慢，Rb_2O 和 Cs_2O 遇水发生燃烧，甚至爆炸。

$$M_2O + H_2O = 2MOH$$

2. 过氧化物

碱金属都能形成过氧化物，其中最重要的是 Na_2O_2。钠在空气中燃烧生成的就是淡黄色的 Na_2O_2。Na_2O_2 与水反应可生成 H_2O_2。

$$Na_2O_2 + 2H_2O = H_2O_2 + 2NaOH$$

Na_2O_2 与 H_2O_2 一样具有杀菌、漂白作用。Na_2O_2 能吸收 CO_2 产生 O_2，可用作潜水员、飞行员呼吸面具中的供氧剂和 CO_2 吸收剂。

$$2Na_2O_2 + 2CO_2 = O_2 + 2Na_2CO_3$$

由于 Na_2O_2 在熔化时与木炭、棉花和铝粉等作用易发生爆炸，属于危险化学品。

3. 超氧化物

K、Rb、Cs 在过量 O_2 中燃烧生成超氧化物，NaO_2 可在 500℃ 和 300MPa 压力下，用 Na_2O_2 与 O_2 反应制得，但至今尚未制得 LiO_2 纯品。超氧化物都是固体强氧化剂，能与水剧烈反应，也能吸收 CO_2 放出 O_2。如：

$$2KO_2 + 2H_2O = H_2O_2 + 2KOH + O_2\uparrow$$

$$4KO_2 + 2CO_2 = 3O_2 + 2K_2CO_3$$

所以，超氧化物也能用作供氧剂和 CO_2 吸收剂，如 KO_2 常用于急救器中。

4. 臭氧化物

K、Rb、Cs 的氢氧化物与 O_3 作用可以得到臭氧化物。例如：

$$6KOH(s) + 4O_3 \longrightarrow 4KO_3(s) + 2KOH \cdot H_2O(s) + O_2$$

KO_3 为橙红色晶体，能缓慢分解成 KO_2 和 O_2。

（二）碱金属氢氧化物

碱金属氢氧化物都是白色固体，具有强碱性。它们对皮肤、纤维、玻璃和陶瓷等都有强烈的腐蚀作用，称为苛性碱。氢氧化钠又称为苛性钠或烧碱，氢氧化钾也称为苛性钾。LiOH 的溶解度较小，其他碱金属氢氧化物均易溶于水，并放出大量的热量。在空气中，苛性碱易潮解，吸收 CO_2 生成碳酸盐。如：

$$2NaOH + CO_2 \longrightarrow H_2O + Na_2CO_3$$

因此，苛性碱要密封保存；苛性碱固体或浓溶液不能存放在玻璃容器中，盛放苛性碱稀溶液的试剂瓶必须用橡皮塞。配制不含 Na_2CO_3 的 NaOH 溶液的方法是，先配制 NaOH 饱和溶液，密闭静置，使 Na_2CO_3 沉淀析出，然后取上层清液，用煮沸后冷却的新鲜蒸馏水稀释到所需浓度即可。

三、常见的碱金属盐类

常见的碱金属盐类有卤化物、硝酸盐、硫酸盐、碳酸盐、磷酸盐和硫化物等。主要有以下通性：

1. 易溶于水

除极少数阴离子的碱金属盐难溶于水外，其余的碱金属盐均易溶于水，且在溶液中完全电离。Li^+ 的离子半径较小，其难溶盐相对较多，如 LiF、Li_2CO_3、Li_3PO_4 等。

2. 热稳定性大

碱金属盐一般具有较高的热稳定性。在高温时，卤化物挥发而不发生分解，硫酸盐既不挥发也不分解；除 Li_2CO_3 外的碳酸盐也难分解；只有硝酸盐热稳定性较差，加热时发生分解反应。如：

$$4LiNO_3 \xlongequal{773K} 2Li_2O + 4NO_2\uparrow + O_2\uparrow$$

$$2NaNO_3 \xlongequal{653K} 2NaNO_2 + O_2\uparrow$$

3. 具有特征焰色反应

碱金属挥发性盐类在高温无色火焰中灼烧，火焰呈特殊颜色。如 Li^+、Na^+、K^+ 的焰色反应分别呈红色、黄色和紫色，而 Rb^+ 和 Cs^+ 的焰色反应均呈紫红色。此性质常用于碱金属离子的定性鉴别。节日燃放的焰火是用碱金属硝酸盐或氯酸盐与镁粉、木炭、松香、火药等按比例混合制造的。

四、碱金属元素在生物体内的分布及作用

锂至今未被列入人体必需元素，但锂在人体的血液及许多器官和组织中均有分布，它

能通过红细胞膜转运，能改变某些酶的活性等。

钠是人体必需元素。人体内所含钠的质量分数约为0.16%，以Na^+存在。其总量的80%分布在细胞外液中，主要生物功能是维持细胞外液的渗透压和电荷平衡，并参与神经信息传递过程等。血液中主要的缓冲体系为碳酸－碳酸氢钠。

钾也是人体必需元素，主要以K^+形式分布在细胞内液中，是细胞内最重要的阳离子之一。其主要的生物功能是维持细胞内液的渗透压，稳定细胞的内部结构，参与神经信息的传递过程，维持心血管系统的正常功能，同时也是某些酶的激活剂，参与许多生理生化反应。

五、常用的含碱金属元素药物

1. 氯化钠

临床上用NaCl配制生理盐水，生理盐水主要用于出血过多或补充因腹泻引起的缺水症。另外，生理盐水具有消炎作用，可用于洗涤伤口。

2. 氯化钾

KCl可用于治疗各种原因引起的缺钾症，它也是一种利尿药，多用于心脏性或肾脏性水肿。

3. 碘化钾

KI用于配制碘酊。

4. 硫代硫酸钠

$Na_2S_2O_3$制剂内服可用于治疗氰化物、砷、汞、铅、铋、碘中毒，外用治疗慢性皮炎等。

5. 碳酸锂

Li_2CO_3是一种抗狂躁药，主要用于治疗精神病、甲状腺功能亢进、急性痢疾、白细胞减少症、再生障碍性贫血及某些妇科疾病等。

第二节　碱土金属元素

碱土金属元素在自然界主要以矿石的形式存在。另外，在海水中含有大量的镁盐、生物体中含有大量的钙盐。本族元素中，铍是稀有元素，镭是放射性元素。

一、碱土金属的通性

碱土金属元素的价电子构型为ns^2，属于活泼金属元素，但与相邻的碱金属元素相比较，原子半径减小，电离能和电负性增大，失去电子能力减小。由于碱土金属的第二电离能与第三电离能相差很大，因此，碱土金属元素通常呈+2氧化态，铍所形成的化合物是共价型的，其他碱土金属元素所形成的化合物一般是离子型的。碱土金属元素的基本性质列于表10－2。

表 10－2　碱土金属元素的基本性质

元素名称	铍	镁	钙	锶	钡
元素符号	Be	Mg	Ca	Sr	Ba
原子序数	4	12	20	38	56
相对原子质量	9.012	24.305	40.078	87.62	137.327
价电子层构型	$2s^2$	$3s^2$	$4s^2$	$5s^2$	$6s^2$
原子半径，pm	111.3	160	197.3	215.1	217.3
M^{2+}离子半径，pm	35	66	99	113	134
电负性	1.57	1.31	1	0.95	0.89
第一电离能，kJ/mol	899.4	737.7	589.8	549.5	502.9
第二电离能，kJ/mol	1 757	1 451	1 145	1 064	965.3
第三电离能，kJ/mol	14 849	7 733	4 912	4 207	3 575
标准电极电势，V	－1.85	－2.37	－2.87	－2.89	－2.91
单质的熔点，K	1 550	923	1 112	1 042	998
单质的沸点，K	3 243	1 363	1 757	1 657	1 913
单质的密度，g/mol（298K）	1.86	1.74	1.55	2.6	3.59
单质的硬度（金刚石）	—	2	1.5	1.8	—

碱土金属单质除铍是钢灰色，其余具有银白色金属光泽，硬度和密度较小。

碱土金属单质表现为强还原性。除铍外，都能与水反应，生成氢氧化物和氢气，并放出热量，但剧烈程度不如碱金属。碱土金属单质也能与氧气、卤素、氮气及氢气等发生反应。

二、碱土金属的氧化物和氢氧化物

（一）碱土金属氧化物

1. 普通氧化物

碱土金属在空气中燃烧可生成普通氧化物。碱土金属氧化物与水反应生成氢氧化物。

2. 过氧化物

除铍外，其他碱土金属都能形成过氧化物。其中，过氧化钡较重要，BaO 与 O_2 加热到400℃以上即可得到 BaO_2，但不能超过800℃，否则生成的 BaO_2 又会分解。

$$2BaO + O_2 \xlongequal{400℃} 2\ BaO_2$$

3. 超氧化物

除铍、镁外，其他碱土金属都能形成超氧化物。

（二）碱土金属氢氧化物

碱土金属氢氧化物都是白色固体。它们的碱性小于碱金属氢氧化物，其中 $Be(OH)_2$ 具有两性，$Mg(OH)_2$ 是中强碱，其余是强碱。碱土金属氢氧化物在水中的溶解度较小，

$Be(OH)_2$ 和 $Mg(OH)_2$ 难溶于水，$Ca(OH)_2$ 微溶于水，$Sr(OH)_2$和 $Ba(OH)_2$ 可溶于水。

三、常见的碱土金属盐类

碱土金属盐类主要有硝酸盐、硫酸盐、卤化物、碳酸盐和磷酸盐等。碱土金属盐类具有以下通性。

1. 水溶性小

碱土金属硝酸盐和氯化物易溶于水，氯酸盐、高氯酸盐和醋酸盐可溶，碳酸盐、磷酸盐和硫酸盐等一般难溶于水。

2. 热稳定性大

碱土金属盐类一般具有较高的热稳定性，难以分解。只有硝酸盐和碳酸盐受热到一定温度时才分解。

3. 焰色反应

钙、锶、钡的挥发性盐能产生焰色反应，分别呈橙红色、红色和黄绿色火焰。

四、碱土金属元素在生物体内的分布及作用

镁是人体必需元素，是内部结构稳定剂和细胞内酶的辅因子，在人体中的质量分数约为0.05%，主要分布在细胞内。Mg^{2+}是人体多种生物酶的特异性激活剂，能催化许多重要的生化反应，并有相当高的特异性。而且，Mg^{2+}的激活功能往往不能用其他二价离子代替。在细胞质内，葡萄糖被氧化成水和二氧化碳，同时释放能量供给机体的氧化过程中六个步骤有两个步骤需 Mg^{2+} 的催化。另外，Mg^{2+} 参与维持人体肌肉正常的新陈代谢；参与骨骼的形成；调节中枢神经系统的功能；参与 DNA 复制和蛋白质合成等。在植物体内，Mg^{2+}是作为植物进行光合作用催化剂的叶绿素的中心离子，也是植物果实形成时的重要元素。

钙也是人体必需元素，在人体中的质量分数约为2.0%，总量可达700～1400 g，其中99%的钙分布在骨骼和牙齿中，还有1%的钙分布在细胞外液、血浆及软组织中。钙在肌体的各种生理生化反应中具有十分重要的作用。钙能降低毛细血管和细胞膜的通透性，具有稳定蛋白质结构的作用，是许多酶的激活剂，参与维持正常的心跳节律、肌肉收缩、神经系统兴奋和凝血过程等。成年人缺钙，会引发骨质软化症和骨质疏松症，引起抽搐及凝血功能不全等。小儿缺钙，会引起生长迟缓、骨骼变形等。

钙还影响人体对微量元素的吸收，如某地区与微量元素共存的钙含量大，则通过水和食物被人体摄取的微量元素相对较少。相反，在钙含量少的地区，微量元素被摄取的量相对较多。

人头发中钙含量测定结果统计表明，心脏病患者头发中钙的含量低于健康人的水平，还有人发现骨中钙含量减少会引起动脉壁钙含量的增加。

锶和钡对人体的作用尚未确定。可溶性钡盐对人体有剧毒，致死量为0.8g。

五、常用的含碱土金属元素药物

1. 氧化镁

MgO 是制酸药，主要用于配制内服药剂以中和过多的胃酸，其制酸作用缓慢而持久。临床上主要用于治疗伴有便秘的胃酸过多症及消化道溃疡等。常用的制剂如下。

（1）镁乳　$Mg(OH)_2$ 乳状液。

（2）镁钙片　每片含 MgO 0.1g，$CaCO_3$ 0.5g。

（3）制酸散　MgO 和 $NaHCO_3$ 混合制成的散剂。

2. 硫酸镁

$MgSO_4$ 又称泻盐，内服作缓泻剂和十二指肠引流剂。$MgSO_4$ 注射剂主要用于抗惊厥。

3. 钙盐

常用的钙盐药物主要有葡萄糖酸钙、磷酸氢钙、乳酸钙和氯酸钙。主要用于治疗急性血钙缺乏症，防治慢性营养性钙缺乏症，抗过敏；也用作镁中毒时的拮抗剂。

含水硫酸钙（$CaSO_4 \cdot 2H_2O$）的矿石称为石膏。内服石膏有清热泻火功效。煅石膏粉末外用可治疗湿疹、烫伤、疥疮溃烂等。石膏在低于 453K 时煅烧，失去部分结晶水，生成烧石膏（$CaSO_4 \cdot 1/2H_2O$），用于制石膏绷带。

4. 钡盐

硫酸钡为诊断用药，因其性质稳定，难溶于水、酸、碱或有机溶剂，在胃肠道内无吸收，能阻止 X 线通过；所以，$BaSO_4$ 制剂常用于消化道造影。

习　题

1. 怎样保存碱金属单质？使用金属钠时，应注意什么？
2. 碱金属为什么可以用刀切割？
3. 怎样保存 NaOH 固体、浓溶液和稀溶液？如何配制不含 Na_2CO_3 的 NaOH 溶液？
4. 氧化钠、过氧化钠和超氧化钠是怎样制备的？过氧化钠和超氧化钠有何应用？写出有关的化学方程式。
5. 怎样鉴别 Na^+？写出有关的化学方程式。
6. Na^+ 和 K^+ 在人体的分布有何不同之处？二者的主要生理作用是什么？
7. 碱土金属氢氧化物的碱性大小和水溶性有何变化规律？
8. 简要说明钙在体内的分布情况及其生物效应。
9. 硫酸钙有哪些药用价值？

第十一章　p 区重要元素及其化合物

p 区元素是指周期系中ⅢA 至ⅦA 族及 0 族，包括除氢以外的所有非金属及一部分金属元素，它们的价电子层构型可用通式 $ns^2np^{1\sim6}$ 表示（氦是例外，为 $1s^2$）。

周期系中的非金属元素除 H 外，其余 21 种都在 p 区。p 区元素沿 B — Si — At 对角线可分为两部分，对角线右上角的元素（含对角线上的元素）为非金属元素，对角线左下角的元素为金属元素。p 区各族元素，自上到下电子层数增加，原子半径逐渐增大，获得电子的能力逐渐减弱，元素的非金属性逐渐减弱，金属性逐渐增强。第二周期 p 区元素，在同族中原子半径最小，电负性最大，故它们都是非金属元素。

第一节　卤　　素

周期系中第ⅦA 族元素也称卤族元素，简称卤素（halogen），由氟（F）、氯（Cl）、溴（Br）、碘（I）、砹（At）五种元素组成。卤素希腊原文为成盐元素的意思，因为这些元素与碱金属形成的化合物都是典型的盐。

在自然界中，氟元素主要以萤石（CaF_2）和冰晶石（Na_3AlF_6）等矿物存在；氯和溴主要以无机盐的形式存在于海水、盐矿中；碘主要存在于海水和海洋生物中；砹是一种放射性元素，自然界中含量很少，主要由人工合成，人们对它的研究较少，故本节不讨论砹的性质。

一、卤素的通性

（一）基本性质

卤素的一些基本性质列于表 11－1 中。卤素的价电子层结构为 ns^2np^5，它们是各周期元素中电负性、电子亲和能和第一电离能（稀有气体除外）最大，而原子半径最小的元素，所以是各周期中最活泼的非金属元素。该族从上到下，随着元素原子序数的递增，核对外层电子的引力逐渐减小，原子半径递增，元素的电负性、电离能和电子亲和能递减，非金属性依次减弱。

表 11－1　卤素的一些基本性质

元素名称	氟	氯	溴	碘
元素符号	F	Cl	Br	I
原子序数	9	17	35	53
相对原子质量	18.99	35.45	79.9	126.9
价电子层结构	$2s^22p^5$	$3s^23p^5$	$4s^24p^5$	$5s^25p^5$

（续表）

元素名称	氟	氯	溴	碘
原子半径，pm	64	99	114	133
X^-离子半径，pm	136	181	196	216
电负性	3.98	3.16	2.96	2.66
主要氧化数	-1、0	-1、0、+1 +3、+5、+7	-1、0、+1 +3、+5、+7	-1、0、+1 +3、+5、+7
电子亲和能，kJ/mol	322	348.7	324.5	295
第一电离能，kJ/mol	1681	1251	1140	1008

（二）主要成键特征

卤族元素的价电子构型为 ns^2np^5，与稀有气体的8电子稳定结构相比，仅少一个电子，又因卤素原子的电负性较大，因此卤素原子易获得一个电子，形成氧化数为 -1 的化合物。卤素与活泼金属化合时形成离子型卤化物；与氢化合形成共价型卤化物。

氯、溴、碘元素的最外电子层中都存在空 *nd* 轨道，当它们与电负性更大的元素结合时，*nd* 轨道也可以参与成键，原来成对的 *np* 电子拆开进入 *nd* 轨道中，因此，这三种元素也可以表现出 +1，+3，+5，+7 的氧化数，形成显正氧化数的共价化合物。这是因为卤素的第一电离能很大，当与电负性大于它的其他元素化合时，不能产生电子的得失，只能产生电子对的共用。卤素的正氧化数化合物主要有卤素含氧化合物和卤素互化物。

卤素离子易作为电子对给予体与中心原子通过配位键形成配合物。

在卤素中，氟元素表现出反常的规律。如氟元素的电负性虽然很大，但它的电子亲和能都小于氯元素，这主要是因为氟元素的电负性最大，同时其原子半径很小，当接受外来电子时，电子间的静电斥力特别大，克服这种斥力所需的能量部分地抵消了氟原子接受一个电子成为氟离子时所释放的能量，从而造成这种反常现象。

二、卤素单质

（一）物理性质

卤素单质的一些物理性质列于表 11-2 中。卤素单质可用 X_2 表示，它们均为非极性双原子分子。常温下，氟和氯是气体，溴是液体，碘则为固体。氯气容易液化，在常温下加压至约600kPa时，即可转化为黄色的液体。固态碘有较高的蒸气压，容易升华，加热时可直接转化为气态碘，利用这一性质可纯化单质碘。

卤素单质均有颜色，按 F_2、Cl_2、Br_2、I_2 的顺序，随着相对分子质量的增大，颜色依次由浅黄、黄绿、红棕到紫黑。卤素单质均有刺激性气味，强烈刺激眼、鼻、喉、气管的黏膜，吸入较多卤素单质蒸气会引起严重中毒，所以使用时应注意安全。

卤素单质固态时为分子晶体，分子间仅以微弱的分子间力相互作用，因此它们的熔点和沸点都比较低。从 F_2 到 I_2，随着相对分子质量的增大，分子之间的色散力逐渐增大，因而熔点、沸点依次升高。

表 11-2　卤素单质的一些物理性质

元素	F_2	Cl_2	Br_2	I_2
常温下物态	气	气	液	固
颜色	浅黄色	黄绿色	红棕色	紫黑色
熔点，K	53.56	172.16	265.96	386.86
沸点，K	84.96	238.46	331.16	456.16
密度，g/cm	1.11（l）	1.57（l）	3.12（l）	4.93（s）
溶解度，mol/L（293K）		0.090（气）	0.21	0.0013
离解能，kJ/mol	154.8	246.7	193.2	150.9
汽化热，kJ/mol	6.32	20.41	30.71	46.61

卤素单质因是非极性双原子分子，故在水中的溶解度不大，而易溶于极性较小的有机溶剂。F_2 与水剧烈反应，使水分解放出 O_2。Cl_2、Br_2、I_2 易溶于乙醇、四氯化碳、苯、乙醚、二硫化碳、三氯甲烷等有机溶剂，并呈现一定颜色。Br_2 溶于有机溶剂随浓度的增大而从黄到棕红逐渐加深。I_2 溶于极性溶剂时呈现棕红色或棕黄色，溶于非极性有机溶剂（如四氯化碳、二硫化碳）中，则呈本身蒸气的紫色。呈现不同颜色，是由于 I_2 在极性溶剂中形成溶剂化物，而在非极性或弱极性溶剂中以分子状态存在。I_2 易溶于 KI 溶液中，主要是 I_2 与 I^- 形成 I_3^- 的缘故。

$$I_2 + I^- \rightleftharpoons I_3^- \text{（三碘离子）}$$

因此，配制碘溶液时，常将 I_2 溶解在 KI 溶液中。

（二）化学性质

卤素单质的化学性质很活泼，都具有氧化性。其中 F_2、Cl_2、Br_2 均为强氧化剂，I_2 是一种中等强度的氧化剂。它们能与许多元素的单质及还原性化合物反应，主要化学性质表现在以下几方面。

1. 与金属和非金属的作用

F_2 可以与所有金属单质直接作用，生成高氧化数的金属氟化物。Cl_2 也可以与大多数金属单质直接作用，但反应不如 F_2 剧烈。Br_2 和 I_2 的反应活性较差，常温下只能与活泼金属单质作用，与其他的金属单质需在较高温度才发生化学反应。

F_2 能与除 N_2、O_2 及一些稀有气体元素外的所有非金属单质直接化合，且反应剧烈，常伴有燃烧和爆炸。Cl_2 也可以和多数的非金属单质直接化合，但反应不如 F_2 剧烈。Br_2 和 I_2 的反应活性要差一些。

2. 与水反应

卤素单质能与水反应，有下列两种类型：

$$\text{（1）} 2X_2 + 2H_2O \rightleftharpoons 4HX + O_2\uparrow$$

$$\text{（2）} X_2 + H_2O \rightleftharpoons HX + HXO$$

第一类反应是卤素单质氧化水放出 O_2 的反应。F_2 的氧化性最强，能剧烈地将水氧化，故只发生第一类反应。Cl_2 只有在光照下缓慢与水反应放出 O_2。Br_2 氧化水的反应极其缓慢，需要在碱性条件下进行。而 I_2 则不能氧化水。

第二类反应是卤素单质发生的歧化反应。Cl_2、Br_2、I_2 在碱性条件下与水主要发生第二类反应，产物为次卤酸盐和卤化物。

3. 卤素单质的置换反应

根据标准电极电势可知，卤素的氧化能力及卤离子的还原能力大小顺序如下。

氧化能力：$F_2 > Cl_2 > Br_2 > I_2$

还原能力：$I^- > Br^- > Cl^- > F^-$

所以，F_2 能氧化 Cl^-、Br^- 和 I^-，置换出 Cl_2、Br_2、I_2；Cl_2 能置换出 Br_2 和 I_2；而 Br_2 只能置换出 I_2。

$$Cl_2 + 2Br^- = 2Cl^- + Br_2$$

$$Cl_2 + 2I^- = 2Cl^- + I_2$$

$$Br_2 + 2I^- = 2Br^- + I_2$$

三、卤化氢和氢卤酸

卤素单质可与氢气直接反应，生成卤化氢（HX）：

$$H_2 + X_2 = 2HX$$

卤化氢都是具有强烈刺激性气味的无色气体，卤化氢的一些物理性质列于表11－3中。

表 11－3　卤化氢的一些物理性质

化合物	HF	HCl	HBr	HI
熔点，K	189.9	158.2	184.5	222.2
沸点，K	292.54	188.11	6.43	237.62
生成热，kJ/mol	－268.8	－92.3	36.25	25.95
键能，kJ/mol	565	431	362	299
表观解离度（0.1mol/L，291K）	10%	92.60%	3.50%	95%
溶解度（298K，101.3 kPa），%	5.3	42	49	57

卤化氢的熔点、沸点除 HF 外按 HCl、HBr、HI 的顺序依次增大。这是因为随着相对分子质量的增大分子间色散力增大的缘故。而 HF 的熔点、沸点反常地高，表观电离度反常地小，主要是由于 F 元素的电负性和半径小，致使 HF 分子间存在氢键，导致分子间发生缔合而引起的。

卤化氢加热到一定温度时，即分解为卤素和氢气。由表 11－3 所列卤化氢的生成热和键能可知，它们的稳定性随着相对分子质量的增大而递减。如 HCl 在 1273 K 时才稍有分解，而 HI 在 593K 时就显著分解。

卤化氢为极性分子，易溶于水，其水溶液称为氢卤酸。它们均为无色液体，氢卤酸的酸性按 HF、HCl、HBr、HI 的顺序依次增强，除氢氟酸外，其他氢卤酸均为强酸。习惯上称氢氯酸为盐酸，它是最重要和最常用的无机酸之一，市售浓盐酸的质量分数为 0.37，密度为 1.19g/cm，浓度约为 12mol/L。纯净的盐酸无色，工业用盐酸由于含有 $FeCl_3$ 等杂质而带黄色。盐酸是一种重要的化工原料和化学试剂。

298K 时，氢氟酸稀溶液的 $K_a = 3.53 \times 10^{-4}$，因此它是一种弱酸。这种弱酸性与键能和多分子缔合结构有关。H—F 键能大约是 H—I 键能的两倍，所以氢氟酸只能部分电离：

$$HF + H_2O \rightleftharpoons H_3O^+ + F^-$$

但当氢氟酸浓度大于 5 mol/L 时，一部分 F^- 离子与未解离的 HF 分子通过氢键缔合生成稳定的 HF_2^-，使其酸性增强而成为强酸。

$$HF + F^- \rightleftharpoons HF_2^-$$

氢氟酸最特殊的性质是对玻璃的作用。不管是二氧化硅或硅酸钙（玻璃主要成分）都能与氢氟酸发生反应生成 SiF_4 气体：

$$SiO_2 + 4HF = SiF_4\uparrow + 2H_2O$$

$$CaSiO_3 + 6HF = CaF_2 + SiF_4\uparrow + 3H_2O$$

氢氟酸的这种性质常用于腐蚀玻璃，分解硅酸盐和用来测定硅的含量。不能用玻璃或陶瓷容器储存氢氟酸，只能用塑料器皿储存。

氢卤酸具有还原性，其还原性按 HF、HCl、HBr、HI 顺序依次增强。HF 不能被常用的氧化剂氧化，HCl 需用强氧化剂氧化。例如：

$$8HCl + 2KMnO_4 = 3Cl_2\uparrow + 4H_2O + 2KCl + 2MnO_2$$

HBr 则较易被氧化，而 HI 溶液常温下即能被空气中 O_2 氧化。

$$4HI + O_2 = 2I_2 + 2H_2O$$

特别需要指出的是：卤素单质、卤化氢气体、氢卤酸都是有毒的，强烈刺激呼吸系统。液态溴和氢氟酸在使用时更需要特别注意，因它们接触皮肤会引起剧烈疼痛和难以治愈的烧伤。

四、卤素的含氧酸及其盐

卤素中除氟元素外，氯、溴、碘都能形成氧化数为 +1，+3，+5 和 +7 四种类型的含氧酸及其盐，表 11-4 中列出了一些卤素的含氧酸。

表 11-4　卤素的含氧酸

名称	氯	溴	碘	氧化数
次卤酸	$HClO^*$	$HBrO^*$	HIO^*	+1
亚卤酸	$HClO_2^*$	$HBrO_2^*$		+3
卤酸	$HClO_3^*$	$HBrO_3^*$	HIO_3	+5
高卤酸	$HClO_4$	$HBrO_4^*$	HIO_4	+7

注：* 表示仅存在溶液中。

在卤素的含氧酸中，有较多实际应用的是氯的含氧酸及其盐，这里只介绍氯的含氧酸及其盐的性质及有关用途。

（一）次氯酸及其盐

氯气和水作用生成次氯酸和盐酸：

$$Cl_2 + H_2O \rightleftharpoons HClO + HCl$$

常温下，次氯酸具有刺鼻的气味，其稀溶液为无色，浓溶液显黄色。在 291K 时，次氯酸的 $K_a = 2.95 \times 10^{-8}$，故次氯酸是一种极弱的酸，且很不稳定，只存在于稀溶液中。次氯酸的分解有以下两种基本方式：

$$2HClO = 2HCl + O_2\uparrow$$

$$3HClO = 2HCl + HClO_3$$

在光照或有催化剂（如 CoO，NiO）存在时，次氯酸的分解反应完全按照第一个反应进行；加热时，主要按照第二个反应发生歧化反应。在一定条件下，以上两个反应在溶液中同时进行。

把氯气通入冷的碱溶液中，可生成次氯酸盐，例如：

$$Cl_2 + 2NaOH（冷） = NaClO + NaCl + H_2O$$

$$2Cl_2 + 3Ca(OH)_2 = Ca(ClO)_2 + CaCl_2 \cdot Ca(OH)_2 \cdot H_2O + H_2O$$

次氯酸极不稳定，但次氯酸盐的稳定性大于次氯酸。常用的次氯酸盐主要有次氯酸钠和漂白粉。漂白粉是次氯酸钙、氯化钙和氢氧化钙的混合物，其有效成分是次氯酸钙。漂白粉及次氯酸盐的漂白作用主要是利用次氯酸的氧化性。漂白粉使用时常加入酸，是因为次氯酸钙转变成次氯酸后才具有强氧化性，才能发挥更好的漂白消毒作用。漂白粉及次氯酸盐露置于空气中会逐渐失效，是因为空气中的 CO_2 和 H_2O 与其作用生成 HClO，而 HClO 不稳定易发生分解作用。

次氯酸及其盐都是强氧化剂，它们作为氧化剂时，本身被还原成为氯离子。

（二）氯酸及其盐

氯酸可用氯酸钡与稀硫酸作用制得：

$$BaClO_3 + H_2SO_4 = BaSO_4\downarrow + 2HClO_3$$

氯酸是强酸，其强度接近于盐酸和硝酸。但氯酸不稳定，仅存在于溶液中，稀溶液在室温时较稳定，当受热或溶液的质量分数超过 0.40 时即剧烈分解，甚至能引起爆炸：

$$3HClO_3 = HClO_4 + Cl_2\uparrow + 2O_2\downarrow + H_2O$$

氯酸盐比较稳定。氯酸钾和氯酸钠是重要的氯酸盐。氯酸盐受热时可发生分解反应。例如，加热氯酸钾至 668K 时，发生歧化反应：

$$4KClO_3 = 3KClO_4 + KCl$$

但在催化剂二氧化锰存在时，473K 时氯酸钾即分解为氯化钾和氧气：

$$2KClO_3 \xrightarrow[\Delta]{MnO_2} 2KCl + 3O_2\uparrow$$

固体氯酸钾是一种强氧化剂，与易燃物质（如硫、磷、碳）、有机物、硫酸等混合后或经摩擦受撞击发生燃烧或爆炸，因此可用来制造烟火、火柴或炸药等。

氯酸盐在酸性介质中显强氧化性。例如，能将 I^-、Cl^- 等氧化：

$$ClO_3^- + 6I^- + 6H^+ = 3I_2 + Cl^- + 3H_2O$$

$$ClO_3^- + 5Cl^- + 6H^+ = 3Cl_2 + 3H_2O$$

（三）高氯酸及其盐

高氯酸可用浓硫酸与高氯酸钾作用制得：

$$KClO_4 + H_2SO_4（浓）\xrightarrow{冷却} KHSO_4 + HClO_4$$

高氯酸是酸中最强的酸。常温下，无水高氯酸是无色、黏稠状液体。高氯酸的浓溶液不稳定，受热温度大于363K时发生分解，并可引起爆炸：

$$4HClO_4 \xrightarrow{\Delta} 2Cl_2\uparrow + 7O_2\uparrow + 2H_2O$$

质量分数大于0.60的浓$HClO_4$与易燃物相遇会发生猛烈爆炸，因此，使用和储存无水高氯酸时应注意安全。但冷的稀酸比较稳定，加热接近沸点也不分解。

高氯酸盐比较稳定，固体高氯酸盐受热分解放出氧气，但热分解温度高于氯酸盐。高氯酸及其盐的溶液没有明显的氧化性，而高温下固体高氯酸盐和浓热的高氯酸溶液都是强氧化剂。

氯的含氧酸及其盐的主要化学性质的递变规律可归纳如下。

（1）氯的含氧酸都是一元酸，可用通式$HOClO_n$表示，其中n表示的氧原子为非羟基氧原子。氯的含氧酸的酸性随着分子中非羟基氧原子数（通式中的n的数目）的增加而增加，即氯的含氧酸的酸性按HClO、$HClO_2$、$HClO_3$、$HClO_4$的顺序依次增加。其中HClO分子中没有非羟基氧原子，是一弱酸；$HClO_2$分子中含有一个非羟基氧原子，是一中强酸（$K_a \approx 10^{-2}$）；$HClO_3$分子中含有两个非羟基氧原子，是一强酸；$HClO_4$分子中含有三个非羟基氧原子是最强酸。

（2）氯的含氧酸及其盐的热稳定性规律是：酸 < 其相应盐；高浓度酸 < 低浓度酸；低氧化态酸或盐 <高氧化态酸或盐。

（3）氯的含氧酸及其盐的氧化性变化规律是：酸 > 其相应盐；低氧化态酸或盐 > 高氧化态酸或盐。这种变化规律是随着氯原子氧化数的升高而减弱，并且介质酸性愈强，其氧化性愈强。

五、卤素在生物体内的分布及作用

卤素广泛存在于生物体内，是生物体内的重要元素，在生命活动中起着重要作用。

（1）氟是人体必需的微量元素，存在于牙齿和骨骼等硬组织中。骨骼中的氟含量为0.01%~0.02%。氟被吸收后，通过吸附或离子交换等过程，在组织和牙齿中取代羟基磷灰石的羟基，使之转化为氟磷灰石，在牙齿的表面形成坚硬的保护层，使牙齿硬度增高抗酸腐蚀性增强，从而抑制嗜酸菌的活性。缺氟时，牙釉中氟磷灰石减少，致密性减弱，易受口腔微生物和酸破坏。易发生龋齿。体内氟过量时，也会影响钙、磷正常代谢，抑制多种酶的活性，影响牙齿釉棱晶的形成，使珐琅质呈现无定形或球形结构，出现斑点和色素沉着，使牙齿发黄。

（2）氯是生物体内的宏量元素，主要以Cl^-离子形式分布在细胞外液等体液中，和钾离子、磷酸氢根离子等起着共同维持体液的渗透压和酸碱平衡的重要作用。它与胃液中的氢离子形成盐酸，可加速食物的消化，人体中的氯主要靠食盐补充，当氯化钠缺乏时就会出现胃酸减少、食欲减退、精神不振等现象。但氯化钠过量也会引起高血压等疾病。

（3）溴较普遍存在人体各组织中，它在体内的生理功能目前尚不明确。已知的溴以化合物的形式存在于脑下垂体的内分泌腺中，如NaBr和KBr，能增强大脑皮层的抑制过程，有镇静和催眠作用。

（4）碘是人体必需的微量元素。人体内的碘有 1/3 以上是以甲状腺素形式存在于体内。缺碘时会引起地方性甲状腺肿等疾病。食物中长期缺碘，可导致人和动物一系列生化反应紊乱、生物功能异常和甲状腺肿大。在严重缺碘区，常常发现地方性克汀病。克汀病一旦发生，不可逆转，使人终生智力低下，发育不良，甚至造成聋、哑、瘫等症。一次性接受大剂量碘也可引起急性碘中毒，其症状有恶心、呕吐、晕厥，突出的可导致血管神经性水肿等。长期食用碘含量较高的食品，也会引起高碘甲状腺肿。

六、常用的含卤素药物

（1）碘　碘为消毒防腐药，具有很强的消毒杀菌作用，主要用于配制碘甘油和碘酊等。

（2）碘化钠和碘化钾　碘化钠和碘化钾都为补碘药，主要用于配制碘酊。碘化钠还用于配制造影剂。碘化钾内服可用于治疗单纯性甲状腺肿、慢性关节炎、动脉硬化等，也有助于眼玻璃体浑浊的吸收，并用于眼底炎的修复。

（3）碘酸钾　碘酸钾为补碘药。其制剂有碘酸钾片和碘酸钾颗粒。

（4）盐酸　药用盐酸的质量分数为 0.095 ~ 0.105。用于补充胃酸不足，治疗胃酸缺乏症。

（5）氯化钠　临床上所用生理盐水为浓度为 9g/L 的 NaCl 溶液，用于出血过多、严重腹泻等引起的脱水病症，也可用来洗涤伤口。

（6）氯化钾　氯化钾为利尿药。医药上用于低血钾的治疗，也用于心性或肾性水肿，亦可用作洋地黄等强心苷药物中毒、抗心律失常的辅助药物。

（7）氯化铵　氯化铵主要用于祛痰和治疗重度代谢性碱血症。

（8）溴化钠、溴化钾和溴化铵　溴化钠、溴化钾和溴化铵三者的混合液俗称三溴合剂，对中枢神经有抑制作用，合用或单用，医药上都用作镇静剂。

（9）漂白粉　漂白粉具有较强的杀菌作用，常用作消毒剂。

第二节　氧族元素

元素周期系中第ⅥA 族元素也称为氧族元素（chalcogen），由氧（O）、硫（S）、硒（Se）、碲（Te）、钋（Po）五种元素组成。其中硒和碲是稀有元素，钋是放射性元素，最重要的是氧和硫两种元素。

在自然界中，氧是地壳中含量最大和分布最广的元素，约占 48.6%（质量分数），是丰度占第一位的元素。氧广泛分布在大气和海洋中，氧在岩石圈中约占 92%（体积分数），在大气中，氧以单质状态存在，约占 21%（体积分数）；在海洋中氧主要以水的形式存在，约占 91%（质量分数）。氧也是动植物体中极为重要的元素。硫在自然界中含量较少，它在自然界中以单质硫和化合态硫两种形态存在。天然硫化合物主要以金属元素的硫化物和硫酸盐的形式存在，在火山地区常蕴藏有天然单质硫的矿床。本节主要讨论氧和硫的单质及其化合物的性质。

一、氧族元素的通性

(一) 基本性质

氧族元素的一些基本性质列于表 11-5 中。

表 11-5　氧族元素的一些基本性质

元素名称	氧	硫	硒	碲	钋
元素符号	O	S	Se	Te	Po
原子序数	8	16	34	52	84
相对原子质量	16	32.06	78.96	127.6	210
价电子层结构	$2s^2 2p^4$	$3s^2 3p^4$	$4s^2 4p^4$	$5s^2 5p^4$	$6s^2 6p^4$
共价半径，pm	66	104	117	137	167
M^{2-} 离子半径，pm	140	184	198	221	
电负性	3.44	2.58	2.55	2.10	2.00
主要氧化数	-2、0	-2、0、+2 +4、+6	-2、0、+2 +4、+6	-2、0、+2 +4、+6	
第一电子亲和能，kJ/mol	141	200	195	190	
第一电离能，kJ/mol	1320	1005	947	875	812

由表 11-5 可见，从氧到钋随着原子序数的增大，电子层数的递增，原子半径依次增大，而元素的电负性、电离能和电子亲和能依次递减。因此，元素的非金属性依次减弱，金属性依次增强。

(二) 主要成键特征

氧族元素的价电子层构型为 ns^2np^4，有夺取或共用两个电子以达到稀有气体 8 电子构型的倾向，因此，易形成氧化数为 -2 的化合物，表现出较强的非金属性。

硫、硒、碲与电负性较大的元素化合时，均可形成氧化数为 +2、+4、+6 的共价化合物。这是因为成键时 *ns* 和 *np* 轨道上的一个价电子激发到价电子层上空的 *nd* 轨道上，参与成键与其他元素的原子形成共价键的缘故。

氧族元素还具有较强的形成配位键的倾向，氧和硫是常见的配位原子。

二、氧、臭氧和过氧化氢

(一) 氧

氧（O_2）是无色、无味的气体，在 90K 时凝聚成淡蓝色的液体，在 54K 时，凝结成蓝色的固体。O_2 是非极性分子，在水中的溶解度很小，293K 时，1L 水大约溶解 30 ml O_2。虽然，O_2 在水中的溶解度不大，但却是各种植物、水生动物赖以生存的重要条件。因此，防止水域污染也是生态环境保护的重要问题。

氧最主要的化学性质是氧化性。除稀有气体元素和极少数金属元素外，氧几乎能与所有的元素直接或间接地化合，生成数量众多、类型不同的化合物。但由于 O_2 的解离能（498.34kJ/mol）较大，所以在常温下多数反应速率较慢，仅能氧化一些还原性强的物质如 H_2SO_3、$SnCl_2$ 等；而在高温条件下，除卤素、稀有气体及少数贵金属（Au、Pt 等）元素外，氧几乎与所有元素直接化合形成相应的氧化物。

（二）臭氧

臭氧（O_3）因具有特殊的气味而得名，臭氧（O_3）和氧气（O_2）为同素异形体，同素异形体是指由同种元素的原子组成的不同单质。

O_3 的分子结构如图 11－1 所示，中心 O 原子用两个 sp^2 杂化轨道形成两个 $\sigma_{键}$，另一个 sp^2 杂化轨道为孤对电子所占据。键角为 116.8°，键长为 127.8pm，几何构型为 V 形。O_3 是单质中唯一的极性分子（偶极矩$_{\mu}$ 为 $1.7 \times 10^{-30}C \cdot m$）。

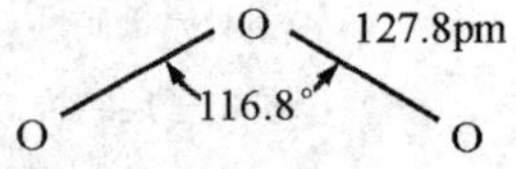

图 11－1　O_3 分子结构

常温下，O_3 是浅蓝色的气体，在 161 K 时凝聚成深蓝色的液体，并在 80 K 时冻结成蓝紫色固体。O_3 具有特殊气味，并有毒性。

O_3 比 O_2 活泼得多，其氧化性大于 O_2，尤其是在酸性溶液中更是一种强氧化剂。常利用 O_3 的氧化性及不会造成二次污染的特点，用于消毒饮用水，处理电镀工作中含 CN^- 的废水等。O_3 作为消毒剂杀菌快，效率高。

在自然界中，O_3 在地面附近的大气层中含量很低，但在距地面约 25～30km 的高空处有一层由太阳强辐射造成的臭氧层，它能吸收一部分太阳光的紫外线辐射，能阻止有害于生命的强辐射照射到地球表面上来，从而维护了地球上的生命体，成为保护地球生物免受太阳紫外光强辐射的天然屏障。但随着工业废气的大量排放，一些还原性气体如 SO_2、CO、H_2S、有机挥发物等对大气的污染，臭氧层正在不断遭到破坏。因此，为了保护人类赖以生存的生态环境，保护臭氧层已成为环境保护的一项全球性任务。

（三）过氧化氢

纯净的过氧化氢（H_2O_2）为淡蓝色黏稠液体，与水以任意比例混合，其水溶液俗称双氧水。过氧化氢有较高熔点（272.26K）和沸点（423K），是因为分子间存在较强的氢键而发生缔合作用，在固态和液态时存在缔合分子。过氧化氢的缔合程度比水高。

H_2O_2 的分子结构如图 11－2 所示。H_2O_2 分子中有一个过氧键（—O—O—），每个氧原子都和一个氢原子通过极性键相连。分子中 O—O 键与 O—H 键间的键角为 97°，两个 H 原子向空间伸展所形成的几何构型像一本半展开的书，过氧键在书的夹缝处，二个氢原子在两页纸平面上，两页纸的夹角为 94°。显然，H_2O_2 的结构不是直线形，两个 O－H 键的极性不能相互抵消，因此 H_2O_2 是非线形的极性分子。

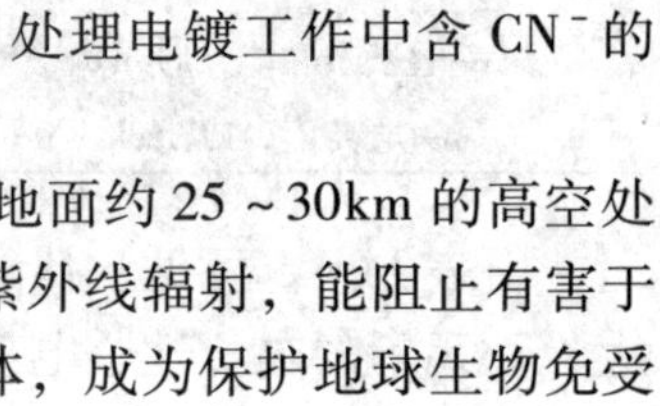

图 11－2　H_2O_2 分子结构

过氧化氢的化学性质主要表现在以下几方面：

1. 弱酸性

H_2O_2 是一种很弱的酸，298K 时，$K_{a1}=2.4\times10^{-12}$。在水溶液中第一级解离平衡为：

$$H_2O_2 \rightleftharpoons H^+ + HO_2^-$$

H_2O_2 能与强碱作用生成过氧化物，例如：

$$H_2O_2 + Ba(OH)_2 = BaO_2 + 2H_2O$$

2. 不稳定性

纯 H_2O_2 若受热到 426 K 或更高的温度时，便会发生猛烈的爆炸性分解。在较低温度下分解作用比较平稳的进行。而 H_2O_2 的水溶液也不稳定，常温下即分解成水并放出 O_2：

$$2H_2O_2 = 2H_2O + O_2\uparrow$$

在碱性介质中过氧化氢的分解速率要比在酸性介质中快的多。影响过氧化氢分解速率的最重要因素是杂质及一些具有催化作用的重金属离子。很多重金属离子，如 Fe^{2+}、Cu^{2+}、Mn^{2+}、Cr^{3+} 等都能加速过氧化氢的分解。一定波长的光照情况下也能使过氧化氢的分解速率加快。因此，为了防止过氧化氢的分解，在商品 H_2O_2 中常加入一些稳定剂，如锡酸钠（Na_2SnO_3）、焦磷酸钠（$Na_4P_2O_7$）等来抑制杂质的催化分解作用，保持过氧化氢稳定。在实验室中常把过氧化氢装在棕色瓶内，放置在低温阴凉处，密闭保存。

3. 氧化还原性

H_2O_2 中氧的氧化数为 -1，处于中间氧化态，所以 H_2O_2 既可以在一定条件下作为氧化剂，又可以在另一种条件下作为还原剂。从 H_2O_2 的标准电极电势可知，H_2O_2 主要作为氧化剂，其氧化还原能力的大小也与介质的酸碱性有关。在酸性介质中 H_2O_2 是一种强氧化剂，例如：

$$H_2O_2 + 2H^+ + 2I^- = 2H_2O + I_2$$

$$H_2O_2 + 2H^+ + 2Fe^{2+} = 2H_2O + 2Fe^{3+}$$

H_2O_2 在碱性介质中氧化能力较弱，但也能与许多还原剂作用，例如：

$$3H_2O_2 + 2CrO_2^- + 2OH^- = 2CrO_4^{2-} + 4H_2O$$

H_2O_2 的典型还原反应是它同强氧化剂 $KMnO_4$ 的反应。在酸性介质中 $KMnO_4$ 被 H_2O_2 还原成 Mn^{2+}，而在中性或微碱性介质中 $KMnO_4$ 被 H_2O_2 还原成 MnO_2：

$$2MnO_4^- + 5H_2O_2 + 6H^+ = 2Mn^{2+} + 5O_2\uparrow + 8H_2O$$

$$2MnO_4^- + 5H_2O_2 = 2MnO_2\downarrow + 2O_2\uparrow + 10OH^-$$

H_2O_2 最常用作氧化剂，因为它不会给反应溶液带来杂质离子。在医药上用稀 H_2O_2 作为消毒杀菌剂。在工业上用作漂白剂，可用于漂白毛、丝、羽毛、象牙等。还用作防毒面具中的氧源、燃料电池中燃料。在高能技术中纯 H_2O_2 可用作火箭燃料高能氧化剂。在实验室 H_2O_2 是一种方便纯净的氧化剂和化学试剂。

三、硫、硫化氢和金属硫化物

（一）硫

硫单质俗称硫黄，是分子晶体。常见的晶体硫呈淡黄色，有微臭味，不溶于水，易溶于二硫化碳、四氯化碳等非极性有机溶剂中。单质硫有多种同素异形体，有斜方硫、单斜硫和弹性硫等，在一定条件下它们可相互转化。

斜方硫（通常所说的硫黄）为黄色晶体，单斜硫为浅黄色晶体。将斜方硫加热到368.6 K以上就转变为单斜硫；温度低于368.6 K时，单斜硫又转变为斜方硫。斜方硫和单斜硫都含有S_8分子，具有八个硫原子的环状结构。硫的化学性质比较活泼，可以与大多数的金属和非金属反应。

1. 与非金属的反应

硫与氢气、氧气、卤素（除I_2外）、碳、磷等非金属直接作用生成共价化合物。例如：

$$S + H_2 \xlongequal{\Delta} H_2S$$

$$S + Cl_2 \xlongequal{} SCl_2$$

$$S + C \xlongequal{} CS_2$$

2. 与金属的反应

硫能与许多金属直接化合成相应的硫化物。例如：

$$2Al + 3S \xlongequal{} Al_2S_3$$

$$Hg + S \xlongequal{} HgS$$

因此，当有毒的金属汞不慎散落而又无法收集时，可用硫黄粉覆盖，使之生成HgS。

3. 硫与具有氧化性的酸反应

硫能与具有氧化性的酸反应生成含氧化合物或含氧酸：

$$S + 6HNO_3 \xlongequal{\Delta} H_2SO_4 + 6NO_2\uparrow + 2H_2O$$

$$S + 2H_2SO_4\text{（浓）} \xlongequal{} 3SO_2\uparrow + 2H_2O$$

4. 硫与碱的反应

硫溶于热碱，发生歧化反应生成硫化物和亚硫酸盐：

$$3S + 6OH^- \xlongequal{} 2S^{2-} + SO_3^{2-} + 3H_2O$$

硫是重要的化工原料，主要用于制造硫酸。在造纸工业、橡胶工业、焰火及火柴制造等方面也是不可缺少的。此外还用于黑火药，合成药剂，在农业上用作杀虫剂等。

（二）硫化氢

硫化氢（H_2S）是一种无色、有臭鸡蛋味的气体。硫化氢有剧毒，是一种大气污染物，当空气中的H_2S的体积分数超过0.001时，就会迅速引起头疼、眩晕等症状。吸入大量H_2S会导致昏迷甚至死亡。经常与H_2S接触会引起慢性中毒，出现感觉变坏、头疼、消瘦等等症状。中毒的原因是H_2S能与血红素中的铁离子结合，抑制了铁离子的活性，使铁离子失去正常的生理活性。因此，在任何情况下都不允许把硫化氢向空气中排放。使用H_2S气体时必须在密闭系统中或高效的通风橱中进行。

硫化氢气体能溶于水，293 K时，1 L水能溶解2.6 L的硫化氢气体，硫化氢饱和溶液的浓度为0.1mol/L，硫化氢的水溶液称为氢硫酸。

硫化氢的主要化学性质表现在如下几方面。

1. 弱酸性

硫化氢的水溶液为二元弱酸，298 K时，$K_{a1}=9.1\times10^{-8}$，$K_{a2}=1.1\times10^{-12}$。在水溶液中的解离平衡为：

$$H_2S \rightleftharpoons H^+ + HS^-$$
$$HS^- \rightleftharpoons H^+ + S^{2-}$$

2. 还原性

硫化氢中硫的氧化数为 -2，为最低氧化值，因此，H_2S 显示较强的还原性。干燥硫化氢在室温下不与氧气反应，但点燃时能在空气中燃烧。而氢硫酸在常温下即可被空气中的 O_2 氧化析出单质硫而变浑浊：

$$2H_2S + O_2 = 2S\downarrow + 2H_2O$$

硫化氢与强氧化剂作用，可生成更高氧化态的化合物，例如：

$$H_2S + 4Cl_2 + 4H_2O = H_2SO_4 + 8HCl$$
$$H_2S + H_2SO_4（浓）= SO_2\uparrow + 2H_2O + S\downarrow$$

3. 与金属离子的沉淀反应

硫化氢在溶液中能和许多金属离子生成难溶性的硫化物沉淀，金属硫化物不仅在水中的溶解性相差较大，而且在强酸（HCl、HNO_3 等）、强碱等试剂中溶解性也不相同，并且大多数都具有特征颜色，故常在分析化学上用于鉴定和分离金属离子。一些常见金属硫化物的颜色，溶度积常数及溶解性列于表 11 -6。

表 11 -6　一些金属硫化物的颜色、溶解性及溶度积常数

化合物	颜色	K_{sp}	溶解性特征	
			在水中	在酸中
ZnS	白色	1.2×10^{-23}	不溶	溶于稀盐酸
MnS	肉红色	1.4×10^{-15}	不溶	溶于醋酸和稀盐酸
FeS	黑色	3.7×10^{-19}	不溶	溶于稀盐酸
NiS	黑色	3.0×10^{-21}	不溶	溶于稀盐酸
CdS	黄色	3.6×10^{-29}	不溶	溶于浓盐酸和硝酸
SnS	褐色	1.0×10^{-28}	不溶	溶于盐酸和多硫化铵
PbS	黑色	8.0×10^{-28}	不溶	溶于浓盐酸和硝酸
CuS	黑色	6.0×10^{-36}	不溶	溶于热硝酸
HgS	黑色	1.6×10^{-52}	不溶	溶于王水和硫化钠
Ag_2S	黑色	6.3×10^{-50}	不溶	溶于热硝酸
Sb_2S_3	桔红色	2.9×10^{-59}	不溶	溶于浓盐酸、氢氧化钠及硫化钠

硫化氢是一种大气污染物，通常用硫代乙酰胺（CH_3CSNH_2）代替硫化氢作沉淀剂。

四、硫的重要含氧酸及其盐

硫能形成多种含氧酸，大体可划分为四个系列，亚硫酸（如亚硫酸、连二亚硫酸）系列；硫酸（如硫酸、硫代硫酸、焦硫酸）系列；过硫酸（如连四硫酸、连多硫酸）系列。其中大多数不能以游离态形式存在，而是以对应盐的形式存在。本节主要讨论亚硫酸、硫酸及其盐和硫代硫酸钠的性质。

（一）亚硫酸及其盐

亚硫酸可由二氧化硫（SO_2）制得。二氧化硫溶于水可制得亚硫酸溶液。目前认为水溶液中不存在亚硫酸分子（H_2SO_3），而是形成二氧化硫水合物（$SO_2 \cdot xH_2O$），此水合物称为亚硫酸，为简便而写成 H_2SO_3。亚硫酸是一种二元弱酸，其解离平衡可简写为：

$$H_2SO_3 \rightleftharpoons HSO_3^- + H^+ \qquad K_{a_1} = 1.54 \times 10^{-2}$$

$$HSO_3^- \rightleftharpoons SO_3^{2-} + H^+ \qquad K_{a_2} = 1.05 \times 10^{-7}$$

亚硫酸可形成酸式盐和正盐两种类型的亚硫酸盐。其中所有的亚硫酸氢盐都能溶于水，正盐中除碱金属的亚硫酸盐、铵盐易溶外，其他的均不溶于水或微溶，但都能溶于强酸。

亚硫酸和亚硫酸盐中硫的氧化数都为 +4，处于中间氧化态。因此，它们既具有氧化性又具有还原性，其标准电极电势可知，其还原性较强，主要作为还原剂。例如：

$$2MnO_4^- + 5SO_3^{2-} + 6H^+ = 2Mn^{2+} + 5SO_4^{2-} + 3H_2O$$

$$2H_2SO_3 + O_2 = 2H_2SO_4$$

当它们遇到强还原剂时，才表现出氧化性。例如：

$$H_2SO_3 + 2H_2S = 3S\downarrow + 3H_2O$$

（二）硫酸及其盐

纯硫酸（H_2SO_4）是一种无色油状液体，熔点为 283.4 K，沸点为603.2 K。能以任何比例与水混溶。市售浓硫酸的质量分数为 0.98，相对密度为 1.84g/cm^3，浓度约为 18.4 mol/L。

硫酸是一种难挥发性的二元强酸，在稀硫酸的溶液中，其第一步解离是完全的：

$$H_2SO_4 + H_2O = H_3O^+ + HSO_4^-$$

第二步解离程度则比较低：

$$HSO_4^- + H_2O \rightleftharpoons H_3O^+ + SO_4^{2-} \qquad K_{a_2} = 1.2 \times 10^{-2}$$

稀硫酸具有酸的一切通性，能与金属活动顺序在 H 以前的金属如 Zn、Mg、Fe 等反应放出氢气。而浓硫酸与稀硫酸的存在形式不同，所以浓硫酸有不同于稀硫酸的特性，主要表现在如下几方面。

1. 吸水性和脱水性

浓硫酸具有强烈的水合作用，吸水后生成硫酸水合物。利用浓硫酸这一强吸水性的性质，工业上和实验室中常用它作为某些干燥剂，以干燥氢气、氯气和二氧化碳等气体。浓硫酸吸水是一个放热过程，会放出大量的热，若不小心将水倾入浓硫酸中，将会因发生剧热而引致暴沸。所以稀释浓硫酸时，要将其缓慢加入水中，并不断搅拌，切不可把水加入到浓硫酸中！否则浓硫酸会因剧烈的水合作用而暴沸，发生伤害事故。

浓硫酸不但可吸水，而且还具有很强的脱水性，即能从有机化合物（如蔗糖、纸、布等）中，夺取与水分子组成相当的氢和氧，从而使这些有机化合物炭化。例如，在蔗糖里加入一些浓硫酸，蔗糖就被浓硫酸脱水变成黑色的碳：

$$C_{12}H_{22}O_{11} \xlongequal{\text{浓 } H_2SO_4} 12C + 11H_2O$$

浓硫酸由于其强氧化性和脱水性，对于动植物组织有严重破坏作用，如烧坏皮肤和损坏衣物等，因而有很强的腐蚀性，使用时要特别注意安全。实际工作中如果不小心将浓硫酸溅到皮肤上，会造成严重的灼伤，应该立即用干纱布或毛巾擦拭，用大量的清水冲洗，然后将稀氨水滴在灼伤部位，最后再用水冲洗干净。

2. 氧化性

浓硫酸是一种强氧化剂，加热时氧化性更显著，它可以氧化许多非金属和金属元素，一般浓硫酸被还原为二氧化硫；而与过量的活泼金属作用时，还原产物为硫或硫化氢。显然，其还原产物与还原剂的强度和用量有关。例如：

$$C + 2H_2SO_4\text{（浓）} \xlongequal{\Delta} CO_2\uparrow + 2SO_2\uparrow + 2H_2O$$

$$Cu + 2H_2SO_4\text{（浓）} \xlongequal{\Delta} CuSO_4 + SO_2\uparrow + 2H_2O$$

$$3Zn + 4H_2SO_4\text{（浓）} = 3ZnSO_4 + S\downarrow + 4H_2O$$

$$4Zn + 5H_2SO_4\text{（浓）} = 4ZnSO_4 + H_2S\uparrow + 4H_2O$$

常温下，冷浓硫酸与某些金属如铁、铝等接触并不发生反应，这是因为冷浓硫酸能够使金属表面生成一层致密的氧化物薄膜，阻止内部金属继续与硫酸起反应，这种现象称为金属的“钝化”。因此，冷浓硫酸可以用铁制或铝制容器盛放。但是，在受热的情况下，浓硫酸能够与铁、铝等反应。

硫酸是二元强酸可形成正盐和酸式盐两种类型的盐。酸式硫酸盐都易溶于水；正盐中 Ag_2SO_4、$HgSO_4$、$CaSO_4$ 微溶；$BaSO_4$、$SrSO_4$、$PbSO_4$ 难溶；其余都易溶于水。大多数硫酸盐形成时都带有结晶水，含有结晶水是硫酸盐的重要特征之一。含有结晶水的硫酸盐通常称为矾，例如 $CuSO_4 \cdot 5H_2O$ 叫做胆矾，$ZnSO_4 \cdot 7H_2O$ 叫做皓矾，$FeSO_4 \cdot 7H_2O$ 叫做绿矾（皂矾、黑矾）等。

大多数硫酸盐还易形成复盐，形成复盐是硫酸盐的另一重要特征。常见的复盐有下列两类，一类的组成可表示为 $M(\text{I})_2SO_4 \cdot M(\text{II})SO_4 \cdot 6H_2O$；另一类的组成可表示为 $M(\text{I})_2SO_4 \cdot M(\text{III})_2(SO_4)_3 \cdot 24H_2O$。当形成复盐的两种硫酸盐的晶体相同时，这一类硫酸的复盐也叫做矾。如 $K_2SO_4 \cdot Al_2(SO_4)_3 \cdot 2H_2O$（明矾或铝钾矾），$K_2SO_4 \cdot Cr_2(SO_4)_3 \cdot 24H_2O$（铬矾或铬钾钒），$(NH_4)_2SO_4 \cdot FeSO_4 \cdot 6H_2O$（莫尔盐）、$K_2SO_4 \cdot MgSO_4 \cdot 6H_2O$（镁钾矾）等。

（三）硫代硫酸钠

硫代硫酸（$H_2S_2O_3$）可以看作是硫酸分子中的一个非羟基氧原子被一个硫原子取代所得到的产物。由于 $H_2S_2O_3$ 极不稳定，至今未制得游离的硫代硫酸，只制得硫代硫酸盐。硫代硫酸盐中最重要的是硫代硫酸钠。

硫代硫酸钠（$Na_2S_2O_3 \cdot 5H_2O$）俗称海波（hypo）或大苏打，为无色透明的柱状晶体，易溶于水，其水溶液中因 $S_2O_3{}^{2-}$ 离子的水解而呈碱性：

$$S_2O_3^{2-} + H_2O \rightleftharpoons HS_2O_3^- + OH^-$$

硫代硫酸钠的化学性质主要表现为以下几方面。

1. 遇酸分解

硫代硫酸钠在中性、碱性溶液中较稳定，但在酸性溶液中则迅速分解：

$$S_2O_3^{2-} + 2H^+ = S\downarrow + SO_2\uparrow + H_2O$$

溶于水中的 CO_2、O_2 及某些微生物也能促使 $Na_2S_2O_3$ 分解，因此配制 $Na_2S_2O_3$ 溶液时应使用新煮沸冷却后的蒸馏水，并用氢氧化钠调节溶液在碱性范围，通常调节溶液 pH 在 8 ~ 9 之间。否则硫代硫酸钠将分解而析出硫，使溶液变黄。保存 $Na_2S_2O_3$ 时也应注意密封。

2. 还原性

硫代硫酸钠具有还原性是其重要性质之一。$Na_2S_2O_3$ 是一中等强度的还原剂，与较弱的氧化剂 I_2 作用时，碘能将硫代硫酸钠氧化成连四硫酸钠：

$$2Na_2S_2O_3 + I_2 = Na_2S_4O_6 + 2NaI$$

这一反应很重要，在分析化学中用来定量测定碘，是分析化学定量分析中碘量法的基础。

$Na_2S_2O_3$ 与强氧化剂如氯、溴等反应时，可被氧化为硫酸钠。如被卤素 Cl_2 氧化的反应为：

$$Na_2S_2O_3 + 4Cl_2 + 5H_2O = Na_2SO_4 + H_2SO_4 + 8HCl$$

因此，$Na_2S_2O_3$ 可作为卤素中毒的解毒剂和制剂过程中的抗氧剂。

3. 配位性

配位性是硫代硫酸钠的另一重要性质。$S_2O_3{}^{2-}$ 离子有很强的配位能力，可作为单齿配体或双齿配体，与某些金属阳离子形成稳定的配离子。例如不溶于水的 AgBr 可以溶解在 $Na_2S_2O_3$ 溶液中，就是基于此种性质。

$$AgBr + 2Na_2S_2O_3 = Na_3[Ag(S_2O_3)_2] + NaBr$$

硫代硫酸钠常用作显影术中的定影剂，利用这一反应可以溶去胶片上未起作用的溴化银。

在医药中，根据 $Na_2S_2O_3$ 的还原性和配位能力强的性质，可内服硫代硫酸钠作为氰化物及重金属中毒的解毒剂。

（四）连硫酸及其盐

连硫酸是硫原子代替了硫酸分子中的氧原子，然后以—S—S—键结合起来的产物，其通式可表示为 $H_2S_nO_6$，其中 n = 2，3，…6。游离态的连硫酸不稳定，没有游离态的连硫酸。

连硫酸的盐比连硫酸稳定。最主要的连硫酸盐是连二亚硫酸钠（$Na_2S_2O_6$），俗称保险粉。连二亚硫酸钠具有很强的还原性，能与许多氧化剂反应，其水溶液在空气中放置即可被 O_2 氧化：

$$S_2O_4^{2-} + O_2 + H_2O = HSO_3^- + HSO_4^-$$

因此在实验室中常用于吸收气体中的氧气。

（五）过硫酸及其盐

过硫酸可以看作是过氧化氢（H－O－O－H）分子中的氢原子被磺酸基（$-SO_3H$）取代的产物。过氧化氢分子中的一个氢被磺酸基取代的产物，称为过一硫酸，表示为 H_2SO_5（$H—O—O—SO_3H$）；过氧化氢分子中的两个氢被两个磺酸基取代的产物，称为过二硫酸，表示为 $H_2S_2O_8$（$HO_3S—O—O—SO_3H$）。过一硫酸和过二硫酸的分子结构中都含有过氧键“—O—O—”，它们都是无色晶体。

过硫酸盐中最常用的是过二硫酸钾（$K_2S_2O_8$）和过二硫酸铵［$(NH_4)_2S_2O_8$］。过硫酸盐和过硫酸都是非常强的氧化剂，例如在 Ag^+ 的催化作用下，$S_2O_8^{2-}$ 能把 Mn^{2+} 氧化成 MnO_4^-：

$$5S_2O_8^{2-}+2Mn^{2+}+8H_2O \xlongequal{Ag^+} 2MnO_4^-+10SO_4^{2-}+16H^+$$

过硫酸及其盐的热稳定性较差，遇热分解放出 O_2 和 SO_3：

$$2K_2S_2O_8 \xlongequal{\Delta} 2K_2SO_4+O_2\uparrow+2SO_3\uparrow$$

五、氧族元素在生物体内的分布及作用

氧是生物体最重要的宏量元素之一。蛋白质、脂类、核酸、糖类，这些生物大分子及生物小分子水，都是一切生命的物质基础，氧是组成这些物质的重要元素之一。机体的组织细胞必须不断靠氧的呼吸维持生命，机体的生命活动需要消耗大量的氧。而在自然界中绿色植物进行光合作用又向环境输送出大量氧，正是自然界中这种巧妙的物质循环，才得以使生物物种得以延续。因此，保护绿色植被就是保护氧在自然界中的生物循环，也就是保护人类的生存环境。

硫是生物体必需的宏量元素。硫在蛋白质中的质量分数约为0.3%～2.5%，主要参与酪蛋白的形成。另外，硫大部分存在于毛发和软骨等组织中。

硒是人体必需的微量元素。在生理条件下，硒的氧化物为＋4和＋6的化合物都很稳定，在体内参与生物合成并转化为－SeH基。硒在体内的活性物质形式主要是含硒酶，如含硒的谷胱甘肽过氧化物酶，其主要生物功能是清除体内 H_2O_2 和有机过氧化物（ROOH），抑制自由基的产生，保护细胞免受损伤。研究还表明，硒与癌症发病率有关。谷物中硒含量较低的地区的癌症发病率高，若在高发区饮食中加入硒的化合物（如亚硒酸钠）后，肿瘤发病率显著降低。另外微量硒可以保护心脏，预防克山病、大骨节病、肝损伤等一些与自由基造成的细胞损伤和突变有关的损伤性疾病。

六、常用的含氧族元素药物

（1）氧气　氧气用于缺氧的预防和治疗，主要用于维持正常的呼吸，如肺炎、肺水肿和一氧化碳中毒时使用。

（2）药用硫　药用硫分为升华硫、洗涤硫和沉降硫。临床上常将升华硫制成10%的硫黄软膏，外用治疗疥疮、牛皮癣等皮肤病。洗涤硫和沉降硫均可内服，有轻泻功效。

(3) 过氧化氢溶液　过氧化氢溶液又称双氧水，药用浓度为3%，为消毒防腐药。用作消毒剂、防腐剂和消臭剂。双氧水在组织酶的作用下分解放出活性 O_2，而具有杀菌作用，常用于清洗疮口，治疗化脓性中耳炎、口腔炎等。还可用于含漱。

(4) 硫酸钠　含结晶水的硫酸钠（$Na_2SO_4 \cdot 10H_2O$），中药称芒硝。无水硫酸钠中药称玄明粉。它们都可用作缓泻剂并有消肿和止痛的作用。4.3%硫酸钠无菌溶液静脉滴入可作为利尿剂以治疗无尿症和尿毒症。

(5) 硫代硫酸钠　硫代硫酸钠用作解毒剂，静脉注射用于解氰化物、铅、汞、铁、砷和碘等中毒，外用可治疗疥癣和慢性皮炎等皮肤病。

第三节　氮族元素

周期系中第VA族元素也称为氮族元素，由氮（N）、磷（P）、砷（As）、锑（Sb）、铋（Bi）五种元素组成。其中氮和磷是非金属元素，砷和锑是准金属元素，铋是金属元素。

氮元素主要以单质存在于大气中，在大气组成中氮气的体积分数为0.78。天然存在的氮元素的无机化合物较少，在地壳中主要以硝酸盐矿的形式存在，还有硝酸钠大量分布于智利沿海。磷在自然界中主要以磷酸盐形式分布在地壳中，如磷酸钙［$Ca_3(PO_4)_2$］、氟磷灰石［$3Ca_3(PO_4)_2 \cdot CaF_2$］等。氮和磷元素都是生物体内最重要的组成元素。砷、锑、铋在自然界中主要以硫化物矿的形式存在，例如雄黄（As_4S_4）、雌黄（As_2S_3）、砷硫铁矿（FeAsS）、辉锑矿（Sb_2S_3）、辉铋矿（Bi_2S_3）等。

一、氮族元素的通性

（一）基本性质

氮族元素的一些基本性质列于表11-7中。由表11-7可见，从氮到铋随着元素原子序数的递增，原子半径依次增大，而元素的电负性，第一电离能依次递减。因此，元素的非金属性依次减弱，金属性逐渐增强。

表11-7　氮族元素的一些基本性质

元素名称	氮	磷	砷	锑	铋
元素符号	N	P	As	Sb	Bi
原子序数	7	15	33	51	83
相对原子质量	14.01	30.97	74.92	121.8	209
价电子层结构	$2s^22p^3$	$3s^23p^3$	$4s^24p^3$	$5s^25p^3$	$6s^26p^3$
共价半径，pm	70	110	121	141	152
电负性	3.04	2.19	2.18	2.05	2.02
主要氧化数	±1、±2、±3 +4、+5	±3、+5	±3、+5	±3、+5	+3、+5
第一电离能，kJ/mol	1409	1020	953	840	710

（二）主要成键特征

氮族元素的价电子层构型为 ns^2np^3，它们要获得三个电子达到稀有气体 8 电子的稳定结构，与卤族元素和氧族元素相比较，要获得较多数目的电子才能达到稳定结构，显然是很困难的。氮族元素中除电负性较大的氮和磷能与电负性较小的活泼金属形成少数的 -3 价的离子型化合物外，一般形成氧化数为 +3 的共价型化合物。

氮族元素的电负性不是很大，形成正氧化态趋势较大。当本族元素与电负性大于它们的元素（如 Cl、O、S 等）化合时，主要形成氧化数为 +3 和 +5 的共价型化合物。氮族元素随原子序数的增加，+3 氧化数的化合物稳定性增强。氮、磷不能形成 N^{3+}、P^{3+}，而锑、铋能以 Sb^{3+} 和 Bi^{3+} 的盐存在。氮族元素 +5 氧化数的化合物的稳定性，除氮外随原子序数的增加依次减弱。氮、磷元素可以含氧酸根 NO_3^-、PO_4^{3-} 的形式存在，砷和锑则以配离子的形式存在，如 $[Sb(OH)_6]^-$、$[As(OH)_4]^-$。铋主要表现为 +3 氧化态，不存在 Bi^{5+} 简单离子。

氮族元素原子的 ns^2 电子对具有较强的形成配位键的倾向，其中 N 和 P 是常见的配位原子。氮族元素中除氮元素外其他元素原子的价电子层中均有可利用的 *d* 轨道，因此它们还能作为配合物的中心原子，接受电子对形成配位键，如 $[As(OH)_4]^-$、$[BiI_4]^-$ 配离子等。

二、氨和铵盐

（一）氨

氨是一种无色而具有特殊臭味的气体，它在水中的溶解度极大，293K 时，1L 水能溶解 700L 的氨，氨的水溶液称为氨水。因氨分子间可形成氢键，故它的熔点、沸点高于同族元素磷的氢化物。

氨的化学性质比较活泼，所发生的化学反应可以归纳成以下三类。

1. 加合反应

由于氨分子中氮原子上含有孤对电子，能与许多分子或离子通过配位键发生加合作用，形成各种形式的配合物或氨的加合物。例如氨与质子加合，产生铵离子 NH_4^+，使 NH_3 具有碱性，即：

$$NH_3 + H^+ \rightleftharpoons NH_4^+$$

氨溶于水中主要形成一水合氨分子（$NH_3 \cdot H_2O$），其中一小部分水合分子发生解离作用，使氨水溶液呈弱碱性：

$$NH_3 \cdot H_2O \rightleftharpoons NH_4^+ + OH^-$$

氨分子能与 Ag^+、Cu^{2+}、Cr^{3+}、Pt^{2+} 等许多金属离子形成稳定的配合物。例如：$[Ag(NH_3)_2]^+$、$[Cu(NH_3)_4]^{2+}$、$[Cr(NH_3)_6]^{3+}$、$[Pt(NH_3)_4]^{2+}$ 等。利用这种性质使 AgCl、$Cu(OH)_2$ 等一些不溶于水的化合物溶解在氨水中。氨分子也能与某些盐，如无水 $CaCl_2$ 发生加合反应，生成氨合物 $CaCl_2 \cdot 8NH_3$，故无水 $CaCl_2$ 不能用来干燥氨气。

2. 氧化反应

氨分子中的 N 原子的氧化数为 -3，处于最低氧化态，因此具有还原性，容易被一些氧化剂氧化。例如，氨在空气中虽不能燃烧，但氨能在纯净的氧气中燃烧生成氮气和水，燃烧时呈现黄色火焰。

$$4NH_3 + 3O_2 \xlongequal{} 2N_2 + 6H_2O$$

常温下氨也能与 Cl_2、Br_2、$KMnO_4$、H_2O_2 等氧化剂直接反应。例如，氯或溴在气态或溶液中将氨氧化成单质：

$$3Cl_2 + 2NH_3 \xlongequal{} N_2 + 6HCl$$

高温下氨是强还原剂，能将某些金属氧化物还原。例如：

$$3CuO + 2NH_3 \xlongequal{} 3Cu + N_2 + 3H_2O$$

3. 取代反应

取代反应可以分成两种情况来考虑。一种情况是 NH_3 可以看作是一个三元酸，其中的 H 原子可以依次被其他原子或原子团取代，生成氨基（$—NH_2$）、亚氨基（$=NH$）、次氨基（$\equiv N$）的衍生物。取代氨分子中 H 原子的可以是金属元素，也可以是非金属元素，或者是原子团。较为常见是被活泼金属元素取代生成氨基化物，如氨基化钠（$NaNH_2$）、亚氨基化钙（CaNH）、氮化锂（Li_3N）等。例如：

$$2Na + 2NH_3 \xlongequal{350℃} 2NaNH_2 + H_2\uparrow$$

（二）铵盐

铵盐是氨与酸加合作用的产物。铵盐一般为无色晶体，大多数易溶于水；但酒石酸氢铵与高氯酸铵等少数铵盐的溶解度较小；只有少数难溶，如 NH_4MgPO_4。

铵盐中由于 NH_4^+ 离子的半径（143pm）与 K^+ 离子的半径（133pm）相近，使得铵盐和钾盐在晶型、溶解度等方面类似。但铵盐又表现出不同于钾盐的性质。

1. 与强碱反应放出氨气

在铵盐溶液中加入强碱，在加热条件下分解放出氨气：

$$NH_4^+ + OH^- \xlongequal{\Delta} NH_3\uparrow + H_2O$$

这是检验铵盐的方法。

2. 铵盐受热分解反应

固体铵盐热稳定性差，受热时极易分解，分解产物常与组成的酸的性质有关。由挥发性酸形成的铵盐，受热时分解产物一般为氨及相应的酸。例如：

$$NH_4Cl \xlongequal{\Delta} HCl\uparrow + NH_3\uparrow$$

$$(NH_4)_2CO_3 \xlongequal{\Delta} 2NH_3\uparrow + CO_2\uparrow + H_2O$$

由不挥发性酸形成的铵盐，受热时分解产物为氨和难挥发性的酸或酸式盐。例如：

$$(NH_4)_2SO_4 \xlongequal{\Delta} NH_3\uparrow + NH_4HSO_4$$

$$(NH_4)_3PO_4 \xlongequal{\Delta} 3NH_3\uparrow + H_3PO_4$$

由氧化性酸形成的铵盐，受热时发生氧化还原反应。例如：

$$2NH_4NO_3 \xlongequal{\Delta} 2N_2\uparrow + O_2\uparrow + 4H_2O$$

$$(NH_4)_2Cr_2O_7 \xlongequal{\Delta} N_2\uparrow + Cr_2O_3 + 4H_2O$$

三、氮的含氧酸及其盐

(一) 亚硝酸及其盐

亚硝酸（HNO_2）是一种一元弱酸，286 K 时，亚硝酸的解离常数 $K_a = 7.2\times10^{-4}$，酸性稍强于醋酸。亚硝酸很不稳定，仅存在于冷的稀水溶液中，受热时分解生成硝酸并放出一氧化氮气体：

$$3HNO_2 \xlongequal{} HNO_3 + H_2O + 2NO\uparrow$$

亚硝酸虽然不稳定，但亚硝酸盐却是相当稳定的，第ⅠA 和ⅡA 族元素的亚硝酸盐都是有较高热稳定性的。在亚硝酸盐中除浅黄色的 $AgNO_2$ 微溶于水外，其余一般均易溶于水。

在亚硝酸及其盐中氮原子的氧化数均为 +3，为中间氧化态，因此它既可作氧化剂又可作还原剂。根据有关 HNO_2 氧化还原电极电势可知，HNO_2 的氧化性强于它的还原性。HNO_2 作为氧化剂时，依所用还原剂的不同，HNO_2 可以被还原成 NO、N_2O、NH_2OH、N_2 或 NH_3；HNO_2 作为还原剂时，HNO_2 被氧化变成硝酸。

在酸性溶液中，亚硝酸及其盐显示强氧化性，能够氧化许多还原剂。例如，它在水溶液中能将 KI 氧化成单质碘，本身被还原为 NO。

$$2HNO_2 + 2I^- + 2H^+ \xlongequal{} 2NO\uparrow + I_2 + 2H_2O$$

此反应能够定量地进行，所以这一反应可用于测定亚硝酸及其盐的含量。

当亚硝酸及其盐与强氧化剂作用时，显示出还原性，而且在碱性介质中，NO_2^- 离子的还原性更加显著，如空气中的 O_2 就能把 NO_2^- 离子氧化为 NO_3^- 离子。

亚硝酸及其盐中的 NO_2^- 离子是一种具有很强配位能力的配体，能与许多中心原子配位形成稳定的配合物，如 $[Co(NO_2)_6]^{3-}$ 等。

所有亚硝酸盐都具有毒性，过多食用亚硝酸盐会引起中毒现象。亚硝酸盐进入人体血液，可将亚铁血红蛋白氧化成高铁血红蛋白，使血红蛋白失去携氧能力，出现嘴唇、皮肤、指甲发紫及头晕、腹泻、呕吐等症状，严重时造成机体缺氧而死亡。亚硝酸盐在体内还易转化为致癌物质亚硝基胺。

(二) 硝酸及其盐

纯硝酸（HNO_3）是一种无色透明的、易挥发的油状液体，沸点为356K，能与水以任何比例相互混溶。一般市售 HNO_3 的质量分数约为 0.68 ~ 0.70，密度为 1.4 g/cm^3，浓度为 15 mol/L。硝酸不稳定，受光照时慢慢发生分解作用，加热到沸点时发生分解作用，生成二氧化氮、氧气和水。

$$4HNO_3 \xlongequal{} 4NO_2\uparrow + O_2\uparrow + 2H_2O$$

硝酸溶液常呈现黄色或棕色，是因为生成的红棕色的 NO_2 气体溶于硝酸溶液中的缘故。溶解了过多 NO_2 的浓硝酸又叫做发烟硝酸。

浓硝酸表现最突出的化学性质是它的强氧化性。硝酸具有强氧化性，能将许多非金属元素的单质（如硫、碘、碳、磷等）氧化，生成氧化物或含氧酸。

$$S + 2HNO_3\text{（稀）} = H_2SO_4 + 2NO\uparrow$$

$$3I_2 + 10HNO_3\text{（稀）} = 6HIO_3 + 10NO\uparrow + 2H_2O$$

$$C + 4HNO_3\text{（浓）} = CO_2\uparrow + 4NO_2\uparrow + 2H_2O$$

$$P + 5HNO_3\text{（浓）} = H_3PO_4 + 5NO_2\uparrow + H_2O$$

除金、铂等少数贵金属外，一般大多数金属元素能被硝酸氧化，即一般金属都能溶于硝酸生成硝酸盐，而硝酸则被还原成一系列还原产物。

$$Cu + 4HNO_3\text{（浓）} = Cu(NO_2)_2 + 2NO_2\uparrow + 2H_2O$$

$$3Cu + 8HNO_3\text{（稀）} = 3Cu(NO_3)_2 + 2NO\uparrow + 4H_2O$$

$$4Zn + 10HNO_3\text{（稀）} = 4Zn(NO_3)_2 + N_2O\uparrow + 5H_2O$$

$$4Mg + 10HNO_3\text{（极稀）} = NH_4NO_3 + 4Mg(NO_3)_2 + 5H_2O$$

硝酸作为氧化剂，得到的还原产物，常取决于硝酸的浓度、还原剂的强度和量以及反应的温度。浓硝酸与金属作用时，均被还原为 NO_2；稀硝酸与不活泼金属作用，被还原为 NO，而与活泼金属作用时则被还原为 N_2O；极稀硝酸与活泼金属作用时，被还原为 NH_4^+。HNO_3 溶液的浓度越低，被还原的程度越大；金属越活泼，HNO_3 被还原的程度越大。

金、铂等贵金属虽不溶于硝酸中，但可溶于王水（1 体积浓 HNO_3 与 3 体积浓盐酸组成的混合酸）中。王水不仅有更强的氧化性，同时金属离子与 Cl^- 离子易形成 $[AuCl_4]^-$，$[PtCl_6]^{2-}$ 等稳定的配离子，降低了 Au^{3+} 或 Pt^{4+} 的浓度，使反应向 Au，Pt 溶解的方向进行。

硝酸盐大多数为无色晶体，易溶于水，其水溶液没有氧化性，但酸化硝酸盐溶液，即显示出硝酸的氧化性。固体硝酸盐在常温下比较稳定，但受热时易分解出氧气，所以高温时固体硝酸盐是强氧化剂。

硝酸盐受热分解的产物因金属阳离子的本性而异，可以分为下列三种情况。

（1）活泼金属（活泼性在 Mg 以前的碱金属和碱土金属）的硝酸盐受热分解生成亚硝酸盐和氧气：

$$2NaNO_3 = 2NaNO_2 + O_2\uparrow$$

（2）活泼性较小的金属（活泼性在 Mg ~ Cu 之间）的硝酸盐受热分解生成金属氧化物、氧气和二氧化氮气体：

$$2Pb(NO_3)_2 \overset{\Delta}{=} 2PbO + O_2\uparrow + 4NO_2\uparrow$$

$$2Cu(NO_3)_2 = 2CuO + O_2\uparrow + 4NO_2\uparrow$$

（3）活泼性比 Cu 差的金属的硝酸盐受热分解生成金属单质，氧气和二氧化氮气体：

$$2AgNO_3 \overset{\Delta}{=} 2Ag + O_2\uparrow + 2NO_2\uparrow$$

四、磷的含氧酸及其盐

磷能形成多种含氧酸。磷的含氧酸主要有正磷酸、亚磷酸、次磷酸、多磷酸及偏磷酸等。

（一）磷酸及其盐

正磷酸常简称磷酸（H_3PO_4）。其分子结构如图 11－3 所示。纯磷酸为无色晶体，熔点为 315.3K，可与水以任何比例相互混溶。市售磷酸是黏稠状浓溶液，质量分数为 0.85，密度为 1.7g/L，浓度约为 14.7mol/L。

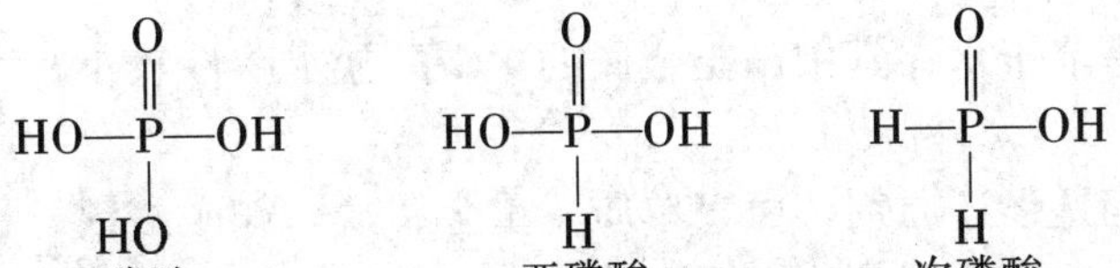

磷酸　　亚磷酸　　次磷酸

图 11－3　磷的含氧酸

磷酸是一种不挥发性的三元中强酸，298 K 时，其各级解离常数分别为 $K_{a1}=7.5\times10^{-3}$，$K_{a2}=6.2\times10^{-8}$，$K_{a3}=2.2\times10^{-13}$。

磷酸分子中 P 的氧化数虽为最高（+5），但磷酸的标准电极电势很小，与同族的硝酸不同，通常是一种无氧化性的酸。磷酸在强热条件下分子间脱水缩合，生成焦磷酸、三聚磷酸和偏磷酸。

$$2H_3PO_4 = H_4P_2O_7\text{（焦磷酸）}+H_2O$$

$$3H_3PO_4 = H_5P_3O_{10}\text{（三聚磷酸）}+2H_2O$$

$$4H_3PO_4 = (HPO_3)_4\text{（四偏磷酸）}+4H_2O$$

磷酸可形成三种类型的磷酸盐：即磷酸正盐、磷酸一氢盐和磷酸二氢盐。磷酸二氢盐均易溶于水，而其他两类磷酸盐除钾盐、钠盐和铵盐易溶于水外，一般都难溶于水。

可溶性磷酸盐的水溶液均有不同程度的水解，使溶液呈现不同的酸碱性。例如，磷酸正盐溶液中，由于 PO_4^{3-} 离子的水解而呈碱性。

$$PO_4^{3-}+H_2O \rightleftharpoons HPO_4^{2-}+OH^-$$

磷酸一氢盐溶液中，由于 HPO_4^{2-} 的水解也显碱性。

$$HPO_4^{2-}+H_2O \rightleftharpoons H_2PO_4^-+OH^-$$

而磷酸二氢盐溶液中，由于 $H_2PO_4^-$ 离子的水解作用小于其解离作用而显弱酸性。

$$H_2PO_4^-+H_2O \rightleftharpoons HPO_4^{2-}+H_3O^+$$

实验室及医药工作中常用各种磷酸盐配制缓冲溶液。

PO_4^{3-} 离子具有较强的配位能力，可与许多金属离子形成稳定的配合物，如 $[Fe(PO_4)_2]^{3-}$、$[Fe(HPO_4)_2]^-$ 等，在分析化学中常用 PO_4^{3-} 掩蔽 Fe^{3+}，来消除 Fe^{3+} 的干扰。

（二）亚磷酸、次磷酸及其盐

亚磷酸（H_3PO_3）、次磷酸（H_3PO_2）的分子结构如图 11－3 所示。在 H_3PO_3 和 H_3PO_2 的分子结构中，分别有一个和二个 H 原子与 P 原子直接相连接。

纯亚磷酸是一种无色晶体，熔点 346 K，在水中有很高的溶解度。亚磷酸是一种二元酸，其解离常数分别为 $K_{a_1}=1.0\times10^{-2}$，$K_{a_2}=2.6\times10^{-7}$。

亚磷酸能形成两种类型的亚磷酸盐：即正盐和酸式盐，如 NaH_2PO_3 和 Na_2HPO_3。亚磷酸及其盐都是强还原剂，如亚磷酸容易将 Ag^+ 离子还原为金属银，能将热浓硫酸还原成二氧化硫。

次磷酸是一种无色晶状固体，熔点为 299.5K，易溶于水。它是一种一元中强酸，298 K 时，其解离常数 $K_a = 1.0 \times 10^{-2}$。它之所以是一元酸，是因为结构中有两个氢原子是不能取代的共价原子。

次磷酸盐一般易溶于水，其中碱土金属的次磷酸盐水溶性较小。次磷酸盐也是有毒性的化合物。

次磷酸及其盐都是强还原剂。卤素单质，重金属盐，如硝酸银、氯化汞、氯化铜、氯化镍等能在溶液中被次磷酸及其盐还原。例如化学镀镍就是利用 NaH_2PO_2 的还原性将镍盐还原为金属镍，沉积在金属镀件的表面上。

五、砷、锑、铋的重要化合物

砷、锑、铋三种元素的次外层电子结构都为 18 电子构型，和同族中氮和磷的 8 电子构型不同，因此这三种元素的单质及其化合物在性质上有着更多的类似之处，故砷、锑、铋又称为砷分族。

(一) 氢化物

砷、锑、铋的氢化物可表示为 MH_3（AsH_3、SbH_3、BiH_3），它们都是有毒、带有恶臭的无色液体，在水中的溶解度不大。它们容易分解，很不稳定。

砷、锑、铋的氢化物中最重要的是砷化氢（又称胂）。砷化氢可由金属砷化物水解得到。

$$Na_3As + 3H_2O = AsH_3 + 3NaOH$$

也可用强还原剂在酸性介质中还原砷的氧化物得到。

$$As_2O_3 + 6Zn + 6H_2SO_4 = 2AsH_3 + 6ZnSO_4 + 3H_2O$$

砷化氢是一种很强的还原剂，能还原重铬酸钾、高锰酸钾，甚至硫酸和亚硫酸，能够还原重金属的盐使重金属单质沉积析出。如能将 $AgNO_3$ 中的银离子还原成单质银。

$$2AsH_3 + 12AgNO_3 + 3H_2O = As_2O_3 + 12Ag\downarrow + 12HNO_3$$

这是一个有实际意义的反应——古氏验砷法，利用此反应可鉴定砷。这一方法能检出 0.005mgAs_2O_3。

在缺氧受热情况下，砷化氢分解为单质砷。

$$2AsH_3 \xrightarrow{500K} 2As + 3H_2$$

这一反应就是医学上鉴定砷的马氏验砷法的根据。其方法是把试样、锌和盐酸混合在一起，将生成的气体通入一热玻璃器皿中，如试样中有砷的化合物存在，则因生成的砷化氢在加热的条件下分解，生成的砷沉积在玻璃器皿的表面形成亮黑色的“砷镜”。这一方法能检出 0.007mg As。

（二）氧化物及其水合物

砷分族能形成氧化数为 +3 和 +5 两个系列的氧化物，即三氧化物 M_2O_3 和五氧化物 M_2O_5。氧化物及其水合物的主要性质列于表 11－8 中。

表 11－8　砷分族元素氧化物及其水合物的主要性质

元素	氧化数	氧化物	性状	溶解性	酸碱性	水合物	氧化还原性
As	+3	$As_2O_3^*$	白色晶体	微溶于水	两性偏酸性	H_3AsO_3	还原剂
	+5	As_2O_5	白色晶体（易吸潮）	可溶于水	酸性	H_3AsO_4（三元酸）	中强氧化剂
Sb	+3	$Sb_2O_3^*$	白色晶体	难溶于水	两性	$Sb(OH)_3$	还原性较强
	+5	Sb_2O_5	黄色粉末	难溶于水	两性偏酸性	$H[Sb(OH)_6]$（一元酸）	氧化性较强
Bi	+3	Bi_2O_3	黄色粉末	难溶于水	弱碱性	$Bi(OH)_3$	弱还原剂
	+5	Bi_2O_5（不稳定）	红棕色沉淀	难溶于水		$NaBiO_3$（盐）	强氧化剂

*在晶体中以 M_4O_6 的形式存在。

由表 11－8 可知，砷分族氧化物及其水合物的主要化学性质表现为酸碱性及氧化还原性。

1. 酸碱性的递变规律

砷分族从砷到铋，随着元素金属性的增强，无论是三价氧化物还是五价氧化物，其酸性按 As→Sb→Bi 的顺序依次减弱，碱性依次增强；同一元素从低氧化态（+3）到高氧化态（+5）的氧化物酸性增强。

砷分族三价氧化物的水合物都呈两性。酸性按 $As(OH)_3$（H_3AsO_3）→$Sb(OH)_3$→$Bi(OH)_3$ 的顺序依次减弱；五价氧化物的水合物的酸性也是按 As→Sb→Bi 的顺序减弱。而且酸性都比相应的三价氧化物强。

2. 氧化还原性的递变规律

砷分族从砷到铋，其 +3 氧化态化合物的还原性依次减弱；+5 氧化态化合物的氧化性依次增强。砷分族 +3 氧化态的化合物在碱性介质中的还原性较强，在酸性介质中的还原性减弱。

砷分族 +5 氧化态化合物，砷酸和锑酸在酸性溶液中表现出氧化性，且锑酸的氧化能力大于砷酸。而铋酸盐在酸性溶液中氧化能力最强。例如，铋酸钠（$NaBiO_3$）在酸性溶液中可将 Mn^{2+} 氧化成 +7 价的高锰酸盐。

$$2Mn^{2} + 5NaBiO_3 + 14H^+ \xlongequal{} 2MnO_4^- + 5Bi^{3+} + 5Na^+ + 7H_2O$$

此反应在分析化学中可用于定性鉴别 Mn^{2+} 离子，即在硝酸溶液中加入固体 $NaBiO_3$，在加热情况下如有紫色的 MnO_4^- 离子出现，说明溶液中有 Mn^{2+} 离子存在。

六、氮族元素在生物体内的分布及作用

氮是组成动植物蛋白质的最基本元素之一，氮元素在蛋白质中的质量分数约为 13%～

19%，而蛋白质是一切生命的物质基础，因此氮是构成一切生命体的重要组成元素。在自然界中氮化合物形成一个基本生物循环。一方面，大多数植物体通过吸收土壤中的含氮的铵盐和硝酸盐等合成蛋白质，部分植物又作为动物的食料，植物蛋白在动物体内被利用合成动物蛋白质。另一方面，动植物的排泄物及动植物本身腐烂分解后又转化为含氮的铵盐或硝酸盐等又进入自然界。

磷是生命体的重要组成元素，主要存在于动植物体内的各种蛋白质、动物骨骼中大量磷酸钙中及许多植物的叶根部的大量磷酸盐中。

砷、锑、铋的生物功能及对生命体的影响目前尚不清楚。但砷（Ⅲ）能与体内的巯基酶结合，抑制巯基酶的生物学活性，阻碍有关生物酶的生理作用及抑制细胞呼吸，因此砷（Ⅲ）是剧毒物质。

七、常用的含氮族元素药物

（1）稀氨水　药用稀氨水中 NH_3 的质量分数为 0.09.5 ~0.105。为刺激药和消毒防腐药。对皮肤和黏膜有刺激作用，昏倒时可吸入氨气作为反射性中枢兴奋药。亦可治疗某些昆虫咬伤。

（2）亚硝酸钠　亚硝酸钠为解毒药。质量分数为 0.01 的 $NaNO_2$ 注射液主要用于治疗氰化物中毒。

（3）磷酸氢钙　磷酸氢钙为补钙药。常与维生素 D 共同服用，治疗钙缺乏症，适用于孕妇及幼儿钙质不足。

（4）磷酸二氢钠　磷酸二氢钠为酸碱度调节药。

（5）三氧化二砷　俗称砒霜，为剧毒药。用于治疗慢性皮炎、银屑病等。亦可用于治疗慢性白血病，常配成亚砷酸钾溶液使用。

（6）雄黄　雄黄为中药矿物药，主要成分为硫化砷（As_4S_4），具有清热消肿解毒的功效。可治疗热毒疮疖、疥癣及蛇虫咬伤等，亦可用于治疗疟疾和肠道寄生虫感染等。

（7）酒石酸锑钾　酒石酸锑钾为抗血吸虫病药。常用酒石酸锑钾注射液静脉给药。

（8）没食子酸锑钠　没食子酸锑钠（$C_{14}H_4O_{10}SbNa_4$）为抗血吸虫病药。与酒石酸锑钾的作用及用途类似，但副作用较小。主要用于治疗慢性早期血吸虫病。

（9）次碳酸铋　次碳酸铋（$(BiO)_2CO_3$ 为制酸药及收敛药。内服可用于胃及十二指肠等消化道溃疡及腹泻，外用可用于轻度烧伤溃疡及湿疹。

（10）次硝酸铋　次硝酸铋（$BiONO_3$）为保护药及收敛药。主要用于胃及十二指肠溃疡及腹泻等。

第四节　碳族和硼族元素

周期系第ⅣA 族元素也称为碳族元素，由碳（C）、硅（Si）、锗（Ge）、锡（Sn）、铅（Pb）五种元素组成。周期系中第ⅢA 族也称为硼族元素，由硼（B）、铝（Al）、镓（Ga）、铟（In）、铊（Tl）五种元素组成。

碳元素广泛存在于自然界，是地球上分布最广，形成的化合物数量最多的元素。动植物体内的蛋白质、脂肪、糖类、维生素等；矿藏中的碳酸盐、碳单质、石油、天然气；空气中的 CO_2 等都是含碳的化合物。碳作为最基本主体元素，构建了整个有机物。

硅元素也广泛存在于自然界中，在地壳中的含量仅次于氧，其丰度在所有元素中位居第二位。硅在自然界中主要以硅的含氧化合物形式存在，如黏土、砂石、水晶、玛瑙及硅酸盐等都是硅的含氧化合物，硅的含氧化合物占地壳质量的95%以上。硅作为主要的化学元素，构建了几乎整个矿物界。

锗为稀有元素，其化合物应用还不多，但锗的单质是重要的半导体材料。锡、铅是常见的元素，人类早在公元前二、三千年就开始使用它们了。硼在自然界中以化合态形式存在，含量较小。

铝是地壳中含量最丰富的金属元素，其丰度居第三位。在自然界中主要是以化合态的形式存在。

镓、铟、铊都是比较分散的，作为与其他矿共生的组分而存在，所以称为稀有分散元素。它们有剧毒，主要用于电子工业。

一、碳族和硼族元素的通性

（一）基本性质

碳族元素和硼族元素的一些基本性质分别列于表 11 - 9 和表 11 - 10 中。

表 11 - 9　碳族元素的一些基本性质

元素名称	碳	硅	锗	锡	铅
元素符号	C	Si	Ge	Sn	Pb
原子序数	6	4	32	50	82
相对原子质量	12.01	28.09	72.59	118.7	207.2
价电子层结构	$2s^22p^2$	$3s^23p^2$	$4s^24p^2$	$5s^25p^2$	$6s^26p^2$
共价半径，pm	77	117	122	140.5	175
电负性	2.55	1.9	2.01	1.96	1.9
主要氧化数	+4、+2（-4、-2）	+4、(+2)	+4、+2	+4、+2	+2、+4
第一电离能，kJ/mol	1093	793	767	715	722

表 11 - 10　硼族元素的一些基本性质

元素名称	硼	铝	镓	铟	铊
元素符号	B	Al	Ga	In	Tl
原子序数	5	13	31	49	81
相对原子质量	10.81	26.98	69.72	114.8	204.4
价电子层结构	$2s^22p^1$	$3s^23p^1$	$4s^24p^1$	$5s^25p^1$	$6s^26p^1$
共价半径，pm	88	143	122	163	170
电负性	2.04	1.61	1.81	1.78	1.62
主要氧化数	3	3	+1、+3	+1、+3	+1、(+3)
第一电离能，kJ/mol	807	583	585	541	596

碳族元素中，碳和硅是典型的非金属，锗、锡、铅是金属。其中硅表现出较弱的金属性，而锗却表现出一定的非金属性。硼族元素中除硼是非金属元素，其余都为金属元素。碳族和硼族自上到下的变化规律也和其他主族元素一样，非金属性逐渐减弱，金属性逐渐增强。碳族和硼族同处于元素周期表的金属元素区和非金属元素区的交界处，使得两族中的一些元素及某些化合物的性质相似。

（二）主要成键特征

碳族元素原子的价电子构型为 ns^2np^2；所以它们能形成氧化数为 +4 和 +2 的化合物，碳还能形成氧化数为 -4 的化合物。碳和硅主要形成氧化数为 +4 的化合物，氧化数为 +2 的化合物则不稳定。

锗、锡、铅形成的化合物中，其中锗（Ⅱ）、锡（Ⅱ）化合物具有还原性；锡（Ⅳ）化合物最稳定；铅（Ⅳ）化合物稳定性差，具有较强氧化性，易被还原为稳定的铅（Ⅱ）化合物。

硼族元素原子的价电子层构型为 ns^2np^1，所以一般都形成 +3 氧化态的化合物。随着硼族元素原子序数的递增，其 +3 氧化数的化合物稳定性逐渐降低。相反，形成较低氧化数（+1）化合物的趋势逐渐增大，其较低态化合物的稳定性增加，如铊（Ⅰ）的化合物比铊（Ⅲ）的化合物稳定。

在硼族元素中，硼的原子半径最小，而电负性最大，所以形成的化合物均是共价型的化合物。而其他元素与活泼非金属元素形成离子型化合物，但由于 M^{3+} 具有较强的极化作用，使这些分子中的化学键也表现出一定的共价性。硼族元素形成共价键的趋势按 B、Al、Ga、In、Tl 的顺序依次减弱。

硼族元素原子的价电子数少于其原子轨道数，为缺电子的原子。它们所形成的化合物可能为缺电子化合物。缺电子的化合物有空的价层轨道存在，使得它们具有很强的接受电子对的能力，故易形成聚合分子（如 Al_2Cl_6）和配合物（如 HBF_4）。

硼族元素最主要的氧化数为最高氧化数 +3，化学键的共价性和缺电子性是其突出的成键特征。

二、活性炭的吸附作用

固体或液体表面吸引气体分子或溶解的其他溶质分子、离子，将其聚集到表面上的过程称为吸附作用。例如，在充满红棕色溴蒸气的玻璃瓶中加入少量活性炭，可以看到瓶中的红棕色气体逐渐变淡或消失，大量溴被活性炭的表面吸附。具有吸附作用的物质（如活性炭）称为吸附剂，被吸附的物质（如溴）称为吸附质。吸附作用可在固体表面上进行，也可在液体表面进行。

吸附作用是发生在物质表面上的，所以吸附作用的大小与物质的表面积有关。当一定质量的物体被分散的程度越大，即被分割的越细，以及孔隙越多，其总的表面积越大，吸附作用也就越大。吸附作用的大小常用吸附量来衡量。吸附量是指 1g 吸附剂所吸附的吸附质的量（常用毫摩尔或毫克表示）。

活性炭是常用的固体吸附剂，通常是由木炭经除去孔隙间的杂质、增大表面积等特殊加工处理制得的。它是具有高吸附能力的单质碳。它表面疏松多孔，每克的表面积可达 $1000m^2$，因而具有较大的吸附力。常温下，1g 活性炭能吸附约 90ml 的 CO_2。

固体吸附剂通过吸附作用降低其表面张力，从而降低其表面能。处于固体吸附剂内部的质点受力平衡，合力为零。而位于表面层的质点受力不均衡，合力不为零，而是指向内部垂直表面，通常称为表面张力（r）。不仅如此，表面层的质点能量也不同于内部质点的能量，而是表面层的质点能量高于内部质点的能量，这一高出的能量称为表面能（E），表面能与表面张力及表面积（A）之间的关系是：

$$E = r \cdot A$$

一切物体都有自动降低表面能的趋势。对于固体吸附剂一般有固定形状，即表面积一般恒定，要想降低表面能，只有通过降低表面张力。固体吸附剂正是通过吸附周围的分子、原子、离子聚集在其表面上来降低表面张力，从而达到降低其表面能的目的。

固体吸附剂表面上的吸附按作用力性质的不同，通常分为物理吸附和化学吸附两类。物理吸附是固体表面上的分子与吸附质分子之间的作用力是范德华力。化学吸附是吸附剂分子和吸附质分子之间通过化学键结合。活性炭通常发生物理吸附，而在较高温度时也可发生化学吸附。

影响活性炭吸附的因素，主要是吸附质的本性。活性炭是非极性吸附剂，倾向吸附非极性的吸附质，因此可用活性炭除去水中的有机质。其次与温度、吸附质的浓度和气体吸附质的压力有关。一般低温时有利于吸附，吸附质浓度越大或气体吸附质的压力越大吸附量越大。

活性炭作为常用的固体吸附剂在医药卫生实践中有着广泛的应用。活性炭能有效地吸附有害气体和某些有色物质，常用作防毒面具的去毒剂或作为含色素水溶液的脱色剂。活性炭还是药物合成、天然药物有效成分分离提取、药品生产和药物制剂过程中常用的吸附剂。另外，在化学化工、制糖工业也有广泛的应用。

三、碳的无机含氧酸及其盐

CO_2 溶于水即形成碳酸（H_2CO_3）。但实际在 CO_2 的水溶液中，大部分 CO_2 和 H_2O 分子之间形成水合分子 $CO_2 \cdot H_2O$ 的形式，只有一小部分形成 H_2CO_3。经测定 CO_2 的饱和水溶液中 H_2CO_3 与水合分子之比仅为 1∶600。在 CO_2 水溶液中的反应可表示为：

$$CO_2 + nH_2O \rightleftharpoons CO_2 \cdot nH_2O \text{（水合物）}$$

$$CO_2 + H_2O \rightleftharpoons H_2CO_3$$

碳酸是碳的唯一无机含氧酸，是一种二元弱酸。293 K 时 1 L 水中能溶解 0.9 L 二氧化碳，浓度增大时就会分解放出 CO_2，至今仍未制得纯净的碳酸。与空气接触的蒸馏水，因二氧化碳的溶解而生成部分碳酸，使蒸馏水中的氢离子浓度约比中性水大 20 倍，此种蒸馏水呈弱酸性。碳酸在水溶液中分步解离过程通常表示为：

$$H_2CO_3 + H_2O \rightleftharpoons HCO_3^- + H_3O^+ \qquad K_{a_1} = 4.3 \times 10^{-7}$$

$$HCO_3^- + H_2O \rightleftharpoons CO_3^{2-} + H_3O^+ \qquad K_{a_2} = 5.6 \times 10^{-11}$$

上述解离常数只是假定溶于水的 CO_2 全部转化成 H_2CO_3 而计算出的。实际上根据 H_2CO_3 的实际浓度计算的有效解离常数要大的多，约大 500 倍。

碳酸可形成正盐和酸式盐两种类型。例如：碳酸钠（Na_2CO_3）（正盐）、碳酸氢钠（$NaHCO_3$）（酸式盐）。碳酸盐的主要性质表现如下。

1. 溶解性

所有的碳酸氢盐都溶于水，正盐中只有铵和碱金属元素（Li 除外）的碳酸盐易溶于水，其余金属离子的碳酸盐均难溶于水。在碳酸盐中，一般都是酸式碳酸盐较相应的正盐易溶。但易溶性的碱金属元素的碳酸盐，却是酸式碳酸盐的溶解度比正盐的溶解度小。例如，$NaHCO_3$ 和 $KHCO_3$ 在水中的溶解度就比相应 Na_2CO_3 和 K_2CO_3 小。这种溶解度的反常现象，是由于 HCO_3^- 离子之间通过氢键形成了双聚离子，降低了相应碳酸氢盐的溶解度缘故。

利用正盐和酸式盐的溶解性的不同，可以区分两类盐。例如，在试样溶液中加入硫酸镁溶液，生成白色沉淀的是碳酸盐，无沉淀生成的是酸式碳酸盐。

2. 水解性

水解是碳酸盐的重要性质之一。可溶性的碳酸盐和酸式碳酸盐在水溶液中均易发生水解，使溶液分别呈强碱性和弱碱性。例如 Na_2CO_3 溶液和$NaHCO_3$溶液的水解。

$$CO^{2-} + H_2O \rightleftharpoons HCO_3^- + OH^-$$

$$HCO_3^- + H_2O \rightleftharpoons H_2CO_3 + OH^-$$

Na_2CO_3 的水解，上述两步反应都发生，但以第一步为主，由于 Na_2CO_3 在水中的水解程度较大，溶液呈强碱性，且 Na_2CO_3 的浓度越大，溶液的碱性越强；$NaHCO_3$ 水溶液中，HCO_3^- 离子既有水解又有解离两种倾向，其中水解倾向大于解离倾向，因此，使 $NaHCO_3$ 溶液显弱碱性。

3. CO_3^{2-} 离子的沉淀反应

在可溶性碳酸盐溶液中，具有强水解性的 CO_3^{2-} 离子，可与许多金属离子作用生成难溶性沉淀。但不同水解性的金属离子和 CO_3^{2-} 离子作用形成的沉淀类型不同，包括碳酸盐沉淀、碱式碳酸盐沉淀及氢氧化物沉淀三种情况。生成沉淀的类型，主要由金属阳离子碳酸盐与氢氧化物的溶解度大小决定。

Ca^{2+}、Sr^{2+}、Ba^{2+}等氢氧化物碱性较强的金属离子，其氢氧化物的溶解度比碳酸盐的溶解度大得多，与 CO_3^{2-} 离子作用形成碳酸盐沉淀：

$$Ca^{2+} + CO_3^{2-} = CaCO_3 \uparrow$$

Cu^{2+}、Mg^{2+}、Zn^{2+}、Co^{2+}、Ni^{2+}、Pb^{2+}等氢氧化物碱性较弱的金属离子，其氢氧化物的溶解度与碳酸盐的溶解度相近，与 CO_3^{2-} 离子作用形成碱式碳酸盐沉淀：

$$2Cu^{2+} + 2CO_3^{2-} + H_2O = Cu_2(OH)_2CO_3 \downarrow + CO_2 \uparrow$$

Fe^{3+}、Al^{3+}、Cr^{3+}等强水解性的金属离子，与 CO_3^{2-} 离子作用形成溶解度较小的氢氧化物沉淀：

$$2Fe^{3+} + 3CO_3^{2-} + 3H_2O = 2Fe(OH)_3 \downarrow + 3CO_2 \uparrow$$

4. 热稳定性

大多数碱金属的碳酸盐对热稳定，而其他金属的碳酸盐及所有的碳酸氢盐的热稳定性较差。大多数碳酸盐受热分解为金属氧化物和二氧化碳。例如：

$$MgCO_3 \xlongequal{\Delta} MgO + CO_2\uparrow$$

$$CaCO_3 \xlongequal{\Delta} CaO + CO_2\uparrow$$

酸式碳酸盐受热分解为碳酸盐、二氧化碳和水。例如：

$$2NaHCO_3 \xlongequal{423\sim623K} Na_2CO_3 + CO_2\uparrow + H_2O$$

$$Ca(HCO_3)_2 \xlongequal{\Delta} CaCO_3\downarrow CO_2\uparrow H_2O$$

一般来说，碳酸盐的热稳定性比相应的碳酸氢盐大，而酸式碳酸盐对热的稳定性又比碳酸大。例如碳酸水溶液加热就会分解，碳酸氢钠在150℃左右分解，而碳酸钠在850℃以上灼烧才分解。

5. 碳酸盐与强酸反应

所有的碳酸盐和酸式碳酸盐与强酸反应，都能放出二氧化碳气体。例如：

$$K_2CO_3 + 2HCl = 2KCl + CO_2\uparrow + H_2O$$

$$KHCO_3 + HCl = KCl + CO_2\uparrow + H_2O$$

因此，难溶性碳酸盐能溶解在强酸溶液中，该性质也是检验碳酸盐及酸式碳酸盐的方法。

四、硅的含氧化合物

（一）二氧化硅

在自然界中，二氧化硅（SiO_2）有多种的存在形式，统称硅石。二氧化硅是原子晶体，天然的二氧化硅分为晶态和无定形两类。晶态的二氧化硅主要存在于石英矿中。例如，石英、方石英、鳞石英等。石英是自然界中最常见的二氧化硅晶体，它是一种坚硬、脆性、难溶的无色透明晶体，这种石英通常又称为水晶。不同的水晶常因含有带不同颜色的杂质，而呈现出不同的颜色。例如，紫水晶、烟水晶、碧玉和玛瑙等。砂石也是混有杂质的石英细粒。无定形二氧化硅有硅藻土、燧石、石英玻璃等。硅藻土是一种多孔、质轻、松软的固体，它是低等的水生植物硅藻的遗体。

二氧化硅的化学性质很稳定，除 F_2、HF 和强碱外，常温下一般不能与其他的物质发生化学反应。

二氧化硅与氢氟酸作用可生成四氟化硅（SiF_4）气体或六氟合硅（Ⅳ）酸（H_2SiF_6）：

$$SiO_2 + 4HF = SiF_4\uparrow + 2H_2O$$

$$SiO_2 + 6HF\ (aq) = H_2SiF_6 + 2H_2O$$

二氧化硅与热的强碱或熔融的碳酸钠反应，生成可溶性的硅酸盐：

$$SiO_2 + 2OH^- = SiO_3^{2-} + H_2O$$

$$SiO_2 + Na_2CO_3 \xlongequal{\Delta} Na_2SiO_3 + CO_2\uparrow$$

二氧化硅是酸性氧化物，能和碱性氧化物反应生成硅酸盐：

$$CaO + SiO_2 \xlongequal{\Delta} CaSiO_3$$

将石英加强热到1873K时，熔化成黏稠液体，内部结构就变成无规则状态，冷却时因为黏度大不宜再结晶，变成过冷液体，称为石英玻璃。无定形的石英玻璃有许多特殊的性质，如允许可见光和紫外线透过。利用这种性质可制造紫外灯（汞灯）和光学仪器。也可利用石英玻璃的膨胀系数小，能耐受高温的性质，制造耐高温的高级化学仪器。

（二）硅酸

硅酸的种类很多，有正硅酸 H_4SiO_4（$SiO_2 \cdot 2H_2O$），偏硅酸 H_2SiO_3（$SiO_2 \cdot H_2O$）和二偏硅酸 $H_2Si_2O_5$（$2SiO_2 \cdot H_2O$）等，常用通式 $xSiO_2 \cdot yH_2O$ 表示。在水溶液中主要以正硅酸存在，但正硅酸加热易脱水聚合成偏硅酸、焦硅酸、三硅酸和多聚硅酸。在各种硅酸中，偏硅酸的组成最简单。因此，常把偏硅酸称为硅酸，用化学式 H_2SiO_3 表示。

SiO_2 是硅酸的酸酐，但由于 SiO_2 不溶于水，因此不能用 SiO_2 与水直接作用制取硅酸。通常用可溶性硅酸盐与酸作用制取硅酸。例如：

$$Na_2SiO_3 + 2HCl \xlongequal{} 2NaCl + H_2SiO_3 \uparrow$$

硅酸是一种几乎不溶于水的极弱的二元酸，其解离常数为 $K_{a_1} = 2.2 \times 10^{-10}$，$K_{a_2} = 2 \times 10^{-12}$。

硅酸虽不溶于水，但反应开始形成的单分子硅酸可溶于水，这些单分子硅酸逐渐聚合成多硅酸时，就形成了胶体溶液，即硅酸溶胶。在稀的硅酸溶胶内加入电解质，或在适当浓度的硅酸盐溶液中加入酸，则生成硅酸凝胶。硅酸凝胶再经洗涤、干燥脱水等处理后，成为一种多孔性的固体，称为硅胶。硅胶具有较强的吸水能力和较大的表面积，在实际工作中，常作为干燥剂、吸附剂和催化剂的载体。如对 H_2O、BCl_3、PCl_5 等极性物质都有较强的吸附能力。硅胶用作干燥剂时，通常使用的还有一种变色硅胶，是在硅酸凝胶中加入少量氯化钴（$CoCl_2$）溶液，通过浸泡、干燥活化后即制成变色硅胶。无水氯化钴是蓝色的，吸收水分后形成的 $CoCl_2 \cdot 6H_2O$ 颜色显红色，所以当变色硅胶的颜色由蓝色变为粉红色时，表示吸湿能力减弱或已失效。失效的硅胶可放入烘箱中，经 110℃ 烘干，可重新再使用。

硅胶在色谱分析和药物的分离提纯中均有应用。

（三）硅酸盐

硅酸的盐称为硅酸盐。在自然界中硅酸盐的种类多、分布广。如长石、云母、黏土、石棉、滑石粉等都是天然硅酸盐，玻璃、水泥、陶瓷等是重要的人造硅酸盐。

在硅酸盐中，只有碱金属钾、钠的硅酸盐易溶于水，其他均难溶于水。

可溶性的硅酸盐中，最常见的是硅酸钠（Na_2SiO_3），其水溶液由于水解显碱性，水解产物为二硅酸钠或多硅酸钠：

$$2Na_2SiO_3 + H_2O \rightleftharpoons Na_2Si_2O_5 + 2NaOH$$

多硅酸钠俗称水玻璃，又名泡花碱，是多种硅酸盐的混合物，其化学组成可表示为 $Na_2O \cdot nSiO_2$。水玻璃可用作建筑工业及造纸工业的黏合剂，木材和织物浸过水玻璃后，可以防腐、不易着火，水玻璃还可用作软水剂、洗涤剂和肥皂的填料，也是制取硅胶和分子筛的原料。

在难溶性的硅酸盐中，最重要的一类硅酸盐是铝硅酸盐。它是人工合成的高效硅铝吸附剂，即分子筛。它有许多一定大小的、孔径均匀和外部相通的微细孔道，并有较大的比表面积，这种多孔性的结构，使其有良好的吸附性能，它能吸附比这些孔径小的分子，而大的分子不能进入孔道，利用这种特性可以分离大小不同的分子，故把这类物质称为分子筛。

分子筛选择吸附性好，容量大，对热稳定，并可活化再生而连续使用，因此分子筛是一类优良的吸附剂，常用于化合物的分离提纯，并广泛用作干燥剂、催化剂和催化剂载体。

五、硼酸和硼砂

（一）硼酸

硼酸包括原硼酸（H_3BO_3）、偏硼酸（HBO_2）和多硼酸（$xB_2O_3 \cdot yH_2O$）。硼酸通常为原硼酸的简称。

硼酸（H_3BO_3）为无色、有光泽的晶体，微溶于冷水，在热水中溶解度增大。硼酸是一元弱酸，在 293 K 时，其解离常数为 $K_a = 7.3 \times 10^{-10}$。硼酸在水溶液中显弱酸性，不是从自身分子的羟基中解离出 H^+ 离子，而是因为它是一个缺电子的化合物，硼酸分子中的 B 原子有空的 *p* 轨道，与水解离出来的 OH^- 离子形成配位键，释放出 H^+ 离子：

$$B(OH)_3 + H_2O \rightleftharpoons [B(OH)_4]^- + H^+$$

硼酸和多元醇（如甘油、甘露醇等）结合，生成稳定的配合物，而使硼酸的酸性大为增强。例如：

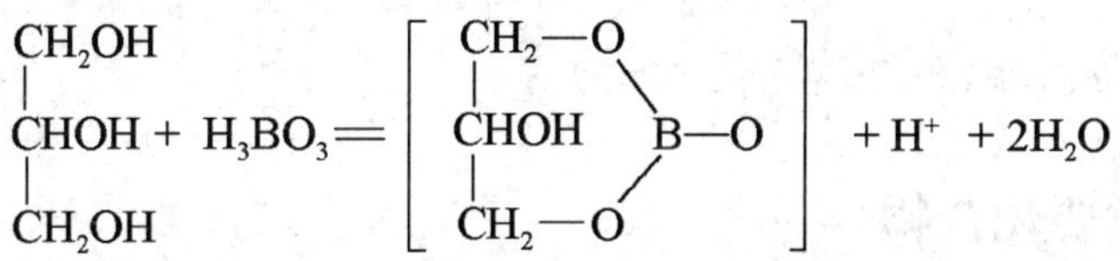

（二）硼砂

硼砂是最常用的硼酸盐，是四硼酸钠的俗称。硼砂的分子式是 $Na_2B_4O_5(OH)_4 \cdot 8H_2O$，但习惯上常常写为 $Na_2B_4O_7 \cdot 10H_2O$。硼砂的结构式为：

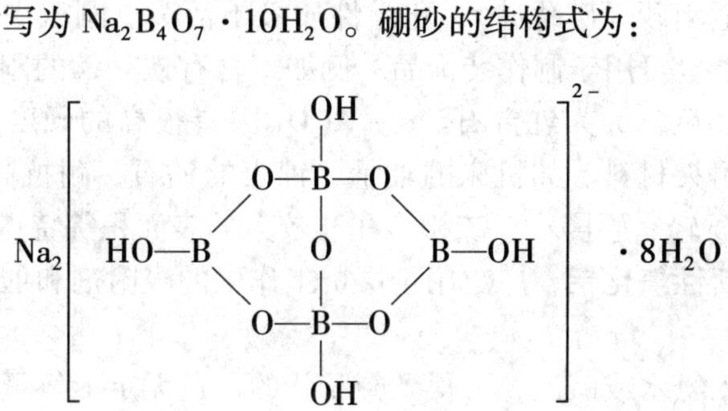

硼砂是无色透明的晶体或白色结晶粉末，在干燥空气中容易失去结晶水而风化。硼砂易溶于沸水中，在水溶液中因 $[B_4O_5(OH)_4]^{2-}$ 的水解而显碱性。水解反应先生成偏硼酸钠，继续水解生成硼酸和氢氧化钠：

$$Na_2B_4O_7 + 3H_2O \rightleftharpoons 2NaBO_2 + 2H_3BO_3$$

$$2NaBO_2 + 4H_2O \rightleftharpoons 2NaOH + 2H_3BO_3$$

两式合并表示为：

$$Na_2B_4O_7 + 7H_2O \rightleftharpoons 2NaOH + 4H_3BO_3 \rightleftharpoons 2Na[B(OH)_4] + 2H_3BO_3$$

作为强碱弱酸盐的硼砂，因水溶液中较强的水解作用而显碱性，可作为肥皂和洗衣粉的填料。在分析化学上，常利用硼砂作碱性基准物质标定盐酸溶液的浓度。在硼砂溶液中含有 H_3BO_3 和 $[B(OH)_4]^-$ 两种等物质的量成分，因而具有缓冲作用，在实验室中也常用硼砂配制缓冲溶液。

硼砂和金属氧化物或金属盐类一起灼烧，生成偏硼酸的复盐。例如：

$$Na_2B_4O_7 + NiO \xlongequal{\Delta} Ni(BO_2)_2 \cdot 2NaBO_2$$

$$Na_2B_4O_7 + CoO \xlongequal{\Delta} Co(BO_2)_2 \cdot 2NaBO_2$$

这些复盐因金属离子的不同而显示特殊的颜色，如 $Co(BO_2)_2 \cdot 2NaBO_2$ 为蓝色；$Ni(BO_2)_2 \cdot 2NaBO_2$ 受热时为紫色，冷却时为棕色。在分析化学中常利用这些复盐的特征颜色，鉴定某些金属离子，称为硼砂珠试验。

硼砂的用途很多，在实际中利用硼砂能溶解金属氧化物的能力，在焊接金属时，用于熔去金属表面的氧化物。利用它的稳定性可作为耐热、绝缘、耐磨材料等。在陶瓷工业用于制备低熔点的釉和制造硬玻璃。硼砂还可药用。

六、铝、锡、铅的重要化合物

（一）铝的重要化合物

1. 氧化铝

氧化铝（Al_2O_3）主要有 $\alpha-Al_2O_3$ 和 $\gamma-Al_2O_3$ 两种变体。自然界中以结晶状态存在的 $\alpha-Al_2O_3$ 俗称刚玉。天然的刚玉为纯度较高的 Al_2O_3，它是一种透明而又极硬的晶体，硬度仅次于金刚石和金刚砂（碳化硅），化学性质极不活泼。刚玉中若含有微量杂质而呈鲜明的颜色称为宝石，也可用于制作装饰品。例如，含有铁、钛的刚玉呈蓝色，称为蓝宝石；含有微量铬的呈红色，称为红宝石。$\alpha-Al_2O_3$ 因有很高的硬度，广泛用作高硬质材料、耐磨材料和高温耐火材料。如机床的轴承，钟表的钻石，耐抗高温达 2073 K 的刚玉坩埚。$\gamma-Al_2O_3$ 具有质轻、硬度小、疏松多孔和较大的表面积等特点，故有很强的吸附性能和催化活性，称为活性氧化铝，广泛用于层析工作中的吸附剂和催化剂。

2. 氢氧化铝

在铝盐溶液中加入氨水或碱液，可得到凝胶状的白色无定形氢氧化铝沉淀：

$$Al^{3+} + 3OH^- = Al(OH)_3\downarrow \text{（白色胶状沉淀）}$$

这种沉淀实际为无定形水合氧化铝（$Al_2O_3 \cdot xH_2O$），经过一定时间的放置，可转变

为晶态 $Al(OH)_3$。

氢氧化铝是一种两性氢氧化物，既能与酸反应，又能与碱反应，但溶液偏弱碱性：

$$Al(OH)_3 + 3HCl = AlCl_3 + 3H_2O$$

$$Al(OH)_3 + NaOH = Na[Al(OH)_4]$$

氢氧化铝溶于强碱生成铝酸盐，由于铝酸是一个弱酸，故铝酸盐容易水解，向其溶液中加酸、通入二氧化碳或加水稀释，就会又产生 $Al(OH)_3$ 沉淀。

3. 铝盐

铝盐中最重要的是三氯化铝和硫酸铝。

铝形成的三卤化物 AlX_3 中，AlF_3 为离子化合物，而 $AlCl_3$、$AlBr_3$、AlI_3 均为共价型化合物。铝的卤化物中最重要的是 $AlCl_3$。由于铝盐中 Al^{3+} 离子的水解，所以在水溶液中不能制得无水 $AlCl_3$，只能采用干法制取。

纯 $AlCl_3$ 在常温下为无色晶体，加热到 180℃时升华。在 400℃时，气态 $AlCl_3$ 具有双聚分子的缔合结构：

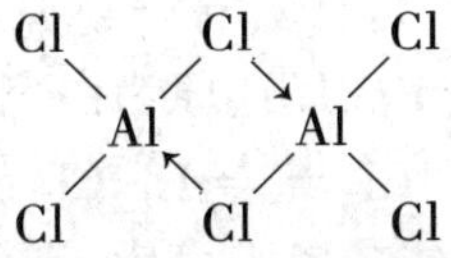

这种分子具有桥状结构，即在每个 $AlCl_3$ 分子中铝原子上有空轨道，氯原子上有孤对电子，可在两个分子间发生电子对配位关系而形成这种成桥的配位化合物。这种双聚分子在 800 ℃时完全分解为单分子。

无水 $AlCl_3$ 几乎能溶于所有的有机溶剂，在水中也易溶。它遇水发生强烈水解作用，甚至在空气中遇到微量水气也强烈地发烟。因水解作用，其溶液显较强的酸性。水解过程中有碱或盐生成，且水解逐级进行，可用简式表示为：

$$AlCl_3 + H_2O = Al(OH)Cl_2 + HCl$$

$$Al(OH)Cl_2 + H_2O = Al(OH)_2Cl + HCl$$

$$Al(OH)_2Cl + H_2O = Al(OH)_3\downarrow + HCl$$

由于生成的 $Al(OH)_3$ 有较强的吸附能力，能吸附水中的泥砂、重金属离子及有机污染物等，因此 $AlCl_3$ 常用于水的净化。$AlCl_3$ 也是有机合成和石油工业中常用的催化剂。

无水硫酸铝为白色粉末。在常温下，从水溶液中结晶析出的为 $Al_2(SO_4)_3 \cdot 18H_2O$，它是无色针状晶体。可溶性的硫酸铝，在水溶液中因 Al^{3+} 离子的水解而呈酸性。

硫酸铝易与碱金属（除锂外）或铵的硫酸盐结合而形成复盐，这种复盐通常又称为矾。如明矾又称铝钾矾 $KAl(SO_4)_2 \cdot 12H_2O$、铬钾矾 $KCr(SO_4)_2 \cdot 12H_2O$。

硫酸铝、明矾等铝盐溶液，因 Al^{3+} 离子的水解，生成碱式盐及氢氧化铝溶胶。氢氧化铝溶胶具有吸附作用，所以它们常用作净水剂、媒染剂及泡沫灭水剂等。

（二）锡的重要化合物

锡易形成常见氧化数（+2、+4）的氧化物、氢氧化物及其盐。氧化亚锡（SnO）为黑色粉末，可由热的二价锡盐溶液与碳酸钠作用得到。氧化锡（SnO_2）为白色固体，可由金属锡在空气中加热得到。它不溶于水，在高温灼烧下也不与酸、碱溶液反应，但与碱共熔融时生成可溶性锡酸盐：

$$SnO_2 + 2NaOH = Na_2SnO_3 + H_2O$$

析出的锡酸钠晶体的实际组成是 $Na_2[Sn(OH)_6]$。

在 Sn^{2+} 溶液中加入适量的氢氧化物或碱金属的碳酸盐，可析出白色氢氧化亚锡沉淀：

$$2Sn^{2+} + 2OH^- = Sn(OH)_2 \downarrow$$

加热 $Sn(OH)_2$ 可得到 SnO。氢氧化亚锡为两性化合物，既能溶于酸，又能溶于过量的碱。

在 Sn^{4+} 的溶液中加入氢氧化钠、碳酸钠或氨溶液，可析出白色胶状的氢氧化锡沉淀。这种氢氧化锡沉淀又叫 α-锡酸，它实际是 SnO_2 的水合物$SnO_2 \cdot xH_2O$，也是两性物质，既溶于酸也溶于碱。

将 α-锡酸长期放置或加热则转变成锡酸的另一种变体 β-锡酸。β-锡酸既不溶于酸也不溶于碱。

Sn（Ⅱ）的化合物最突出的特点是都具有强还原性，尤其在碱性溶液中。氯化亚锡（$SnCl_2$）是常用的重要还原剂，能把 $HgCl_2$ 还原为白色的氯化亚汞沉淀：

$$2HgCl_2 + Sn^{2+} + 4Cl^- = Hg_2Cl_2 \downarrow + [SnCl_6]^{2-}$$

$SnCl_2$ 过量时，还能将 Hg_2Cl_2 继续还原为单质汞：

$$Hg_2Cl_2 + Sn^{2+} + 4Cl^- = 2Hg \downarrow + [SnCl_6]^{2-}$$

常用上述反应鉴定 Hg（Ⅱ）盐，也可用于鉴定 Sn^{2+} 离子。

由于 $SnCl_2$ 易被空气中 O_2 氧化，因此配制 $SnCl_2$ 溶液时，除加入适量的 HCl 抑制 Sn^{2+} 离子水解外，还应在刚配好的溶液中加入少量锡以防止 Sn（Ⅱ）被氧化。

（三）铅的重要化合物

铅和锡一样易形成常见氧化数（+2、+4）的氧化物、氢氧化物及其盐。铅主要形成氧化铅（PbO）和二氧化铅（PbO_2）以及这两种氧化态的混合物，四氧化三铅（Pb_3O_4）和三氧化二铅（Pb_2O_3）。PbO 为黄色粉末，俗称密陀僧，可由金属铅在空气中加热得到。PbO 是碱性氧化物，但具有两性，既能与酸反应、又能与碱反应：

$$PbO + 2HNO_3 = Pb(NO_3)_2 + H_2O$$

$$PbO + NaOH + H_2O = Na[Pb(OH)_2] \text{（亚锡酸钠）}$$

PbO 大量用于制造铅蓄电池、铅玻璃和铅的化合物。

PbO_2 为棕色粉末，是一种强氧化剂，与浓 H_2SO_4 作用放出 O_2；与浓 HCl 作用放出 Cl_2：

$$2PbO_2 + 2H_2SO_4 = 2PbSO_4 + O_2 \uparrow + 2H_2O$$

$$PbO_2 + 4HCl\text{（浓）} = PbCl_2 + Cl_2 \uparrow + 2H_2O$$

Pb_3O_4 俗名红丹或铅丹，可看成由简单氧化物 PbO 和 PbO_2 组成的混合晶体，可表示为 $2PbO \cdot PbO_2$。铅丹分子组成中含有 +4 氧化态铅的氧化物，和 PbO_2 一样，在酸性介质中也具有强氧化性。铅丹具有杀灭细菌、寄生虫和制止黏液分泌的作用，医药上用作外科药膏。

在 Pb^{2+} 离子的溶液中加入适量的氢氧化物或碱金属的碳酸盐，可析出 $Pb(OH)_2$ 沉淀：

$$Pb^{2+} + 2OH^- \longrightarrow Pb(OH)_2 \uparrow$$

加热 $Pb(OH)_2$ 可得到 PbO。

$Pb(OH)_2$ 可溶于硝酸和醋酸中，生成可溶性的硝酸铅和醋酸铅。$Pb(OH)_2$ 也能溶于过量的氢氧化钠溶液生成 $[Pb(OH)_3]^-$：

$$Pb(OH)_2 + OH^- \longrightarrow [Pb(OH)_3]^-$$

Pb（Ⅳ）盐在水溶液中，因强烈的水解，而不稳定，如 $PbCl_4$ 只能在低温下存在。

Pb（Ⅱ）盐中最重要的为 $Pb(NO_3)_2$ 和 $Pb(Ac)_2$。它们都易溶于水，且具有毒性。$Pb(NO_3)_2$ 是实验室中常用的铅盐。$Pb(Ac)_2$ 又名铅糖或铅霜，为无色晶体，有甜味，是一种弱电解质，不易电离。$PbCrO_4$ 为黄色沉淀，难溶于水，但溶于硝酸和氢氧化钠中，分别生成 $Cr_2O_7^{2-}$ 和 $[Pb(OH)_3]$。$PbCrO_4$ 可由 Pb^{2+} 与 CrO_4^{2-} 反应得到：

$$Pb^{2+} + CrO_4^{2-} \longrightarrow PbCrO_4 \uparrow$$

这一反应常用于鉴定 Pb^{2+}，也可用于鉴定 CrO_4^{2-}。

碳酸铅为难溶于水的白色沉淀，可溶于稀酸和氢氧化钠溶液中，分别生成 CO_2 和 $[Pb(OH)_3]^-$。碳酸铅易水解，在可溶性的铅盐溶液中加入碳酸钠溶液可得到碱式碳酸铅沉淀：

$$2Pb^{2+} + 2CO_3^{2-} + H_2O \longrightarrow [Pb(OH)]_2CO_3 \downarrow + CO_2 \uparrow$$

碱式碳酸铅俗称铅白，是一种白色颜料。

七、碳族和硼族元素在生物体内的分布及作用

自然界中一切生物体的组织细胞都是由众多的含碳有机物构成的，所以碳是一切生物体不可缺少的组成元素之一。自然界中绿色植物利用光能、空气中的二氧化碳及水进行光合作用，合成结构复杂的有机化合物，并将光能转变为化学能储存在这些有机物中。而人类和动物又以部分植物的种子、果实及植物体等作为食料，获取这些储存有能量的有机物作为营养成分。这些有机物在人类及动物体内又转化成二氧化碳排入大气中。此外，自然界中燃料的燃烧、火山爆发等向大气中释放二氧化碳，而岩石的风化、一些生物体遗体又能转化成矿物等又消耗部分二氧化碳。正是这种相互转化，使得自然界中的二氧化碳保持基本平衡状态。

硅是生物体必需的宏量元素。硅存在于许多植物体内，是植物生长不可缺少的元素。硅还存在于人体和动物体内，在骨骼、血管壁、毛发和皮肤中含量较高。过量的硅对人类的健康也有伤害。例如，长期吸入二氧化硅粉尘会造成职业病（硅肺），关于硅肺的发病原因目前尚不明了，故还未能研制出有效的药物。

锡是人体必需的微量元素，关于锡的生物功能目前没有明确认识，但研究表明摄入过量锡会诱发肿瘤。

铅是确定的有害元素，铅对人体的毒害是与体内的含巯基（SH）的蛋白质结合，抑制了这些蛋白质的活性，引起神经、血液及消化系统的中毒症状。铅对环境的污染主要来自汽油中的四乙基铅及含有大量铅（Ⅱ）的汽车尾气。随着环境污染的严重，铅及其他有

害元素在人体中含量都有明显增加。

硼是植物生长发育必需的微量元素，但对人体属于作用尚未确定的元素。

铝也是属于对人体作用尚未确定的元素。

八、常用的含碳族和硼族元素药物

（1）药用炭　药用炭为吸附药。内服可用于治疗腹泻、胃肠胀气。也可作为解毒剂，用于生物碱中毒和食物中毒。

（2）碳酸氢钠　碳酸氢钠又名重碳酸钠或小苏打，为吸收性抗酸药。内服可中和过剩胃酸及碱化尿液。也可大量内服2%的等渗液或用5%的高渗液作静脉注射，治疗酸中毒。

（3）三硅酸镁　三硅酸镁（$2MgO \cdot 3SiO_2 \cdot nH_2O$）为抗酸药。主要用于治疗胃酸过多、胃及十二指肠溃疡等。

（4）硼酸和硼砂　硼酸具有一定的杀菌性能，常用1%～4%的水溶液可用来洗眼、漱口和冲洗伤口。4.5%～5.5%的硼酸软膏具有防腐收敛的作用，常用于治疗溃疡和褥疮。以硼酸作原料制成的硼酸甘油滴耳剂用于治疗中耳炎。

硼砂又名盆砂，内服能刺激胃液分泌，外用时作用和硼酸相似，对皮肤黏膜有收敛作用和抑制某些细菌生长的作用，常用作洗眼、含漱、防腐等。硼砂也是用于治疗咽喉炎及口腔炎的冰硼散和复方硼砂含漱剂的主要成分。

（5）铅丹　铅丹又名黄丹，主要成分为Pb_3O_4或Pb_2O_3，具有直接杀灭细菌、寄生虫和阻止黏液分泌的作用，对消炎、止痛、收敛和生肌具有较好的作用。因常易引起慢性铅中毒，现已很少内服，外科主要用于制膏药。

（6）氢氧化铝　氢氧化铝为抗酸药，内服可中和过多的胃酸，中和胃酸后生成的$AlCl_3$具有收敛作用，并有局部止血效能。药用氢氧化铝常制成凝胶、干燥氢氧化铝和氢氧化铝片，用于治疗胃酸过多、胃溃疡、十二指肠溃疡等症。

（7）明矾　明矾$KAl(SO_4)_2 \cdot 12H_2O$因其可使蛋白质凝结而具有收敛作用，常用作局部收敛药，其0.5%～2%的溶液可用于洗眼或含漱；外科用脱水明矾作为收敛性止血药，也可由于治疗皮炎及湿疹。明钒，中药中称为白矾，为无色透明坚硬的晶体，长期暴露于空气中，由于部分水解则变为不透明的白色晶体。白矾内服具有祛痰燥湿、敛肺止血的功效。白矾经锻制加工后，得多孔性脆的白色块状物，称为苦矾，苦矾也可外用，有收湿、止痒和解毒的功效。

习　题

1. 根据p区各族元素原子的价电子层结构，分别讨论各族元素在形成化合物时，可能出现的键型和氧化态。

2. 为什么碘难溶于水，而易溶于KI及可溶性碘化物溶液中？

3. 为什么药品KI在空气中不稳定，易析出碘，而药品KCl在空气中比较稳定？

4. 为什么卤素单质常作为氧化剂？卤素单质的氧化性和卤离子还原性的递变规律如何？试解释其原因。

5. 标出下列化合物中卤原子的氧化数。

（1）HClO　（2）NaClO　（3）$HClO_3$　（4）$HClO_4$　（5）$Ca(ClO)_2$　（6）$NaBrO_3$

6. 为什么硫化氢是一种大气污染物？为什么硫化氢可作为还原剂，而不能作为氧化剂？

7. 写出硫化氢通入 $CuSO_4$ 溶液和 $FeCl_3$ 溶液中的化学反应方程式。后一反应能否得到 Fe_2S_3 沉淀？为什么？

8. 浓硫酸具有哪些主要特性？为什么常温下浓硫酸可用铁器或铝器贮存？

9. 什么是矾？举出几种常用的矾。

10. 硫代硫酸钠为什么可作为卤素、重金属离子等中毒的解毒剂？硫代硫酸钠为什么常用作显影术中的定影剂？

11. 硝酸盐受热分解一般可分为哪几种类型？试举例说明。

12. 铵盐的受热分解一般可分为哪几种类型？试举例说明。

13. 不同浓度的硝酸与不同活泼性的金属反应，得到各种不同氧化数的含氮化合物，其一般规律如何？

14. 为什么铵盐和钾盐会表现出一些相似的性质？在性质上又有哪些主要不同？

15. 为什么金、铂等贵金属不溶于硝酸，而溶于王水中？

16. 试解释下列现象：

（1）为什么不能用 HNO_3 与 FeS 作用以制备 H_2S；

（2）为什么不能用湿法制备 Al_2S_3、Cr_2S_3。

17. Na_3PO_4、$NaHPO_4$ 和 NaH_2PO_4 水溶液各呈何酸碱性？分别说明原因。

18. 形成难溶性碳酸盐的金属离子与碱金属碳酸盐溶液作用时，生成的沉淀可有几种情况？试举例说明。

19. 在碳酸盐中，一般酸式碳酸盐比相应的正盐易溶，而 $NaHCO_3$ 和 $KHCO_3$ 在水中却比相应的 Na_2CO_3 和 K_2CO_3 溶解度小。为什么？

20. 举例说明天然二氧化硅分为几类？说出二氧化硅的两种化学性质，并用化学反应方程式表示。

21. 举出两种重要的硅酸盐，并说明其用途。

22. 为什么配制 $SnCl_2$ 溶液时必须向溶液中加入盐酸和锡粒？

23. 什么是缺电子原子？为什么硼族元素都是缺电子原子？

24. 硼族元素有哪两个最突出的成键特征？硼族元素最主要的氧化数是什么？

25. 什么是硼砂珠试验？硼砂有哪些重要用途？

26. 为什么气态三氯化铝通常以二聚体形式存在？为什么 $AlCl_3$ 可用于水的净化？

27. 写出下列反应式：

（1）氯气通入碘化钾溶液中

（2）氯气和氢氧化钾溶液

（3）在硫酸介质中，氯酸钾和碘化钾的反应

（4）硫与浓硫酸共热

（5）硫代硫酸钠与碘反应
（6）过氧化氢与高锰酸钾反应
（7）硝酸铜受热分解
（8）氯化亚锡与氯化汞
（9）氧化铅和浓盐酸
（10）硼砂和氧化镍加热灼烧
（11）二氧化硅与熔融的碳酸钠反应
（12）碳酸氢钙受热分解
（13）在酸性介质中将铋酸钠和硫酸锰溶液混合

第十二章　过渡元素

过渡元素（transition element）也称为过渡金属（transition metal），排列在长式周期表的中部。有关过渡元素的定义，目前尚无完全一致的认识，通常认为具有（$n-1$）d 轨道部分填充的 d 区元素和化学行为与 d 区元素相似的 ds 区元素都属于过渡元素（不包括 La 以外的 La 系元素和 Ac 以外的 Ac 系元素，这些元素被称作内过渡元素）。

在周期表中，过渡元素的第ⅢB ~ ⅦB 及 IB、ⅡB 族元素各占一个纵列，第Ⅷ族元素占三个纵列，如表 12-1 所示。通常人们将过渡元素按周期划分为三个过渡系：第四周期从钪（Sc）到锌（Zn）为第一过渡系；第五周期从钇（Y）到镉（Cd）为第二过渡系；第六周期从镧（La）到汞（Hg）为第三过渡系。

表 12-1　过渡元素

ⅠA	ⅡA	ⅢB	ⅣB	ⅤB	ⅥB	ⅦB	Ⅷ			ⅠB	ⅡB	ⅢA	ⅣA	ⅤA	ⅥA	ⅦA	0
		21 Sc	22 Ti	23 V	24 Cr	25 Mn	26 Fe	27 Co	28 Ni	29 Cu	30 Zn						
		39 Y	40 Zr	41 Nb	42 Mo	43 Tc	44 Ru	45 Rh	46 Pd	47 Ag	48 Cd						
		57-71 La-Lu	72 Hf	73 Ta	74 W	75 Re	76 Os	77 Ir	78 Pt	79 Au	80 Hg						
		89-103 Ac-Lr	104 Rf	105 Db	106 Sg	107 Bh	108 Hs	109 Mt									

第一节　过渡元素的通性

一、过渡元素的基本性质变化特征

过渡元素的原子结构可用通式表示：原子实（n-1）$d^{1\sim10}ns^{1\sim2}$。

过渡元素是多电子原子，原子轨道能量变化比较复杂，由于 4s 和 3d、5s 和 4d、6s 和 5d 等轨道间的能级交错现象，以及大多数过渡元素原子的最后一个电子填充在次外层 d 轨道上，电子的屏蔽效应较小，原子的有效核电荷较大，过渡元素这些不同于 A 族元素的结构特征，使得过渡元素的基本性质变化也具有许多不同于 A 族元素的显著特征，而这一系列的性质特征都是与结构特征密切相关的。

第一过渡系元素的一些基本性质列于表 12－2。

由表 12－2 的数据可以看到，从左到右同周期过渡元素的基本性质有许多相似之处。例如，同周期过渡元素的第一电离能比较接近，金属性变化也不显著；同周期过渡元素的原子半径随 d 轨道电子数目的变化而缓缓变化等等。但是，与 A 族元素相比较，从上到下，同族过渡元素的基本性质递变却既不规则也不显著。因此，过渡元素基本性质不同于 A 族元素的最重要的特征是元素基本性质的水平相似性。

表 12－2　第一过渡系元素的一些基本性质

第一过渡系	Sc	Ti	V	Cr	Mn	Fe	Co	Ni	Cu	Zn
原子序数	21	22	23	24	25	26	27	28	29	30
相对原子质量	44.96	47.88	50.94	51.996	54.94	55.85	58.93	58.69	63.55	65.38
原子半径，pm	164	147	135	130	135	126	125	125	128	137
电负性	1.36	1.54	1.63	1.66	1.55	1.83	1.88	1.91	1.90	1.65
第一电离能 (kJ/mol)	631	658	650	652.8	717.4	759.4	758	736.7	746	906
$\varphi_{M^{2+}/M}$(V)	－1.63	－1.19	－0.91		－1.18	－0.44	－0.277	－0.25	0.337	－0.763
$\varphi_{M^{3+}/M}$(V)	－2.08			－0.76						

（一）原子半径

过渡元素的原子半径一般较小，并且同一周期过渡元素的原子半径变化呈现出一定的规律性。图 12－1 为过渡元素原子半径变化示意图。由图可知，从左到右，同周期过渡元素的原子半径随原子序数的增大先依次减小，到第Ⅷ族元素后，原子半径又有所增大；从上到下，同族过渡元素的原子半径增大并不显著，尤其是第二、第三过渡系元素的原子半径十分接近。

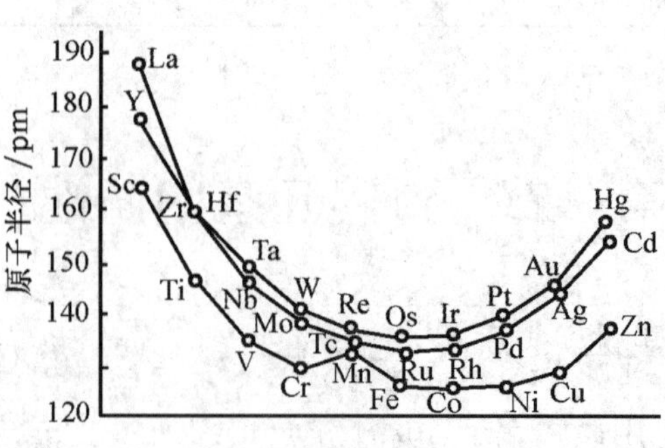

图 12－1　过渡元素原子半径变化

有关过渡元素的原子半径表现，通常可解释为：由于过渡金属的 d 轨道充填未饱和，对核电荷的屏蔽效应较小，随着元素原子序数的递增，d 电子的数目依次增多，原子的有效核电荷依次增大，核对外层电子的引力增强，原子半径依次减小，直到第Ⅷ族元素后，d 轨道开始趋于全满，电子云接近球形对称，屏蔽效应增大，核对外层电子的作用力减小，所以原子半径又有所增大。关于第二、第三过渡系元素原子半径相近的原因，通常认为是镧系收缩（Lanthanide contraction）的缘故。

（二）电负性、电离能和金属性

过渡元素的电负性相差不大，并且无论是同周期的还是同族的过渡元素，其电负性的递变均无规律可循。总的变化趋势是：从左到右或从上到下，电负性增大，但交错的现象十分多见，规律性也较差。过渡元素的电负性变化不具备 A 族元素的递变规律，这是由过渡元素的原子结构特征所决定的。

过渡元素的电离能变化也不如 A 族元素的规律。从左到右，随着元素原子半径的减小，同周期过渡元素的变化趋势逐渐增大；从上到下，同族过渡元素的电离能变化总趋势也依次增大，但交错的现象时有发生。

过渡元素的金属性变化也不够显著。从左到右，过渡元素的金属性依次减弱，这与它们的标准电极电势递变趋势是一致的。例外的情况有：第一过渡系的锰，其标准电极电势反常地小于铬，这是由于锰失去 2 个电子形成具有 $3d^5 4s^0$ 稳定电子构型离子的缘故。从上到下，同族过渡元素的金属性减弱。其原因是：从上到下，过渡元素的原子半径增大得不多，而有效核电荷却显著增大，核对外层电子的引力增强，元素的金属性随之减弱。

二、过渡金属单质的物理性质

第一过渡系金属单质的主要物理性质汇于表 12－3。由表中数据可知，过渡金属单质最主要的物理特征是：高密度、高硬度、高熔点、高沸点及良好的导电性和导热性。

表 12－3　第一过渡系金属单质的主要物理性质

金属	Sc	Ti	V	Cr	Mn	Fe	Co	Ni	Cu	Zn
颜色	银白	暗灰	亮白	灰白	白灰	灰白	铁灰	白	铜红	银白
密度，g/cm^3	2.992	4.51	6.11	7.20	7.44	7.86	8.90	8.90	8.92	7.14
硬度		4.0		9.0	6.0	4.5	5.5	4.0	3.0	2.5
熔点，K	1814	933	2163	2130	1517	1803	1768	1728	1356	693
沸点，K	3104	3560	3653	2945	2235	3023	3143	3003	2855	1180
导电率（Hg = 1）			3.7	7.3		9.8	9.9	13.9	56.9	
导热率（Hg = 1）				8.3		9.5	8.3	7.0	51.3	

过渡金属的原子半径较小，原子以最紧密堆积的方式组成晶体时，其配位数通常较高，晶体的空隙较小，因而过渡金属单质的密度就大。同时，过渡金属的最外层 ns 电子和次外层（$n-1$）d 电子都可以参与形成金属键，不但键强度大，金属的内聚力强，而且晶格能也较高。因此，过渡金属单质大多具有高硬度、高熔点、高沸点及良好的导电性和

导热性。

从上到下、从左到右，过渡金属单质的密度随原子序数增大而依次增大，尤其是第三过渡系的锇、铱、铂，它们是金属单质中密度最大的，与金属中密度最小的锂相比，相差40倍以上。习惯上称第一过渡系元素为轻过渡元素，称第二、第三过渡系元素为重过渡元素。

与A族金属单质相比较，过渡金属单质的硬度要大得多，其中最硬的是铬，仅次于金刚石。金属中除汞外硬度最小的是铯。

过渡金属单质的熔点也比A族金属单质高得多。从左到右，同周期过渡金属熔点最高的是第ⅥB族；从上到下，同族过渡金属的熔点依次增高（第ⅡB族元素除外）。金属中熔点最高的是钨（3 683 K），熔点最低的是铯（301.6 K，汞除外）。

此外，许多过渡金属单质都具有顺磁性，可作为磁性材料。一些与铁的晶体结构相近的金属，如钒、铬、锰、钴和镍等，可与铁组成具有多种特殊用途的合金。总之，过渡金属是现代工程技术材料中最重要的和应用最为广泛的金属。

三、过渡金属的化学性质

（一）金属活泼性及反应性能

过渡金属中化学性质最活泼的是第ⅢB族元素，它们在空气中就能迅速地被氧化，也能与水作用放出氢。这是因为该族元素的原子半径最大，次外层（$n-1$）d轨道上又只有1个电子，这个电子对元素的性质变化影响不显著，所以第ⅢB族元素的金属活泼性与相邻的第ⅡA族元素相近。在通常的情况下，其他过渡元素不能直接与水作用。

第一过渡系元素除Cu外都是比较活泼的金属，在金属活动顺序中均位于氢以前，都能从非氧化性稀酸中置换出H_2。第二、三过渡系元素的金属活泼性较差，它们中的大多数不能与强酸反应。例如，第VB族的Nb和Ta，室温下它们不能被浓硝酸所腐蚀，Ta甚至在王水中也不能被腐蚀，但它们却能与硝酸和氢氟酸的混合溶液作用，生成稳定的配合物。

许多过渡金属都能与活泼的非金属元素直接作用，生成相应的化合物。第ⅣB～第Ⅷ族的过渡元素还能与原子半径较小的非金属（如B、C、N等）形成间充式化合物，这些化合物是由非金属原子钻到金属晶格的空隙中去形成的，间充式化合物的硬度及熔点都高于单纯的金属，化学性质也变得稳定，因而在工业上有许多重要的用途。例如，碳化钨（W_2C）常用作硬质合金钢，用来制造某些特殊设备。有关过渡金属的反应性能及金属活泼性分类见表12－4中，在讨论元素的金属活泼性时，要注意与反应的实际性能相联系。

表12－4　过渡元素的反应性能及金属活泼性分类

试剂	反应元素	金属活泼性	反应产物
H_2O	Sc、Y、La	极活泼金属	$Sc(OH)_3$、$Y(OH)_3$、$La(OH)_3$
稀HCl或H_2SO_4	Cr、Mn、Fe、Co、Ni Cd、Ti（热浓HCl）	活泼金属	M^{2+}或M^{3+}离子

（续表）

试剂	反应元素	金属活泼性	反应产物
稀 HNO_3	Cu、Ag	不活泼金属	Cu^{2+}、Ag^+
浓 HNO_3	V（热）、Mo、Tc、Pd Re、Hg		VO_2^+、MoO_4^{2-}、TcO_4^-、Pd^{2+}、ReO_4^-、Hg^{2+}
王水	Zr、Hf、Pt、Au	极不活泼金属	ZrO_2、HfO_2、$[PtCl_6]^{2-}$、$[AuCl_4]^-$
HNO_3 + HF^-	Nb、Ta、W	惰性金属	$[NbF_6]^{2-}$、$[TaF_7]^{2-}$、$[WOF_5]$
苛性碱（熔融）	Ru、Rh、Os、Ir （不溶于王水）	惰性金属	RuO_4^{2-}、Rh_2O_3、OsO_4、IrO_2

（二）氧化态特征

过渡元素原子电子层结构的特征是：最外层 ns 轨道仅有 1～2 个电子，次外层（$n-1$）d 轨道大多数处于未满状态（IB、ⅡB 和 Pd 除外)，并且这两个能级之间的能量差值较小。因此，在化学反应中，不但最外层的 ns 电子可参加成键，次外层（$n-1$）d 电子也可部分或全部参加成键，它们大多具有多种可变氧化态。

通常，可变氧化态由 +2（ns^2 电子首先失去）依次增加到本族元素的最高氧化态（ⅧB 族除外)，这一变化规律以第一过渡系元素最为典型。表 12－5 列出了第一过渡系元素的氧化态。由表 12－5 可以看到，从左到右，同周期过渡元素的氧化态随 d 电子数的增多而依次升高，可变氧化态的数目也依次增多，当 d 电子的数目达到 5 或超 5 时，能级处于半充满状态，能量降低，稳定性增强，d 电子参加成键的倾向减弱，氧化态逐渐降低，可变氧化态的数目随之减少。

表 12－5　过渡元素的氧化态

元素	Sc	Ti	V	Cr	Mn	Fe	Co	Ni	Cu	Zn
价电子层结构	$3d^14s^2$	$3d^24s^2$	$3d^34s^2$	$3d^54s^1$	$3d^54s^2$	$3d^64s^2$	$3d^74s^2$	$3d^84s^2$	$3d^{10}4s^1$	$3d^{10}4s^2$
氧化态	Ⅱ Ⅲ	Ⅱ Ⅲ Ⅳ	Ⅱ Ⅲ Ⅳ Ⅴ	Ⅱ Ⅲ Ⅳ Ⅴ Ⅵ	Ⅱ Ⅲ Ⅳ Ⅴ Ⅵ Ⅶ	Ⅱ Ⅲ Ⅳ Ⅴ Ⅵ	Ⅱ Ⅲ Ⅳ	Ⅱ Ⅲ	Ⅰ Ⅱ	Ⅱ

此外，过渡元素的氧化态还具以下规律：从上到下，同族过渡元素高氧化态趋于稳定，即第一过渡系元素低氧化态的化合物比较稳定，而它们的高氧化态化合物通常是强氧化剂，而第二、第三过渡系元素高氧化态化合物比较稳定，它们的低氧化态化合物通常具有还原性。

（三）氧化物及其水合物的酸碱性

过渡元素的氧化物及其水合物的酸碱性变化与 A 族元素的变化相似，归纳起来有以下几点：①从左到右，同周期过渡元素（ⅢB～ⅦB族）最高氧化态的氧化物及其水合物的酸性增强；②从上到下，同族过渡元素相同氧化态的氧化物及其水合物的碱性增强；③同一元素高氧化态的氧化物及其水合物的酸性大于其低氧化态的氧化物。例如，锰元素不同氧化态的氧化物及其水合物的酸碱性变化如下：

氧化态：	Ⅱ	Ⅲ	Ⅳ	Ⅵ	Ⅶ
氧化物：	MnO	Mn_2O_3	MnO_2	MnO_3	Mn_2O_7
水合物：	$Mn(OH)_2$	$Mn(OH)_3$	$Mn(OH)_4$	H_2MnO_4	$HMnO_4$
酸碱性：	碱性	弱碱性	两性	酸性	强酸性

第ⅢB～第ⅦB族过渡元素最高氧化态氧化物的水合物酸碱性递变汇于表12－6。

表12－6　第ⅢB～ⅦB族过渡元素最高氧化态氧化物水合物的酸碱性

ⅢB	ⅣB	ⅤB	ⅥB	ⅦB
$Sc(OH)_3$	$Ti(OH)_4$	HVO_3	H_2CrO_4	$HMnO_4$
弱碱性	两性	酸性	酸性	强酸性
$Y(OH)_3$	$Zr(OH)_4$	$Nb(OH)_5$	H_2MoO_4	$HTcO_4$
中强碱	两性（弱）	两性	弱酸性	酸性
$La(OH)_3$	$Hf(OH)_4$	$Ta(OH)_5$	H_2WO_4	$HReO_4$
弱碱性	两性、偏碱	两性	弱酸性	弱酸性
$Ac(OH)_3$ 弱碱性				

（四）易形成配合物及水合离子的颜色特征

过渡元素的离子或原子大多具有能量相近的（$n-1$）d、ns、np空轨道，同时它们的有效核电荷较大，变形性较强，使其容易作为配合物的中心离子接收配位体的孤电子对，形成有效的配位键。因此，过渡元素离子在水溶液中常以水合离子的形式存在，并显示出一定的颜色。表12－7为第一过渡系元素某些水合配离子（为书写方便常以简单离子表示）的颜色。

表12－7　某些过渡元素水合离子的颜色

水和离子	Sc^{3+}	Ti^{4+}	V^{4+}	Cr^{3+}	Mn^{2+}	Mn^{3+}	Fe^{2+}	Fe^{3+}	Co^{2+}	Ni^{2+}	Cu^{2+}	Zn^{2+}
价电子层结构	$3d^0$	$3d^0$	$3d^1$	$3d^3$	$3d^5$	$3d^4$	$3d^6$	$3d^5$	$3d^7$	$3d^8$	$3d^9$	$3d^{10}$
未成对电子数	0	0	1	3	5	4	4	5	4	2	1	0
颜色	无色	无色	蓝	紫	肉色	紫	浅绿	黄	粉红	绿	蓝	无色

过渡金属化合物通常具有一定的颜色，这是过渡元素区别于A族元素的重要特征之一。例如，许多过渡金属的氧化物、氢氧化物、硫化物、低氧化态水合离子及大多数配合物都具有一定的颜色。

物质呈色的原因是复杂的，有关过渡元素化合物的颜色，一般认为由d电子$d-d$跃迁的吸收光谱所决定。当过渡金属的d电子由基态跃迁至激发态所需要的能量在可见光范围内时（400～700nm），电子就会吸收某一波长围的可见光，发生跃迁，从而使化合物显示其余部分可见光透射或散射的混合色。例如，$[Ti(H_2O)_6]^{3+}$，$3d^1$ 电子吸收相当于蓝绿色光区的可见光跃迁，因此 $[Ti(H_2O)_6]^{3+}$ 离子呈现其余部分可见光的混合色（紫红色）。

由此不难得出以下结论：①对不同过渡金属的水合离子而言，d 电子跃迁时吸收可见光的波长范围不同，金属离子就呈现不同的颜色；②对同一过渡金属离子的不同配合物而言，配位体对中心离子的影响不同，d 电子跃迁所需要的能量就不同，配合物呈现的颜色当然不同；③对电子构型为 d^0 或 d^{10} 的金属离子而言，因 d 电子在可见光照射下不能发生 $d-d$ 跃迁，因而这些配合物通常是无色的。

某些具有 d^{10} 电子构型的过渡金属化合物也是有颜色的，如 AgI 显黄色、HgI_2 显橙红色，这是由于阴阳离子的变型性较大，离子发生极化的结果。

第二节　重要过渡元素及其化合物

一、铬和锰

铬是周期系第ⅥB 族元素。锰是周期系第ⅦB 族元素。铬、锰在地壳中的元素丰度较大，铬为 0.01%，锰为 0.085%，在自然界主要存在于矿石中，重要的含铬和锰的矿石有：软锰矿（MnO_2）、铬铁矿［$Fe(CrO)_2$）］、黑锰矿（Mn_3O_4）、水锰矿（$Mn_2O_3\cdot H_2O$）及褐锰矿（$3Mn_2O_3\cdot MnSiO_3$）等。

铬的价电子构型为 $3d^54s^1$。在一定条件下，铬的 6 个价电子可以部分地或全部参加成键，常见主要氧化数为Ⅵ（最高氧化态）、Ⅲ和Ⅱ。锰的价电子构型为 $3d^54s^2$，常见主要氧化数为Ⅶ（最高氧化态）、Ⅳ、Ⅱ、Ⅳ和Ⅲ。

铬、锰元素的标准电势图如下：

$$\varphi^{\ominus}_{A}/V\quad Cr_2O_7^{2-}\xrightarrow{1.33}Cr^{3+}\xrightarrow{-0.41}Cr^{2+}\xrightarrow{0.91}Cr$$

$$Cr^{3+}\xrightarrow{-0.74}Cr$$

$$\varphi^{\ominus}_{A}/V\quad MnO_4^-\xrightarrow{0.56}MnO_4^{2-}\xrightarrow{2.26}MnO_2\xrightarrow{0.95}Mn^{3+}\xrightarrow{1.51}MnO^{2+}\xrightarrow{-1.19}Mn$$

$$MnO_4^-\xrightarrow{1.51}MnO^{2+}$$

$$\varphi^{\ominus}_{B}/V\quad MnO_4^-\xrightarrow{0.56}MnO_4^{2-}\xrightarrow{0.60}MnO_2\xrightarrow{-0.20}Mn(OH)_3\xrightarrow{-0.11}Mn(OH)_2\xrightarrow{-1.55}Mn$$

$$MnO_4^{2-}\xrightarrow{0.59}MnO_2\qquad Mn(OH)_3\xrightarrow{-0.05}Mn$$

$$\varphi^{\ominus}_{B}/V\quad CrO_4^-\xrightarrow{-0.13}Cr(OH)_3\xrightarrow{-1.1}Cr(OH)_2\xrightarrow{-1.4}Cr\xrightarrow{-1.2}CrO_2^-$$

$$CrO_4^-\xrightarrow{1.51}CrO_2^-$$

（一）铬、锰单质的性质及用途

铬是银白色有光泽的金属。纯铬有延展性，含有杂质的铬硬而脆。虽然是还原性相当强的金属，但由于其表面易生成钝态的氧化物保护膜，使铬具有很强的抗腐蚀性，铬不溶于浓 HNO_3 或王水中。

铬能与稀 HCl 或稀 H_2SO_4 作用，反应时先生成蓝色的 Cr（Ⅱ）溶液，继而被空气中的 O_2 氧化为 Cr（Ⅲ），溶液显绿色。

$$Cr + 2HCl = CrCl_2 + H_2\uparrow$$

$$4CrCl_2 + O_2 + 4HCl = 4CrCl_3 + 2H_2O$$

在高温条件下，铬能与卤素、硫、氮等非金属直接化合。

铬主要用于制造合金钢和电镀业。铬能增大钢材的硬度，增强耐磨性、耐热性和抗腐蚀性。含铬 10% 以上的钢材称为不锈钢。单质铬被电渡在汽车、自行车及金属仪器部件的表面，以增加光泽，增强耐磨性和抗腐蚀性。

锰的外观类似铁，致密的块状金属锰是银白色的，粉末状的锰呈灰色。锰的化学性质活泼，常温下锰能与非氧化性稀酸作用放出 H_2；高温下能与许多非金属直接化合。例如，

$$Mn + 2HCl = MnCl_2 + H_2\uparrow$$

$$Mn + Cl_2 = MnCl_2$$

$$Mn + S = MnS$$

$$2Mn + 4KOH + 3O_2 = 2K_2MnO_4 + 2H_2O$$

单质锰主要用于钢铁工业中生产锰合金钢，含锰的钢材不仅坚硬，而且抗冲击性和耐磨性增强。锰钢主要用于制造钢轨及破碎机等。

（二）铬（Ⅲ）的重要化合物

铬（Ⅲ）的重要化合物主要有：氧化物 Cr_2O_3、氢氧化物 $Cr(OH)_3$ 和 $CrCl_3$、$Cr_2(SO_4)_3$、$KCr(SO_4)_2$（铬钾矾）等常见的盐。

1. Cr_2O_3 和 $Cr(OH)_3$ 的两性

Cr_2O_3 微溶于水，但能与酸或碱溶液作用生成相应的盐，从而表现出明显的两性。例如：

$$Cr_2O_3 + 3H_2SO_4 = Cr_2(SO_4)_3 + 3H_2O$$

$$Cr_2O_3 + 2NaOH = H_2O + 2NaCrO_2 \text{（亚铬酸钠）（深绿色）}$$

铬（Ⅲ）盐溶液与适量的氨水或 NaOH 溶液作用时，即有 $Cr(OH)_3$ 灰绿色的胶状沉淀生成。$Cr(OH)_3$ 也具有两性，能与酸或碱作用生成相应的盐。此外 $Cr(OH)_3$ 还能溶解在过量的氨水中，生成铬氨配合物。这一性质与 $Al(OH)_3$ 和 $Fe(OH)_3$ 不同：

$$Cr(OH)_3 + 6NH_3 = [Cr(NH_3)_6](OH)_3$$

2. 铬（Ⅲ）的还原性

由铬的标准电势图可知，铬（Ⅲ）在碱性介质中的还原性较强。例如，在碱性溶液中，CrO_2^- 能被 H_2O_2、Cl_2 等氧化剂氧化成为 CrO_4^{2-} 离子：

$$2CrO_2^- + 3H_2O_2 + 2OH^- = 2CrO_4^{2-} + 4H_2O$$

在酸性介质中，铬（Ⅲ）的还原性较弱，只有过硫酸铵或高锰酸钾等少数强氧化剂才能将铬（Ⅲ）氧化为 Cr（Ⅵ）。

3. 铬（Ⅲ）盐的水解性

可溶性铬（Ⅲ）盐溶于水时，因 Cr^{3+} 离子水解使溶液显酸性：

$$Cr^{3+} + 3H_2O \rightleftharpoons Cr(OH)_3 + H^+$$

若降低溶液的酸度，即有 $Cr(OH)_3$ 灰绿色胶状沉淀生成。

（三）铬（Ⅵ）的重要化合物

铬（Ⅵ）的化合物中最重要的是可溶性含氧酸盐：铬酸钾（K_2CrO_4）、铬酸钠（Na_2CrO_4）、重铬酸钾（$K_2Cr_2O_7$，俗称红矾钾）和重铬酸钠（$Na_2Cr_2O_7$，俗称红矾钠）。

1. 强氧化性

在酸性介质中，重铬酸盐和铬酸盐是强氧化剂，本身被还原成为 Cr^{3+} 离子，这是它们最重要的化学性质。例如：

$$Cr_2O_7^{2-} + 3H_2S + 8H^+ = 2Cr^{3+} + 3S\downarrow + 7H_2O$$

$$CrO_7^{2+} + 6I^- + 14H^+ = 2Cr^{3+} + 3I_2 + 7H_2O$$

$$K_2Cr_2O_7 + 14HCl（浓）\xrightarrow{\Delta} 2CrCl_3 + 3Cl_2\uparrow + 7H_2O + 2KCl$$

重铬酸盐饱和溶液与浓 H_2SO_4 的混合物，称为铬酸洗液。洗液中的深红色沉淀为铬酸酐（CrO_3）。具有极强的氧化性：

$$K_2Cr_2O_7 + H_2SO_4（浓）= 2CrO_3\downarrow（深红）+ K_2SO_4 + H_2O$$

铬酸洗液可用于洗涤化学实验用玻璃器皿上的污物。当洗液的颜色由红棕变为暗绿时，表明 CrO_3 大部分已被还原，洗液已失效。由于 Cr（Ⅵ）有明显的毒性，这种洗液已逐渐为其他洗涤剂所代替。

2. 沉淀反应

当向铬酸盐或重铬酸盐溶液中加入 Ba^{2+}、Pb^{2+}、Ag^+ 等离子时，生成的都是铬酸盐沉淀。例如：

$$4Ag^+ + Cr_2O_7^{2-} + H_2O = 2H^+ + 2Ag_2CrO_4\downarrow（砖红）\quad K_{sp} = 1.1\times10^{-12}$$

$$2Pb^{2+} + Cr_2O_7^{2-} + H_2O = 2H^+ + 2PbCrO_4\downarrow（黄）\quad K_{sp} = 2.8\times10^{-13}$$

铬酸盐沉淀不溶于弱酸，但可溶于强酸。这是因为在铬酸盐和重铬酸盐溶液中有下列平衡：

$$Cr_2O_7^{2-}（橙红色）+ H_2O \rightleftharpoons 2HCrO_4^- \rightleftharpoons 2CrO_4^{2-}（黄色）+ 2H^+$$

由平衡方程式可知：加酸平衡左移，溶液中 $[Cr_2O_7^{2-}]$ 升高，溶液显橙红色；加碱平衡右移，溶液中 $[CrO_4^{2-}]$ 升高，溶液显黄色。溶液中 CrO_4^{2-} 离子和 CrO_4^{2-} 离子的相对浓度取决于溶液的 pH 值。因此，当加入 Ba^{2+}、Pb^{2+}、Ag^+ 等沉淀离子时，因生成溶解度很小的铬酸盐沉淀，平衡右移，溶液中 $[H^+]$ 也随之升高，要使沉淀完全，反应需要在近中性的条件下进行；加酸时平衡向左移动，溶液中 $[CrO_4^{2-}]$ 降低，沉淀溶解。

所有的重铬酸盐都能溶于水，而铬酸盐中仅碱金属盐、铵盐、镁盐易溶，钙盐略溶。

3. 生成过氧化铬的反应

在酸性溶液中，重铬酸盐或铬酸盐能与 H_2O_2 作用，生成蓝色的过氧化铬，此反应可

用于鉴别 CrO_4^{2-} 和 $Cr_2O_7^{2-}$ 离子。

（四）铬元素的生物学效应

铬（Ⅲ）是人体必需微量元素，一般认为正常成人体内含铬的总量为5~10 mg。体内的铬广泛地分布于各组织器官及体液中，并且是人体中唯一的随年龄增长体内含量逐渐降低的微量元素。人体对铬（Ⅲ）的日需要为50~110 ng，主要从食物中摄取，饮水及空气中也可供给少部分。体内铬主要经尿液排出体外，由汗液、胆汁及毛发等途径也可丢失部分铬。

目前的研究认为：体内的铬主要与蛋白质、核酸及各种低分子配体形成配合物，铬的生物功能主要是参与机体的糖代谢和脂肪代谢，并具有胰岛素加强剂的作用。流行病学的调查结果表明，缺铬现象严重地区，糖尿病发病率高。动脉粥样硬化患者血清铬及主动脉铬含量均明显低于正常人。因此，可以认为，铬缺乏是动脉粥样硬化病变的病原性因素。临床上已经应用铬盐或食用富含铬（Ⅲ）的啤酒酵母治疗糖尿病和冠状动脉硬化症。

必须指出的是，铬（Ⅲ、Ⅳ）具有一定的生物毒性，尽管铬（Ⅲ）的毒性较小，但体内含量过高时，也会危害健康。铬（Ⅵ）的生物毒性较大，铬（Ⅵ）中毒时，可引起肝、肾、神经系统和血液系统的广泛病变，甚至造成死亡。据报道，口服重铬酸钾的致死量为6~8g。皮肤长期接触铬（Ⅵ）化合物时，会引起皮炎、溃疡及深部组织浸润性损伤。吸入含铬（Ⅵ）的粉尘，可引发呼吸道炎症、支气管哮喘，并诱发肺癌。因此，含铬工业废水（主要是电镀工业和化学试剂生产）必须经过严格的处理才能排放，最好的处理方法是回收废水中的铬，然后再生利用。

（五）锰的重要化合物

锰（Ⅱ）的重要化合物是锰盐。常见的可溶性锰（Ⅱ）盐有：$MnSO_4$、$MnCl_2$ 和 $Mn(NO_3)_2$。

锰（Ⅳ）的化合物中最重要的是二氧化锰 MnO_2，它是一种灰黑色的固体，不溶于水。MnO_2 是软锰矿的主要成分。

1. 氧化还原性

由锰的标准电势图可知：锰（Ⅱ）在碱性介质中还原性较强。例如，当 Mn^{2+} 离子与 OH^- 离子作用时，可生成 $Mn(OH)_2$ 白色沉淀，放置片刻即被空气中的 O_2 氧化，生成棕色的 $MnO(OH)_2$：

$$Mn^{2+} + 2OH^- \longrightarrow Mn(OH)_2\downarrow \text{（白）}$$

$$2Mn(OH)_2 + O_2 \longrightarrow 2MnO(OH)_2 \text{（棕）}$$

MnO_2 在酸性介质中是强氧化剂。例如，MnO_2 与浓 HCl 作用可生成 Cl_2；与浓 H_2SO_4 作用可生成 O_2：

$$MnO_2 + 4HCl \longrightarrow Cl_2\uparrow + MnCl_2 + 2H_2O$$

$$2MnO_2 + 2H_2SO_4 \longrightarrow O_2\uparrow + 2MnSO_4 + 2H_2O$$

实验室制备少量氯气时，常用 MnO_2 与浓 HCl 反应的方法。

MnO_2 在强碱性介质中可显示出还原性。例如，MnO_2 和 KOH 固体混合后加热熔融，

空气中的 O_2（或加入 $KClO_3$、KNO_3 等氧化剂）能将 MnO_2 氧化成墨绿色的锰酸钾：

$$3MnO_2 + 6KOH + KClO_3 \xrightarrow{\Delta} 3K_2MnO_4 + 3H_2O + KCl$$

MnO_4^{2-} 离子在强碱性介质中稳定，在酸性或近中性介质中即发生歧化反应：

$$3MnO_4^{2-} + 4H^+ \rightleftharpoons 2MnO_4^- + MnO_2 \downarrow + 2H_2O$$

MnO_2 主要作氧化剂，在有机合成、化工生产、干电池制造，以及玻璃、油漆等许多工业领域中都有重要的用途。

2. 锰（Ⅱ）盐的溶解性

锰（Ⅱ）的强酸盐通常易溶于水，但锰（Ⅱ）的弱酸盐大多难溶于水。如碳酸锰（$MnCO_3$）、硫化锰（MnS）等。$MnCO_3$ 为白色固体，俗称锰白，可作白色颜料。MnS 为肉红色沉淀，可溶于醋酸，故生成 MnS 沉淀的反应要在近中性或弱碱性溶液中进行。

（六）锰（Ⅶ）的重要化合物

锰（Ⅶ）的化合物中最重要的是高锰酸钾（$KMnO_4$），它是一种深紫色的晶体，易溶于水，溶液呈紫红色。

1. 分解反应

$KMnO_4$ 晶体在常温下稳定，但加热到 473 K 以上时，即分解放出 O_2，这是实验室制备少量氧气的一种简便方法：

$$2KMnO_4 \xrightarrow{\Delta} K_2MnO_4 + MnO_2 + O_2 \uparrow$$

$KMnO_4$ 溶液不稳定，常温下缓慢地分解，放出 O_2，并生成棕色的水合 MnO_2 沉淀：

$$4MnO_4^- + 2H_2O = 4MnO_2 \downarrow + 3O_2 \uparrow + 4OH^-$$

光对 $KMnO_4$ 的分解反应有催化作用，因此 $KMnO_4$ 溶液应保存在棕色瓶中。

$KMnO_4$ 与浓碱溶液作用时，即分解生成 MnO_4^{2-}（锰酸根）离子和 O_2：

$$4MnO_4^- + 4OH^- = 4MnO_4^{2-} + O_2 \uparrow + 2H_2O$$

$KMnO_4$ 晶体与浓硫酸作用时，可生成棕绿色的油状液体七氧化二锰 Mn_2O_7（高锰酸酐）：

$$2KMnO_4 + H_2SO_4 = Mn_2O_7 + K_2SO_4 + H_2O$$

Mn_2O_7 非常不稳定，受热可分解并发生爆炸，遇有机物燃烧。

2. 强氧化性

$KMnO_4$ 是强氧化剂，其还原产物与溶液的酸碱性有关。例如，$KMnO_4$ 在酸性、中性和强碱性介质中与 Na_2SO_3 的反应如下。

酸性介质中：$2MnO_4^- + 5SO_3^{2-} + 6H^+ = 2Mn^{2+} + 5SO_4^{2-} + 3H_2O$

近中性介质中：$2MnO_4^- + 3SO_3^{2-} + H_2O = 2MnO_2 \downarrow + 3SO_4^{2-} + 2OH^-$

强碱性介质中：$2MnO_4^- + SO_3^{2-} + 2OH^- = 2MnO_4^{2-} + SO_4^{2-} + H_2O$

酸性介质中 $KMnO_4$ 氧化性最强，它是无机和分析化学中最常用的氧化剂。

（七）锰元素的生物学效应

锰（Ⅱ、Ⅲ）是人体必需微量元素，正常成人体内锰元素的总含量为10～20 mg，主要分布在骨骼、肝、肾、胰腺及各组织中。人体需要的锰主要从食物、饮水及空气摄取，茶叶是一种聚锰植物。体内的锰排泄缓慢，主要经胆汁和尿液排出体外。

锰具有十分重要的生物功能，锰（Ⅱ、Ⅲ）是生物体内某些酶的组成元素。例如，精氨酸酶、超氧化物歧化酶、丙酮酸羧化酶等。这些生物酶对在机体组织细胞中进行的氧化还原反应有重要的影响。体外实验还表明，有上百种生物酶需要锰作激活剂。锰（Ⅱ）还参与软骨和骨组织形成时所需糖蛋白的合成，并对血液的生成及循环状态和脂类的代谢产生一定的影响。此外，锰还与体内的其他元素相互作用，影响这些元素在体内的含量及生功能。例如，锰吸收过量时，铁的吸收减少或被抑制；锰中毒的患者，血锌含量明显下降，而血铜含量升高；锰过量时将干扰铜、锌、铁元素对神经系统的作用等。

锰与人体健康的关系十分密切，许多研究结果证明，缺锰可引起多种疾病。例如，生长期缺锰会影响骨骼发育；成人缺锰将引发骨质疏松症；锰缺乏时还会导致胰岛素合成与分泌量减少，从而影响糖代谢，缺锰还会引中枢神经系统病变，脑功能异常，以及引起细胞免疫功能降低等等。一些实验还表明，锰对肿瘤细胞的生长具有抑制作用。

但是，锰也具有明显的生物毒性，大量吸入含氧化锰的烟雾后，可出现头痛、头昏、恶心、胸闷、咽干、气促、寒战、高热等中毒症状。工业性慢性锰中毒患者，早期以神经衰弱和自主神经功能障碍症状为主，晚期则主要表现为锥体外系损伤的症状。此外，锰矿区的产业工人中，肺炎的发病率及死亡率较高。

二、铁、钴、镍

铁、钴、镍是周期系第ⅧB 族的元素，也称为铁系元素。它们的价电子层结构分别为：$3d^6 4s^2$（Fe）；$3d^7 4s^2$（Co）；$3d^8 4s^2$（Ni）。常见的氧化数为 +2 和 +2。Fe 表现为 +3 氧化数时，$3d$ 轨道处于半充满状态（$3d^5 4s^0$），能量较低，因此 Fe 以 +3 氧化数的化合物为最稳定。Co 和 Ni 则以下 +2 氧化数的化合物为最稳定，+3 氧化数的 Co 和 Ni 是强氧化剂。

Fe、Co、Ni 有关的标准电势图如下：

$$E^{\ominus}_{A}/V \quad FeO_4^{2-} \xrightarrow{<1.9} Fe^{3+} \xrightarrow{0.771} Fe^{2+} \xrightarrow{-0.440} Fe$$

$$CoO_2 \xrightarrow{<1.8} Co^{3+} \xrightarrow{1.84} Co^{2+} \xrightarrow{-0.277} Co$$

$$NiO_2 \xrightarrow{1.93} Ni^{2+} \xrightarrow{-0.25} Ni$$

$$Ni^{2+} \xrightarrow{2.08} Ni(OH)_3$$

（一）单质的性质

铁、钴、镍单质都是具有白色光泽的金属。铁、钴略带灰色，而镍为银白色。它们的密度都较大，熔点也较高。钴比较硬而脆，铁和镍却有很好的延展性。它们都表现有铁磁性，所以钴、镍、铁合金是很好的磁性材料。

铁、钴、镍都是中等活泼的金属，这可由它们的电极电势看出。在没有水汽存在时，常温下它们与氧、硫、氯等非金属单质不起显著作用，但在高温，它们将与上述非金属单质和水蒸气发生剧烈反应，如：

$$3Fe + 2O_2 = Fe_3O_4$$

$$Fe + S = FeS$$

$$2Fe + 3Cl_2 = 2FeCl_3$$

$$3Fe + C = Fe_3C$$

$$3Fe + 4H_2O = Fe_3O_4 + 4H_2$$

常温时，铁和铝、铬一样，与浓硝酸不起作用，这是因为在铁的表面生成一层保护膜使铁“钝化”，因此贮运浓硝酸的容器或管道可用铁制品。浓硫酸在常温下也能使铁钝化，故可用铁桶盛浓硫酸，但稀的硝酸却能溶解铁，它也能被浓碱溶液所侵蚀。

钴和镍在常温下对水和空气都较稳定，它们都溶于稀酸中，但不与强碱发生作用，故实验室中可以用镍坩埚焙熔碱性物质。和铁不同，钴和镍与浓硝酸激烈反应，与稀硝的反应较慢。

（二）氧化物和氢氧化物

1. 酸碱性

铁、钴、镍都能形成 +2 或 +3 氧化数的氧化物和氢氧化物，它们都难溶于水，易溶于酸。其中 $Fe(OH)_3$ 略显两性，溶液中刚生成的 $Fe(OH)_3$ 能溶于浓的强碱溶液中，生成铁酸盐：

$$Fe(OH)_3 + KOH = 2H_2O + KFeO_2 \text{（铁酸钾）}$$

$Co(OH)_2$ 也略显两性，能溶于过量的浓碱溶液中，形成 $[Co(OH)_4]^{2-}$ 离子。

铁、钴、镍的 +2 氧化数的氢氧化物可由它们的盐溶液与碱作用生成：

$$M^{2+} + 2OH^- = M(OH)_2\downarrow \qquad (M^{2+}: Fe^{2+}、CO^{2+}、Ni^{2+})$$

+3 氧化数的氢氧化物通常可由溶液中生成的 $M(OH)_2$ 与氧化剂作用得到。例如，

$$2Ni(OH)_2 + Br_2 + 2NaOH = 2Ni(OH)_3 + 2NaBr$$

2. 氧化还原性

由铁系元素的标准电势图可知，在碱性介质中，它们 +2 氧化态的氢氧化物都具有还原性。$Fe(OH)_2$ 的还原性最强，空气中的 O_2 就能氧化 $Fe(OH)_2$，故实验中往往得不到白色的 $Fe(OH)_2$ 沉淀，看到的是灰绿色的Fe(Ⅱ)和Fe(Ⅲ)氢氧化物的混合物，最后变为砖红色的水合氧化铁沉淀：

$$4Fe(OH)_2 + O_2 = 2Fe_2O_3 \cdot 4H_2O$$

$Co(OH)_2$ 在空气中也能慢慢地被 O_2 氧化棕色的 $Co(OH)_3$，加入氧化剂能使反应迅速进行。$Ni(OH)_2$ 则不能被空气中的氧所氧化，在强碱性介质中，它能与某些强氧化剂（如 Br_2、NaClO 等）作用，生成 $Ni(OH)_3$。

要特别指出的是，钴和镍 +3 氧化数的氧化物或氢氧化物与酸作用时所表现出强氧化性。例如，当它们与 HCl 作用时，能将 Cl^- 离子氧化成为 Cl_2：

$$2Co(OH)_3 + 6HCl = Cl_2\uparrow + 2CoCl_2 + 3H_2O$$

$Fe(OH)_3$ 通常不具备这样的氧化性，与酸作用时仅发生中和反应。例如，

$$Fe(OH)_3 + 3HCl \xlongequal{} FeCl_3 + 3H_2O$$

现将 Fe、Co、Ni 的氧化物和氢氧化物的性状及氧化还原性归纳如下：

还原性增强 ←

FeO 黑	CoO 灰绿	Ni 暗绿
$Fe(OH)_2$ 白	$Co(OH)_2$粉红	$Ni(OH)_2$绿
Fe_2O_3砖红	$Co_2O \cdot 3H_2O$ 黑	NiO(OH) 黑
$Fe(OH)_3$ 棕红（略显两性）	$Co(OH)_3$棕	$Ni(OH)_3$黑

→ 氧化性增强

（三）常见的盐

铁系元素 +2 氧化数的盐中最常见的是硫酸盐、硝酸盐和氯化物。它们的性质有许多相似之处。例如：

（1）溶于水时，因 M^{2+} 离子的弱水解作用溶液显酸性：

$$M^{2+} + H_2O \rightleftharpoons M(OH)^+ + H^+$$

（2）水合 M^{2+} 离子具有一定的颜色。

（3）硫酸盐都能与硫酸铵或碱金属硫酸盐生成复盐。如：硫酸亚铁铵 [$(NH_4)_2SO_4 \cdot FeSO_4 \cdot 6H_2O$]，俗称莫尔盐。

（4）弱酸盐大多难溶于水。例如，它们的硫化物是难溶于水的黑色沉淀，能溶于强酸：

$$MS + 2H^+ \xlongequal{} M^{2+} + H_2S\uparrow$$

（5）都能与 NH_3、CN^-、X^- 及一些有机配体生成配位化合物。

需要特别指出的是，亚铁盐易被空气中的 O_2 氧化成高铁盐。例如，绿矾固体表面常被氧化而显黄褐色：

$$4FeSO_4 + O_2 + 2H_2O \xlongequal{} 4Fe(OH)SO_4 \text{（黄褐色）}$$

因此，亚铁盐固体应密闭保存，亚铁盐溶液应新鲜配制，配制时除应加入适量的酸外，必要时可加入单质铁（如铁钉），使溶液中的 Fe^{3+} 被还原成 Fe^{2+} 离子：

$$4Fe^{2+} + O_2 + 4H^+ \xlongequal{} 4Fe^{3+} + 2H_2O$$

$$2Fe^{3+} + Fe \xlongequal{} 3Fe^{2+}$$

钴（Ⅱ）和镍（Ⅱ）的盐稳定，Co^{2+} 和 Ni^{2+} 离子在溶液中也非常稳定。

铁系元素 +3 氧化数的盐主要是铁（Ⅲ）盐；钴（Ⅲ）盐仅能存在于固体中，且不稳定，易分解为 Co（Ⅱ）和 O_2；镍（Ⅲ）盐至今尚未制得。

常用的铁（Ⅱ）盐主要有：$Fe_2(SO_4)_3$、$FeCl_3$ 和 $Fe(NO_3)_3$，其最重要的性质是 Fe^{3+} 离子的强水解性和氧化性。Fe^{3+} 离子在溶液中极易水解，使溶液显酸性。Fe^{3+} 离子水解时生成一系列的水解产物：

$$[Fe(H_2O)_6]^{3+} + H_2O \rightleftharpoons [Fe(OH)(H_2O)_5]^{2+} + H^+$$

当溶液 pH 为 2 ~3 时，聚合倾向增大，最终生成红棕色的水合三氧化二铁胶状沉淀。

因此，在配制 Fe（Ⅲ）盐溶液时，必须先加入一定量的浓酸抑制水解反应，然后再加入水稀释到一定的体积。

在酸性介质中，Fe^{3+} 离子为中强氧化剂，能与 I^-、Sn 等多种还原剂作用，例如：

$$2Fe^{3+} + 2I^- \xlongequal{\quad} 2Fe^{2+} + I_2$$

（四）常见的配合物

1. 氨的配合物

在溶液中 Fe（Ⅱ、Ⅲ）难以形成稳定的氨配合物，无水状态下可有 $[Fe(NH_3)_6]Cl_2$ 和 $[Fe(NH_3)_6]Cl_3$ 生成。它们在溶液中立即分解，生成氢氧化物沉淀。溶液中的 $[CO(NH_3)_6]^{2+}$ 配离子易被氧化剂或空气中的 O_2 所氧化，生成 $[CO(NH_3)_6]^{3+}$ 配离子：

$$4[Co(NH_3)_6]^{2+}\text{（棕黄）} + O_2 + 2H_2O \rightleftharpoons 4[Co(NH_3)_6]^{3+}\text{（深棕）} + 4OH^-$$

2. 氰的配合物

Fe^{2+}、Fe^{3+}、CO^{2+} 都能与 CN^- 离子生成配合物。$K_4[Fe(CH)_6]$ 俗称黄血盐；$K_3[Fe(CN)_6]$ 俗称赤血盐。$Fe_4[Fe(CN)_6]_3$ 沉淀俗称普鲁士蓝；$Fe_3[Fe(CN)_6]_2$ 沉淀俗称滕氏蓝。它们都是稳定的配合物。而近代 X 线结构分析的实验数据表明，普鲁士蓝和滕氏蓝是相同的物质，都是六氰合亚铁酸铁（Ⅲ）。

$[CO(CN)_6]^{4-}$ 在溶液中是相当强的还原剂，能还原水使之放出 H_2：

$$2[CO(CN)_6]^{4-} + 2H_2O \xlongequal{\quad} 2[CO(CN)_6]^{3-} + H_2\uparrow + 2OH^-$$

$[CO(CN)_6]^{3-}$ 和 $[Ni(CN)_4]^{2-}$（黄色）配离子在溶液中稳定。

3. 硫氰配合物

Fe（Ⅲ）和 Co（Ⅱ）的硫氰配合物常用于鉴别 Fe^{3+} 和 Co^{2+} 离子。$[Fe(NCS)_6]^{3-}$ 配离子呈血红色，$[Co(NCS)_4]^{2-}$ 配离子呈蓝色，在有机溶剂（戊醇、丙醇）中稳定。

Ni（Ⅱ）的硫氰配合物不稳定。

Fe、Co、Ni 还能与许多有机配体生成稳定的配合物。它们的原子与 CO 生成的羰基配合物也很稳定。

三、铜和银

铜、银是周期系第ⅠB 族元素，价电子层构型为 $(n-1)d^{10}ns^1$。最外层只有 1 个 s 电子，次外层为 18 电子构型。由于是 18 电子结构的屏蔽效应小于 8 电子结构。因此，ⅠB 族与ⅠA 族元素相比，虽然它们的最外层电子构型相同，但在性质上却有很大差异。例如，ⅠA 族元素是非常活泼的金属元素，而ⅠB 族元素的金属活动顺序却排在 H 以后。

铜的常见氧化态为 +2 和 +1。银的常见氧化态为 +1。

有关的标准电势图如下：

$$\varphi^{\ominus}_A/V \quad CuO^+ \xrightarrow{1.8} Cu^{2+} \xrightarrow{0.158} Cu^+ \xrightarrow{0.522} Cu$$

（Cu^{2+} — Cu：0.3402）

$$Ag^{2+} \xrightarrow[4mol/LHClO_4]{1.987} Ag^{-} \xrightarrow{0.7996} Ag$$

$$\varphi^{\ominus}_B/V \quad Cu(OH)_2 \xrightarrow{-0.09} Cu_2O \xrightarrow{-0.361} Cu$$

$$AgO \xrightarrow{0.599} Ag_2O \xrightarrow{0.342} Ag$$

（一）氧化物和氢氧化物

1. 氧化亚铜、氧化铜和氢氧化铜的性质

氧化亚铜 Cu_2O 难溶于水。自然界中存在的 Cu_2O（赤铜矿）为棕红色，溶液中形成的 Cu_2O 因晶粒大小不同颜色可由黄、橙黄到棕红。临床医学上用碱性酒石酸钾钠的铜（Ⅱ）盐溶液检查尿糖，就是利用生成 Cu_2O 沉淀的多少，来判断尿糖大致含量。

$$[Cu(OH)_4]^{2-} + CH_2OH(CHOH)_4CHO \xlongequal{} Cu_2O\downarrow + CH_2OH(CHOH)_4COOH + 2H_2O$$

Cu_2O 是碱性氧化物，溶于稀酸时即发生歧化反应，生成 Cu^{2+} 离子和 Cu 沉淀，这可由铜（I）在酸性介质中的标准电极电势判断得出，其反应为：

$$Cu_2O + 2H^+ \xlongequal{} Cu^{2+} + Cu\downarrow + H_2O$$

Cu_2O 溶于氢卤酸时，生成无色的卤素离子配合物。例如，

$$Cu_2O + 4HCl \xlongequal{} 2H[CuCl_2] + H_2O$$

Cu_2O 可溶于氨水，生成无色的 $[Cu(NH_3)_2]^+$ 配离子。$[Cu(NH_3)_2]^+$ 配离子不稳定，易被空气中的 O_2 所氧化，生成深蓝色的 $[Cu(NH_3)_4]^{2+}$ 配离子：

$$Cu_2O + 4NH_3 + H_2O \xlongequal{} 2[Cu(NH_3)_2]^+ + 2OH^-$$

$$4[Cu(NH_3)_2]^+ + O_2 + 8NH_3 + 2H_2O \xlongequal{} 4[Cu(NH_3)_4]^{2+} + 4OH^-$$

氧化铜 CuO 是难溶于水的碱性氧化物，易溶于酸生成相应的盐：

$$CuO\text{（黑褐色）} + 2H^+ \xlongequal{} Cu^{2+} + H_2O$$

氢氧化铜 $Cu(OH)_2$ 可由铜（Ⅱ）盐溶液与碱作用生成。$Cu(OH)_2$ 是淡蓝色的沉淀，受热时脱水变为黑色的 CuO：

$$Cu(OH)_2 \longrightarrow CuO + H_2O$$

$Cu(OH)_2$ 略显两性，易溶于酸，也能溶于浓的强碱溶液中，生成蓝紫色的 $[Cu(OH)_4]^{2-}$ 配离子：

$$Cu(OH)_2 + 2OH^- \xlongequal{} [Cu(OH)_4]^{2-}\text{（蓝紫色）}$$

$Cu(OH)_2$ 溶于氨水，生成深蓝色的 $[Cu(NH)_4]^{2+}$ 配离子：

$$Cu(OH)_2 + 4NH_3 \xlongequal{} [Cu(NH_3)_4]^{2+} + 2OH^-$$

2. 氧化银的性质

氧化银 Ag_2O 呈棕黑色，微溶于水，溶液显碱性。Ag_2O 能溶于 HNO_3 生成 $AgNO_3$，也能溶于氨水生成 $[Ag(NH_3)_2]^+$ 配离子。

Ag_2O 具有氧化性，可将 CO 氧化为 CO_2：

$$Ag_2O + CO \xlongequal{} 2Ag^+ + CO_2$$

故 Ag_2O 和 MnO_2、Co_2O_3、CuO 的混合物常用于防毒面具中。

银（I）盐溶液与碱作用很难得到白色的 AgOH 沉淀，溶液中生成的 AgOH 极不稳定，立即脱水变成棕黑色的 Ag_2O：

$$2AgOH = Ag_2O + H_2O$$

（一）常见的盐

1. 铜盐的性质

Cu^+离子在溶液中不稳定，可发生歧化反应：

$$2Cu^+ \rightleftharpoons Cu^{2+} + Cu \qquad K = 1.2 \times 10^6$$

所以，铜（I）只能存在于难溶化合物或稳定的配位化合物中。铜（Ⅱ）盐最常见的是：$CuSO_4 \cdot 5H_2O$（俗称胆矾）、$Cu(NO_3)_2 \cdot 3H_2O$ 和 $CuCl_2 \cdot 2H_2O$。铜（Ⅱ）盐最主要的化学性质是氧化性和 Cu^{2+} 离子的沉淀反应。

铜（Ⅱ）的氧化性较弱，只有当其还原产物铜（I）生成难溶性亚铜化合物或稳定的亚铜配合物时才表现出来。例如，Cu^{2+}离子氧化I^-为I_2，其还原产物Cu^+与溶液中过量的I^-生成 CuI 白色沉淀，此反应可用于鉴别 Cu^{2+} 离子：

$$2Cu^{2+} + 4I^- = I_2（棕） + 2CuI\downarrow（白）$$

由相关的标准电极电势（$\varphi^{\ominus}_{Cu^{2+}/Cu^+} = 0.158\ V$，$\varphi^{\ominus}_{Cu^{2+}/Cu} = 0.3402\ V$，$\varphi^{\ominus}_{I_2/I^-} = 0.535V$，$\varphi^{\ominus}_{Cu^{2+}/CuI} = 0.86\ V$）可知：$Cu^{2+}$离子能氧化$I^-$离子为$I_2$，是由于反应体系中生成难溶于水的 CuI（$K_{sp} = 5.06 \times 10^{-12}$），极大地降低了溶液中［$Cu^+$］，使 Cu^{2+}/Cu^+ 的电极电势显著升高：

$$Cu^{2+} + I^- + e^- \rightleftharpoons CuI \qquad \varphi^{\ominus} = 0.86\ V$$

因此上述反应进行得很完全。

常见的沉淀反应有：铜（Ⅱ）盐溶液与 Na_2CO_3 溶液反应，生成碱式碳酸铜沉淀，它是一种绿色的颜料：

$$2Cu^{2+} + 2CO_3^{2-} + H_2O = Cu_2(OH)_2CO_3\downarrow + CO_2\uparrow$$

铜（Ⅱ）盐溶液中通入 H_2S 气体，可生成黑色的 CuS 沉淀，此沉淀能溶于热 HNO_3 和 KCN 溶液中：

$$3CuS + 8HNO_3 = 3Cu(NO_3)_2 + 2NO\uparrow + 3S\downarrow + 4H_2O$$

$$2CuS + 10KCN \rightleftharpoons 2K_3[Cu(CN)_4] + (CN)_2\uparrow + 2K_2S$$

2. 银（I）盐的性质

银（I）盐最突出的性质是难溶性。银（I）盐的沉淀反应常用于鉴别多种阴离子。例如，Ag_2CrO_4（砖红色）、Ag_3SO_4（棕色）、Ag_3PO_4（黄色）、AgCl（白色）等。

在仅有的几种可溶性银盐中最常用的是 $AgNO_3$。当 $AgNO_3$ 晶体或溶液中含有微量的有机杂质时，遇光易分解：

$$2AgNO_3 \longrightarrow 2Ag\downarrow（灰黑） + 2NO_2\uparrow + O_2\uparrow$$

因此 $AgNO_3$ 应保存在棕色瓶中。

银（I）具有氧化性，能破坏和腐蚀有机组织。银（I）作氧化剂时，本身则被还原成黑色的单质 Ag，故皮肤或衣物与银（I）盐接触后会变黑。医药上用银（I）的化合物配制外用杀菌剂和腐蚀剂。

（三）常见的配合物

铜的配合物中较常见的有：$[CuX_2]^-$（无色）、$[Cu(CN)_2]^-$（无色）、$[Cu(NH_3)_4]^{2+}$（深蓝色）、$[CuCl_4]^{2-}$（淡黄色）配离子，以及铜（Ⅱ）的有机配体配合物等。

银（I）的配合物中常见的有$[Ag(NH_3)_2]^+$、$[Ag(CN)_2]^-$、$[Ag(SCN)_2]^-$、$[Ag(S_2O_3)_2]^{3-}$及$[AgCl_2]^-$配离子等。

四、锌、镉、汞的重要化合物

锌、镉、汞是周期系ⅡB族元素，称为锌族元素。价电子层结构为$(n-1)\ d^{10}ns^2$。其最外层电子结构和碱土金属一样，都是只有2个s电子。但由于它们的次外层电子结构不同（ⅡB族为18电子，ⅡA族为8电子），因此在性质上有许多差异。例如，ⅡB族元素原子的ns电子对受核的作用力强，较稳定。这种稳定性随原子序数的增加而增大，尤其是汞的$6s$电子对最稳定，造成金属键作用力最弱，其单质在常温下就是液体，能溶解许多金属形成汞齐。

锌和镉主要表现为+2氧化数，汞的常见氧化数为+1和+2，有关的标准电势图如下：

$$\varphi^{\ominus}_A/V \quad Zn^{2+} \xrightarrow{-0.7628} Zn \qquad Hg^{2+} \xrightarrow{0.905} Hg_2^{2+} \xrightarrow{0.7961} Hg \quad (Hg^{2+} \xrightarrow{0.851} Hg)$$

$$\varphi^{\ominus}_B/V \quad Zn(OH)_4^{2-} \xrightarrow{-1.216} Zn \qquad HgO \xrightarrow{0.0984} Hg$$

（一）氧化物和氢氧化物

Zn、Cd、Hg都能形成+2氧化数的共价型氧化物。ZnO俗称锌白，可用作白颜料，优点是遇H_2S不会变为黑色（ZnS也是白色）。CdO棕灰色。HgO有黄色和红色两种晶型，溶液中形成的HgO晶粒细小显黄色，久置后晶粒聚集可变为红色。它们都难溶于水，可溶于强酸生成相应的盐。

Zn、Cd的氢氧化物常用它们的可溶盐液与碱作用生成。但汞（Ⅱ）盐溶液与碱作用生成的$Hg(OH)_2$极不稳定，立即分解生成HgO沉淀。

$$Hg^{2+} + 2OH^- = HgO\downarrow（黄） + H_2O$$

1. ZnO和$Zn(OH)_2$的两性

ZnO和$Zn(OH)_2$都有明显的两性，能与酸或碱作用生成相应的盐，例如：

$$Zn(OH)_2 + 2HCl = ZnCl_2 + 2H_2O$$

$$Zn(OH)_2 + 2NaOH = Na_2[Zn(OH)_4]$$

2. $Zn(OH)_2$和$Cd(OH)_2$能溶于氨水

$Zn(OH)_2$和$Cd(OH)_2$都能溶于氨水生成氨配合物：

$$Zn(OH)_2 + 4NH_3 = [Zn(NH_3)_4](OH)_2$$
$$Cd(OH)_2 + 4NH_3 = [Cd(NH_3)_4](OH)_2$$

3. HgO 遇热分解

HgO 遇热分解为单质 Hg 和 O_2，而 ZnO 和 CdO 较稳定，遇热升华但不分解。

$$2HgO \xlongequal{573K} 2Hg + O_2\uparrow$$

(二) 常见的盐

锌盐中最重要和最常用的是硫酸锌（$ZnSO_4$）和氯化锌（$ZnCl_2$）。它们的化学性质较稳定，易溶于水，其溶液因 Zn^{2+} 的弱水解作用而显酸性。

$ZnCl_2$ 浓溶液在金属焊接时用于清除金属表面上的氧化物：

$$ZnCl_2 + H_2O = H[ZnCl_2(OH)]\text{（配酸）}$$
$$FeO + 2H[ZnCl_2(OH)] = Fe[ZnCl_2(OH)_2] + H_2O$$

亚汞盐中最重要的是硝酸亚汞［$Hg_2(NO_3)_2$］和氯化亚汞（Hg_2Cl_2，俗称甘汞）。$Hg_2(NO_3)_2$ 易溶于水。Hg_2Cl_2 是难溶于水、略带甜味的白色固体。在亚汞化合物中，汞（I）以双聚体离子的形式存在，其结构可表示为：$^+Hg:Hg^+$。即两个汞（I）共用一对电子，以共价键结合，Hg_2^{2+} 离子在溶液中较稳定。

汞盐中最重要的是硝酸汞［$Hg(HO_3)_2$］和氯化汞（$HgCl_2$，俗称升汞，剧毒），$Hg(NO_3)_2$ 易溶于水，溶解时仅部分电离，主要以 $HgNO_3^+$ 离子的形式存在。$HgCl_2$ 在冷水中溶解度较小，热水中易溶。$HgCl_2$ 在溶液中很少电离，主要以 $HgCl_2$ 分子的形式存在。

1. 汞（I）和汞（Ⅱ）的互相转化

Hg_2^{2+} 并不像 Cu^+ 那样容易发生歧化反应，而在溶液中比较稳定的存在。相反，当 $Hg(NO_3)_2$ 溶液与 Hg 作用时，绝大部分 Hg^{2+} 都能转变成 Hg_2^{2+}，即下列反应向右进行的倾向较大：

$$Hg^{2+} + Hg \rightleftharpoons Hg_2^{2+}$$

使上述平衡向左（Hg_2^{2+} 歧化反应方向）进行的条件是：向溶液中加入某种能与 Hg^{2+} 生成难溶性沉淀或稳定配合物的试剂，使溶液中［Hg^{2+}］大大降低，Hg_2^{2+} 歧化反应可显著进行。例如：

$$Hg_2^{2+} + 2OH^- = HgO\downarrow + Hg\downarrow + H_2O$$
$$Hg_2^{2+} + 4I^- = [HgI_4]^{2-} + Hg$$

2. Hg_2^{2+} 和 Hg^{2+} 的重要反应

Hg_2^{2+} 和 Hg^{2+} 有许多重要的化学反应，这些反应可用于鉴定和区分 Hg_2^{2+} 和 Hg^{2+}。例如：

（1）与氨水作用　$HgNH_2Cl$ 俗称白降汞。

$$HgCl_2 + 2NH_3 = NH_4Cl + HgNH_2Cl\downarrow\text{（白）（氨基氯化汞）}$$
$$Hg_2Cl_2 + 2NH_3 = NH_4Cl + Hg\downarrow\text{（灰黑）} + HgNH_2Cl\downarrow\text{（白）}$$

（2）与 NaOH 作用

$$Hg^{2+} + 2OH^- = HgO\downarrow（黄）+ H_2O$$

$$Hg_2^{2+} + 2OH^- = HgO\downarrow（黄）+ Hg\downarrow（灰黑）+ H_2O$$

（3）与 KI 作用

$$Hg^{2+} + 2I^- = HgI_2\downarrow（橙红）$$

$$HgI_2 + 2I^- = [HgI_4]^{2-}（无色）$$

$$Hg_2^{2+} + 2I^- = Hg_2I_2\downarrow（黄绿）$$

$$Hg_2I_2 + 2I^- = [HgI_4]^{2-} + Hg\downarrow（灰黑）$$

（4）生成碘汞铵的反应　Hg^{2+} 与过量的 KI 溶液作用生成 $K_2[HgI_4]$，$K_2[HgI_4]$ 与 KOH 的混合溶液称为奈斯勒（Nessler）试剂，若向此混合溶液中滴加 NH_4Cl 溶液，即有褐色到红棕色的碘化汞铵沉淀生成，这是鉴定 Hg^{2+} 和 NH_4^+ 离子的特效反应：

$NH_4^- + 2[HgI_4]^{2-} + 4OH^- =$ 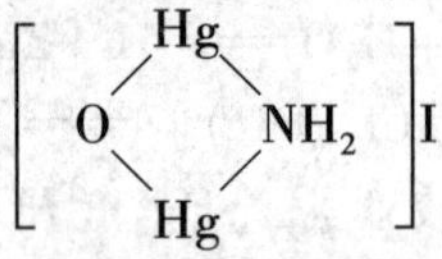 $I\downarrow + 7I^- + 3H_2O$

（5）与 $SnCl_2$ 作用

$$HgCl_2 + SnCl_2（少量）= Hg_2Cl_2\downarrow（白）+ SnCl_4$$

$$Hg_2Cl_2 + SnCl_2 = Hg\downarrow（灰黑）+ SnCl_4$$

（6）与 H_2S 作用

$$Hg^{2+} + H_2S = HgS\downarrow(黑) + 2H^+$$

$$\longrightarrow HgS\downarrow + Hg\downarrow$$

HgS 只能溶解在王水或 Na_2S 浓溶液中：

$$3HgS + 12HCl + 2HNO_3 = 3H_2[HgCl_4] + 3S\downarrow + 2NO\uparrow + 4H_2O$$

$$HgS + Na_2S = Na_2[HgS_2]$$

因亚汞盐与 H_2S 作用所生成的黑色沉淀中含 Hg 单质，故不能完全溶解在 Na_2S 溶液中。

（三）常见配合物

锌族元素的常见配合物在溶液中大多是稳定的，最常见的配合物有：$[Zn(NH_3)_4]^{2+}$、$[Cd(NH_3)_4]^{2+}$、$[ZnCl_4]^{2-}$、$[HgX_4]^{2-}$、$[Hg(SCN)_4]^{2-}$配离子以及 CN^- 和 EDTA 的配合物等等。其中 $[Hg(SCN)_4]^{2-}$ 配离子与 Zn^{2+} 或 Co^{2+} 离子的沉淀反应可用于鉴定这两种金属离子：

$$Zn^{2+} + [Hg(SCN)_4]^{2-} = Zn[Hg(SCN)_4]\downarrow（白）$$

$$Co^{2+} + [Hg(SCN)_4]^{2-} = Co[Hg(SCN)_4]\downarrow（蓝）$$

五、过渡元素在生物体内的分布及作用

目前认为，在人体 14 种必需微量元素中有 9 种是过渡元素，并且除 Mo 外，其余 8 种过渡元素都分布在第一过渡系。过渡元素在体内的含量、分布和主要的生物功能汇于表12－8。

表 12－8　体内过渡元素的含量、分布及生物功能

元素	氧化态	体内含量（总含量）（%）	主要分布部位	主要生物功能
钒	Ⅴ、Ⅵ	17～43 μg	脂肪中（>90%）	促进脂质代谢，抑制胆固醇合成，促进牙齿矿化等
铬	Ⅲ	5～10mg	各组织器官集体液中	在糖和脂肪代谢中起重要作用，并具有加强胰岛功能的作用
锰	Ⅱ、Ⅲ	10～20mg	肌肉、肝及其他各组织中	参与构成锰酶、锰激活酶等。对机体的生长发育、维持骨结构、维持正常代谢及维持脑和免疫系统正常的生理功能具有重要作用
铁	Ⅱ、Ⅲ	约4200mg	血液中（>70%）	参与构成血红素蛋白、含铁酶及铁蛋白等。向机体及各组织细胞输送氧及储存氧，并参与机体的氧化还原反应
钴	Ⅱ、Ⅲ	1.1～1.5 mg	肌肉、骨及其他各组织中	参与构成维生素 B_{12} 及 B_{12} 辅酶。影响骨髓造血功能，增强某些酶及甲状腺的活性，参与蛋白质的合成等
镍	Ⅱ	约10 mg	肾、肺、脑、心脏及皮肤中	与血清蛋白、氨基酸形成配合物。保护心血管系统，促进血细胞形成，并具有降低血糖的作用
铜	Ⅰ、Ⅱ	80～120 mg	肌肉、肝、血液、心、肺、脑、极肾中	参与构成血浆铜蓝蛋白、超氧化物歧化酶（SOD）、细胞色素C氧化酶等。对维持血液、中枢神经系统、骨和结缔组织的正常生理功能具有重要作用
锌	Ⅱ	约2 300mg	肌肉、骨组织及其他各脏器和软组织中	与生物大分子配体形成金属蛋白、金属核酸等配合物。参与体内大多数新陈代谢过程，在机体的生长发育、基因调控中占居中心地位
钼	Ⅳ、Ⅴ、Ⅵ	约9.3mg	肝、肾、脾、肺、脑、肌肉及体液中	构成钼酶，参与许多生理生化反应

要特别指出的是，虽然人体必需的微量元素对人体是有益的，但当人体对某种微量元素的摄入量超过了肾脏的排泄能力时，该元素就会在体内蓄积，造成对组织细胞、脏器或对系统的损害，甚至引起严重的疾病。这时，必需元素就转变成有害元素了。因此，盲目地摄入微量元素所造成的危害往往比缺乏更为严重。

例如：食物过于精细易引起铬缺乏，并造成动脉粥样硬化症的发病率上升。铬也是明确的有害元素，尤其是Cr（Ⅵ）的毒性非常显著。铬对人体的毒性是使血液中的某些蛋白质沉淀，引起贫血、肾炎、神经炎等疾病。吸入含铬粉尘将引发呼吸道炎症并诱发肺癌。皮肤长期接触含铬化合物也会引起深部浸入性损害。因此，含铬工业污水必须经处理后才能排放，最好的处理方法是回收铬，然后再生使用。

人体过量摄入钼时，将引起痛风、骨质多孔症等疾病。通常认为贫血和儿童骨骼畸形与锰（Ⅱ）缺乏有关。过量吸入含锰化合物粉尘时，会引起肺炎和神经系统的中毒症状。铁缺乏时引起的主要疾病是贫血。而当铁摄入过量时又将诱发肿瘤。

钴是维生素 B_{12} 的组成元素，缺乏时会引起大细胞性贫血等疾病。

镍对生物体的影响目前尚不十分清楚，但它是明确的人体必需的微量元素。当镍缺乏时，铁的吸收将受到影响。有研究表明，镍也是一种强致癌性的金属元素，镍粉和一些镍的化合物诱发呼吸系统肿瘤。

铜（Ⅱ）缺乏时，不仅影响体内的许多生化反应，还会影响机体的造血功能，并引起心脏病等疾患。铜过量时又会导致肝、肾坏死，红细胞破裂等严重的病症。儿童缺锌会影响味觉和食欲，影响身高和体重。但体内锌过量也是十分有害的，如引起儿童顽固性贫血等。锌盐中毒时会造成头晕、呕吐、腹泻、出冷汗等症状。

镉、汞对人体的毒害非常严重。镉进入人体后主要分布在肝和肾中，且排出十分缓慢，因而造成积累性镉中毒。镉对肾脏的损害最严重，它主要影响肾小管的重吸收功能，使大量的血钙经尿液排出体外，引起骨钙的大量损失，造成骨质疏松和骨软化，使中毒者产生无法忍受的骨痛感，称为“骨痛病”。另外镉中毒还会引起肾性高血压、缺铁性贫血、呼吸系统损伤等病症。镉进入人体内的主要途径是：含镉工业废水污染生活水源。

汞对环境的污染主要是金属汞蒸气污染空气，无机汞（汞盐）、有机汞（烷基汞）化合物污染水源。汞蒸气吸入人体后能迅速地渗透到各组织中，以脑组织中的含量最高。故汞蒸气对中枢神经系统的损害最严重。无机汞进入人体后浓集于肾脏，其次是肝、心、脑等处。它对肾脏的损害非常严重，使肾功能丧失，可致血液中的代谢废物无法排出体外。有机汞主要浓集于肝、脑和肾，并产生同样的毒性反应，引起泌尿、神经、血液和消化系统的严重症状。

因此，含镉、汞的工业废水必须经过严格的处理后才能排放。

六、常用的含过渡元素药物

（1）铬（Ⅲ）盐　无机铬（Ⅲ）盐（如 $CrCl_3 \cdot 6H_2O$）已应用于临床治疗糖尿病和动脉粥样硬化症。例如，对老年糖尿病患者每天补充铬（Ⅲ）150μg，患者糖耐量明显改善，血脂显著降低。

（2）高锰酸钾　临床上常用 $KMnO_4$ 作消毒防腐剂。例如，0.05% ~0.02% 的 $KMnO_4$ 溶液常用于冲洗黏膜、腔道和伤口。1∶1000 的 $KMnO_4$ 溶液可用于有机磷中毒时洗胃等。

（3）硫酸亚铁　硫酸亚铁是最常用的铁剂。主要用于治疗缺铁性贫血。临床常用的口服补铁药物还有琥珀酸亚铁、枸橼酸铁胺、葡萄糖酸亚铁、乳酸亚铁、富马酸亚铁等。可用于注射的补铁药物有右旋糖酐铁、山梨醇铁、复方卡铁等。

（4）顺铂（cis - platium，CPDD）　抗癌药物，主要用于治疗睾丸癌、卵巢癌、头颈部鳞癌、甲状腺癌、淋巴肉瘤等，对小细胞肺癌、食管癌、胃癌、成胶质细胞癌、成骨肉瘤也有一定的疗效。

（5）硫酸铜　$CuSO_4$ 对黏膜有收敛、刺激和腐蚀的作用，杀灭真菌作用强大。眼科用于腐蚀沙眼引起的眼结膜滤泡。外用可治疗真菌性皮肤病。内服有催吐作用。

（6）硝酸银　$AgNO_3$ 有收敛、腐蚀和杀菌作用。0.25% ~0.5% 的 $AgNO_3$ 溶液用于治疗眼科炎症，更高浓度的溶液用于治疗口腔、宫颈及其他组织的炎症。

（7）硫酸锌　$ZnSO_4$ 有收敛、腐蚀作用。眼科常用 0.3% ~0.5% 的 $ZnSO_4$ 溶液治疗结膜炎。$ZnSO_4$ 复方制剂外用可促进伤口愈合。葡萄糖酸锌和 $ZnSO_4$ 也可用于配制内服药剂，治疗锌缺乏引起的病症。

（8）氧化锌　ZnO 具有收敛、促进创面愈合的作用，常用于配制外用复方散剂、混悬剂、软膏剂和糊剂等，用于治疗各种皮炎和湿疹等。

（9）氧化汞　黄色 HgO 俗称黄降汞，有较强的杀菌作用。1% 的黄降汞眼膏用于治疗眼部炎症。

（10）氯化氨基汞　$HgNH_2Cl$ 又称白降汞，2.5% ~5% 的白降汞软膏用于治疗脓皮病和皮肤真菌感染。

（11）氯化汞　$HgCl_2$ 又名升汞，杀菌力强，但毒性强烈，致死量为 0.2 ~0.4g，主要用于非金属手术器械的消毒。

（12）氯化亚汞　Hg_2Cl_2 又名甘汞、轻粉，内服有致泻作用。由于它在肠内有少量的吸收，现已不用。外用可攻毒杀虫。

（13）硫化汞　红色 HgS 中药称朱砂、丹砂或辰砂。具有镇静安神和解毒的作用。内服用于治疗惊风、癫痫。配成复方制剂外用具有消肿、解毒、止痛的功效。

习　题

1. 向铬（Ⅲ）盐溶液逐滴加入 NaOH 试液，先有灰蓝色胶状沉淀生成，继而沉淀溶解，溶液变成深绿色。此时加入适量的 H_2O_2 试液，溶液变成黄色，加酸至过量，溶液由黄色变为橙红色，再加入适量的 H_2O_2 试液和少量的乙醚，溶液显蓝色，放置后溶液又变成绿色。试写出每一步变化的反应方程式。

2. 解释下列实验现象（可用反应方程式表示）：

（1）黄色的 $BaCrO_4$ 沉淀与浓盐酸作用得到的溶液显绿色。

（2）向 $K_2Cr_2O_7$ 溶液中加入 Pb^{2+} 离子，生成的是黄色的 $PbCrO_4$ 沉淀。

（3）向黄色的 K_2CrO_4 溶液中加入适量 HNO_3，溶液变为橙红色。

（4）$Cr(OH)_3$ 可溶解在 NH_3-NH_4Cl 溶液中。

（5）$Mn(OH)_2$ 沉淀在空气中放置，颜色由白色变为褐色。

（6）深绿色的 K_2MnO_4 遇酸则变为紫红色的溶液和棕色的沉淀。

3. 计算下列反应的平衡常数，并估算反应是否可逆（有关的常数查阅教材附录）：

$$MnO^{4-}+5Fe^{2+}+8H^{+} \Longrightarrow Mn^{2+}+5Fe^{3+}+4H_2O$$

4. 根据锰元素的标准电势图讨论以下问题：

（1）计算锰（Ⅲ）歧化反应的平衡常数，并说明歧化反应的趋势大小。

（2）MnO_4^{2-} 离子稳定存在的条件，溶液 pH 值最低为多少？

5. 完成并配平下列反应方程式：

（1）$K_2Cr_2O_7+H_2S+H_2SO_4 \longrightarrow$　　（4）MnO_2+HCl（浓）$\longrightarrow$

（2）$CrCl_3+NaOH+Br_2 \longrightarrow$　　（5）$KMnO_4+KI+H_2O \longrightarrow$

（3）$K_2Cr_2O_7+H_2SO_4$（浓）$\longrightarrow$　　（6）$KMnO_4+Na_2SO_3+NaOH \longrightarrow$

6. 回答下列问题：

（1）$KMnO_4$ 溶液为何应贮存在棕色瓶中？

(2) 锰(Ⅱ)的配合物为何大多无色或颜色较淡?

(3) 为什么不能将 $KMnO_4$ 固体与浓硫酸混合?

(4) 说明 Cr(Ⅵ)和 Mn(Ⅶ)含氧化合物呈现颜色的原因。

(5) 若 Cr^{3+}、Al^{3+} 和 Fe^{3+} 离子共存,如何分离它们?

7. 根据铁元素的价电子构型,讨论其各氧化态物质的稳定性。

8. 有一种棕黑色的固体铁化合物 A,与盐酸作用生成浅绿色溶液 B,同时放出臭味气体 C,将 C 通入 $CuSO_4$ 溶液中生成棕黑色沉淀 D。将 Cl_2 通入 B 中得到黄色液体 E,向 E 中加入 KSCN 试液得血红色液体 F,向 F 中加入 NaF 固体,生成无色液体 G。试指出 A→G 各为何物,并写出有关的反应方程式。

9. 回答下列问题:

(1) $FeCl_3$ 溶液与 Na_2CO_3 溶液作用时为何生成的是氢氧化铁沉淀,而不是碳酸铁沉淀?

(2) Fe^{3+} 能腐蚀 Cu,而 Cu^{2+} 又能腐蚀 Fe,二者是否有矛盾?试应用有关的电极电势说明之。

(3) 实验室使用铂制器皿时,应遵守哪些操作规程,为什么?

(4) 铜器在潮湿的空气中放置会慢慢生成一层铜绿。

(5) 讨论:Cu(Ⅱ)和 Cu(Ⅰ)相互转化的条件及其化合物的稳定性。

(6) 在金属焊接时,为何常用浓 $ZnCl_2$ 溶液处理金属表面?

(7) 汞与硝酸反应,当汞过量时为何生成的是硝酸亚汞?

(8) 指出 Hg^{2+} 和 Hg_2^{2+} 离子性质上的差异,可用哪些反应区别它们?

10. 向含有 Fe^{3+}、Cu^{2+}、Zn^{2+}、Hg^{2+}、Hg_2^{2+}、Cr^{3+} 和 Mn^{2+} 离子的混合溶液中加入过量的氨水,溶液中有哪些物质?沉淀中有哪些物质?若将氨水换成 NaOH 试液又将如何?

11. 完成并配平下列反应方程式:

(1) $FeCl_3 + KI \longrightarrow$

(2) $FeSO_4 + O_2 + H_2O \longrightarrow$

(3) $FeCl_3 + K_2Cr_2O_4 \longrightarrow$

(4) $Fe(OH)_3 + KClO_3 + KOH \longrightarrow$

(5) $Cu_2O + H_2SO_4 \longrightarrow$

(6) $Cu_2O + NH_3 + NH_4Cl + O_2 \longrightarrow$

(7) $CuS + HNO_3$(热)$\longrightarrow$

(8) $CuCl_2 + SnCl_2 \longrightarrow$

12. 试比较第 IB、第ⅡB 族元素与第 IA、第ⅡA 元素性质上的差异,并从原子结构的观点说明原因。

13. 将 1.0080g 铜铝合金样品溶解后,加入过量的 KI 溶液,然后用 0.1052 mol/L 的 $Na_2S_2O_3$ 溶液滴定生成 I_2,共消耗 $Na_2S_2O_3$ 溶液 29.84 ml,求合金中铜的百分含量。

第十三章　生物无机化学基本知识

生物无机化学（bioinorganic chemistry）是于20世纪60年代，在无机化学和生物学的相互交叉和相互渗透中发展起来的一门边沿学科。它是在分子、原子水平上研究金属与生物配体之间的相互作用，而对这种相互作用的阐明有赖于无机化学和生物学两个学科整体水平的高度发展。由于理论化学方法和近代物理测定方法的飞速发展，使得揭示生命过程奥秘的生物无机化学研究成为可能，生物无机化学正是这个时候作为一门独立学科应运而生的。

第一节　生物无机化学研究的内容和方法

随着生物技术的高速发展，特别是近代物理实验仪器和分析测试技术的不断完善和应用，生物大分子的分离、纯化和分析，以及生物体内含量极低的微量元素的测定已成为可能。人们发现生命体不仅存在着C、O、N、P、Cl、Ca、Na等常量的无机元素，而且还存在着许多微量金属元素。虽然在生物体内有些金属的含量在约1000万个原子中才有1个金属原子，但它们在生物体内的作用是非常重要的，如果没有这些微量元素，生命就不能存在。科学家们借助于无机化学，特别是配位化学的理论和方法，利用生物化学的新技术、新理论，研究生物体内无机元素及其化合物的存在形态、结构及对生物体的作用和生物学功能，逐渐形成了一门新的边缘学科——生物无机化学。生物无机化学，简单地说，就是介于生物化学和无机化学之间的一门边缘学科。

生物无机化学虽然形成的时间并不长，但其研究的所涉及的内容比较广泛，其主要研究对象是具有生物活性的生物金属配合物。目前其研究主要包括以下几个方面。

（1）无机元素，尤其是微量元素在生物体内的存在形式、分布与代谢，与生物大分子的相互作用及所形成生物金属配合物的结构、性质及生物活性，微量元素在生物体内所参与的化学反应的机理以及其生物功能。

（2）金属离子在体内的运送途径和各种离子载体的性质、结构和功能。离子载体可运送金属离子通过生物膜，是保持金属离子生物作用的前提。

（3）环境污染元素对人体健康的影响，探讨某些地方病和重金属中毒发生的机理与防治。

（4）研究与金属离子有关的生理、病理机制和新型药物的合成等等。

（5）生命元素的生物矿化以及与环境的关系。

生物无机化学研究可以利用生物学的方法直接从生物体中提取研究所需要的物质，经分离、纯化后得到单一生物分子，再进行结构测定，研究有关反应机理及其与结构的关系和生物功能。但生物体系比一般的化学体系复杂得多，为了阐明金属离子在复杂的生命过程中的作用机制，生物无机化学最常用的研究方法是模拟，利用化学方法合成与体内生物金属配合物相近的简单配合物。模拟的方法主要有：①用半径相近、配位类型相似的金属离子取代生物体系中的金属离子，这些取代离子常被称为生物探针；②用一些简单的金属配合物作为生物原型的模型化合物，它们可以在一定程度上反映生物配体的某些特征；③选用合适的配体模拟酶蛋白中连接金属离子的原子簇，再现其某些生物功能。

生物无机化学对人类抗击各种疾病、提高健康水平、保护环境，有着直接密不可分的关系，对自然、人类、社会、生产、科学研究都有重大意义。大自然中一切物质都是由化学元素组成的，人体也不例外，各种化学元素在人体中有不同的功能。健康长寿是人类的共同夙愿，但许多资料证明，许多危害健康的疾病与体内某些元素平衡的失调有密切关系。因此，了解生命元素在人体内的功能和存在形式，研究它们与蛋白质、核酸、氨基酸、核苷酸等生命活性配体所形成的配合物的结构、性质，以及与生物功能之间的关系，从而揭示生命的奥秘，无疑有益于预防疾病、增强体制、保持身体健康。

第二节　生物元素

生物元素（biological element）是指在生物体内维持正常生物功能的那些元素。生物体内广泛参与生命活动的蛋白质、核酸、脂类和糖类都含有碳、氢、氧、氮、磷、硫等元素，这些元素在体内以有机化合物的形式存在，被称为生物非金属元素。生物体液中含有K^+、Na^+、Ca^{2+}、Mg^{2+}等离子，骨骼中的无机盐，各种酶、辅酶、结合蛋白质的辅基中含的Fe、Mn、Co、Cu、Zn、Mo等金属元素，被称为生物金属元素。

一、生物元素的分类

人类在地球上生存，人体不断地与自然界进行着物质交换。所以，人体血液中化学元素的丰度同地壳中的元素丰度惊人的相似。自然界存在的94种稳定元素中，在现代人体内已发现了60余种。按照体内元素的生物作用，可将它们分成人体必需元素、有益元素和有害元素。

1. 人体必需元素

参与构成人体和维持机体正常生理功能的元素称为人体必需元素。所谓“必须”的含义为：①元素存在于健康组织中，并与一定的生物化学功能有关；②在各组织中有一定的浓度范围；③从机体中排除这种元素将引起再生性生理变态，重新引入这种元素变态可以消除。

生物元素按其在人体中的含量又可分为宏量元素和微量元素。O，C，H，N，Ca，P，K，S，Cl，Na，Mg这11种元素占人体总质量的99.95%，它们是构成机体各种细胞、组织、器官和体液的主要元素，因此称它们为人体必需宏量元素，也称生命结构元素。表13－1类列举了人体的主要元素组成。

F、Si、V、Cr、Mn、Fe、Co、Ni、Li、Al、Cu、Zn、Se、Sn、Mo、I、As这17种元素约占人体总量的0.05%，称为必需微量元素。微量元素在体内的含量虽少，但它们在生命活动过程中的作用却极为重要。表13－2列出了部分微量元素的主要生理功能及对人体的影响。

表 13-1　体重 70kg 人的元素平均含量

元素	含量（g）	元素	含量（g）	元素	含量（g）
H	6580	Na	70	Mn	<1
C	12590	K	250	Mo	<1
N	1815	Mg	42	Co	<1
O	43550	Ca	1700	Cu	<1
P	680	Cl	115	Ni	<1
S	100	Fe	6	I	<1
		Zn	1~2		

表 13-2　微量元素的主要生理功能及对人体的影响

元素	生物功能	缺量引起的症状	积累过量引起的症状	摄入来源
Fe	贮存、输送氧，参与多种新陈代谢过程	缺铁性贫血，龋齿，无力	青年智力发育缓慢，肝硬化	肝、肉、蛋、水果、绿叶蔬菜等
Cu	血浆蛋白和多种酶的重要成分，有解毒作用	低蛋白血症、贫血、冠心病	类风湿关节炎、肝硬化、精神病	干果、葡萄干、葵花子、肝、茶等
Zn	控制代谢的酶的活性部位，参与多种新陈代谢过程	贫血、高血压、早衰、侏儒症	头昏、呕吐、腹泻、皮肤病、胃癌	肉、蛋、奶、谷物
Mn	多种酶的活性部位	软骨，畸形，营养不良	头痛，昏昏欲睡，功能失调、精神病	干果、粗谷物、核桃仁、板栗、菇类
I	人体合成甲状腺激素必不可少的原料，甲状腺中控制代谢过程	甲状腺肿大、地方性克汀病	甲状腺肿大、疲怠	海产品、奶、肉、水果、加碘食盐
Co	维生素 B_{12} 的核心	贫血、心血管病	心脏病、红血球增多	肝、瘦肉、奶、蛋、鱼
Cr	Cr（Ⅲ）使胰岛素发挥正常功能，调节血糖代谢	糖尿病、糖代谢反常、动脉粥样硬化、心血管病	肺癌、鼻膜穿孔	各种动物中，均含微量铬
Mo	染色体有关酶的活性部位	龋齿，肾结石、营养不良	痛风病、骨多孔症	豌豆、谷物、肝、酵母
Se	正常肝功能必须酶的活性部位	心血管病、克山病、肝病、易诱发癌症	头痛、精神错乱、肌肉萎缩、过量中毒致命	日常饮食、井水中
Ca	在传递神经脉冲、触发肌肉收缩，释放激素、血液的凝结以及正常心律 的调节中起作用	软骨畸形、痉挛	胆结石、动脉粥样硬化	动物性食物
Mg	在蛋白质生物合成中必不可少	惊厥	麻木症	日常饮食
F	氟离子能抑制糖类转化成腐酸酶，是骨骼和牙齿正常生长必需的元素	龋齿	斑釉齿，骨骼生长异常，严重者瘫痪	饮用水、茶叶、鱼等

这 28 种元素之所以为必需元素，是因为它们不仅为生物分子中的组成元素，而且具有特异性的功能。例如：作为结构材料，Ca、P 构成骨骼、牙齿，C、H、O、N、S 构成生物大分子；有的金属离子组成金属酶；含有 Fe^{2+} 的血红蛋白负责运载 O_2 和 CO_2；Ca^{2+} 与氨基酸中的羧酸结合起到传递某种生物信息的作用；存在于体液中的 Na^+、K^+、Cl^- 等起到维持体液中水、电解质平衡和酸、碱平衡的作用。

2. 有益元素

B、F、Si、V、Cr、Ni、Se、Br、Sn 9 种元素属于有益元素。人体没有这些元素时生命尚可维持，但不能认为是健康的。

3. 有害元素

有害元素也称为污染元素，是在人体中存在并能显著毒害机体的元素。目前已明确的有害元素有 Cd、Hg、Pb、As、Be。研究资料表明，现代人体内有害元素的含量正在逐年增加。因此，人类必须阻止环境污染，保护自己生存的空间，阻止有害元素进入我们体内。污染元素对人体的危害见表 13－3。

表 13－3　污染元素对人体的危害

元素	危害	最小致死量，10^{-4} %
Be	致癌	4
Cr	损害肺，可能致癌	400
Ni	肺癌，鼻窦癌	180
Zn	胃癌	57
As	损害肝、肾及神经，致癌	40
Se	慢性关节炎，浮肿等	3.5
Y	致癌	－
Cd	气肿，肾炎，胃痛病，高血压，致癌	0.3～0.6
Hg	脑炎，损害中枢神经及肾脏	16
Pb	贫血，损害肾脏及神经	50

二、最适营养浓度定律

法国科学家 G. Bertrand 在研究锰对植物生长的影响后指出：“植物缺少某种元素时就不能成活；当元素适量时，植物就茁壮成长；但过量时又是有害的。”这就是所谓的“最适营养定律”。大量研究表明，这个定律不仅适用于植物，也适用于一切生物。图 13－1 为元素最适营养浓度定律的示意图。

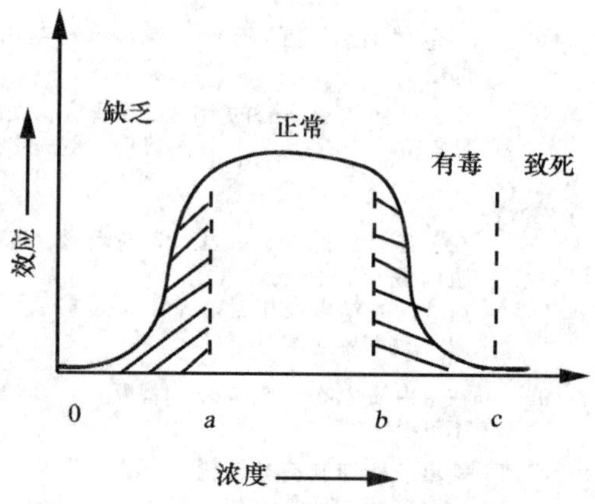

图 13－1　元素最适营养浓度定律示意图

最适营养浓度定律表明了生物效应——浓度之间的关系。当元素浓度在 0～a 浓度范围，表示生物对该元素缺乏，此时某些生物效应处于低级状态；随着浓度的增加生物效应逐渐提高；在 a～b 浓度范围，生物效应达到一平台，这是最适浓度范围，平台的宽度对不同的元素是不同的，如 b/a 值大，此元素毒性一般较小；在 $b\sim c$ 浓度范围内，生物效应下降，表现生物中毒，甚至死亡。

对于必需元素和有害元素，尽管都有生物效应——浓度曲线，但各自的曲线是不同的。现以铁元素为例进行说明。铁是必需元素，对分子氧的运送、电子传递等均十分重要。铁的供应或吸收不足，满足不了血红蛋白合成的需要，将导致缺铁性贫血；反之，如过量输血，不恰当的形成了过量的血红蛋白，导致铁吸收过量，过剩的铁聚集且不被排出体外时，则铁在体内将催化活性氧自由基的产生，生物组织遭到损伤。

所以，一种元素对生命体的“益”与“害”，其界限通常难以截然划分。元素的“益”与“害”不仅与元素在体内的含量有关，而且与元素所处的状态有关。例如，Cr（Ⅲ）是人体必需的，而 Cr（Ⅵ）则对人体有害。此外，从生物的演化过程来看，“益”与“害”也是相对的。生命的标志之一，就是生命能不同程度地适应自然，并改造自然。例如，O_2 对原始生物是有害的，而原始生物逐渐演化成为今日的生物，O_2 成为了必需的物质，这就是一种演化过程。因此，可以设想，生物为了适应某些有毒物质并生存下来，会发生某种变异。这种变异可能是某些生物分子结构的变化，也可能是某种解毒机制的建立。生物把这种变异通过遗传留给后代，这样经过许多世纪，某些有毒物质就变成生物能耐受的或必需的物质了。

三、生物金属元素的存在形式

氨基酸、多肽、蛋白质、核苷酸、核酸、多糖、维生素及其他一些参与生命活动的有机分子都可作为配体，与金属离子形成生物金属配合物。生物金属配合物在机体中按其生物配体和功能的不同，主要可分为金属蛋白和核苷酸类配合物、卟啉类配合物以及离子载体。

1. 氨基酸、肽和蛋白质类配合物

形成蛋白质的基本单元是氨基酸（H_2N—CHR—COOH），氨基酸相互作用可形成以肽键结合的肽链，蛋白质则是由两条或多条肽链按一定形式聚合成的具有一定空间构型的聚合体。所有氨基酸、肽和蛋白质均可和金属离子相互作用生成配合物。氨基酸和金属离子配位时，一方面利用分子中的—COO^- 基氧原子与金属离子共价结合，另一方面是由—NH_2 中氮原子提供孤电子对与金属离子形成配位键。在蛋白质分子中存在着大小不同的孔穴，其中金属离子可以与不同的氨基酸残基配位。

2. 核苷酸类配合物

核酸是由许多单核苷酸组成的，而单核苷酸是由杂环碱（嘌呤碱或嘧啶碱）、戊糖（核糖与脱氧核糖）和磷酸组成。核酸和核苷酸都可与生命金属元素形成配合物。核苷酸作为配体时，杂环碱、戊糖和磷酸基都能与金属离子配位，一般情况下碱基与金属离子的配位能力最强。核酸与金属离子的配位情况类似于单核苷酸。

3. 卟啉类配合物

卟啉类化合物是重要的生物配体，卟啉环中四个 N 原子可与金属 Fe^{2+}、Mg^{2+}、Cu^{2+} 等形成螯合物。如血红蛋白的中心部分血红素就是以亚铁离子为形成体，以卟啉环为螯合剂而形成的螯合物。

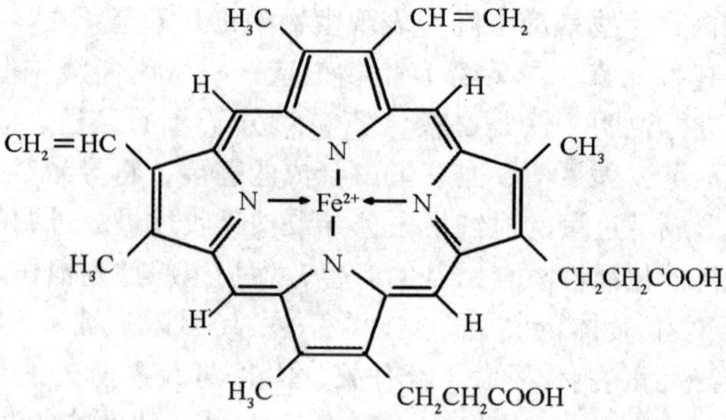

图 13－2　亚铁血红素的结构

4. 离子载体

生物体中各种金属离子在其透过细胞膜时，均有各自的运送方式。通常，在细胞膜上存在着一些中等分子量的化合物，它们能与某种特定金属形成脂溶性的配合物，而将离子载到细胞中去，这类物质称为离子载体。目前研究比较多的是 K^+、Na^+、Ca^{2+} 的离子载体，从结构上分为环状和链状两大类。Na^+ 和 K^+ 是体液的重要组成成分，这种特殊的形式使它们特异性地分布在细胞外液和细胞内液，对维持细胞内外液的容量和渗透压，调节体液酸碱平衡起着重要作用。

四、生物元素的生理功能

人体必需元素在人体内参与构成人体和维持机体正常生理功能。

（一）构成有机体

构成有机体是生物元素最主要的生理功能。C、H、O、N、S 和 P 组成了有机体所有的生物大分子物质——蛋白质、核酸、糖等；H 和 O 组成了占人体体重 65% 以上的物质——H_2O；Ca、Mg、P 和 F 组成了生物体的硬组织，如骨骼、牙齿等等。钙是骨骼和牙齿的主要成分，它主要以磷酸盐形式嵌镶在蛋白质框架里，镁在体内也以磷酸盐形式参与骨盐组成。

（二）维持机体正常生理功能

生物体内有着惊人准确的控制系统，精细地调节着每种金属离子的动向，而金属离子又精细地调节着千万种生物化学反应。并在生物过程中发生如下作用。

1. 输送作用

机体在生命活动的新陈代谢过程中，所需要的能量是通过营养物质的氧化反应产生的。物质代谢过程中需要的氧气和电子是通过某些载体输送的，金属铁具有这种输送功能。例如，正常人体中含铁 3～5g，几乎所有组织都含有铁。铁在体内大部分是与蛋白质结合形成配合物的形式存在，这些含铁蛋白发挥以下重要功能：①载氧、贮氧功能。血红蛋白在体内起着载氧作用，从肺部将氧运送到各组织细胞，同时又把细胞代谢产生的 CO_2 运到肺部排除体外。肌红蛋白则具有贮氧作用。②细胞色素 C 中的铁（Ⅱ）和铁（Ⅲ）

间的互变具有输送电子的作用。③运铁蛋白和铁蛋白起着转运、贮存和调节铁的吸收平衡的作用。

2. 催化作用

机体内许多复杂的生化反应常需要生物酶作催化剂。在已知的1 300多种生物酶中，多数有金属元素参加或必须由金属离子作为酶的激活剂。例如，羧肽酶含Zn；Mg^{2+}是许多酶的激活剂；精氨酸酶需要Mn^{2+}作激活剂；如体内缺铜会影响酪氨酸酶的活性，则酪氨酸转变成黑色素的过程缓慢或停止。因此，缺铜是引起白癜风的重要原因。

3. 参与激素的作用

激素是人体生长代谢过程中不可缺少的物质，一些元素在激素形成或协助激素发挥生物作用的过程中至关重要。例如，碘是甲状腺素形成的必需元素；铬（Ⅲ）在胰岛素参与糖代谢的过程中起重要的协助作用；钴在人体中含量很少，一般人体内仅含1.1～1.5mg，它对铁的代谢、血红素的合成、红细胞的发育成熟有着重要作用，特别是钴作为维生素B_{12}的主要成分，起着高效生血的作用。近年来有人认为，心血管疾病同钴的含量有关，病情越严重者，体内钴的含量越少。

此外，体内的一些金属元素在高等动物复杂的神经传导中，具有传递生物信息，调节肌肉的收缩，调节体液物理化学性质（如调节体液的渗透压、维持水、电解质平衡和酸碱平衡等），影响蛋白质、核酸形成等作用，对生物的遗传有很大的贡献。

在细胞膜两边Na^+和K^+的浓度梯度是膜电位的主要来源，这种膜电位对神经传递信号等起着支配作用。Ca^{2+}对肌肉收缩，调节心律和血液凝固等都有影响。Mg^{2+}对蛋白质的合成和对DNA的复制起着重要作用。

人类在地球上繁衍生息，人与地球自然体间必定有着本质的联系，而这种联系的物质基础就是自然体中的化学元素。可以相信，随着人们在分子水平上不断认识化学元素和生物配体的生理功能、揭示致病机制和探索新药开发的途径，必将推动医学和药学的进步，从而给人类的健康带来福音。

第三节　生物矿化

一、生物矿物与生物矿化

（一）生物矿化

生物体内除不断进行的一系列生物化学反应以外，还进行着一类重要无机化学反应。那就是生物体摄入的必需金属离子通过形成生物矿物（biomineral）构成牙、骨骼等硬组织。这些硬组织是介于无机物和有机物之间的特殊材料。它们所包含的方解石、羟基磷灰石等矿物质，从组成和结晶方式等与天然矿物相同。但这些生物矿物只有结合在硬组织中，才表现出特殊的理化性质及生物功能。它们在生物体内特定的条件下形成，并具有特殊的组装方式和高级结构。通常将在生物体特定部位和环境下，在生物有机物质的控制或影响下，将溶液中的离子转变成生物矿物的过程称之为生物矿化（biomineralization）。

生物矿化有两种形式。一种是在一定部位，并按一定的组成、结构和程度进行的正常生物矿化；另一种是发生在不应形成矿物的部位，或者矿化过度及不足（龋齿、牙石）的异常矿化，也称为病理矿化。两种矿化的化学本质很相似，其差别只在于正常的生物矿化是受控过程，而病理矿化则是失控的结果。

病理矿化包括异常的组织矿化和结石。异常的组织矿化是指细胞死亡或坏死后发生的组织愈合（如结核病灶愈合后的钙化）和异位矿化；而结石可分为口腔结石（牙石、延石病）、胃肠道结石（胆结石和胰结石）以及泌尿系统结石（肾及膀胱结石）。

（二）生物矿化的特点

正常的生物矿化都是动态的和受控的过程，即矿化过程中的每一步骤都发生在一定的时间和精确的位置上。这是因为生物体进行的矿化不同于实验室中结晶的形成，它是在细胞的参与下，在特殊的反应介质中进行的；基质对矿化的指导，具体表现在有机或生物大分子和无机离子在界面上的相互作用，得以在分子水平上控制无机矿物的成核、生长和微组装。生物矿化过程具有以下的特点。

（1）生物矿化出现在特定的区域或微环境中，其晶体只能在特定的称为成核位点上成核并生长。

（2）特定的生物矿物具有确定的微晶形态，包括晶形、尺寸和晶体取向。

（3）宏观的生长伴随着大量生长单元的组装和堆积，形成一种特殊的复合材料及提供进一步组织生长和修复所需条件。

总之，生物矿化过程是在分子水平上的有机大分子对于无机晶体成核、生长、组装的精细调控过程。

（三）生物矿物的特点

虽然硬组织中所含的矿物，在组成和结晶方式等方面与天然的同类矿物是等同的。但有生命的硬组织与没有生命的矿物在以下方面存在着不同。

（1）硬组织在结构上是高度有序的。

（2）硬组织中的矿物质在有机基质中形成而又被包埋在基质之中。

（3）硬组织中的矿物质不只参与钙化——脱钙平衡，而且还参与细胞活动。

（4）硬组织中的矿物质是在整个生物体代谢过程中形成的，而又参与代谢过程。

二、生物矿物的分类

硬组织中的生物矿物有以下三类。

1. 磷酸钙类

生物矿物中最有代表性的无机物成分主要是钙的磷酸盐类。其中以磷灰石类的羟基磷灰石［$Ca_{10}(PO_4)_6(OH)_2$］最为常见，它的 OH^- 被 F^- 取代则形成氟磷灰石［$Ca_{10}(PO_4)_6F_2$］。生物体从环境中不断摄取钙和磷。在体内细胞外不断积累 Ca^{2+} 和 PO_4^{3-}，达到一定浓度后，与 H^+、OH^- 和 H_2O 结合形成不同类型的磷酸盐。常见的生物磷酸盐列于表 13－4 中。

表 13-4 常见的生物磷酸盐

生物磷酸盐	分子式	pK_{sp}
羟基磷灰石（OHA）	$Ca_{10}(PO_4)_6(OH)_2$	117.2
欠缺羟基磷灰石	$Ca_9(HPO_4)(PO_4)_5(OH)$	85.1
磷酸八钙（OCP）	$Ca_8(HPO_4)_2(PO_4)_4 \cdot 5H_2O$	68.8
无定型磷酸钙（ACP）	$Ca_{10}(HPO_4)(PO_4)_6$	81.7
二水磷酸氢钙	$CaHPO_4 \cdot 2H_2O$	6.59
磷酸氢钙	$CaHPO_4$	6.90

不同形式的磷酸钙与矿物中的磷酸钙组成基本相同，这些不同的磷酸钙盐形成后可互相转化。如果溶液中这几种钙盐都呈过饱和状态，首先析出的是结晶速率最快的。在正常生理条件下，首先形成无定型磷酸钙，并迅速转化成磷酸八钙，最后转化成 K_{sp} 最小，最稳定的羟基磷灰石。羟基磷灰石是生物矿物中最主要的磷酸盐成分，称为生物磷灰石。

人体中 90% 以上的 Ca、P 存在于骨骼中，与血液间存在着钙化与脱钙的动态平衡：

$$\underset{\text{(血液中)}}{10Ca^{2+} + 6PO^{4-} + OH^-} \underset{\text{脱钙}}{\overset{\text{钙化}}{\rightleftharpoons}} \underset{\text{(骨骼中)}}{Ca_{10}(PO_4)_6(OH)_2(S)}$$

这一平衡维持着人体钙、磷的正常代谢，一旦失控将会引起多种疾病。如过量氟进入机体能与钙结合形成 CaF_2，沉积在骨组织中，局部改变羟基磷灰石为氟磷灰石，破坏钙化和脱钙平衡，引起氟骨症（骨硬化和骨质疏松），血钙减少，使甲状旁腺功能增强，抑制肾小管对磷的吸收，磷从尿中大量丢失，造成钙、磷代谢紊乱。

2. 碳酸钙类

生物界中存在的碳酸钙类矿物为文石和方解石，它们都是典型的离子晶格结构。方解石中 Ca^{2+} 周围有 6 个 CO_3^{2-} 的氧配位；而文石中 Ca^{2+} 周围则有 9 个 CO_3^{2-} 的氧配位。哺乳动物的耳石为方解石单晶，腹足动物贝壳珍珠层为文石结构。

3. 硅石类

在矿物中大多数硅石为结晶硅石，但在生物中常见的则是无定形硅石，即二氧化硅的水合物。

三、基质

所有硬组织都是由矿物质和有机基质两部分组成，生物矿物中的无机盐被有序地包裹在有机基质中。如果将生物矿物的羟基磷灰石微晶作为分散相，有机基质则是分散介质。从矿物质到硬组织的转变关键在于基质，微晶分散沉积在基质中形成特殊的生物复合材料。在生物矿化的过程中基质作为模板，可以诱导生物矿物的结晶方式与大小，提供矿物形成的生长点，使其具有有序结构，并将矿物与软组织相连。在基质的有机-无机界面上，可以通过离子的转运、离子的配合与解离等达到准确控制局部离子过饱和度，从而对晶核的形成、晶体的生长起到调控的作用。

有机基质主要由胶原蛋白和磷蛋白组成。胶原蛋白是牙和骨的主要基质，它是一类呈纤维状的糖蛋白。胶原蛋白上的糖羟基可与 Ca^{2+} 结合，这种结合引起胶原蛋白的构象变化及胶原纤维间的交联而呈水不溶性，成为硬组织的支撑骨架。磷蛋白分子中所含的磷酸基，对 Ca^{2+} 有特殊的亲和力。每个磷蛋白分子可结合几百个 Ca^{2+}，使这些钙离子在分子中按磷酸基而定位。磷酸基结合 Ca^{2+}，提供了羟基磷灰石晶核的成核点，即提供了无机盐在体内结晶形成的生长点。

（一）基质的分类

基质根据其功能可分为载体基质、矿化基质和调控基质三类。

1. 载体基质

载体基质不溶于生物介质，通过有序组装形成矿化组织的支持结构。

2. 矿化基质

矿化基质在许多情况下，载体基质表面上不能形成所需的矿物晶体。例如，骨矿物磷灰石不能直接结合在它的载体基质胶原纤维构成的基质网络上。它需要一种富含磷酸基的蛋白，结合在载体基质表面，提供成核和成长条件，起诱导和指导矿化作用。

3. 调控基质

调控基质在很多情况下，还有一些基质调控矿化。例如，骨和牙本质是以胶原蛋白为载体，以磷酸化的富于丝氨酸的磷蛋白为矿化蛋白。但是在骨基质中还有对矿化有一定抑制作用的酸性糖蛋白。它们起着防止矿化过快或过多的作用，称为调控基质。

（二）基质的调控作用

对不同生物矿化材料，基质的调控方式不同。但是从调控矿化反应来说所有基质都有两类成分，一是促进晶体生成和成长的成分；二是抑制晶体生长的成分。人体的骨骼和牙齿的基质主要起两方面作用，调控成核和调控成长及材料构筑。

1. 基质调控成核

基质在决定晶体能否成核，晶型的选择以及晶体的生长方向三方面都起着重要的作用，这种作用是由基质表面的与成矿离子能结合的官能团和晶核表面离子之间的相互作用决定。基质的这种调控成核作用有以下三个方面。

（1）通过静电作用促进成矿离子在基质表面聚集成簇。基质表面上的带负电的基团（如羧基、磷酸基等）结合成矿阳离子（钙离子）。而矿阳离子再结合成矿阴离子，阴离子又结合阳离子，只是一层比一层松散。

（2）通过晶格匹配选择固相。成矿离子在基质表面聚集，可能会出现表面多种难溶盐的无序沉淀。这时需要通过晶格匹配决定形成固相矿物。

（3）立体化学匹配决定晶体成长聚集方向。基质只促进成核，选择成什么矿物还不够，为了使生物材料中矿物晶体按一定方式、沿着一定的方向组装也取决于基质。

通过结合钙离子抑制成核成长。这主要是指小分子量、较易溶的调控基质，如骨基质中的酸性糖蛋白，它们的酸性基团容易和钙离子结合，与矿化基质竞争钙离子，阻止钙离子在胶原上聚集成核。

2. 成长的调控

调控成核主要是成矿基质，而晶体成长和聚集的调控在很大程度上取决于整个基质的超分子结构。而且载体基质在其中起着关键的作用。成长的调控主要是控制矿物结晶的体积、控制矿物结晶的定向聚集、控制矿物结晶的定向生长三个方面。

第四节　矿　物　药

所有的药物都是化学物质，但绝大多数属于有机化合物，但在中外古代医学中都有使用矿物药的历史。从我国现存最早的药学专著《神农本草经》，到李时珍的《本草纲目》中都有矿物药的详细记载。许多中医文献中有白石英有镇静、安神之功效；朱砂能治疗心脏病……等记载；在中医临床上一直使用雄黄、雌黄、砒霜等含砷矿物药。这些药物都是利用金属和个别非金属化合物杀伤微生物、寄生虫以及癌细胞等。三氧化二砷作为药物以“以毒攻毒”的原理治疗疾病有着悠久的历史，特别是砷化合物在治疗白血病方面的功效更是为世人所关注。20 世纪 90 年代，砷剂治疗白血病重新得到国际血液学界的重视，美国 FDA 在经过验证后批准了砷剂的临床使用。

一、矿物药的分类

矿物药从不同的角度有不同的分类方式。

1. 根据来源及加工方法的不同分类

（1）原矿物药　指从自然界采集后，基本保持原有性状作为药物使用的物质。其中包括矿物（如石膏、滑石、雄黄）、动物化石（如龙骨）及以有机物为主的矿物（如琥珀）。

（2）矿物制品药　指主要以矿物为原料经加工制成的单味药，如白矾、胆矾等。

（3）矿物药制剂　指以多味原矿物药或矿物制品药为原料加工制成的制剂。

矿物制品药与矿物药制剂虽均属加工制品，但前者多是以单一矿物为原料加工制成，以配合应用为主而很少单独应用，后者多数是以多味原矿物药或矿物制品药为原料加工制成，以单独应用为主而很少配合应用。

2. 根据阳离子不同分类

在矿物学中，通常是根据矿物所含阴离子的不同对矿物进行分类的。从药学的观点来看，根据阳离子的种类对矿物药进行分类也是非常恰当的，因为阳离子通常对药效起着较重要的作用。矿物药按阳离子的不同划分为汞化合物类、铁化合物类、铝化合物类、铜化合物类、砷化合物类、硅化合物类、钙化合物类、镁化合物类、钠化合物类等。部分矿物药的名称、主要成分和功效列于表 13－5 中。

3. 根据药物功能分类

按矿物药的功能分为清热解毒药、利水通淋药、理血药、潜阳安神药、补阳止泻药、消积药、外用药等。

表 13-5 部分矿物药的名称、主要成分和功效

类别	药物名称	主要成分	主要功效	中成药及汤剂
汞化合物	朱砂	硫化汞 (HgS)	清心镇惊，安神解毒。用于心悸易惊，失眠多梦，癫痫发狂，小儿惊风，视物昏花，口疮，疮疡肿毒	朱砂安神丸
	红粉	氧化汞 (HgO)	拔毒，除脓，去腐，生肌。用于痈疽疔疮，梅毒下疳，一切恶疮，肉暗紫黑，腐肉不去，窦道瘘管，脓水淋漓，久不收口	九转丹
	轻粉	氯化亚汞 (Hg_2Cl_2)	清心镇惊，安神解毒。用于心悸易惊，失眠多梦，癫痫发狂，小儿惊风，视物昏花，口疮，喉痹，疮疡肿毒	桃花散、一扫光白玉膏
铁化合物	自然铜	二硫化铁 (FeS_2)	散瘀，接骨，止痛。用于跌扑肿痛，筋骨折伤	八厘散、各种跌打丸
	磁石	四氧化三铁 (Fe_3O_4)	平肝潜阳，聪耳明目，镇惊安神，纳气平喘。用于头晕目眩，视物昏花，耳鸣耳聋，惊悸失眠，肾虚气喘	磁朱丸
铅化合物	密陀僧	氧化铅 (PbO)	用于痔疮，湿疹，溃疡，肿毒诸疮及刀伤等	一扫光、祖师麻药膏
	铅丹	四氧化三铅 (Pb_3O_4)	解毒止痒，收敛生肌。用于黄水湿疮，疮疡不收	黄生丹、桃花散
铜化合物	胆矾	五水硫酸铜 $CuSO_4 \cdot 5H_2O$	治风痰壅塞，喉痹，癫痫，牙疳，口疮，烂弦风眼，痔疮，肿毒	光明眼药水
	铜绿	碱式碳酸铜 [$CuCO_3 \cdot Cu(OH)_2$]	治目翳，烂弦风眼，痈疽、痔疮，喉痹，牙疳，臁疮，顽癣，风痰卒中	结乳膏
铝化合物	白矾	含水硫酸铝钾 [$KAl(SO_4)_2 \cdot 12H_2O$]	外用解毒杀虫，燥湿止痒。内服止血止泻，祛除风痰	明矾注射液、白金丸
	赤石脂	含水硅酸铝 [$Al_4(Si_4O_{10})(OH)_8 \cdot 4H_2O$]	涩肠，止血，生肌敛疮。用于久泻久痢，大便出血，崩漏带下；外治疮疡不敛，湿疹脓水浸淫	赤石脂禹余粮汤
砷化合物	雄黄	二硫化二砷 (As_2S_2)	解毒杀虫，燥湿祛痰，截疟。用于痈肿疔疮，蛇虫咬伤，虫积腹痛，惊痫，疟疾	牛黄解毒丸、益金丸
	雌黄	三硫化二砷 (As_2S_3)	治疥癣，恶疮，蛇虫螫伤，癫痫，寒痰咳喘，虫积腹痛	癣药水、紫金丹
	信石	三氧化二砷 (As_2O_3)	蚀疮去腐，平喘化痰，截疟。可治疗寒喘，疟疾，淋巴结、骨关节结核，牙疳，痔疮等症	疥药一扫光、龙虎丸
硅化合物	白石英	二氧化硅 (SiO_2)	益气、安神、止咳、降逆、除湿痹、补五脏、利尿	保元化滞汤
	玛瑙	二氧化硅 (SiO_2)	清热明目	秋毫散
镁化合物	滑石	含水硅酸镁 [$Mg_3(Si_4O_{10})(OH)_2$]	利尿通淋，清热解暑，祛湿敛疮。用于热淋，石淋，尿热涩痛，暑湿烦渴，湿热水泻；外治湿疹，湿疮，痱子	辰砂六一散

（续表）

类别	药物名称	主要成分	主要功效	中成药及汤剂
锌化合物	炉甘石	碳酸锌（$ZnCO_3$）	解毒明目退翳，收湿止痒敛疮。用于目赤肿痛，眼缘赤烂，溃疡不敛，脓水淋漓，湿疮，皮肤瘙痒	妙喉散、生肌散
钙化合物	石膏	含水硫酸钙（$CaSO_4 \cdot 2H_2O$）	清热泻火，除烦止渴。用于外感热病，高热烦渴，肺热喘咳，胃火亢盛，头痛，牙痛	明目上清丸
	龙骨	主含碳酸钙（$CaCO_3$）、磷酸钙[$Ca_3(PO_4)_2$]	敛气逐湿、止盗汗安神、涩精止血。用于夜卧盗汗、梦遗、滑精、肠风下血、泻痢。外用可敛疮口	龙牡壮骨冲剂、琥珀安神丸
	钟乳石	碳酸钙（$CaCO_3$）	温肺，助阳，平喘，制酸，通乳。用于寒痰喘咳，阳虚冷喘，腰膝冷痛，胃痛泛酸，乳汁不通	海马保肾丸、还少丹
	紫石英	氟化钙（CaF_2）	镇心安神，温肺，暖宫。用于失眠多梦，心悸易惊，肺虚咳喘，宫寒不孕	
钠化合物	芒硝	含水硫酸钠（$Na_2SO_4 \cdot 10H_2O$）	泻热通便，润燥软坚，清火消肿。用于实热便秘，大便燥结，积滞腹痛，肠痈肿痛；外治乳痈，痔疮肿痛	通便清心丸、化积丸、小儿化毒丸
	硼砂	四硼酸钠（$Na_2B_4O_7 \cdot 10H_2O$）	解毒防腐、清热化痰。用于口舌糜腐、咽喉肿痛；肺热咳喘、痰多艰咯，久咳喉痛等症	硼砂散、冰硼散
	大青盐	主含氯化钠（NaCl），夹有钾、镁、钙、镁盐等	治尿血，吐血，齿舌出血，目赤痛，烂弦风眼，牙痛	参茸大补丹

二、矿物药作用的化学基础

人类用药物预防或治疗疾病，是通过服用药物等方式在一定时间内，在人体内形成的一个药物体系。这个体系一旦形成，药物必将对机体产生作用，机体对药物也定会有所反应，药物之间也有相互影响。这里既有化学作用、物理作用，又有复杂的生理作用。矿物药能发挥疗效，是因为它是药物体系中的物质之一。其治病的机制可包括矿物药的化学成分被溶解，机体对这些成分的吸收、结合或交换，以及各种矿物的表面吸附等物理作用。

1. 金属的溶出及其存在状态

大多数矿物药是以金属难溶盐或氧化物的形式存在，使金属离子难以溶出。矿物药中金属离子的溶出反应，受与有机配体的配合反应、增溶效应、粒度效应以及 pH 等的影响。

例如，在服用含金矿药物的病人的尿液和血浆中均发现存在有$[Au(CN)_2]^-$配离子，它是含金矿药物在体内代谢所产生新的物种，可以进入细胞并抑制白血球的氧化损伤。因此，含金矿物药表现出抗肿瘤和抗艾滋病病毒的活性。

2. pM 缓冲体系

所谓的 pM 缓冲体系是一种溶解度极低的金属化合物或单质，与一种或多种能和金属离子形成配合物的配体（小分子或大分子）所形成的体系。这种体系可提供恒定的、一定水平的金属离子浓度。如复方中药中植物来源的配体与矿物中金属离子作用，形成配合物。利用配位平衡的移动，金属离子以极低浓度释放，故可维持体内一定的金属离子浓度。

3. 有毒金属在低浓度下表现的生物活性

矿物药中含有毒的金属化合物，故常表现出毒性与活性的双向性。例如，具有抗癌作用的矿物药，在杀伤癌细胞、细菌和病毒时，表现出其正向生物活性，但同时往往对正常细胞也有伤害，表现出其毒性。由于药理作用和毒性不可分割，故人们在有效剂量与中毒剂量之间寻求两者兼顾的方法。一般来说，有毒金属化合物在极低浓度下，表现的是活性（正效应），但当剂量超过一定限度时则表现为毒性（负效应）。在极低浓度下不仅毒性很小，而且表现出与毒性无关的生物活性。pM 缓冲体系可以将金属离子控制在极低浓度范围内。

金属离子在低浓度下与高浓度下不同的性质不仅表现在整体生物体上，还表现在细胞层次以及酶等生物分子。金属离子作用的这种双向性，可以从与其作用的大分子的构象及聚集的变化具有双向性来说明。设想一个蛋白质分子对某一个必需金属离子有一个特异性的强结合部位，当此必需金属离子结合在此指定部位，才能维持一定的构象，表现出一定的化学反应性和生物功能。但是，除此结合部位外，可能还有更多的结合部位。若一个非必需金属离子与此必需金属离子相似但又不尽相同，它在极低浓度下结合在必需金属离子的结合部位上，也能使蛋白质保持应有的构象，在这一浓度下，非必需金属离子表现必需金属离子的活性。而在浓度增高时，它会更多地结合在其他位点，导致构象改变，甚至影响聚集状态，因而这种非必需金属离子产生破坏活性的作用。这就是双向性的化学基础。

三、矿物药的特点

1. 药源丰富

矿物药大都是由天然矿物经过加工炮制而成。我国矿物药蕴藏量丰富，保证了矿物药的来源。特别是被称之为世界屋脊的青藏高原地域辽阔，具有极其丰富的矿物药资源，据记载比较常用的矿物药就有 70 多种。因此，应尽可能的开发和使用矿物药。

2. 加工炮制方法比较简便

加工炮制的目的是为了除去杂质，提高纯度，改变性质，提高疗效，降低毒性，保证用药安全。采集的矿物药材有的经过拣、洗、淘、漂、提，即可使用；有的为了降低或消除毒性，要经过锻、炼、淬；有的通过加工炮制，改变其性能，才能适应于治疗疾病的需要。但总体来说，矿物药的加工炮制方法还是比较简便的。

3. 功用确切、疗效迅速

多年的临床实践证明，传统矿物药疗效确切、迅速。如雄黄的杀虫解毒，朱砂和铅丹的震惊安神，自然铜的散瘀接骨等都在中医临床实践中长期使用；竹叶石膏汤中以石膏为主要，也是疗效较好的中药。

4. 毒性与生物活性

许多矿物药是具有毒性的金属化合物，其毒性和生物活性共存，特别是砷、汞、铅等类药物，安全范围较小，没有成熟的经验，切不可任意加大剂量，以免发生意外。

四、矿物药研究方向

矿物药的研究是一个涉及多学科、多层次的课题，它涉及到人类如何保护自己，调整人与自然环境之间复杂而微妙的平衡关系。由于矿物药学是诸多学科相互渗透建立起来的新学科，先进的测试技术和诸多学科的突破性进展，也将对矿物药的研究产生深刻的影响和巨大的推动作用。

1. 矿物药宏量元素与微素元素的研究

人类赖以生存的自然界是由各种元素组成的，人类本身也是由各种元素组成的。在组成人体的60余种元素中，氧、碳、氢、钙、磷等宏量元素组成了人体的细胞、骨骼、肌肉、血液、脏器的主体。人体宏量元素的失调造成人体多种疾病，如缺钙会引起各种症状，这已成为人类的生活常识。而人体中的微量元素对人体内能的转换、腺素和激素的合成、生殖、骨骼与肌肉生长发育、大脑的思维与记忆、视力的敏锐程度、遗传密码的传递都起着极大的作用。某种微量元素的缺乏或过剩，均可以引起严重的疾病。研究表明，我国东北地区的克山病是缺硒引起的；而云南地区克山病是硒化物过剩导致的。

矿物药对于人体直接补给和排泄微量元素，使其在人体中保持一定的区间值有一定的作用。但对于矿物药中的微量元素的可吸收度，可助排泄某些微量元素的原因等，尚缺乏深入研究。

2. 矿物药成分的研究

对矿物药进行现代化学分析，以准确地确定其化学组成、不同化学成分的准确含量。同时，要进行矿物学的矿物成分研究，确定其矿物成分的矿物分子式和组成元素，以准确地了解矿物药是由什么矿物或岩石组成，各种矿物的含量特征。亦可证实不同地区的同种矿物药之间的差异，有的研究尚可以分辨某种矿物药是未经炮制或已经炮制矿物药之间的差别。

3. 矿物药物理性质的研究

矿物药的物理性质是矿物药在生物物理过程中起重要作用的主要特征之一。包括矿物药的磁性、放射性、光敏性、吸附性、吸湿性、导电性、绝缘性等。例如磁性矿物药对人体生物磁场起的调整作用，从而使人体磁场和相处的自然环境磁场相适应，或者调整人体内部磁场的变动与不协调状况，从而理顺内部磁场，达到优化状态，因而达到治疗疾病的目的。

4. 矿物药名称与矿物学名称对应的研究

中国幅员辽阔，民族众多，用药的方式和用药的习惯，以及用药特色均有很多不同。出现了“同名不同药，同药不同名”的现象。

对于药用功能相似，但其矿物学名称不同的矿物药，可以在充分准确研究的基础上确立它们的对比参数，可以统一划归为某一个矿物药，并分别列出它们主要相同点和微小差别之处，准确地阐明它们药用条件的差异。

5. 矿物药的药理与毒性研究

虽然矿物药的历史悠久，在临床实践中积累了丰富的经验。但矿物药的药理和毒理的研究还处于基础阶段。药理学的研究工作基本上是对矿物药或其复方的整体药效、毒性的研究，测试一些宏观指标，很少有从分子水平阐明其作用机理的研究。如朱砂、雄黄等对人体治疗作用和中毒作用的界限相当接近的矿物药，其用量规定及作用机理还缺少充分的实验依据，给临床安全、有效用药带来许多困难。

矿物药药理研究和矿物药的毒理研究，还必须十分注意矿物药在炮制过程中的物理化学性质的变化、成分与结构的变化，以及由此而引起的矿物药的药理特征的变化和矿物的毒性变化。

6. 矿物药资源的研究

矿物药资源问题是一个相当复杂的问题。由于产地不同，矿物药形成的地质环境和条件虽然宏观上是一致的，但却有着微妙的差异。而微量元素的含量显著不同，类质同像，状况不同，对矿物药的质量和药用功效影响极大。随着分析技术的发展可以采用现代高精度的测试方法，准确地分析其物质成分、矿物组成。微量元素的状态与分布特色，进而探究其药用功能具有独特优势的原由。

7. 矿物药标准体系的建立

在对矿物药全面、系统深入研究的基础上，建立起科学的矿物药的标准体系，以保障矿物药的合理、安全的使用。完善的矿物药标准体系应包括：矿物药的标准样品体系、矿物药的质量评价指标体系、矿物药的科学分类体系、矿物药应用范畴的严格定量体系等。

第五节　生物无机化学的应用

虽然生物无机化学发展成为一个独立的学科的时间并不长，但在化学家、生物学家及医学家等的共同努力下，近几十年来得到了迅猛的发展。不但形成了自己相对独立的理论体系，而且其研究成果在医学、农业、环境保护等领域得到了广泛的应用。

一、生物无机化学与现代医学

生物无机化学的研究成果对人类有着多方面的贡献，其中最为突出的是在医疗上的应用。人体必需的金属离子，绝大多数是以配合物的形式存在于体内，它们对人体的生命活动发挥着各种各样的作用。从配位化学的角度来探讨生物体的生命过程，以及某些疾病的发病机制，进而研究利用金属配合物作为治疗某些疾病的药物一直是生物无机化学的一个主题。

1. 金属配合物与疾病

生物体内某些疾病是由于有害金属离子以及有害的配位体进入体内而引起的。一些有害配位体进入生物体内，可以和担负正常生理功能的某些金属配合物中的配体发生竞争，使生物金属配合物失去正常生理功能。如血红蛋白是 Fe（Ⅱ）与卟啉环及蛋白质结合的五配位混配配合物，第六个配位位置可以与氧可逆结合。血红蛋白在氧分压较大的肺部摄取氧，并通过血液循环系统将氧运送到各组织中释放出氧。如果这个位置被其他更强的配位体所占据，这些金属配合物就失去正常的生理功能，出现中毒现象。有害配体的配位能力越强，中毒就越严重。CO、NO、CN^- 等配体与血红蛋白的亲和性，均大于氧很多倍，因此毒性也极大。

有些有害物质在生物体内可破坏金属配合物的正常状态，从而引起病变。血红蛋白（Hb）分子中的 Fe（Ⅱ）可被氧化成 Fe（Ⅲ），这种高铁血红蛋白（MHb）过多会发生病变。不少药物或化合物，如亚硝酸盐、硝酸甘油、苯胺类、硝基苯类、磺胺类及醌类化合物都可以使 Hb 氧化成 MHb。在正常人体内，由于氧化剂的存在，总有少量 Hb 被氧化成 MHb。但是正常人体内存在高铁血红蛋白还原酶，它可将 MHb 还原为 Hb。如果体内 NO^{2-} 等物质过量，超过高铁血红蛋白还原酶的解毒能力，就会发生病变。

2. 解毒作用

随着现代工业的迅速发展，各种有毒金属离子的污染物进入了生物圈，它们必然要经过各种途径最终侵入人体。这些金属离子进入人体的量若超过了人体正常的代谢能力，则必然会以各种形态沉积于人体的一些部位或器官中，从而影响正常的生物功能。物体内存在着一种自身解毒能力，能在一定程度上抵御有害金属离子的毒害。这种自身的解毒作用是由一种叫做金属硫蛋白的物质来完成的，它是在生物体内过量的金属离子的诱导下合成的。金属硫蛋白的最大特点是半胱氨酸残基多，占氨基酸残基的 1/3，富含的配位能力较强的巯基（—SH），易与 Hg^{2+}、Cd^{2+}、Pb^{2+} 等离子结合，起到解毒作用。但金属硫蛋白的解毒作用也有一定限度，一旦超过了它的承受能力，就需要借助摄入药物进行解毒。

治疗重金属中毒症有两种方法：一种是促使重金属直接从体内排泄；另一种是使用药物作为解毒剂。解毒剂利用配位能力更强的配位体，与有害金属离子配位，形成更加稳定而对生物体无害的配合物，而且能迅速排泄出体外。常用金属解毒剂见表 13－6。

表 13－6　常用金属解毒剂

金属解毒剂	金属	金属解毒剂	金属
EDTA 钙盐	Zn、Co、Mn、Pb	青霉胺	Au、Sb、Cu、Pb
2，3－二巯基丙醇	Hg、Au、Sn	N－乙酰青霉胺	Hg
去铁敏	Fe	二巯基丁酸钠	Sb
乙二基磺酸钠	Ni	二苯基硫代卡巴腙	Zn
金精三羧酸	Be		

使用金属解毒剂应注意以下几点。

（1）人体内配位体相比，解毒剂应与有害金属离子具有更大的稳定性。但是，由于与有害金属配位常数大的配体，往往也与体内必需金属离子具有强的配位作用。因而，要求解毒剂作为配体应该有较高的选择性。但要满足这个要求相当困难。

（2）如果有害金属离子已经进入细胞内部与生物配体结合，需要考虑解毒剂是否能够达到离子的存在部位，而且解毒剂与金属离子形成的配合物能否顺利地透过细胞膜并排出体外。

（3）与有害金属离子形成混配配合物对解毒更有利。一方面形成混配配合物有更高的稳定常数；另一方面两种不同的配体在混配物中可以产生明显的协同作用，有利于解毒剂进入细胞和将金属离子带出细胞外。

3. 抗肿瘤金属配合物

1965 年，美国学者在研究直流电场对细菌生长的影响时发现，在用两个铂电极往含氯化铵的大肠杆菌培养液中通入直流电时，细菌不再分裂。经一系列研究证实起作用的是培养液中存在的微量铂的配合物。由电极溶出的铂与培养液中的NH_3和Cl^-生成的Cis－［Pt（NH_3）$2Cl_2$］（顺二氯二氨合铂，简称顺铂）有强烈地抑制细胞分裂的能力，对癌症有较高的治愈力。20世纪80年代中期作为抗癌药物投入临床使用。它对睾丸癌的治愈率为85%，对子宫癌的治愈率为40%～60%，对颈部癌、膀胱癌等也十分有效。它的抗癌机制可能是由于这种配合物有脂溶性的载体配体NH_3，可顺利地通过细胞膜的脂质层进入癌细胞内。顺铂的配体Cl^-可被配位能力更强的DNA中的配位原子所取代，从而破坏癌细胞DNA的复制能力，使癌细胞分裂受阻。

顺铂抗癌作用的深入研究和临床，使用打开了抗癌金属配合物研究的新领域。人们广泛开展了抗癌金属配合物的探索工作，合成了大量的不同配体和不同结构的铂系金属配合物，以及Rh、Ru、Sn、Pb、Au等金属配合物，并对它们做了抗肿瘤金属配合物的药效、组成、结构的研究，得到许多有益的实验结果。虽然金属配合物是一类很有希望的抗肿瘤药物。但抗癌配合物进入人体后，既能与癌细胞内物质作用，也会与正常细胞中的各种生物配体反应，造成一系列毒性反应。而且抗癌活性越高，毒性反应越强烈。同时，体内存在的多种生物配体也会降低药物的抗癌活性。如何处理好活性和毒性的关系，合成和筛选既有高度抗癌活性，又无毒性反应的金属配合物仍是一个需要长期研究的问题。

4. 抗微生物金属配合物

金属配合物是一类很有效的抗病毒药物。病毒的结构比较简单，外壳是蛋白质，里面是由核酸组成的内核。它在生物细胞外是无法自身繁殖的，只有当进入活细胞后，才能繁殖，最终致使宿生细胞死亡。由于金属配合物的稳定性和脂溶性都很好，易于透过细胞膜，进入寄主细胞的内部与病毒的核酸进行化学反应，因而具有抗病毒的能力。

有抗病毒作用的金属配合物，它的抗病毒能力要比金属离子或配位体大得多。金属配合物对某些病毒的抑制作用机制比较复杂。例如，乙型流感病毒中所含的核糖核酸聚合酶是一种含锌的金属蛋白质。当金属配合物进入寄生细胞与病毒作用时，金属配合物药物的配体便与上述的聚合酶形成混配配合物，从而达到阻止病毒复制的目的；同时，病毒的核酸和蛋白质又是极好的配位体，可与从金属配合物药物中游离出来的金属离子作用，使这些物质失活。

几乎所有抗菌物质都能与金属配位。它们的药理机制有以下几种可能：①抗菌物质通过金属离子与酶或基质形成三元配合物，使正常的酶反应受到阻碍，从而影响细菌的繁殖。②抗菌物质与生物体内的微量元素结合，使细菌的代谢或酶反应缺乏必需的金属，因而阻碍细菌的繁殖和生长。③抗菌物质通过形成配合物，促使药物透过细脑膜，从而增强药物在细胞内的作用。

二、化学模拟生物过程

生物体内的化学过程一般都具有耗能低、效率高、条件温和等特点。如果将生物体内某些重要生化过程的反应机制研究清楚，用化学方法在生物体外模拟这些生化过程是十分有意义的。

（一）人工合成氧载体

为了维持生命过程在生物体内进行的各种氧化反应需要大量氧（O_2）。O_2 是非极性分子，在水中溶解度极小，因此通过体内循环输送氧的量受到限制，不能满足上正常生理活动。人体血液输送氧是借助于氧载体进行的，生物体内的氧载体的存在可以使血液中的氧含量比水中增大约 30 倍。

1. 天然氧载体

所谓氧载体是生物体内一类可以与氧分子可逆地配位结合，本身又不会被不可逆氧化的生物大分子配合物，其功能是储存或运送氧分子到生物体组织内需要氧的地方。人体中载氧体为血红蛋白（Hb）和肌红蛋白（Mb），它们都含有由亚铁离子和原卟啉形成的血红素。在正常生理情况下，人体每分钟吸入大约 200ml 氧气，氧气从肺泡到血液，再由血液进入组织细胞中。氧气在血液中的载体为血红蛋白，它存在于血液的红细胞中，是红细胞的功能性物质，具有可逆吸收和释放氧气的功能，在血液循环中起着运载氧气的作用。肌红蛋白是存在于肌肉组织中的载氧物质，它能储存和提供肌肉活动所需的氧。

肌红蛋白是由一条 153 个氨基酸组成的多肽链和一个血红素分子组成的。每个肌红蛋白分子含有一个血红素辅基。血红素是由亚铁离子与原卟啉形成的金属卟啉配合物，亚铁离子作为配位中心与卟啉环上的四个氮原子配位；第五个配位位置被肽链上组氨酸（His）残基的咪唑侧链的氮原子所占据，使二者连接在一起。从配位化学的角度来看，肌红蛋白是一种以铁（Ⅱ）为中心离了的蛋白质配合物，其中铁离子既是活性中心也是配位中心，卟啉环和蛋白质为配体。

血红蛋白由四个亚基组成，每个亚基也含有一条多肽链和一个血红素辅基。结构研究表明血红蛋白中每个亚基的二级结构和三级结构与肌红蛋白相似，只是血红蛋白的多肽链稍短。两条多肽链含 141 个氨基酸，称为 α 链；β 两条多肽链含 146 个氨基酸，称为 β 链。因此，血红蛋白可以看作时四个肌红蛋白的集合体。

血红蛋白和肌红蛋白中的亚铁离子，在未和氧分子结合时为五配位，第六个配位位置是暂空的。此时的铁（Ⅱ）离子具有高自旋电子构型，离子半径较大不能完全进入卟啉环的四个氮原子之间，铁（Ⅱ）离子高出血红素平面 75pm。当第六个配位位置与氧分子结合以后，由于配位场增强，铁（Ⅱ）离子转变为低自旋电子构型，离子半径也减小了 17pm，铁（Ⅱ）离子也下降到卟啉环空穴中而与其共平面，从而使整个体系更趋于稳定。并且血红蛋白和肌红蛋白分子排列紧密，肽链折叠成球形，血红素辅基周围大部分氨基酸残基的亲水基团向外，在血红素周围形成了一个疏水性的空腔。这个疏水性空腔的存在避免了极性水分子或氧化剂进入，从而保护了亚铁血红素不被氧化成高铁血红素，而失去可逆载氧功能，保证了血红素辅基与氧分子的可逆结合。

血红蛋白和肌红蛋白与氧的结合是松弛的、可逆的，特点是既能迅速结合，又能迅速解离。其结合与解离决定于 O_2 的分压大小。当血液经过肺部时，肺泡中氧气含量较高，氧分压大于静脉血的氧分压．氧分子通过配位键与 Fe（Ⅱ）结合，形成氧合血红蛋白（HbO_2）。氧合血红蛋白随血液流动并在需要时释放出氧分子供机体生物氧化的需要。当血液流经组织时，肌肉组织的氧分压较低，O_2 从 HbO_2 中解离出来，由于 Mb 与 O_2 的结合能力比 Hb 强，肌肉组织中的 Mb 结合形成氧合肌红蛋白（MbO_2），把 O_2 贮存起来以便在 O_2 供应不足时释放出 O_2，供各种生理氧化反应的需要。血红蛋白随血液流动回到肺部并可再次与氧分子结合。

2. 人工氧载体

天然氧载体在生物体内输送或贮存氧气，主要是通过结合到蛋白质上的铁、铜过渡金属与氧分子可逆配位来实现的。化学家对这一现象及其机制产生了极大兴趣，但直接研究这些天然物质的困难还很多。为了弄清生物体内结构十分复杂的氧载体与氧分子相互作用的机制，特别是活性中心部位与氧的成键情况，人们合成了一些分子量较小、结构较简单并能可逆载氧的模型化合物来模拟天然氧载体的可逆氧合作用，研究分子氧配合物的本质，进一步探明天然氧载体氧合作用的规律。化学模拟氧载体的研究，不仅有助于了解这些天然物质的作用机制，而且还可以开发其他方面的应用。例如，在研究氧载体模型化合物过程中，已合成出许多种高效的人工氧载体，研制出的新型贮氧剂可作为长期运离基地的潜水艇和高空轰炸机的氧源。在合成具有可逆载氧功能的人造血液研究方面，日本和中国也于 20 世纪 70 年代末取得突破，合成了与血红蛋白性能相似的人造血，并在临床应用上获得成功。

（1）人工合成钴氧载体的研究　钴是人工合成载氧配合物中研究的最多的元素之一，至今已发现 100 多种钴的化合物具有载氧能力。钴配合物与氧的结合主要有以下两类。

A. 形成（1∶1）超氧配合物：LCo（Ⅱ）$+ O_2 \rightleftharpoons LCoO_2$（含超氧基）

B. 形成（2∶1）μ－过氧配合物：LCo（Ⅱ）$+ LCoO_2 \rightleftharpoons LCoO_2CoL$（含过氧桥）

公认的第一人工氧载体是日本化学家妻木于 1938 年报道的［Co（salen)］。［Co（salen)］为钴（Ⅱ）的 Schiff 碱的螯合物。他发现这种螯合物由于其对氧分子的可逆吸收露置空气中发生变色现象。所谓“Schiff 碱”是伯胺与醛或酮的缩合物，作为氧载体配体的 Schiff 碱一般是平面型的四齿配体。

$$R_2C{=}O + H_2NR \longrightarrow R_2C{=}NR + H_2O$$

［Co（salen)］轴向的第五个配位位置可以被吡啶等小分子配体占据，形成一系列［Co（salen)（B)］配合物。［Co（salen）（B)］中五配位的钴（Ⅱ）与氧分子的可逆结合，实现了它的可逆载氧过程。

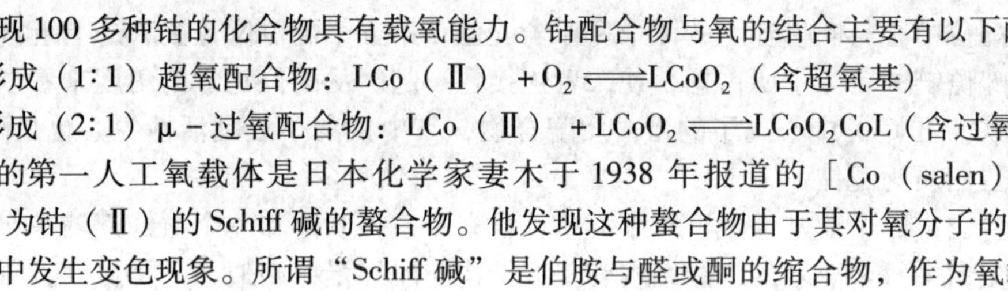

钴（Ⅱ）配合物能否载氧及载氧方式受许多因素的影响，其中最重要的影响因素是配体的性质、溶剂、氧合反应温度及体系中 O_2 的分压等。一般情况下水溶液中的钴（Ⅱ）配合物不稳定，空气中的 O_2 就能将其氧化，要实现载氧，必须变换溶剂或选择合适的配体。如［Co（salen)］在二甲基甲酰胺（DMF）、二甲基亚砜（DMSO）、吡啶（Py）等具有配位作用的溶剂中，形成五配位的［Co（salen）（B）］而载氧。并且室温下能与 O_2 结合生成2∶1 的μ－过氧配合物，在低温下则生成1∶1 的超氧配合物，说明温度对钴（Ⅱ）配合物的载氧方式有显著的影响；如果改为不具备配位能力的甲苯或三氯甲烷作为溶剂，［Co（salen）］仍以原来的四配位的形式存在于溶液中，就不具备载氧功能了。

在一定条件下形成的载氧钴配合物，当条件改变时将会释放出全部的氧气。如：低温下形成的超氧配合物，在温度高于0℃时将释放出全部的氧气；同样形成的2∶1 的 μ－过氧配合物，若受热或溶于三氯甲烷、苯等溶剂中也将释放出全部的氧气。释放出氧气后的钴（Ⅱ）配合物，在一定的条件下还可重新载氧。

（2）人工合成铁氧载体的研究　人们在试图合成类似于天然血红素的铁（Ⅱ）－卟啉配合物，研究其可逆载氧功能时发现游离的亚铁血红素或其他合成的简单铁（Ⅱ）卟啉化合物很容易被不可逆氧化为高铁血红素，或通过氧桥，形成稳定的二聚体，从而失去可逆的载氧功能。而亚铁血红素在天然血红蛋白和肌红蛋白中之所以稳定，且能可逆载氧，是由于蛋白链为其创造了一个可以阻止它不可逆氧化或形成二聚体的疏水环境。因此，为控制铁（Ⅱ）－卟啉配合物能可逆载氧不被氧化，必须满足以下条件。

A. 配合物必须是五配位结构，它的第六个配位位置是空的或由可被 O_2 置换的弱配体所占据。

B. 载氧配合物应相互隔离，以避免不可逆氧化过程的发生。

C. 载氧配合物应由对质子惰性的疏水环境所包围，使质子或水分子不能靠近。

D. 要使载氧配合物处于一种能抑制电荷分裂的化学环境中。

为了满足这些条件，人们作了很多工作，进行了多种尝试，比较有效的方法如下：①利用空间位阻效应，合成具有特殊立体构型的铁（Ⅱ）－卟啉配合物，以防止二聚体生成。②降低温度，减缓二聚体形成的速率。③利用刚性支撑将铁（Ⅱ）－卟啉配合物附着于固体或高聚物的表面，以便在某种程度上阻止二聚体的形成。

其中最突出的是1973 年由科尔曼（Collman）等提出的“栅栏”型卟啉化合物。即在卟啉平面的一侧导入体积庞大的蔬水位阻基团，像栅栏一样围住卟啉环平面。卟啉环另一侧用 α－甲基咪唑基占据铁（Ⅱ）的轴向配位位置（图13－3）。使 O_2 只能从上面栅栏的空隙中进入，与铁（Ⅱ）结合。由于上面一侧有四个邻－三甲基乙酰胺苯基形成的“栅栏”，可阻止二聚化作用和不可逆氧化。此“栅栏”型铁卟啉化合物在苯中可于室温下与 O_2 可逆结合，是良好的人工合成氧载体。

1975 年鲍德温（Baldwin）等又合成了另一种有空间位阻的帽状铁卟啉化合物。在该分子内，每个苯环的邻位连有长度适宜的烃链，通过各链末端的羟基分别与同一个苯四甲酸的羧基形成酯键。这样在卟啉环上方就好像戴上一顶“帽子”（图13－4）。若帽型卟啉下方有其他配体，则 O_2 只能通过上方帽边酯链的空隙进入并与铁（Ⅱ）配位，从而发生可逆的氧合反应。

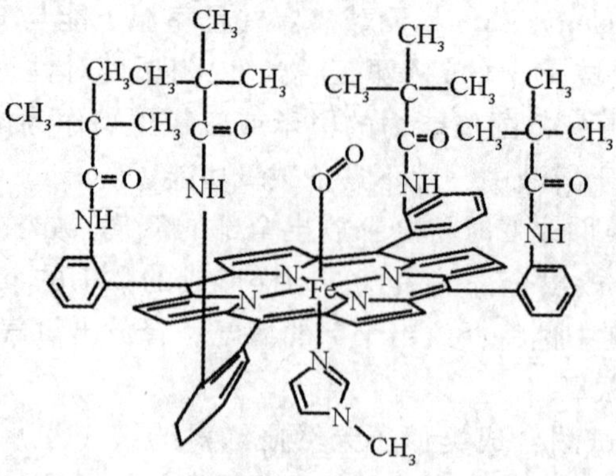

图 13－3 “栅栏”型铁卟啉氧载体

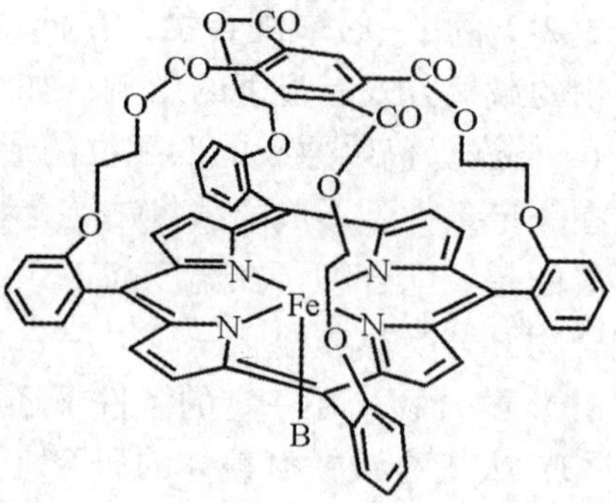

图 13－4 “帽型”铁卟啉氧载体

1973 年，C. K. Cheng 等合成了一种带咪唑基的铁卟啉配合物（图 13－5）。它虽不具备空间位阻，但却可在－45℃的低温下，在二氯甲烷溶液中可逆地结合氧。

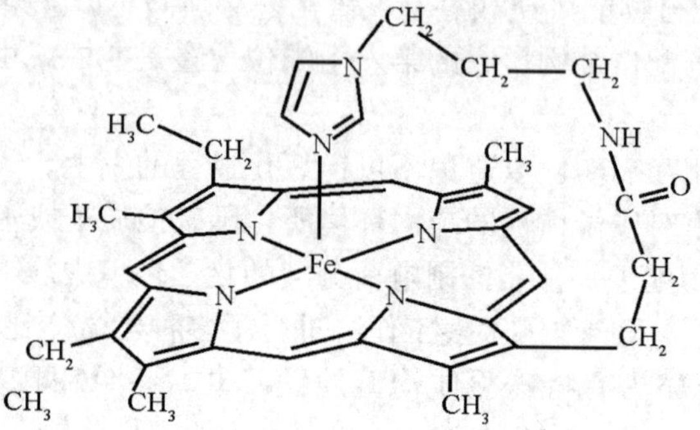

图 13－5 吡咯血红素－咪唑丙基酰胺化合物的结构

（二）化学模拟生物固氮

氮是动植物生长不可缺少的重要元素。随着农业的发展，对氮肥的需求越来越多。虽然大气中约 80% 是分子氮，但由于其极强的氮氮键很难断裂，大气中丰富的氮气不能直接被植物吸收，植物能直接吸收利用的氮的形态只能是铵盐或是氨态氮。由游离氮转化为铵盐或氨态氮的过程叫做固氮过程（nitrogen fixation）。大气中的氮气通过雷电可被氧化成 NO 进而转化为铵盐，但这只占生物圈所需固定氮的大约 1%。合成氨工业利用高温、高压和催化剂的苛刻条件下合成氨，再转化为尿素、硝酸及一系列铵盐产品，以供农业、工业等多方面的需求。但也仅能提供大约 30% 的固定氮。然而固氮微生物却能在常温、常压下，将空气中的氮转化为氨，通常称为“生物固氮”。这是一个非常重要的生化反应，在全球范围内每年通过固氮菌的生物固氮作用，可以产生 1.75×10^8t 氮肥，占植物所需固定氮的大约 70%。固氮微生物中固氮反应的酶系统称为固氮酶。

生物固氮最诱人的就是可以在常温、常压的温和条件下实现合成氨反应。人类在 100 多年前就开始了对生物固氮的研究，试图搞清固氮酶的结构和功能，以及生物固氮反应的机制，进而合成模型化合物，以模拟生物酶的功能，最终实现人工模拟生物固氮反应。即在常温、常压的温和条件下，将空气中的氮气转化为氨或其衍生物。

1. 固氮酶的组成和功能

科学家从20多种微生物中分离出了固氮酶。固氮酶由两种非血红素铁蛋白组成，一种是钼铁蛋白并含有铁硫基团；另一种是铁硫蛋白（称为铁蛋白）。较大的钼铁蛋白是棕色的，对空气敏感，相对分子质量为220 000～270 000，每个分子中含有2个钼原子，24～33个铁原子，24～27个无机硫原子，它是由1 200个左右氨基酸残基组成的四聚体。较小的铁蛋白是黄色的，对空气极为敏感，相对分子质量在50 000～70 000之间，每个分子中含有4个铁原子，4个硫原子，大约由273个氨基酸残基组成二聚体。

钼铁蛋白和铁蛋白单独存在时均无活性，若两者以物质的量的比1∶1重新组合时，则有最好的催化活性。钼铁蛋白的功能是结合底物 N_2 分子，使其活化、还原；铁蛋白的功能是贮存和传递电子，对氧尤其敏感。

对固氮酶的活性中心的研究发现，其中含有Mo，Fe和半胱氨酸（Cys）。1977年美国科学家从钼铁蛋白中分离出一种相对分子质量很小的Fe－Mo辅因子，其中Mo，Fe，S的比例为1∶8∶6。它能显示Fe－Mo蛋白的特征顺磁共振（EPR）信号，是固氮酶特有的结构成分。实验结果表明，Fe－Mo蛋白分子中铁原子和硫原子不是彼此孤立的，铁原子和硫原子一部分属于铁钼辅因子，另一部分则以 Fe_4S_4 原子簇的形式存在（图13－6）。铁蛋白分子中的4个铁原子和4个硫原子也构成 Fe_4S_4 原子簇。

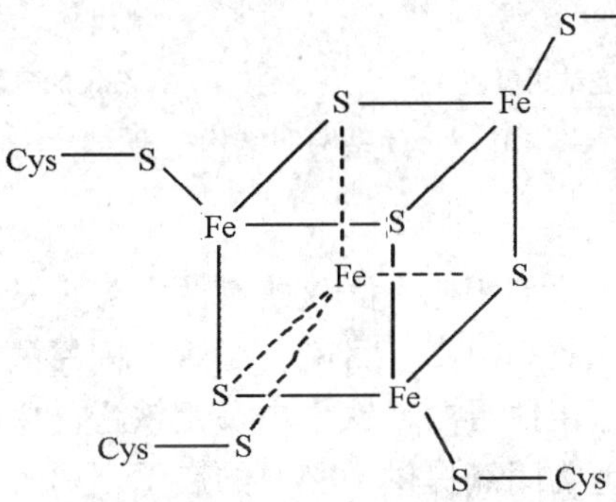

图13－6　Fe_4S_4 原子簇的结构

2. 固氮酶的活性中心模型

为了说明生物固氮的机理，研究人员提出过多种固氮酶活性中心模型。美国的Schranzer（舒拉泽）等在前人工作的基础上，进行了系统的固氮酶模拟实验，提出了一种钼的固氮酶活性中心模型。Schranzer结构模型为双核Mo（V）的半胱氨酸配合物，组成为 $Na_2[Mo_2O_4(Cys)_2]$，它的结构已经X线衍射测定所证实。以铁硫原子簇为铁蛋白模型，组成为 $[Fe_4S_4(SR)_4]^{2-}$，它们的结构如图13－7所示。

我国多年来也在固氮酶活性中心模型的研究方面做了大量系统的研究工作。化学家卢嘉锡于1973年提出了“H型网兜”模型，其结构为1个钼原子、3个铁原子和3个硫原子组成的原子簇化合物［图13－8（A）所示］。底物 N_2 分子以投网的方式垂直进入网口，与底部铁（Ⅱ）端基配位，同时又与兜口的2个铁原子、1个钼原子以多侧基方式配位［图13－8（B）所示］。

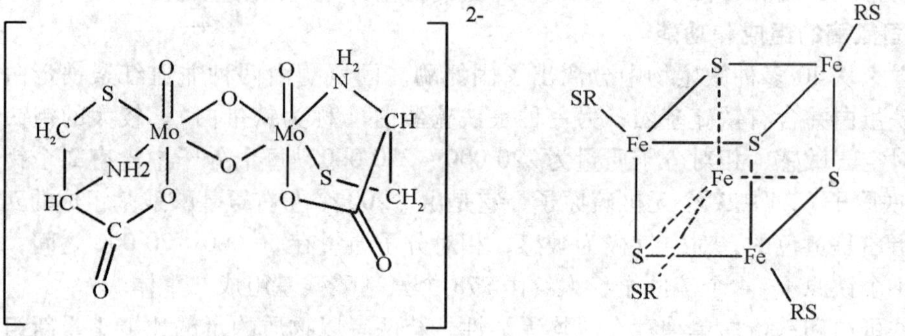

（A）Mo（Cys）双核配合物　　（B）铁硫原子簇

图 13－7　Schranzer 模型

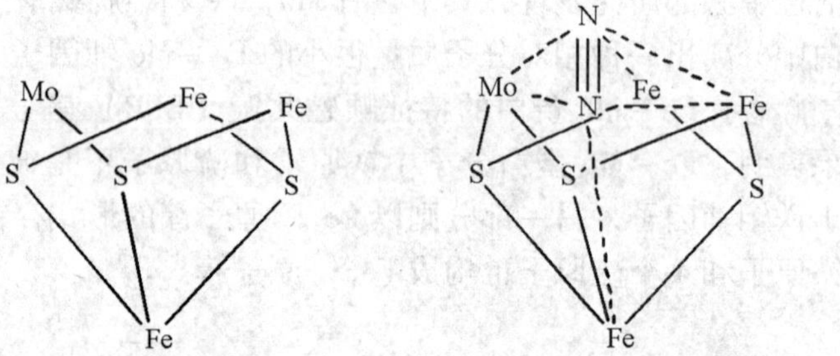

（A）H 型网兜结构模型　　（B）N_2 分子的配位方式

图 13－8　H 型网兜结构模型

3. 化学模拟生物固氮

与工业上合成氨所用的铁催化剂相比，固氮酶有两个突出的优点：一是能在常温常压下催化合成氨的反应；二是催化效率很高。目前，尽管对固氮酶的催化机制还不是十分清楚，氮对固氮酶的结构组分，即钼铁蛋白、铁蛋白及钼铁蛋白中的铁钼辅因子等都有了一定的了解。这些都为化学模拟生物固氮提供了必要的启示。另外，根据对固氮微生物的研究，要实现生物固氮，必须有四个基本条件：①具有能有效地束缚氮分子并将其逐步转化为氨分子的活性部位；②要有电子供体和电子传递体，使氮原子还原为负氧化态；③要有供氢体系，提供氢原子才能生成氨分子；④要有 ATP 提供能量。一般来说，化学模拟固氮体系也必须满足上述条件。

Schranzer 等用 $Na_2[Mo_2O_4(Cys)_2]$ 作催化剂，硼氢化钠作还原剂，在常温常压下，与水溶液中进行了一系列固氮酶的模拟实验，用 $15N_2$ 和与 N_2 相似的乙炔作底物，在比较接近生物环境的条件下，Mo－Cys 体系等催化底物的还原反应。若加入人工合成的 $[Fe_4S_4(SR)_4]^{2-}$（$R = n-C_3H_7$）和 ATP，均可提高 Mo－Cys 的催化活性。Mo－Cys 几乎再现了固氮酶的全部催化功能，再现了 Fe_4S_4 原子簇的电子传递功能，但催化活性还太低。我们相信随着研究成果的积累和技术的进步，在不远的将来，总可以达到化学模拟生物固氮的目的，实现温和条件下将氮气还原为氨的理想。

（三）人工模拟光合作用

光合作用在生命起源、进化和人类生命活动中起着非常重要的作用。所以，人们在不断地探索着光合作用的本质和机制，期望能够通过模拟光合作用造福于人类。

研究表明，光合作用的过程可概括地表述如下：

$$nCO^2 + nH_2O \xrightarrow{\text{太阳光，叶绿素}} (CH_2O)_n + nO_2$$

光合作用是一个极其复杂的生理活动，包括光能吸收、转移、电子传递、水分解、磷酸化、辅酶还原、二氧化碳固定与转化等几十个步骤，在叶绿体内利用太阳光的能量将 CO_2 和水合成为碳水化合物，并释放出氧气。通过这个过程，在碳水化合物内中储存能量。

光合作用可分为光反应和暗反应两大部分。①光反应：光反应过程包含两个反应，第一个反应是利用光能使水分解，并将产生的氢与植物体内的辅酶Ⅱ（NADP）结合，将 NADP 还原为还原型的辅酶Ⅱ（NADPH），同时放出 O_2；第二个反应是利用光能将二磷酸腺苷（ADP）和无机磷酸盐（Pi）结合，生成三磷酸腺苷（ATP）。整个过程统称为光反应。②暗反应：光反应过程中产生的 NADPH 和 ATP 因储存了高的能量，可以一起去推进把 CO_2 转化为碳水化合物的反应。这个反应不需要光，只要源源不断地供应 NADPH 和 ATP 就可进行。因此称为暗反应。整个光合作用的过程可用下面的模式（图 13 –9）表示。

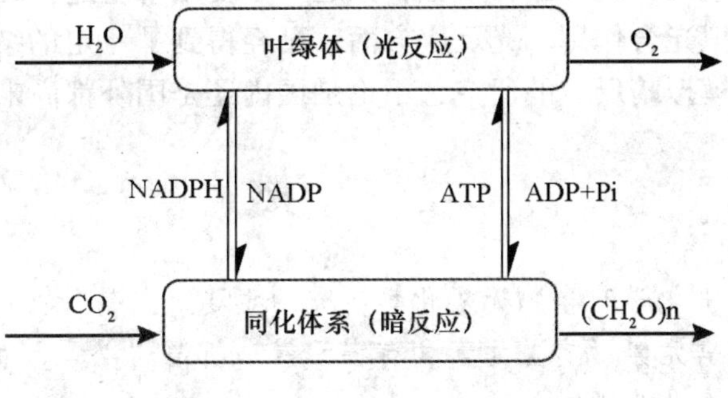

图 13 –9　光合作用过程模式图

既然光合作用中水分子可以被分解为氧气、氢离子和电子，那么设法将电子转移到电极上就可以人工模拟叶绿体的光电转移机制而制造出高效的光电池；如果设法使氢离子与电子结合就可以变成氢气，这样在人工模拟的系统中，经太阳光照射就可以将水分解为氢和氧，而给人类提供利用水作为能源方法，充分利用太阳能解决能源紧张问题，造福人类。

光合作用的模拟研究可以从 NADP 的还原、光合磷酸化和 CO_2 同化成碳水化合物等三个方面展开。

（1）NADP 还原的模拟研究　利用光能将 NADP 还原为 NADPH 的过程，可以用下式表示。

$$2NADP^+ + 2H_2O \xrightarrow{\text{太阳光，叶绿素}} 2NADPH + 2H^+ + O_2$$

对于这一过程的解释，主要有两种不同的学说，其一是“两个光化学反应学说”。该学说认为，NADP 的还原过程应包括两个光化学反应，即光解水放氧反应和 NADP 的还原反应。其二是“光合作用催化电子理论”。它是根据叶绿体具有半导体特性的论点，将半导体的催化电子理论引入到光合作用中来形成的。该学说认为，只要半导体（包括叶绿体）能吸附反应物，并进行催化，那么凡是能被半导体（或叶绿体）吸收并引起电子跃迁的光，均能引起光反应。

“光合作用催化电子理论”是我国科技工作者提出来的。用 Zno、TiO_2 等半导体材料能够还原 NADP，得到在近紫外光下由 Zno 或 TiO_2 催化还原而生成的 NADPH。由于地球表面的光主要是可见光，而叶绿体在光合作用时主要是利用可见光中的红光部分。因此，1975 年又开展了用 CdS 在可见光照射下催化 NADP 还原为 NADPH 的研究工作。实验结果证实，该系统确实模拟了光合作用中光解水并还原 NADP 同时放出氧气的反应过程。

（2）光合磷酸化的模拟研究　光合磷酸化也是光反应的一个重要组成部分，该过程可用下面反应式表示：

$$ADP + Pi \xrightarrow{光} ATP$$

这一反应是将光能转变为化学能，并储存于 ATP 内的过程。

我国科学工作者从 1975 年开始先用 ZnO、CdS 等材料代替叶绿体，在近紫外光和可见光的照射下进行了模拟光合磷酸化过程的研究。实验结果证实，用 ZnO、CdS 模拟叶绿体，通过光合磷酸化作用可以得到 ATP。

（3）暗反应的模拟研究　人们对暗反应过程的机制已经比较清楚，但它的反应历程较复杂，目前还没有对它的全过程进行模拟，只进行了复制某些过程的研究。

总的说来，在模拟光合作用的光反应方面，已经得到了一定的结论，但存在着提高反应效率的问题；对于模拟暗反应的研究，不论是国内还是国外都尚未很好地开展。

习　题

1. 什么是生物无机化学？生物无机化学研究的主要对象是什么？
2. 什么是人体必需元素、有益元素和有害元素？所谓“必需”的含义是什么？
3. 生物元素具有哪些生理功能？
4. 研究生物功能分子的主要目的是什么？
5. 什么是最适营养浓度定律？其主要内容是什么？
6. 生命金属配合物主要指的是哪几类配合物？
7. 什么是生物矿化？正常生物矿化与异常矿化的本质区别是什么？
8. 含铁蛋白在人体中主要有哪些生物功能？
9. 生命金属配合物主要指的是哪几类配合物？
10. 什么是生物矿物中的基质？基质的调控作用主要有哪些？
11. 矿物药作用的化学基础是什么？
12. 什么样的配体可以作为金属解毒剂？
13. 固氮酶由哪两种蛋白质组成？各有何作用？为什么过渡金属钼能使 N_2 分子活化？
14. 用化学方法模拟生物固氮，实现温和条件下合成氨，必须满足哪些基本条件？
15. 通过查阅有关资料，简述生物无机化学与药学的关系。

附　　录

附录一　元素的相对原子质量（1997）[Ar（^{12}C）=12]

原子序数	名称	符号	相对原子质量	原子序数	名称	符号	相对原子质量
1	氢	H	1.007 94（7）	41	铌	Nb	92.906 38（2）
2	氦	He	4.002 602（2）	42	钼	Mo	95.94（1）
3	锂	Li	6.941（2）	43	锝	Tc	（98）
4	铍	Be	9.012 182（3）	44	钌	Ru	101.07（2）
5	硼	B	10.811（7）	45	铑	Rh	102.905 50（2）
6	碳	C	12.010 7（8）	46	钯	Pd	106.42（1）
7	氮	N	14.006 74（7）	47	银	Ag	107.868 2（2）
8	氧	O	15.999 4（3）	48	镉	Cd	112.411（8）
9	氟	F	18.998 4032（5）	49	铟	In	114.818（3）
10	氖	Ne	20.179 7（6）	50	锡	Sn	118.710（7）
11	钠	Na	22.989 770（2）	51	锑	Sb	121.760（1）
12	镁	Mg	24.305 0（6）	52	碲	Te	127.60（3）
13	铝	Al	26.981 538（2）	53	碘	I	126.904 47（3）
14	硅	Si	28.085 5（3）	54	氙	Xe	131.29（2）
15	磷	P	30.973 761（2）	55	铯	Cs	132.905 45（2）
16	硫	S	32.066（6）	56	钡	Ba	137.327（7）
17	氯	Cl	35.452 7（9）	57	镧	La	138.905 5（2）
18	氩	Ar	39.948（1）	58	铈	Ce	140.116（1）
19	钾	K	39.098 3（1）	59	镨	Pr	140.907 65（2）
20	钙	Ca	40.078（4）	60	钕	Nd	144.24（3）
21	钪	Sc	44.955 910（8）	61	钷	Pm	（145）
22	钛	Ti	47.867（1）	62	钐	Sm	150.36（3）
23	钒	V	50.941 5（1）	63	铕	Eu	151.964（1）
24	铬	Cr	51.996 1（6）	64	钆	Gd	157.25（3）
25	锰	Mn	54.938 049（9）	65	铽	Tb	158.925 34（2）
26	铁	Fe	55.845（2）	66	镝	Dy	162.50（3）
27	钴	Co	58.933 200（9）	67	钬	Ho	164.930 32（2）
28	镍	Ni	58.693 4（2）	68	铒	Er	167.26（3）
29	铜	Cu	63.546（3）	69	铥	Tm	168.934 21（2）
30	锌	Zn	65.39（2）	70	镱	Yb	173.04（3）
31	镓	Ga	69.723（1）	71	镥	Lu	174.967（1）
32	锗	Ge	72.61（2）	72	铪	Hf	178.49（2）
33	砷	As	74.921 60（2）	73	钽	Ta	180.947 9（1）
34	硒	Se	78.96（3）	74	钨	W	183.84（1）
35	溴	Br	79.904（1）	75	铼	Re	186.207（1）
36	氪	Kr	83.80（1）	76	锇	Os	190.233（3）
37	铷	Rb	85.467 8（3）	77	铱	Ir	192.217（3）
38	锶	Sr	87.62（1）	78	铂	Pt	195.078（2）
39	钇	Y	88.905 85（2）	79	金	Au	196.966 55（2）
40	锆	Zr	91.224（2）	80	汞	Hg	200.59（2）

附录二　常用酸碱的相对密度和浓度

试剂名称	相对密度	ω（质量分数）	c（mol/L）
盐酸	1.18～1.19	36%～38%	11.6～12.4
硝酸	1.39～1.40	65%～68%	14.4～15.2
硫酸	1.83～1.84	95%～98%	17.8～18.4
磷酸	1.69	85%	14.6
高氯酸	1.67～1.68	70%～72%	11.7～12.0
氢氟酸	1.13～1.14	40%	22.5
氢溴酸	1.49	47%	8.6
冰醋酸	1.05	99.8%（GR）	17.4
		99.0%（CR）	
醋酸	1.05	36%～37%	6.0
氨水	0.88～0.90	25%～28%	13.3～14.8
三乙醇胺	1.12	/	7.5
氢氧化钠	1.109	10%	2.8

附录三　一些质子酸的解离常数（298.15K）

名称	化学式	K_a	pK_a	名称	化学式	K_a	pK_a
醋酸	HAc	1.76×10^{-5}	4.75	水	H_2O	1.00×10^{-14}	14.0
氢氰酸	HCN	6.2×10^{-10}	9.21	硼酸	H_3BO_3	5.8×10^{-10}	9.24
甲酸	HCOOH	1.77×10^{-4}	3.74	过氧化氢	H_2O_2	2.2×10^{-12}	11.65
碳酸	H_2CO_3	$K_{a_1}=4.30\times10^{-7}$	6.38	硫代硫酸	$H_2S_2O_3$	$K_{a_1}=0.25$	0.60
		$K_{a_2}=5.61\times10^{-11}$	10.25			$K_{a_2}=1.9\times10^{-2}$	1.72
氢硫酸	H_2S	$K_{a_1}=1.3\times10^{-7}$	6.89	铬酸	H_2CrO_4	$K_{a_1}=1.8\times10^{-1}$	0.74
		$K_{a_2}=7.1\times10^{-15}$	14.15			$K_{a_2}=3.2\times10^{-7}$	6.49
草酸	$H_2C_2O_4$	$K_{a_1}=5.9\times10^{-2}$	12.23	邻苯二甲酸	$C_6H_4(COOH)_2$	$K_{a_1}=1.1\times10^{-3}$	2.95
		$K_{a_2}=6.4\times10^{-5}$	4.19			$K_{a_2}=2.9\times10^{-6}$	5.54
磷酸	H_3PO_4	$K_{a_1}=7.6\times10^{-3}$	2.12	柠檬酸	$C_6H_8O_7$	$K_{a_1}=7.4\times10^{-4}$	3.13
		$K_{a_2}=6.3\times10^{-8}$	7.20			$K_{a_2}=1.7\times10^{-5}$	4.76
		$K_{a_3}=4.5\times10^{-13}$	12.36			$K_{a_3}=4.0\times10^{-7}$	6.40
亚磷酸	H_3PO_3	$K_{a_1}=3.7\times10^{-2}$	1.43	酒石酸	$C_4H_6O_6$	$K_{a_1}=9.1\times10^{-4}$	3.04
		$K_{a_2}=2.9\times10^{-7}$	6.54			$K_{a_2}=4.3\times10^{-5}$	4.37

（续表）

名称	化学式	K_a	pK_a	名称	化学式	K_a	pK_a
氢氟酸	HF	6.8×10^{-4}	3.17	苯酚	C_6H_5OH	1.1×10^{-10}	9.95
硫酸	H_2SO_4	$K_{a_2}=1.0\times10^{-2}$	1.99	苯甲酸	C_6H_5COOH	6.2×10^{-5}	4.21
亚硫酸	H_2SO_3	$K_{a_1}=1.2\times10^{-2}$ $K_{a_2}=1.6\times10^{-8}$	1.91 7.18	羟胺	NH_2OH	1.1×10^{-6}	5.96
碘酸	HIO_3	0.49	0.31	肼	NH_2NH_2	8.5×10^{-9}	8.07
次氯酸	HClO	4.6×10^{-11}	10.33	氨水	NH_3	5.59×10^{-10}	9.25
次溴酸	HBrO	2.3×10^{-9}	8.63	甲胺	CH_5N	2.3×10^{-11}	10.64
次碘酸	HIO	2.3×10^{-11}	10.64	苯胺	$C_6H_5NH_2$	2.51×10^{-5}	4.60
亚氯酸	$HClO_2$	1.1×10^{-2}	1.95	乙醇胺	C_2H_7ON	3.18×10^{-10}	9.50
亚硝酸	HNO_2	7.1×10^{-4}	3.15	吡啶	C_5H_5N	5.90×10^{-6}	5.23
砷酸	H_3AsO_4	$K_{a_1}=6.2\times10^{-3}$ $K_{a_2}=1.2\times10^{-7}$ $K_{a_3}=3.1\times10^{-12}$	2.21 6.93 11.51	乙胺	$C_2H_5NH_2$	2.0×10^{-11}	10.70
亚砷酸	H_3AsO_3	5.1×10^{-10}	9.29				

附录四　常用酸碱指示剂

序号	名称	pH 变色范围	酸式色	碱式色	pK_a	浓度
1	甲基紫（第一次变色）	0.13～0.5	黄	绿	0.8	0.1%水溶液
2	甲酚红（第一次变色）	0.2～1.8	红	黄	–	0.04%乙醇（50%）溶液
3	甲基紫（第二次变色）	1.0～1.5	绿	蓝	–	0.1%水溶液
4	百里酚蓝（第一次变色）	1.2～2.8	红	黄	1.65	0.1%乙醇（20%）溶液
5	茜素黄 R（第一次变色）	1.9～3.3	红	黄	–	0.1%水溶液
6	甲基紫（第三次变色）	2.0～3.0	蓝	紫	–	0.1%水溶液
7	甲基黄	2.9～4.0	红	黄	3.3	0.1%乙醇（90%）溶液
8	溴酚蓝	3.0～4.6	黄	蓝	3.85	0.1%乙醇（20%）溶液
9	甲基橙	3.1～4.4	红	黄	3.40	0.1%水溶液
10	溴甲酚绿	3.8～5.4	黄	蓝	4.68	0.1%乙醇（20%）溶液
11	甲基红	4.4～6.2	红	黄	4.95	0.1%乙醇（60%）溶液
12	溴百里酚蓝	6.0～7.6	黄	蓝	7.1	0.1%乙醇（20%）
13	中性红	6.8～8.0	红	黄	7.4	0.1%乙醇（60%）溶液
14	酚 红	6.8～8.0	黄	红	7.9	0.1%乙醇（20%）溶液
15	甲酚红（第二次变色）	7.2～8.8	黄	红	8.2	0.04%乙醇（50%）溶液
16	百里酚蓝（第二次变色）	8.0～9.6	黄	蓝	8.9	0.1%乙醇（20%）溶液
17	酚 酞	8.2～10.0	无色	紫红	9.4	0.1%乙醇（60%）溶液
18	百里酚酞	9.4～10.6	无色	蓝	10.0	0.1%乙醇（90%）溶液
19	茜素黄 R（第二次变色）	10.1～12.1	黄	紫	11.16	0.1%水溶液
20	靛胭脂红	11.6～14.0	蓝	黄	12.2	25%乙醇（50%）溶液

附录五　常用缓冲溶液的配制和 pH

序号	溶液名称	配制方法	pH
1	氯化钾 - 盐酸	13.0 ml 0.2 mol/L HCl 与 25.0 ml 0.2 mol/L KCl 混合均匀后，加水稀释至 100 ml	1.7
2	氨基乙酸 - 盐酸	在 500 ml 水中溶解氨基乙酸 150 g，加 480 ml 浓盐酸，再加水稀释至 1L	2.3
3	一氯乙酸 - 氢氧化钠	在 200 ml 水中溶解 2 g 一氯乙酸后，加 40 g NaOH，溶解完全后再加水稀释至 1 L	2.8
4	邻苯二甲酸氢钾 - 盐酸	将 25.0 ml 0.2 mol/L 的邻苯二甲酸氢钾溶液与 6.0 ml 0.1 mol/L HCl 混合均匀，加水稀释至 100 ml	3.6
5	邻苯二甲酸氢钾 - 氢氧化钠	将 25.0 ml 0.2 mol/L 的邻苯二甲酸氢钾溶液与 17.5 ml 0.1 mol/L NaOH 混合均匀，加水稀释至 100 ml	4.8
6	六亚甲基四胺 - 盐酸	在 200 ml 水中溶解六亚甲基四胺 40 g，加浓 HCl 10 ml，再加水稀释至 1 L	5.4
7	磷酸二氢钾 - 氢氧化钠	将 25.0 ml 0.2 mol/L 的磷酸二氢钾与 23.6 ml 0.1 mol/L NaOH 混合均匀，加水稀释至 100 ml	6.8
8	硼酸 - 氯化钾 - 氢氧化钠	将 25.0 ml 0.2 mol/L 的硼酸 - 氯化钾与 4.0 ml 0.1 mol/L NaOH 混合均匀，加水稀释至 100 ml	8.0
9	氯化铵 - 氨水	将 0.1 mol/L 氯化铵与 0.1 mol/L 氨水以 2∶1 比例混合均匀	9.1
10	硼酸 - 氯化钾 - 氢氧化钠	将 25.0 ml 0.2 mol/L 的硼酸 - 氯化钾与 43.9 ml 0.1 mol/L NaOH 混合均匀，加水稀释至 100 ml	10.0
11	氨基乙酸 - 氯化钠 - 氢氧化钠	将 49.0 ml 0.1 mol/L 氨基乙酸 - 氯化钠与 51.0 ml 0.1 mol/L NaOH 混合均匀	11.6
12	磷酸氢二钠 - 氢氧化钠	将 50.0 ml 0.05 mol/L Na_2HPO_4 与 26.9 ml 0.1 mol/L NaOH 混合均匀，加水稀释至 100 ml	12.0
13	氯化钾 - 氢氧化钠	将 25.0 ml 0.2 mol/L KCl 与 66.0 ml 0.2 mol/L NaOH 混合均匀，加水稀释至 100 ml	13.0

附录六　常见难溶化合物的溶度积常数（298.15K）

难溶化合物	K_{sp}	难溶化合物	K_{sp}
AgAc	1.94×10^{-3}	$Co(OH)_2$（新析出）	1.6×10^{-15}
AgBr	5.35×10^{-13}	$Co(OH)_3$	1.6×10^{-44}
Ag_2CO_3	8.46×10^{-12}	α - CoS（新析出）	4.0×10^{-21}

（续表）

难溶化合物	K_{sp}	难溶化合物	K_{sp}
AgCl	1.77×10^{-10}	β－CoS（陈化）	2.0×10^{-25}
$Ag_2C_2O_4$	5.40×10^{-12}	$Cr(OH)_3$	6.3×10^{-31}
Ag_2CrO_4	1.12×10^{-12}	CuBr	6.27×10^{-9}
$Ag_2Cr_2O_7$	2.0×10^{-7}	CuCN	3.47×10^{-20}
AgI	8.52×10^{-17}	$CuCO_3$	1.4×10^{-10}
$AgIO_3$	3.17×10^{-8}	CuCl	1.72×10^{-7}
$AgNO_2$	6.0×10^{-4}	$CuCrO_4$	3.6×10^{-6}
AgOH	2.0×10^{-8}	CuI	1.27×10^{-12}
Ag_3PO_4	8.89×10^{-17}	CuOH	1.0×10^{-14}
Ag_2S	6.3×10^{-50}	$Cu(OH)_2$	2.2×10^{-20}
Ag_2SO_4	1.20×10^{-5}	$Cu_3(PO_4)_2$	1.40×10^{-37}
$Al(OH)_3$	1.3×10^{-33}	$Cu_2P_2O_7$	8.3×10^{-16}
AuCl	2.0×10^{-13}	CuS	6.3×10^{-36}
$AuCl_3$	3.2×10^{-25}	Cu2S	2.5×10^{-48}
$Au(OH)_3$	5.5×10^{-46}	$FeCO_3$	3.2×10^{-11}
$BaCO_3$	2.58×10^{-9}	$FeC_2O_4\cdot2H_2O$	3.2×10^{-7}
BaC_2O_4	1.6×10^{-7}	$Fe(OH)_2$	4.87×10^{-17}
$BaCrO_4$	1.17×10^{-10}	$Fe(OH)_3$	2.79×10^{-39}
BaF_2	1.84×10^{-7}	FeS	6.3×10^{-18}
$Ba_3(PO_4)_2$	3.4×10^{-23}	Hg_2Cl_2	1.43×10^{-18}
$BaSO_3$	5.0×10^{-10}	Hg_2I_2	5.2×10^{-29}
$BaSO_4$	1.08×10^{-10}	$Hg(OH)_2$	3.0×10^{-26}
BaS_2O_3	1.6×10^{-5}	Hg_2S	1.0×10^{-47}
$Bi(OH)_3$	4.0×10^{-31}	HgS（红）	4.0×10^{-53}
BiOCl	1.8×10^{-31}	HgS（黑）	1.6×10^{-52}
Bi_2S_3	1.0×10^{-97}	Hg_2SO_4	6.5×10^{-7}
$CaCO_3$	3.36×10^{-9}	KIO_4	3.71×10^{-4}
$CaC_2O_4\cdot H_2O$	2.32×10^{-9}	$K_2[PtCl_6]$	7.48×10^{-6}
$CaCrO_4$	7.1×10^{-4}	$K_2[SiF_6]$	8.7×10^{-7}
CaF_2	3.45×10^{-11}	Li_2CO_3	8.15×10^{-4}
$CaHPO_4$	1.0×10^{-7}	LiF	1.84×10^{-3}
$Ca(OH)_2$	5.02×10^{-6}	$MgCO_3$	6.82×10^{-6}
$Ca_3(PO_4)_2$	2.07×10^{-33}	MgF_2	5.16×10^{-11}
$CaSO_4$	4.93×10^{-5}	$Mg(OH)_2$	5.61×10^{-12}
$CaSO_3\cdot0.5H_2O$	3.1×10^{-7}	$MnCO_3$	2.24×10^{-11}

（续表）

难溶化合物	K_{sp}	难溶化合物	K_{sp}
$CdCO_3$	1.0×10^{-12}	Mn（OH）$_2$	1.9×10^{-13}
$CdC_2O_4\cdot3H_2O$	1.42×10^{-8}	MnS（无定形）	2.5×10^{-10}
$Cd(OH)_2$（新析出）	2.5×10^{-14}	MnS（结晶）	2.5×10^{-13}
CdS	8.0×10^{-27}	Na_3ALF_6	4.0×10^{-10}
$CoCO_3$	1.40×10^{-13}	$NiCO_3$	1.42×10^{-7}
$Ni(OH)_2$（新析出）	2.0×10^{-15}	PbI_2	9.8×10^{-9}
α－NiS	3.2×10^{-19}	$PbSO_4$	2.53×10^{-8}
$Pb(OH)_2$	1.43×10^{-20}	$Sn(OH)_2$	5.45×10^{-27}
$Pb(OH)_4$	3.2×10^{-44}	$Sn(OH)_4$	1.0×10^{-56}
$Pb_3(PO_4)_2$	8.0×10^{-40}	SnS	1.0×10^{-25}
$PbMoO_4$	1.0×10^{-13}	$SrCO_3$	5.60×10^{-10}
PbS	8.0×10^{-28}	$SrC_2O_4\cdot H_2O$	1.60×10^{-7}
β－NiS	1.0×10^{-24}	SrC_2O_4	2.2×10^{-5}
γ－NiS	2.0×10^{-26}	$SrSO_4$	3.44×10^{-7}
$PbBr_2$	6.60×10^{-6}	$ZnCO_3$	1.46×10^{-10}
$PbCO_3$	7.4×10^{-14}	$ZnC_2O_4\cdot2H_2O$	1.38×10^{-9}
$PbCl_2$	1.70×10^{-5}	$Zn(OH)_2$	3.0×10^{-17}
PbC_2O_4	4.8×10^{-10}	α－ZnS	1.6×10^{-24}
$PbCrO_4$	2.8×10^{-13}	β－ZnS	2.5×10^{-22}

附录七　常见配离子的稳定常数 $K_{稳}$（298.15K）

配离子	$K_{稳}$	配离子	$K_{稳}$
$[AuCl_2]^+$	6.3×10^9	$[Co(en)_3]^{2+}$	8.69×10^{13}
$[CdCl_4]^{2-}$	6.33×10^2	$[Co(en)_3]^{3+}$	4.90×10^{48}
$[CuCl_3]^{2-}$	5.0×10^5	$[Cr(en)_2]^{2+}$	1.55×10^9
$[CuCl_2]^{2-}$	3.1×10^5	$[Cu(en)_2]^+$	6.33×10^{10}
$[FeCl]^+$	2.29	$[Cu(en)_3]^{2+}$	1.0×10^{21}
$[FeCl_4]^-$	1.02	$[Fe(en)_3]^{2+}$	5.00×10^9
$[HgCl_4]^{2-}$	1.17×10^{15}	$[Hg(en)\ 2]^{2+}$	2.00×10^{23}
$[PbCl_4]^{2-}$	39.8	$[Mn(en)_3]^{2+}$	4.67×10^5
$[PtCl_4]^{2-}$	1.0×10^{16}	$[Ni(en)_3]^{2+}$	2.14×10^{18}
$[SnCl_4]^{2-}$	30.2	$[Zn(en)_3]^{2+}$	1.29×10^{14}
$[ZnCl_4]^{2-}$	1.58	$[AlF_6]^{3-}$	6.94×10^{19}
$[Ag(CN)_2]^-$	1.3×10^{21}	$[FeF_6]^{3-}$	1.0×10^{16}

（续表）

配离子	$K_{稳}$	配离子	$K_{稳}$
$[Ag(CN)_4]^{3-}$	4.0×10^{20}	$[AgI_3]^{2-}$	4.78×10^{13}
$[Au(CN)_2]^{-}$	2.0×10^{38}	$[AgI_2]^{-}$	5.94×10^{11}
$[Cd(CN)_4]^{2-}$	6.02×10^{18}	$[CdI_4]^{2-}$	2.57×10^{5}
$[Cu(CN)_2]^{-}$	1.0×10^{16}	$[CuI_2]^{-}$	7.09×10^{8}
$[Cu(CN)_4]^{3-}$	2.00×10^{30}	$[PbI_4]^{2-}$	2.95×10^{4}
$[Fe(CN)_6]^{4-}$	1.0×10^{35}	$[HgI4]^{2-}$	6.76×10^{29}
$[Fe(CN)_6]^{3-}$	1.0×10^{42}	$[Ag(NH_3)_2]^{+}$	1.12×10^{7}
$[Hg(CN)_4]^{2-}$	2.5×10^{41}	$[Cd(NH_3)_6]^{2+}$	1.38×10^{5}
$[Ni(CN)_4]^{2-}$	2.0×10^{31}	$[Cd(NH_3)_4]^{2+}$	1.32×10^{7}
$[Zn(CN)_4]^{2-}$	5.0×10^{16}	$[Co(NH_3)_6]^{3+}$	1.58×10^{35}
$[Ag(SCN)_4]^{3-}$	1.20×10^{10}	$[Cu(NH_3)_2]^{+}$	7.25×10^{10}
$[Ag(SCN)_2]^{-}$	3.72×10^{7}	$[Cu(NH_3)_4]^{2+}$	2.09×10^{13}
$[Au(SCN)_4]^{3-}$	1.0×10^{42}	$[Fe(NH_3)_2]^{2+}$	1.6×10^{2}
$[Au(SCN)_2]^{-}$	1.0×10^{23}	$[Hg(NH_3)_4]^{2+}$	1.90×10^{19}
$[Cd(SCN)_4]^{2-}$	3.98×10^{3}	$[Mg(NH_3)_2]^{2+}$	20
$[Co(SCN)_4]^{2-}$	1.00×10^{5}	$[Ni(NH_3)_6]^{2+}$	5.49×10^{8}
$[Cr(NCS)_2]^{+}$	9.52×10^{2}	$[Ni(NH_3)_4]^{2+}$	9.09×10^{7}
$[Cu(SCN)_2]^{-}$	1.51×10^{5}	$[Pt(NH_3)_6]^{2+}$	2.00×10^{35}
$[Fe(NCS)_2]^{+}$	2.29×10^{3}	$[Zn(NH_3)_4]^{2+}$	2.88×10^{9}
$[Hg(SCN)_4]^{2-}$	1.70×10^{21}	$[Al(OH)_4]^{-}$	1.07×10^{33}
$[Ni(SCN)_3]^{-}$	64.5	$[Bi(OH)_4]^{-}$	1.59×10^{35}
$[AgEDTA]^{3-}$	2.09×10^{5}	$[Cd(OH)_4]^{2-}$	4.17×10^{8}
$[AlEDTA]^{-}$	1.29×10^{16}	$[Cr(OH)\ 4]^{-}$	7.94×10^{29}
$[CaEDTA]^{2-}$	1.0×10^{11}	$[Cu(OH)_4]^{2-}$	3.16×10^{18}
$[CdEDTA]^{2-}$	2.5×10^{7}	$[Fe(OH)_4]^{2-}$	3.80×10^{8}
$[CoEDTA]^{2-}$	2.04×10^{16}	$[Ca(P_2O_7)]^{2-}$	4.0×10^{4}
$[CoEDTA]^{-}$	1.0×10^{36}	$[Cd(P_2O_7)]^{2-}$	4.0×10^{5}
$[CuEDTA]^{2-}$	5.0×10^{18}	$[Cu(P_2O_7)]^{2-}$	1.0×10^{8}
$[FeEDTA]^{2-}$	2.14×10^{14}	$[Pb(P_2O_7)]^{2-}$	2.0×10^{5}
$[FeEDTA]^{-}$	1.70×10^{24}	$[Ni(P_2O_7)_2]^{6-}$	2.5×10^{2}
$[HgEDTA]^{2-}$	6.33×10^{21}	$[Ag(S_2O_3)]^{-}$	6.62×10^{8}
$[MgEDTA]^{2-}$	4.37×10^{8}	$[Ag(S_2O_3)_2]^{3-}$	2.88×10^{13}
$[MnEDTA]^{2-}$	6.3×10^{13}	$[Cd(S_2O_3)_2]^{2-}$	2.75×10^{6}
$[NiEDTA]^{2-}$	3.64×10^{18}	$[Cu(S_2O_3)_2]^{3-}$	1.66×10^{12}
$[ZnEDTA]^{2-}$	2.5×10^{16}	$[Pb(S_2O_3)_2]^{2-}$	1.35×10^{5}
$[Ag(en)_2]^{+}$	5.00×10^{7}	$[Hg(S_2O_3)_4]^{6-}$	1.74×10^{33}
$[Cd(en)_3]^{2+}$	1.20×10^{12}	$[Hg(S_2O_3)_2]^{2-}$	2.75×10^{29}

附录八　EDTA 的酸效应系数

pH	$\lg\alpha_{Y(H)}$	pH	$\lg\alpha_{Y(H)}$	pH	$\lg\alpha_{Y(H)}$	pH	$\lg\alpha_{Y(H)}$	pH	$\lg\alpha_{Y(H)}$
0.0	23.64	2.5	11.90	5.0	6.45	7.5	2.78	10.0	0.45
0.1	23.06	2.6	11.62	5.1	6.26	7.6	2.68	10.1	0.39
0.2	22.47	2.7	11.35	5.2	6.07	7.7	2.57	10.2	0.33
0.3	21.89	2.8	11.09	5.3	5.88	7.8	2.47	10.3	0.28
0.4	21.32	2.9	10.84	5.4	5.69	7.9	2.37	10.4	0.24
0.5	20.75	3.0	10.60	5.5	5.51	8.0	2.27	10.5	0.20
0.6	20.18	3.1	10.37	5.6	5.33	8.1	2.17	10.6	0.16
0.7	19.62	3.2	10.14	5.7	5.15	8.2	2.07	10.7	0.13
0.8	19.08	3.3	9.92	5.8	4.98	8.3	1.97	10.8	0.11
0.9	18.54	3.4	9.70	5.9	4.81	8.4	1.87	10.9	0.09
1.0	18.01	3.5	9.48	6.0	4.65	8.5	1.77	11.0	0.07
1.1	17.49	3.6	9.27	6.1	4.49	8.6	1.67	11.1	0.06
1.2	16.98	3.7	9.06	6.2	4.34	8.7	1.57	11.2	0.05
1.3	16.49	3.8	8.85	6.3	4.20	8.8	1.48	11.3	0.04
1.4	16.02	3.9	8.65	6.4	4.06	8.9	1.38	11.4	0.03
1.5	15.55	4.0	8.44	6.5	3.92	9.0	1.28	11.5	0.02
1.6	15.11	4.1	8.24	6.6	3.79	9.1	1.19	11.6	0.02
1.7	14.68	4.2	8.04	6.7	3.67	9.2	1.10	11.7	0.02
1.8	14.27	4.3	7.84	6.8	3.55	9.3	1.01	11.8	0.01
1.9	13.88	4.4	7.64	6.9	3.43	9.4	0.92	11.9	0.01
2.0	13.51	4.5	7.44	7.0	3.32	9.5	0.83	12.0	0.01
2.1	13.16	4.6	7.24	7.1	3.21	9.6	0.75	12.1	0.01
2.2	12.82	4.7	7.04	7.2	3.10	9.7	0.67	12.2	0.005
2.3	12.50	4.8	6.84	7.3	2.99	9.8	0.59	13.0	0.0008
2.4	12.19	4.9	6.65	7.4	2.88	9.9	0.52	13.9	0.0001

附录九　一些电对的标准电极电势 φ°　(298.15K)

电极反应	φ° /V
A. 在酸性溶液中	
$Li^{+} + e^{-} \rightleftharpoons Li$	-3.0403
$Cs^{+} + e^{-} \rightleftharpoons Cs$	-3.02
$Rb^{+} + e^{-} \rightleftharpoons Rb$	-2.98
$K^{+} + e^{-} \rightleftharpoons K$	-2.931

（续表）

电极反应	φ° /V
$Ba^{2+} + 2e^- \rightleftharpoons Ba$	−2.912
$Sr^{2+} + 2e^- \rightleftharpoons Sr$	−2.899
$Ca^{2+} + 2e^- \rightleftharpoons Ca$	−2.868
$Na^+ + e^- \rightleftharpoons Na$	−2.71
$Mg^{2+} + 2e^- \rightleftharpoons Mg$	−2.372
$\frac{1}{2} H_2 + e^- \rightleftharpoons H^-$	−2.23
$Sc^{3+} + 3e^- \rightleftharpoons Sc$	−2.077
$[AlF_6]^{3-} + 3e^- \rightleftharpoons Al + 6F^-$	−2.069
$Be^{2+} + 2e^- \rightleftharpoons Be$ −1.847	
$Al^{3+} + 3e^- \rightleftharpoons Al$	−1.662
$Ti^{2+} + 2e^- \rightleftharpoons Ti$	−1.37
$[SiF_6]^{2-} + 4e^- \rightleftharpoons Si + 6F^-$	−1.24
$Mn^{2+} + 2e^- \rightleftharpoons Mn$	−1.185
$V^{2+} + 2e^- \rightleftharpoons V$	−1.175
$Cr^{2+} + 2e^- \rightleftharpoons Cr$	−0.913
$TiO^{2+} + 2H^+ + 4e^- \rightleftharpoons Ti + H_2O$	−0.89
$H_3BO_3 + 3H^+ + 3e^- \rightleftharpoons B + 3H_2O$	−0.8700
$Zn^{2+} + 2e^- \rightleftharpoons Zn$	−0.7600
$Cr^{3+} + 3e^- \rightleftharpoons Cr$	−0.744
$As + 3H^+ + 3e^- \rightleftharpoons AsH_3$	−0.608
$Ga^{3+} + 3e^- \rightleftharpoons Ga$	−0.549
$Fe^{2+} + 2e^- \rightleftharpoons Fe$	−0.447
$Cr^{3+} + e^- \rightleftharpoons Cr^{2+}$	−0.407
$Cd^{2+} + 2e^- \rightleftharpoons Cd$	−0.4032
$PbI_2 + 2e^- \rightleftharpoons Pb + 2I^-$	−0.365
$PbSO_4 + 2e^- \rightleftharpoons Pb + SO_4^{2-}$	−0.3590
$Co^{2+} + 2e^- \rightleftharpoons Co$	−0.28
$H_3PO_4 + 2H^+ + 2e^- \rightleftharpoons H_3PO_3 + H_2O$	−0.276
$Ni^{2+} + 2e^- \rightleftharpoons Ni$	−0.257
$CuI + e^- \rightleftharpoons Cu + I^-$	−0.180
$AgI + e^- \rightleftharpoons Ag + I^-$	−0.15241
$GeO_2 + 4H^+ + 4e^- \rightleftharpoons Ge + 2H_2O$	−0.15
$Sn^{2+} + 2e^- \rightleftharpoons Sn$	−0.1377
$Pb^{2+} + 2e^- \rightleftharpoons Pb$	−0.1264
$WO_3 + 6H^+ + 6e^- \rightleftharpoons W + 3H_2O$	−0.090

（续表）

电极反应	φ° /V
$[HgI_4]^{2-} + 2e^- \rightleftharpoons Hg + 4I^-$	-0.04
$2H^+ + 2e^- \rightleftharpoons H_2$	0
$[Ag(S_2O_3)_2]^{3-} + e^- \rightleftharpoons Ag + 2S_2O_3^{2-}$	0.01
$AgBr + e^- \rightleftharpoons Ag + Br^-$	0.07116
$S_4O_6^{2-} + 2e^- \rightleftharpoons 2S_2O_3^{2-}$	0.08
$S + 2H^+ + 2e^- \rightleftharpoons H_2S$	0.142
$Sn^{4+} + 2e^- \rightleftharpoons Sn^{2+}$	0.151
$SO_4^{2-} + 4H^+ + 2e^- \rightleftharpoons H_2SO_3 + H_2O$	0.172
$AgCl + e^- \rightleftharpoons Ag + Cl^-$	0.22216
$Hg_2Cl_2 + 2e^- \rightleftharpoons 2Hg + 2Cl^-$	0.26791
$VO_{2+} + 2H^+ + e^- \rightleftharpoons V^3 + H_2O$	0.337
$Cu^{2+} + 2e^- \rightleftharpoons Cu$	0.3417
$[Fe(CN)_6]^{3-} + e^- \rightleftharpoons [Fe(CN)_6]^{4-}$	0.358
$[HgCl_4]^{2-} + 2e^- \rightleftharpoons Hg + 4Cl^-$	0.38
$Ag_2CrO_4 + 2e^- \rightleftharpoons 2Ag + CrO_4^{2-}$	0.4468
$H_2SO_3 + 4H^+ + 4e^- \rightleftharpoons S + 3H_2O$	0.449
$Cu+ + e^- \rightleftharpoons Cu$	0.521
$I_2 + 2e^- \rightleftharpoons 2I^-$	0.5353
$MnO_4^- + e^- \rightleftharpoons MnO_4^{2-}$	0.558
$H_3AsO_4 + 2H^+ + 2e^- \rightleftharpoons H_2AsO_3 + H_2O$	0.560
$Cu^{2+} + Cl^- + e^- \rightleftharpoons CuCl$	0.56
$Sb_2O_5 + 6H^+ + 4e^- \rightleftharpoons 2SbO+ + 3H_2O$	0.581
$TeO_2 + 4H^+ + 4e^- \rightleftharpoons Te + 2H_2O$	0.593
$O_2 + 2H^+ + 2e^- \rightleftharpoons H_2O_2$	0.695
$H_2SeO_3 + 4H^+ + 4e^- \rightleftharpoons Se + 3H_2O$	0.74
$H_3SbO_4 + 2H^+ + 2e^- \rightleftharpoons H_3SbO_3 + H_2O$	0.75
$Fe^{3+} + e^- \rightleftharpoons Fe^{2+}$	0.771
$Hg2^{2+} + 2e^- \rightleftharpoons 2Hg$	0.7971
$Ag^+ + e^- \rightleftharpoons Ag$	0.7994
$2NO_3^- + 4H^+ + 2e^- \rightleftharpoons N_2O_4 + 2H_2O$	0.803
$Hg^{2+} + 2e^- \rightleftharpoons Hg$	0.851
$HNO_2 + 7H^+ + 6e^- \rightleftharpoons NH_4^+ + 2H_2O$	0.86
$NO_3^- + 3H^+ + 2e^- \rightleftharpoons NHO_2 + H_2O$	0.934
$NO_3^- + 4H^+ + 3e \rightleftharpoons NO + 2H_2O$	0.957
$HIO + H^+ + 2e^- \rightleftharpoons I^- + H_2O$	0.987

（续表）

电极反应	φ° /V
$HNO_2 + H^+ + e^- \rightleftharpoons NO + H_2O$	0.983
$VO_4^{3-} + 6H^+ + e^- \rightleftharpoons VO^{2+} + 3H_2O$	1.031
$N_2O_4 + 4H^+ + 4e^- \rightleftharpoons 2NO + 2H_2O$	1.035
$N_2O_4 + 2H^+ + 2e^- \rightleftharpoons 2HNO_2$	1.065
$Br_2 + 2e^- \rightleftharpoons 2Br^-$	1.066
$IO_3^- + 6H^+ + 6e^- \rightleftharpoons I^- + 3H_2O$	1.085
$SeO^2 -_4 + 4H^+ + 2e^- \rightleftharpoons H_2SeO_3 + H_2O$	1.151
$ClO_4^- + 2H^+ + 2e^- \rightleftharpoons ClO_3^- + H_2O$	1.189
$IO_3^- + 6H^+ + 5e^- \rightleftharpoons \frac{1}{2}I_2 + 3H_2O$	1.195
$MnO_2 + 4H^+ + 2e^- \rightleftharpoons Mn^{2+} + 2H_2O$	1.224
$O_2 + 4H^+ + 4e^- \rightleftharpoons 2H_2O$	1.229
$Cr_2O_7^{2-} + 14H^+ + 6e^- \rightleftharpoons 2Cr^{3+} + 7H_2O$	1.232
$2HNO_2 + 4H^+ + 4e^- \rightleftharpoons N_2O + 3H_2O$	1.297
$HBrO + H^+ + 2e^- \rightleftharpoons Br^- + H_2O$	1.331
$Cl_2 + 2e^- \rightleftharpoons 2Cl^-$	1.35793
$ClO_4^- + 8H_{\circ} + 7e^- \rightleftharpoons \frac{1}{2}Cl_2 + 4H_2O$	1.39
$IO_4^- + 8H^+ + 8e^- \rightleftharpoons I^- + 4H_2O$	1.4
$BrO_3^- + 6H^+ + 6e^- \rightleftharpoons Br^- + 3H_2O$	1.423
$ClO_3^- + 6H^+ + 6e^- \rightleftharpoons Cl^- + 3H_2O$	1.451
$PbO_2 + 4H^+ + 2e^- \rightleftharpoons Pb^{2+} + 2H_2O$	1.455
$ClO_3^- + 6H^+ + 5e^- \rightleftharpoons \frac{1}{2}Cl_2 + 3H_2O$	1.47
$HClO + H^+ + 2e^- \rightleftharpoons Cl^- + H_2O$	1.482
$2BrO_3^- + 12H^+ + 10e^- \rightleftharpoons Br_2 + 6H_2O$	1.482
$Au^{3+} + 3e^- \rightleftharpoons Au$	1.498
$MnO_4^- + 8H^+ + 5e^- \rightleftharpoons Mn^{2+} + 4H_2O$	1.507
$NaBiO_3 + 6H^+ + 2e^- \rightleftharpoons Bi^{3+} + Na^+ + 3H_2O$	1.60
$2HClO + 2H^+ + 2e^- \rightleftharpoons I_2 + 2H_2O$	1.611
$MnO_4^- + 4H^+ + 3e^- \rightleftharpoons MnO_2 + 2H_2O$	1.679
$Au^+ + e^- \rightleftharpoons Au$	1.692
$Ce^{4+} + e^- \rightleftharpoons Ce^{3+}$	1.72
$H_2O_2 + 2H^+ + 2e^- \rightleftharpoons H_2O$	1.776
$Co^{3+} + e^- \rightleftharpoons CO^{2+}$	1.92
$S_2O_8^{2-} + 2e^- \rightleftharpoons 2SO_4^{2-}$	2.010
$O_3 + 2H^+ + 2e^- \rightleftharpoons O_2 + H_2O$	2.076
$F_2 + 2e^- \rightleftharpoons 2F^-$	2.866

（续表）

电极反应	φ° /V
B. 在碱性溶液中	
$Mg(OH)_2 + 2e^- \rightleftharpoons Mg + 2OH^-$	−2.690
$Al(OH)_3 + 3e^- \rightleftharpoons Al + 3OH^-$	−2.31
$SiO_3^{2-} + 3H_2O + 4e^- \rightleftharpoons Si + 6OH^-$	−1.679
$Mn(OH)_2 + 2e^- \rightleftharpoons Mn + 2OH^-$	−1.56
$As + 3H_2O + 3e^- \rightleftharpoons AsH_3 + 3OH^-$	−1.37
$Cr(OH)_3 + 3e^- \rightleftharpoons Cr + 3OH^-$	−1.48
$[Zn(CN)_4]^{2-} + 2e^- \rightleftharpoons Zn + 4CN^-$	−1.26
$Zn(OH)_2 + 2e^- \rightleftharpoons Zn + 2OH^-$	−1.249
$N_2 + 4H_2O + 4e^- \rightleftharpoons N_2H_4 + 4OH^-$	−1.15
$PO_4^{3-} + 2H_2O + 2e^- \rightleftharpoons HPO_3^{2-} + 3OH^-$	−1.05
$[Sn(OH)_6]^{2-} + 2e^- \rightleftharpoons H_2SnO_2 + 4OH^-$	−0.93
$SO_4^{2-} + H_2O + 2e^- \rightleftharpoons SO_3^{2-} + 2OH^-$	−0.93
$P + 3H_2O + 3e^- \rightleftharpoons PH_3 + 3OH^-$	−0.87
$Fe(OH)_2 + 2e^- \rightleftharpoons Fe + 2OH^-$	−0.877
$2NO_3^- + 2H_2O + 2e^- \rightleftharpoons N_2O_4 + 4OH^-$	−0.85
$[Co(CN)_6]_3^- + e^- \rightleftharpoons [Co\ (CN)_6]^{4-}$	−0.83
$2H_2O + 2e^- \rightleftharpoons H_2 + 2OH^-$	−0.8277
$AsO_4^{3-} + 2H_2O + 2e^- \rightleftharpoons AsO_2^- + 4OH^-$	−0.71
$AsO_2^- + 2H_2O + 3e^- \rightleftharpoons As + 4OH^-$	−0.68
$SO_3^{2-} + 3H_2O + 6e^- \rightleftharpoons S^{2-} + 6OH^-$	−0.61
$[Au(CN)_2]^- + e^- \rightleftharpoons Au + 2CN^-$	−0.60
$2SO_3^{2-} + 3H_2O + 4e^- \rightleftharpoons S_2O^{2-}3 + 6OH^-$	−0.571
$Fe(OH)_3 + e^- \rightleftharpoons Fe\ (OH)_2 + OH^-$	−0.56
$S + 2e^- \rightleftharpoons S^{2-}$	−0.47644
$NO_2^- + H_2O + e^- \rightleftharpoons NO + 2OH^-$	−0.46
$[Cu(CN)_2]^- + e^- \rightleftharpoons Cu + 2CN^-$	−0.43
$[Co(NH_3)_6]^{2+} + 2e^- \rightleftharpoons Co + 6NH_3\ (aq)$	−0.422
$[Hg(CN)_4]^{2-} + 2e^- \rightleftharpoons Hg + 4CN^-$	−0.37
$[Ag(CN)_2]^- + e^- \rightleftharpoons Ag + 2CN^-$	−0.30
$NO_3^- + 5H_2O + 6e^- \rightleftharpoons NH_2OH + 7OH^-$	−0.30
$Cu(OH)_2 + 2e^- \rightleftharpoons Cu + 2OH^-$	−0.222
$PbO_2 + 2H_2O + 4e^- \rightleftharpoons Pb + 4OH^-$	−0.16
$CrO_4^{2-} + 4H_2O + 3e^- \rightleftharpoons Cr\ (OH)_3 + 5OH^-$	−0.13
$[Cu(NH_3)_2]^+ + e^- \rightleftharpoons Cu + 2NH_3\ (aq)$	−0.11

（续表）

电极反应	φ° /V
$O_2 + H_2O + 2e^- \rightleftharpoons HO_2^- + OH^-$	-0.076
$MnO_2 + 2H_2O + 2e^- \rightleftharpoons Mn(OH)_2 + 2OH^-$	-0.05
$NO_3^- + H_2O + 2e^- \rightleftharpoons NO_2^- + 2OH^-$	0.01
$[Co(NH_3)_6]^{3+} + e^- \rightleftharpoons [Co(NH_3)_6]^{2+}$	0.108
$2NO_2^- + 3H_2O + 4e^- \rightleftharpoons N_2O + 6OH^-$	0.15
$IO_3^- + 2H_2O + 4e^- \rightleftharpoons IO^- + 4OH^-$	0.15
$Co(OH)_3 + e^- \rightleftharpoons Co(OH)_2 + OH^-$	0.17
$IO_3^- + 3H_2O + 6e^- \rightleftharpoons I^- + 6OH^-$	0.26
$ClO_3^- + H_2O + 2e^- \rightleftharpoons ClO_2^- + 2OH^-$	0.33
$Ag_2O + H_2O + 2e^- \rightleftharpoons 2Ag + 2OH^-$	0.342
$ClO_4^- + H_2O + 2e^- \rightleftharpoons ClO_3^- + 2OH^-$	0.36
$[Ag(NH_3)_2]^+ + e^- \rightleftharpoons Ag + 2NH_3\ (aq)$	0.373
$O_2 + 2H_2O + 4e^- \rightleftharpoons 4OH^-$	0.401
$2BrO^- + 2H_2O + 2e^- \rightleftharpoons Br_2 + 4OH^-$	0.45
$NiO_2 + 2H_2O + 2e^- \rightleftharpoons Ni(OH)_2 + 2OH^-$	0.490
$IO^- + H_2O + 2e^- \rightleftharpoons I^- + 2OH^-$	0.485
$ClO_4^- + 4H_2O + 8e^- \rightleftharpoons Cl^- + 8OH^-$	0.51
$2ClO^- + 2H_2O + 2e^- \rightleftharpoons Cl_2 + 4OH^-$	0.52
$BrO_3^- + 2H_2O + 4e^- \rightleftharpoons BrO^- + 4OH^-$	0.54
$MnO_4^- + 2H_2O + 3e^- \rightleftharpoons MnO_2 + 4OH^-$	0.595
$MnO_4^{2-} + 2H_2O + 2e^- \rightleftharpoons MnO_2 + 4OH^-$	0.60
$BrO_3^- + 3H_2O + 6e^- \rightleftharpoons Br^- + 6OH^-$	0.61
$ClO_3^- + 3H_2O + 6e^- \rightleftharpoons Cl^- + 6OH^-$	0.62
$ClO_2^- + H_2O + 2e^- \rightleftharpoons ClO^- + 2OH^-$	0.66
$BrO^- + H_2O + 2e^- \rightleftharpoons Br^- + 2OH^-$	0.761
$ClO^- + H_2O + 2e^- \rightleftharpoons Cl^- + 2OH^-$	0.81
$N_2O_4 + 2e^- \rightleftharpoons 2NO_2^-$	0.867
$HO_2^- + H_2O + 2e^- \rightleftharpoons 3OH^-$	0.878
$FeO_4^{2-} + 2H_2O + 3e^- \rightleftharpoons FeO_2^- + 4OH^-$	0.9
$O_3 + H_2O + 2e^- \rightleftharpoons O_2 + 2OH^-$	1.24